工业和信息化部"十四五"规划教材

先进核反应堆

阎昌琪　丁　铭　边浩志　编著

科学出版社
北　京

内 容 简 介

本书比较全面地介绍了当今世界上的先进核反应堆，不仅包括先进水冷堆、先进气冷堆、先进液态金属冷却的反应堆和先进液体燃料反应堆，还包括空间堆、裂变-聚变堆和加速器驱动的次临界堆等新概念反应堆；以第三代和第四代核反应堆为主，介绍了目前世界各国正在研究的一些新概念反应堆；介绍了这些反应堆的基本原理、结构特点、运行特性和安全特性等。书中选用的堆型齐全、内容新颖，充分展现了反应堆技术的最新发展。

本书可作为高等学校核科学与技术专业的研究生教材，也可作为核电站设计、运行及管理人员的培训教材，还可以作为核反应堆研究人员的参考书。

图书在版编目(CIP)数据

先进核反应堆 / 阎昌琪，丁铭，边浩志编著. —北京：科学出版社，2023.3
工业和信息化部"十四五"规划教材
ISBN 978-7-03-075099-0

Ⅰ. ①先… Ⅱ. ①阎… ②丁… ③边… Ⅲ. ①反应堆-高等学校-教材 Ⅳ. ①TL3

中国版本图书馆 CIP 数据核字(2023)第 042193 号

责任编辑：朱晓颖 / 责任校对：王 瑞
责任印制：张 伟 / 封面设计：迷底书装

科 学 出 版 社 出版
北京东黄城根北街 16 号
邮政编码：100717
http://www.sciencep.com

北京虎彩文化传播有限公司 印刷
科学出版社发行 各地新华书店经销
*
2023 年 3 月第 一 版 开本：787×1092 1/16
2023 年 3 月第一次印刷 印张：16 1/2
字数：419 000

定价：98.00元
(如有印装质量问题，我社负责调换)

前　言

核反应堆的成功应用是 20 世纪人类在能源技术领域的一大创举。自 1942 年第一座核反应堆问世以来，各类核反应堆为人类社会发展和技术进步做出了巨大贡献。

因为核动力具有不依赖空气工作的特点，它作为水下潜艇和潜器的动力有其特殊的优点，所以核反应堆问世后首先就被用于潜艇动力。核潜艇与常规潜艇相比具有水下续航力强、噪声小和可靠性高等突出优点，因此世界上的主要核大国都相继建造了大批的核潜艇，成为大国重器。由于核能的单位体积释热量大、使用时间长，对于功率大、燃料消耗多的航空母舰也是一种很理想的动力源。在大型航空母舰上用核动力取代常规动力可以大大减少燃料的携带量，提高舰船的续航能力。

核反应堆应用的另一个重要领域是核电站。自核反应堆问世以来，核电的发展速度很快，目前全世界已有 400 多座各类核电站在运行，共积累了 18000 多堆年的运行经验。核电站多年的运行经验证明，用作发电，核能是一种清洁、经济、安全的能源。核电站在运行过程中不会向大气排放 CO_2 和 SO_2 等温室气体和有害气体，可以避免产生温室效应，是实现减少碳排放目标不可缺少的重要手段。尽管在核电站的运行和使用过程中也出现过三哩岛、切尔诺贝利及福岛等核电站事故，但总体来讲核电站事故出现的概率还是很小的。

目前核反应堆在发电、舰船推进等方面都获得了成功应用，在民用取暖、医疗、水下探测及航天等领域的应用研究也在不断推进，以满足这些领域对反应堆的需求。随着近些年来科学技术总体水平的快速提升，特别是材料科学、加工技术、实验技术和计算模拟等方面的技术突破，很多新的反应堆堆型被提出。这些新的堆型在设计理念、先进技术应用、燃料增殖、效率和安全性提高等方面都有所突破和创新。在此过程中，很多先进技术和人类智慧的结晶都用在反应堆的设计中，使反应堆不断推陈出新。

为了介绍各类反应堆技术的最新进展，跟踪世界上各类反应堆新技术的发展，展示我国在各类先进反应堆研究方面取得的成果，我们编写了本书，把当今世界上先进的核反应堆介绍给读者。本书内容涵盖面较广，介绍了水冷堆、气冷堆、液态金属堆和液体燃料堆等主要反应堆类型。内容以近些年来出现的新堆为主，重点介绍其采用的新原理、新方法和新技术等，使读者对核反应堆领域的最新发展有一个较全面的了解。

本书共分 6 章。其中，第 1 章和第 3.1 节～3.4 节由丁铭教授编写，第 2 章和第 4 章由阎昌琪教授编写，第 5 章、第 6 章和第 3.5 节由边浩志博士编写。

由于编者水平有限，书中不妥之处在所难免，敬请读者和同行专家批评指正。

编　者

2022 年 11 月

目 录

第1章 绪论 ··· 1
  1.1 核反应堆技术发展现状与历程 ·· 1
    1.1.1 发展现状 ··· 1
    1.1.2 发展历程 ··· 2
  1.2 第三代核反应堆的技术要求 ·· 7
    1.2.1 先进轻水堆的用户要求文件 ··· 8
    1.2.2 典型第三代核反应堆概览 ··· 13
  1.3 第四代核反应堆的技术目标 ·· 18
    1.3.1 技术总目标 ··· 19
    1.3.2 典型第四代核反应堆概览 ··· 20
    1.3.3 未来发展技术目标 ·· 29

第2章 先进水冷反应堆 ··· 30
  2.1 先进压水反应堆 ··· 30
    2.1.1 华龙一号 ··· 30
    2.1.2 AP1000 ·· 38
    2.1.3 先进一体化压水反应堆 ··· 45
  2.2 先进沸水反应堆 ··· 57
    2.2.1 先进沸水反应堆 ·· 57
    2.2.2 经济简化型沸水反应堆 ··· 72
  2.3 超临界水冷反应堆 ·· 81
    2.3.1 超临界水的特性 ·· 83
    2.3.2 超临界水冷反应堆系统及工作原理 ·· 84
    2.3.3 超临界水冷反应堆的堆芯结构 ·· 85
    2.3.4 我国超临界水冷反应堆的概念设计 ·· 93
    2.3.5 超临界水冷反应堆研发存在的问题和挑战 ···································· 95

第3章 先进气冷反应堆 ··· 97
  3.1 气冷反应堆及其冷却剂的演变 ··· 97
    3.1.1 镁诺克斯型气冷反应堆与CO_2冷却剂 ··· 97
    3.1.2 改进型气冷反应堆 ·· 98
    3.1.3 模块式高温气冷反应堆与氦气冷却剂 ··· 99
    3.1.4 超高温气冷反应堆 ·· 102

3.2 模块式高温气冷反应堆 ··· 102
 3.2.1 球床高温气冷反应堆 ··· 102
 3.2.2 棱柱状高温气冷反应堆 ··· 106
 3.2.3 动力循环方式 ·· 108
3.3 超高温气冷反应堆 ··· 113
 3.3.1 技术目标与突破方向 ··· 113
 3.3.2 超高温气冷反应堆制氢 ··· 113
 3.3.3 超高温气冷反应堆氢电联产 ··· 117
3.4 氦气冷却快中子反应堆 ·· 118
 3.4.1 早期反应堆及其技术特征 ·· 119
 3.4.2 新一代反应堆及其技术特征 ··· 124
3.5 SCO_2 冷却快中子反应堆 ·· 130
 3.5.1 CO_2 工质的再次复兴 ·· 130
 3.5.2 SCO_2 冷却快中子反应堆 ··· 131

第 4 章 液态金属冷却反应堆 ··· 136
4.1 快中子反应堆概述 ·· 136
 4.1.1 快中子反应堆的增殖特性 ·· 137
 4.1.2 快中子反应堆的嬗变特性 ·· 140
4.2 钠冷快中子反应堆 ·· 143
 4.2.1 钠的物理和化学性质 ·· 144
 4.2.2 钠冷反应堆结构与材料 ··· 146
 4.2.3 钠冷反应堆安全性 ··· 155
4.3 铅基材料冷却的反应堆 ·· 158
 4.3.1 铅和铅铋合金 ··· 159
 4.3.2 铅冷反应堆 ·· 161
 4.3.3 铅铋反应堆 ·· 168
4.4 快中子反应堆特点的比较分析 ··· 172
 4.4.1 钠冷快中子反应堆的特点 ·· 173
 4.4.2 铅基快中子反应堆的特点 ·· 177
 4.4.3 气冷快中子反应堆的特点 ·· 181

第 5 章 液体燃料反应堆 ·· 183
5.1 液体燃料 ·· 183
 5.1.1 液体燃料特点 ··· 183
 5.1.2 熔盐分类及其主要热物性 ·· 184
5.2 液体燃料熔盐反应堆技术特征 ··· 186
 5.2.1 熔盐燃料 ··· 186
 5.2.2 反应堆系统结构 ·· 189

5.3 典型熔盐反应堆 ··· 190
 5.3.1 熔盐实验反应堆 ·· 192
 5.3.2 日本 FUJI 熔盐反应堆 ·· 199
 5.3.3 熔盐快中子反应堆 ·· 206
5.4 熔盐反应堆关键技术研究 ·· 212
 5.4.1 熔盐反应堆发展路线 ··· 212
 5.4.2 熔盐反应堆技术探索 ··· 213

第 6 章 新概念反应堆 ··· 218
6.1 空间反应堆 ··· 218
 6.1.1 空间反应堆概述 ·· 218
 6.1.2 空间核反应堆电源 ·· 219
 6.1.3 空间核热推进系统 ·· 227
6.2 聚变-裂变反应堆 ·· 231
 6.2.1 聚变原理与聚变反应堆 ·· 231
 6.2.2 聚变-裂变反应堆 ·· 235
 6.2.3 磁约束驱动聚变-裂变混合反应堆 ·· 236
 6.2.4 Z 箍缩技术驱动聚变-裂变混合反应堆 ·· 237
 6.2.5 激光惯性约束驱动的聚变-裂变混合反应堆 ··································· 239
6.3 加速器驱动次临界反应堆 ·· 242
 6.3.1 加速器驱动次临界系统 ·· 242
 6.3.2 ADS 实验反应堆——MYRRHA ··· 246

参考文献 ··· 251

第 1 章 绪 论

1942 年 12 月，恩利克·费米领导的小组在美国芝加哥大学建成了人类历史上的第一座核反应堆，史称"芝加哥一号堆"（Chicago Pile 1），俗称费米堆。该反应堆采用天然铀为燃料、石墨为慢化剂。利用这个核反应堆，人类第一次实现了自持的裂变链式反应，它宣告了人类进入原子能时代。核反应堆是 20 世纪人类最伟大的科学与技术发明之一，更为人类提供了几乎无限的能源。核能是一种清洁能源，不会产生 CO_2，理应成为全球实现碳达峰（我国 2030 年）与碳中和（我国 2060 年）目标的基础能源形式之一。

核反应堆是一种利用核燃料等材料维持可控自持链式反应的装置。根据基本的原理不同，核反应堆可分为基于重核裂变的裂变堆和基于轻核聚变的聚变堆以及聚变-裂变混合堆。如无特殊说明，本书所述的核反应堆主要限于裂变堆。对于裂变堆，根据核反应堆内中子能量的不同，可以分为快中子反应堆和热中子反应堆。根据冷却剂等的不同，常见的快中子反应堆有钠冷快堆、铅冷（铅铋冷）快堆和气冷快堆。根据慢化剂的不同，常见的热中子反应堆有轻水堆、重水堆和石墨堆。其中，轻水堆又可细分为压水堆和沸水堆。

按照第四代核反应堆国际论坛（GIF）的分类，全球核反应堆技术的发展整体上可分为实验堆与原型堆阶段（第一代）、大型商用核反应堆阶段（第二代）、先进轻水堆阶段（第三代）和第四代核反应堆四个阶段。目前，第一代核反应堆基本已完成其历史使命，退出了历史舞台；第二代核反应堆是全球核电的主力军；第三代核反应堆已经进入实质性大规模建造阶段，是在建核电的主力军；第四代核反应堆整体尚处于研发之中。鉴于第二代核反应堆技术已是成熟的技术，而第三代核反应堆技术刚刚开始大规模应用，第四代核反应堆技术正处于研发之中，因而本书将第三代和第四代核反应堆统归属为先进核反应堆。

1.1 核反应堆技术发展现状与历程

1.1.1 发展现状

通过约 80 年的发展，依托于各代核反应堆技术，核能已经成为世界能源的基本形式之一。如图 1-1 所示，得益于 20 世纪 60～80 年代的建设高潮，全球运行中的商用核反应堆数量从 1970 年开始稳步快速增加，20 年间从 100 座发展到 1989 年的 418 座。由于 1979 年三哩岛核事故和 1986 年的切尔诺贝利核事故，从 1989 年以后，全球核电的发展进入维持和缓慢发展期。2000 年以后，随着世界各国（特别是我国）经济的快速发展，全球运行中的核反应堆数量在 2002 年达到 438 座的最高峰。之后，由于受到福岛核事故的影响，在 2011 年有多达 25 座核电站暂时或永久关闭，因而运行中的商用核反应堆数量减少至 400 座以下。近十年来，随着我国核电建设初见成效，全球运行中的核反应堆数量再度缓慢增加。截止到 2020 年 12 月，全世界范围内共有运行中的商用核反应堆 408 座，总装机容量 392.6GWe；有 54 座核电站正在建造中，总装机容量 57.1GWe。

如表 1-1 所示，对于拥有核反应堆技术的世界各国，美国拥有 94 座运行中的核反应堆，是全世界反应堆运行数量最多的国家，占全世界在运核反应堆总数的 21.3%，发电量占其国家总发电量的 19.7%。美国拥有的这些运行中的核反应堆绝大部分是建于 20 世纪的第二代核反应堆。法国拥有 56 座核反应堆，占其国家总发电量的 70.6%，是全世界核电份额最高的国家。我国（不含台湾地区）拥有 49 座运行中的核反应堆，居世界第三。同时，由于我国自 2010 年后经济的快速发展，我国拥有 13 座在建的核反应堆，是目前世界上在建核反应堆最多的国家。表 1-1 中所示的 10 个国家共拥有 365 座运行中的商用核电站，占 82.8%的份额。

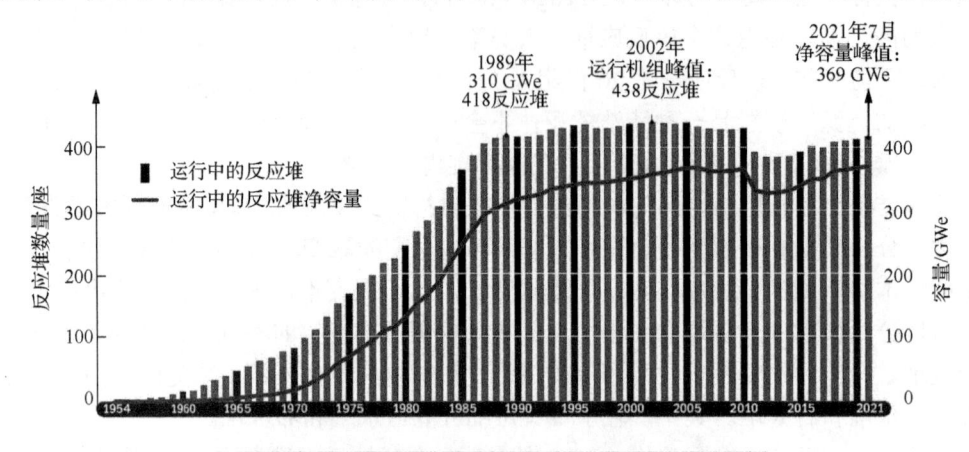

图 1-1 全球商业运行中的核反应堆总数及其装机容量

表 1-1 世界上商用核反应堆数量前十的国家（截至 2020 年 12 月）

序号	国别	运行中的核反应堆 数量	运行中的核反应堆 装机容量/MWe	在建的核反应堆 数量	在建的核反应堆 装机容量/MWe	发电量份额/%
1	美国	94	96553	2	2234	19.7
2	法国	56	61370	1	1630	70.6
3	中国	49	51027	13	12565	4.9
4	俄罗斯	38	28578	3	3459	20.6
5	日本	33	31679	2	2653	5.1
6	韩国	24	23150	4	5360	29.6
7	印度	22	6255	7	4824	3.3
8	加拿大	19	13624	—	—	14.6
9	英国	15	8923	2	3260	14.5
10	乌克兰	15	13107	2	2070	51.2
	总计	365	334266	36	38055	—

1.1.2 发展历程

在 2000 年前后，根据全球核反应堆技术的发展历程，第四代核反应堆国际论坛将全球核反应堆技术的发展历程分为 4 个阶段，并将每个阶段称为一代，如图 1-2 所示。从时间上来看，第一阶段（第一代）的发展始于 20 世纪 40~50 年代；第二阶段（第二代）的发展始于 20 世纪 50~60 年代；第三阶段（第三代）的发展始于 20 世纪 80 年代；第四阶段（第四代）

的发展估计始于 21 世纪 20 年代。由此可知，成熟的核反应堆技术已经发展了三代。目前，第二代正在为全世界提供大量的电力，第三代大多处于建造阶段，而第四代正处于研发中。

自 1942 年费米建成"芝加哥一号堆"后，作为当时的一项新兴技术，核反应堆技术吸引了全世界的关注。核反应堆技术发展进入第一阶段，即早期实验堆与原型堆阶段。这些早期的实验堆、原型堆被称为第一代核反应堆。在这一阶段，目前常见的各类核反应堆概念被提出来，并通过建造和运行实验堆及原型堆来证明各类反应堆概念的可行性以及核能发电的可行性。例如，费米堆不仅验证了自持链式裂变反应的可行性，也证明了石墨慢化气体冷却反应堆的可行性。钠冷快堆实验堆 EBR-I 在点亮核能历史上最早 4 盏电灯的同时，证明了金属钠冷却快中子堆的可行性，更是点亮了核能发电的期望。当压水堆驱动着第一艘核动力潜艇"鹦鹉螺号"驶出港口，从海底穿越了北冰洋时，它不仅展示了核动力的潜力，开启了核反应堆技术的军事用途，而且以最直接的方式证明了水冷反应堆的可行性。美国空军对核动力飞机的热情推动了熔盐堆概念及技术的发展，也展示了液态燃料反应堆技术的可行性。

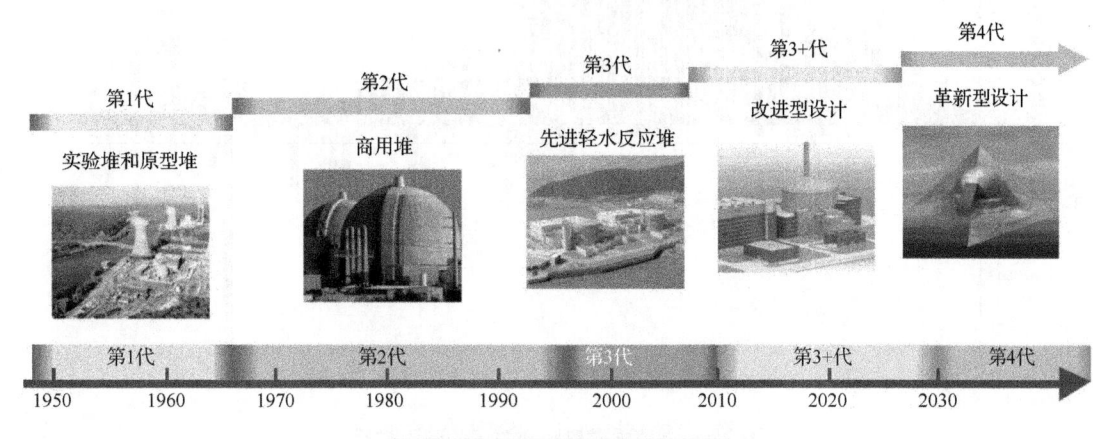

图 1-2 核反应堆技术发展示意图

在第一代时期，核能是刚被提出的新能源形式，在人类"好奇心"的驱使下，石墨气冷堆（费米堆、Magnox）、压水堆（PWR）、沸水堆（BWR）、重水堆（HWR）、石墨水冷堆（RBMK）、钠冷快堆（SFR）、熔盐堆（MSR）等概念被提出来，并付诸实践，为各类核反应堆技术埋下了技术的"种子"。这一时代的核能界可谓奇思妙想、百花齐放，是科学思想与工程技术交相辉映的时代。

通过原型堆阶段的探索，世界上第一座商用核电站奥布宁斯克（Obninsk）核电站于 1954 年在苏联并网发电。奥布宁斯克核电站采用的是石墨慢化轻水冷却反应堆，即石墨水冷堆。前一反应堆技术最初主要用于生产武器级钚。美国的第一座商用核电站是希平港（Shippingport）核电站，于 1957 年并网发电。希平港核电站采用压水堆技术，它是以美国核潜艇的压水堆技术为原型开发的。苏联和美国的这两个商用核电站并网发电标志着第二代核反应堆技术开发成功，核能发展进入大规模商用阶段。除了石墨水冷堆和压水堆之外，基于沸水堆的商用核电站也在美国、德国、日本被开发出来并得到了应用。基于石墨慢化的气冷堆技术（Magnox）很快在英国和法国得到发展，出现了气冷堆核电站。基于重水优异的慢化能力，重水慢化的压力管式反应堆在加拿大落地开花。这一堆型被深深地打上了加拿大的烙印，简称 CANDU。

自 20 世纪 60 年代开始,全世界范围内掀起了第二代核反应堆的建设高潮。如图 1-3 所示,1974 年和 1984/1985 年分别达到了两个高峰,其中 33 个核反应堆在 1974 年并网发电,1984 年和 1985 年也均有 33 个核反应堆并网发电。正是由于 20 世纪 70~80 年代的核电建设浪潮,目前商业运行中的核反应堆的运行时间大多在 35 年左右,如图 1-4 所示。运行时间超过 40 年(第二代核反应堆的设计寿命)的核反应堆达到 86 座,最长的运行时间已经超过了

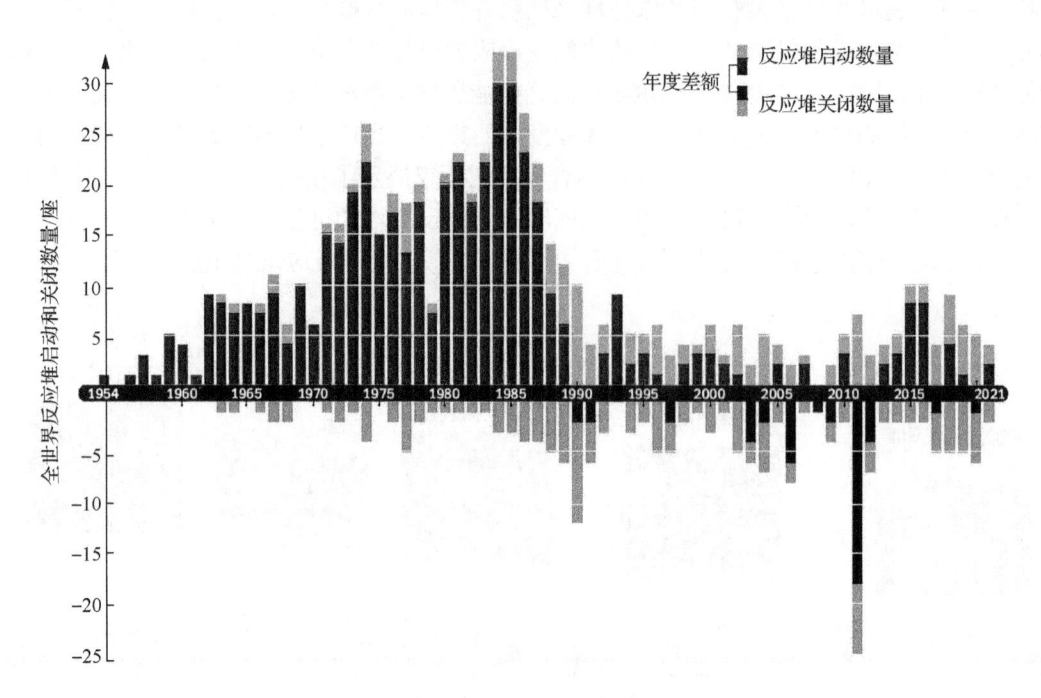

图 1-3 全世界范围内启动和关闭的商用核反应堆

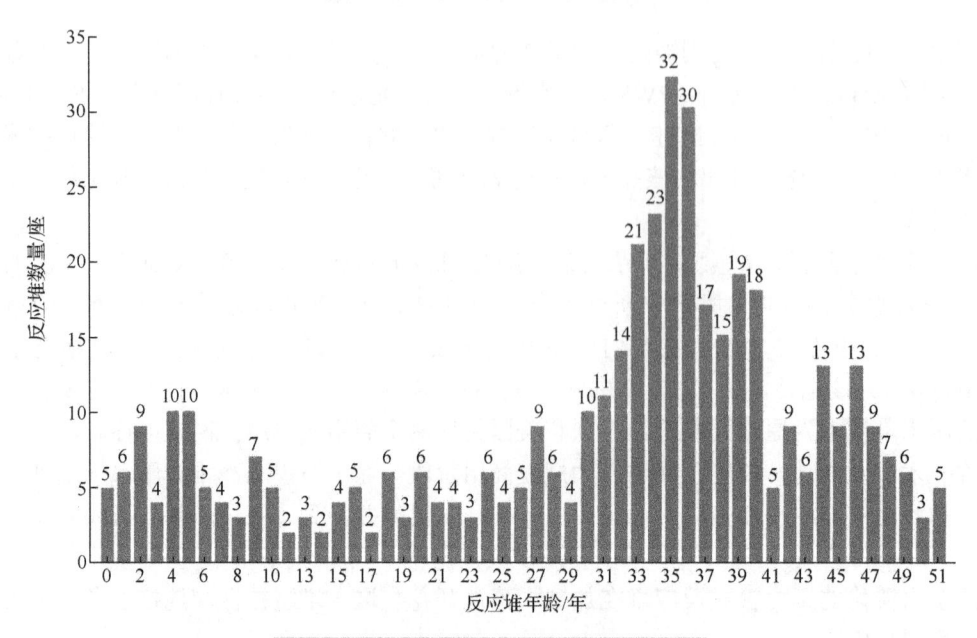

图 1-4 不同运行寿期的核反应堆及其数量

50年。由于第二代核反应堆设计具有很大的保守性，通过延寿，它们有望运行更长的时间。在第二代时期，核反应堆技术发展延续了第一代时期百花齐放的势头，常见的压水堆、沸水堆、石墨气冷堆、重水堆等"攻城略地"，均进入大规模建设和商业运行阶段。

除了商用核反应堆技术，大量特殊用途核反应堆技术在这一阶段也得到了充分的发展，例如船用核反应堆技术、空间核反应堆技术。其中，船用核动力装置涉及核动力商船、核动力潜艇和核动力航空母舰。与陆地上使用的核反应堆技术相比，这类船用核反应堆技术对核反应堆乃至整个核动力装置的紧凑程度要求更高，期望它们的重量和体积均较小，因而它们往往采用压水堆技术。与船用核动力装置相比，空间核反应堆对反应堆的重量和体积的要求更加苛刻，对核反应堆系统的自动化程度和可靠性要求更高。在美苏冷战期间，各类空间核反应堆技术被开发出来，例如苏联的TOPAZ、美国的SP-100等。

随着1979年三哩岛核事故和1986年切尔诺贝利核事故的发生，全球核电建设断崖式地进入低潮期，第二代核反应堆技术的发展和建设也逐渐走到了尽头。人类历史上的"第一核纪元"结束，核能发展进入第二代核反应堆技术的维持期，即技术累积进步期，以及第三代核反应堆技术的探索期。为了使核电能够继续发展下去，在三哩岛事故之后，美国电力研究院（EPRI）于1985年开始牵头发起了"美国先进轻水反应堆"（U.S. ALWR）计划，并于1989年发布《先进轻水反应堆用户要求文件》第一版。这标志着第三代核反应堆技术形成了"标准文件"。随后，欧洲和我国等也发布了各自的用户要求文件（如EUR、HRD）。这些用户要求文件对轻水反应堆提出了一系列体系完备的要求，保证第三代核反应堆技术与第二代核反应堆技术的先进性，防止核事故的发生。满足各国《用户要求文件》的先进核反应堆统称为第三代核反应堆。

以这些《先进轻水堆用户要求文件》为蓝本，世界各国的轻水反应堆技术得到了进一步发展，由此催生了轻水反应堆的三大技术流派。第一个流派的代表作有欧洲压水堆EPR、韩国新一代压水堆APR1400、先进沸水堆ABWR等。这一技术流派秉承了第二代核反应堆技术的"能动安全理念"，并通过增加专设安全设施的数量来达到更加安全的目的。第二个技术流派的代表作是AP600/AP1000、CAP1400和SBWR/ESBWR。它们对压水堆、沸水堆的核反应堆系统和/或专设安全设施的设计理念进行了"颠覆式"的革新，完全摒弃了"能动安全理念"，实现了"非能动安全"的设计理念。其中，非能动理念贯彻最为彻底的是经济简化型沸水堆（ESBWR），它依靠自然循环实现了反应堆的满功率运行，并利用非能动技术导出了事故条件下的反应堆余热。第三个技术流派是能动安全与非能动安全理念的融合，以俄罗斯的VVER-1200和我国的华龙一号（HPR1000）为代表。HPR1000的专设安全设施采用"能动+非能动"的方式，实现比第二代核反应堆更加安全的目标。

除了轻水反应堆的非能动技术路线，石墨慢化气冷堆技术在这一时期也发生了较大的变化。它在安全性上比采用非能动安全技术的轻水反应堆走得更远。通过小型化和模块式，石墨慢化的气冷堆变为了模块式高温气冷堆（MHTGR）。无论是模块式球床高温气冷堆或者模块式柱状高温气冷堆，它们均能通过热传导、对流和辐射这些自然规律（固有的安全性）来导出核反应堆堆芯内的余热，而不再需要任何其他的非能动系统或者能动系统来导出堆芯余热。这些核反应堆堆芯余热导出的方式和能力通过了实堆实验的验证，固有安全型反应堆成为现实。

从全球范围内来说，20世纪90年代后，各类第三代核反应堆技术逐渐成熟，开始进入了第三代核反应堆的建设阶段，促成"第二核纪元"的开启。1996年，世界上第一个按照第三代核反应堆要求建设的泊崎刈羽（Kashiwazaki）核电厂6号机组（ABWR）并网发电，标志着第三代核反应堆技术正式进入商用阶段。2016年和2018年，韩国的新古里（Shin Kori）核电厂3号机组（APR-1400）和我国台山核电厂1号机组（EPR）相继并网发电，标志着能动型第三代压水堆技术正式进入商业运行阶段。2018年，我国三门核电厂1号机组（AP1000）并网发电，标志着非能动型第三代压水堆技术正式进入商用阶段。2017年和2020年，俄罗斯新沃罗涅日第二核电厂1号机组（VVER-1200）和我国福清核电厂5号机组（华龙一号）相继并网发电，标志着"能动+非能动"型第三代压水堆技术正式进入商用阶段。

目前，全世界范围内正在建设的核电站大多采用了第三代核反应堆技术。第三代核反应堆技术最大的技术特征是引入了"非能动安全理念"。从辩证的角度来说，随着非能动安全理念的出现，第三代核反应堆技术未必一定要摒弃能动的安全理念。第三代核反应堆技术应该善用"能动安全"与"非能动安全"理念，实现更加安全的核反应堆技术。从技术路线的角度来说，第三代核反应堆技术的轻水反应堆成了绝对的建设主力，其他类型的反应堆技术逐渐式微，基本退出了核电建设的舞台。而且，虽然泊崎刈羽核电厂的先进沸水堆（ABWR）是最先建成的第三代核反应堆，但是2000年以后建造中的第三代核反应堆大多为压水堆技术。

2000年，美国能源部牵头召开了新一代（第四代）核反应堆技术全球大讨论，随后成立了第四代核反应堆国际论坛（GIF）。2002年12月，第四代核反应堆国际论坛发布了《第四代核能系统技术路线图（基础版）》。在技术路线图中，超临界水堆（SCWR）、钠冷快堆（SFR）、铅（铅铋）冷快堆（LFR）、超高温气冷堆（VHTR）、气冷快堆（GFR）和熔盐堆（MSR）被选为第四代核能系统的六个候选堆型，它们是各国重点关注的第四代反应堆技术。2009年，第四代核反应堆国际论坛更新了六个候选第四代反应堆技术的发展状况。2014年，第四代核反应堆国际论坛发布了《第四代核能系统技术路线图（修订版）》。

第四代核反应堆技术路线的制定掀起了新一轮全球核反应堆技术的研究热情。如果说第三代核反应堆建设是"第二核纪元"在核电建设上的立足点，那么第四代核反应堆技术研发是"第二核纪元"在新技术上的立足点。虽然中间经历了2011年福岛核事故，但是第二核纪元在核电建设和新堆型研发这两个点上仍然稳固，尤其是在我国。与第三代核反应堆技术相比，第四代核反应堆技术在核反应堆类型上更加丰富，六类核反应堆技术被重点关注。从技术上来说，六个候选堆型中有五个堆型强调了快中子反应堆技术，这意味着第四代核反应堆技术深深地带上了"快中子反应堆技术"的技术烙印。从安全性上来说，第四代核反应堆技术的安全性进一步得到了加强，提出了"取消场外应急"这一要求，这就意味着第四代核反应堆技术要求消除放射性大规模外泄的风险。

除了第四代核能系统技术路线图中提及的六类核反应堆技术之外，2000年之后，国内外的各类核能研究机构或大学还提出了多种新型的核反应堆技术，如小型模块式反应堆、浮动式核反应堆、超临界二氧化碳（SCO_2）反应堆、熔盐冷却高温堆、聚变-裂变混合堆和加速器驱动次临界装置等。浮动式核反应堆是船用核反应堆技术与民用发电技术的交叉融合，可为偏远地区、海岛等集中电网无法覆盖的地区提供廉价、稳定的电力。SCO_2反应堆是SCO_2布雷顿技术与气冷快堆技术结合的产物，它能使整个核动力装置小型化。聚变-裂变混合堆是将聚变与裂变耦合在一起，利用氘氚聚变反应产生的大量中子这一便利条件，将可增殖核素嬗变成易裂变核素混合堆，大幅提高核燃料的利用率。加速器驱动次临界装置是加速器技术与核反应堆技术结合的产物，它为长寿期裂变产物的处置提供了一条全新的道路。

综上所述，核反应堆技术在过去约80年里已经发展了四代。每一代核反应堆技术都具有鲜明的时代烙印。第一代核反应堆是新生事物，各类核反应堆技术百花齐放。第二代从新生技术走向成熟技术，大规模商用核电站的建造和使用为全球经济和社会发展提供了动力。经历了三哩岛和切尔诺贝利核事故后，先进轻水反应堆技术在第三代里重现光彩。随着人类社会的发展，可持续发展这一要求使快中子反应堆在第四代中复苏和全面崛起。

每一代核反应堆技术的变迁都是核反应堆的研究者直面各时代的挑战，试图为人类社会提供安全、经济和持续的核能的不懈努力的结果。从这个角度来说，核反应堆安全是推动核反应堆技术不断演变的主线。第一代作为新生事物，简易的安全性已经能够满足要求。随着数量的大规模增加，第二代的能动冗余安全性成为核反应堆技术的内在要求。第三代的非能动安全是三哩岛事故和切尔诺贝利事故的应对之道。第四代将安全性进一步提高，取消场外应急就意味着把核能的潜在危害关进了"笼子"，它们逐渐会淡出普通公众的视野。

1.2 第三代核反应堆的技术要求

随着三哩岛核事故（1979年）和切尔诺贝利核事故（1986年）的发生，核能历史上的第一个发展高潮结束。普通公众对第二代核反应堆安全性的担忧以及核安全监管当局的态度导致核电项目的审评与建设变得相当不确定。这使得采用第二代核反应堆技术的核电项目的不确定性大幅增加，从而导致20世纪80~90年代核电厂的建设时间和取消建设的核电站数量大幅增加，分别如图1-5和图1-6所示。例如，三哩岛核事故之后，全球核电站的平均建设时间从5~6年变成7~8年。而且，在此后的10年内，仅美国取消的采用第二代核反应堆技术的核电建设项目多达30个以上。

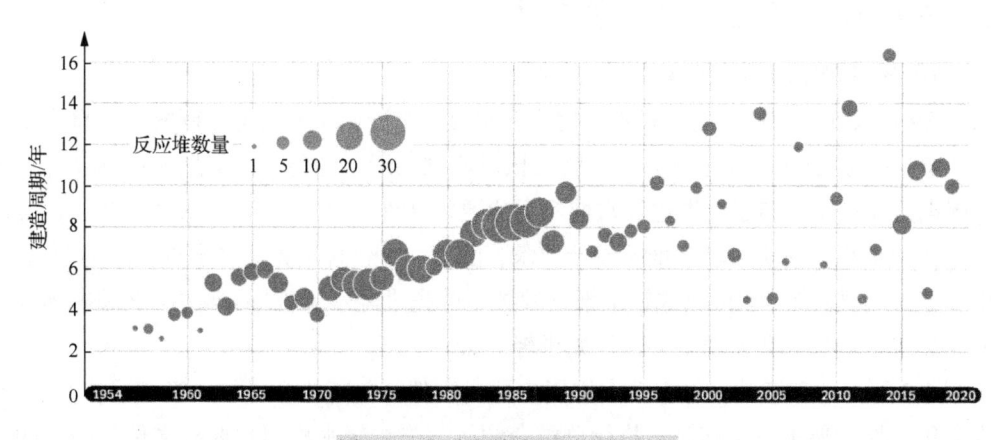

图1-5 各时期核电厂的建造时间

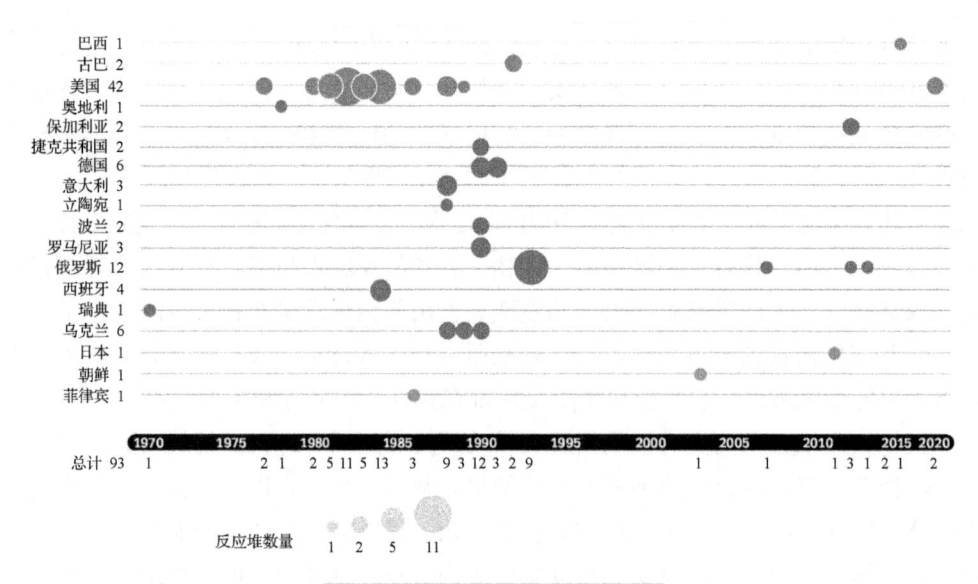

图 1-6　各时期取消建造的核电站

1985 年，美国电力研究院牵头联合美国的电力公司，并与美国能源部（DOE）、美国核管会（NRC）紧密合作，发起了"美国先进轻水反应堆"（U.S. ALWR）计划。这一计划旨在形成一套完整的先进轻水反应堆的设计要求，以消除公众对先进核反应堆技术的担忧，减少核安全当局对核电项目审评的不确定性，提高评审的效率，增强核电的竞争力。这些设计要求从用户的角度出发给出了先进（即第三代）轻水反应堆的技术基准。

1989 年，美国电力研究院正式发布了《先进轻水堆用户要求文件（URD）》第一版。它清晰地阐述了第三代核反应堆与正在运行中的第二代核反应堆在技术上的差别和进步，使核能依然能够作为国家能源供应的一个选项。此后，世界各国参照美国 URD 建立了各自第三代核反应堆的《用户要求文件》。例如，欧洲的第三代核反应堆《用户要求文件》称为 EUR。我国也出版了针对华龙一号（HPR1000）的《用户要求文件》，简称 HRD。

1.2.1　先进轻水堆的用户要求文件

1. 美国先进轻水堆用户要求文件（URD）

从 1989 年发布第一版《先进轻水堆用户要求文件》开始，美国电力研究院一直在不断吸取美国 100 多个核反应堆和全世界其他国家核反应堆的运行经验，持续地改进其文件。2014 年，美国电力设计院发布了《先进轻水堆的用户要求文件》第 13 版。在最新一版中，美国电力设计院新增加了小型模块式轻水堆的设计要求。因而，它包含了先进轻水堆（能动型）、先进轻水堆（非能动型）和小型模块式轻水堆三种类型的先进轻水反应堆。其中，先进轻水堆（能动型）和先进轻水堆（非能动型）合称先进轻水堆。

如图 1-7 所示，美国的《先进轻水堆用户要求文件》包括执行总结（第 0 层次）、第一层次要求和第二层次要求三个部分。执行总结介绍了《先进轻水堆用户要求文件》的目的、范围，并总结第一层次要求和第二层次要求形成了顶层要求总表。第一层次要求规定了先进轻水堆的设计原则和顶层要求。这些设计原则涉及以下 14 个方面：简化、设计裕量、人因、安全性、设计基准与安全余量的平衡、法规的稳定性、电厂的标准化、采用经验证的技术、可维护性、可建造性、质量保证、经济性、实体防护和友邻。

图 1-7 美国《先进轻水堆用户要求文件》的文件结构

第二层次要求在提出总体要求的基础上，对第三代核反应堆包含软硬件在内的 12 个方面进行了规定。这 12 个方面依次包括电力生产系统、反应堆冷却剂系统与非核级安全辅助系统、反应堆系统、工程安全系统、厂房设计与布置、装换料系统、厂用冷却水系统、电厂支持系统、人机界面系统、电力系统、放射性废物处理系统和主汽轮机-发电机系统。

在执行总结中，针对先进轻水堆（能动型）、先进轻水堆（非能动型）和小型模块式轻水堆（smLWR），《用户要求文件》对第三代轻水堆在安全性与投资保护、性能、设计过程与可建造性和经济性等 9 个方面提出了严格的要求，如表 1-2～表 1-10 所示。与第二代轻水堆相比，第三代轻水堆在这些参数上均有了基于技术累积效应的进步，这主要得益于大量轻水反应堆实际运行经验。

表 1-2 整体设计要求

参数	要求
功率水平	先进轻水堆（ALWR）：≤1350MWe； 小型模块式轻水堆（smLWR）：≤300MWe
专设安全设施	ALWR（能动型）：改进的能动系统； ALWR（非能动）和 smLWR：非能动系统，无须安全级的交流电源
设计寿命	≥60 年
设计理念	ALWR：基于经验证的技术、简化、高设计裕量、无须原型堆验证； smLWR：小型、高设计裕量、工厂制造
厂址抗震值	极限安全地震：0.3g

表 1-3 安全性与投资保护

参数	要求
事故抗性	燃料热工裕量：≥15%； 采用合适的方法（如增加冷却剂总量）延长核动力装置的响应时间； 采用目前最佳的材料
堆芯损坏抗性	采用合适的方法防止始发事件引起堆芯损坏

续表

参数	要求
堆芯损坏概率（CDF）	ALWR：通过概率风险评估表明 CDF 小于 1.0×10^{-5} 堆年$^{-1}$； smLWR：通过概率风险评估表明其 CDF 不劣于 ALWR，而且应急计划区（EPZ）仅限于厂区内，这一要求应包含厂区内的所有反应堆模块
失水事故抗性	ALWR：不大于 6in 的破口不得引起燃料棒损坏； smLWR：利用一体化设计消除发生大破口事故
全厂断电事故预防	ALWR（能动型）：无须外部干预条件下保证堆芯至少 8h 的冷却； ALWR（非能动型）：无须外部干预条件下无限长时间； smLWR：无须外部干预条件下至少 72h，甚至无限长时间
操作员动作	对于 ALWR（非能动型）和 smLWR，在包含全厂断电在内的设计基准事故条件下，保证至少 72h 之内无须操作员动作而不会超过法规规定的堆芯保护限值

表 1-4 严重事故缓解

参数	要求
严重事故频率与后果	通过概率安全评估表明严重事故发生的累积概率不大于 1.0×10^{-6} 年$^{-1}$，且在厂区边界上全身剂量不大于 25rem
安全壳设计	安全壳厂房或结构能够抵御设计基准条件下的破口事故
安全壳裕量	安全壳设计裕量足以保证严重事故下安全壳的完整性与极低的泄漏率
源项	应采用 NUREG-1465 规定的源项，或者美国核管会通过的更加先进的方法进行分析。法规导则（TID 14844）方法可用于能动型先进轻水堆的源项计算分析。小型模块式轻水反应堆采用相对较小的源项特定场景或机理性的源项（SECY-11-0152）
氢气燃爆条件下的氢气控制	在 100%包壳氧化情形下，先进轻水堆安全壳内的氢气浓度小于 10%
应急计划	ALWR（非能动型）：简化的厂外应急计划及其技术依据； smLWR：应急计划区应小于先进轻水堆的应急计划区，且不超过 smLWR 的厂区

表 1-5 电厂性能

参数	要求
设计利用率	ALWR（能动型、非能动型）：87%； smLWR：95%
换料周期	ALWR（能动型、非能动型）：24 个月； smLWR：保证 95%的电厂利用率
非计划自动紧急停堆	1 次/年
操作方式	日常负荷跟随
甩负荷	ALWR：满功率甩负荷（PWR）或 40%功率（BWR）时，不会导致反应堆紧急停堆或汽轮机跳闸； smLWR：满功率甩负荷时，不会导致反应堆紧急停堆或汽轮机跳闸
低放废物	达到电厂目前最佳的水平
乏燃料厂内湿式储存能力	ALWR：10 年正常运行+一炉燃料； smLWR：采用乏燃料湿式储存以满足乏燃料衰变热的冷却要求或乏燃料干式储存前的冷却时间，同时需要满足一炉堆芯燃料的卸出。储存能力要保证 95%电厂可利用率下的 smLWR 满功率运行而无须采用乏燃料压实策略
职业辐照	<100 rem/年

表 1-6 可运行性和可维护性

参数	要求
运行设计	可运行性
可维护性	设备可达
设备可达性	包括蒸汽发生器在内的各类设备,部件更换方便

表 1-7 人机界面

参数	要求
仪控系统	采用先进的技术,包括软件系统、控制系统报警优先级、容错能力、自动测试、多路复用、计算机驱动显示
操作简便性	一个操作员能够控制整个核动力装置正常运行
装置可控性	利用实体模型、动态仿真和操作员对设计的反馈等手段强化操作员的效能

表 1-8 设计过程与可建造性

参数	要求
总时间(从业主承诺建造到商业运行)	ALWR(能动型):≤72 个月; ALWR(非能动型):≤60 个月; smLWR:≤54 个月
建造时间(从第一罐混凝土到商业运行)	ALWR(能动型):≤54 个月; ALWR(非能动型):≤42 个月; smLWR:≤36 个月
开始建造时的设计状态	完成 90%的设计
设计和建造计划	设计中应该考虑简便性和模块式,以使建造更便捷;建立一个经业主同意的整体建造计划

表 1-9 设计过程

参数	要求
设计一体化	设计应采用一体化方法
管理方式	应具备一个完整的系统控制电厂的设计基准、安装的设备和结构
信息管理	应具备一个一体化的信息系统管理在设计、建造和运行期间产生和使用的信息

表 1-10 经济性

参数	要求
成本目标	与基准发电技术相比,ALWR 电厂应具备一个明显的成本优势,以平衡其更高的投资风险
量化成本	对于美国厂址(如威斯康星州基诺沙)的核电厂从 2005 年发电,并考虑 30 年的摊销期,1994 年 1 月美元计价的平准成本
平准总成本	<43mills/(kW·h),以平衡其更高的投资风险
不确定性	95%的概率下远小于 53mills/(kW·h),以平衡其更高的投资风险

需要指出的是,由于美国拥有大量的轻水反应堆,而且三哩岛核事故所涉的是压水堆这一主力堆型,因而美国的《先进轻水堆用户要求文件》在名称上强调了针对轻水堆。但是,

自从这一标志性文件发布之后,除了轻水反应堆一些特定的技术特征之外,其他类型的第三代核反应堆实际上也尽量遵循了这些指标,特别是一些关键性的指标。例如,采用第三代核反应堆技术的核电厂的设计寿命普遍均达到了60年。针对核反应堆专设安全设施,第三代核反应堆普遍接受和应用了非能动的设计理念,以简化核电厂设计,提高核反应堆的安全性。针对反应堆熔化这样层级的严重事故,第三代核反应堆采用了大量的缓解技术。第三代核反应堆堆芯损坏概率和放射性大规模释放概率达到 10^{-5}/堆年和 10^{-6}/堆年,比第二代核反应堆均降低了一个数量级。从这些标志性的技术参数角度来说,《先进轻水堆用户要求文件》为所有第三代核反应堆树立了一套标杆,也成为第三代核反应堆事实上的技术标准母版。

2. 华龙系列用户要求文件

华龙一号是我国具备完整自主知识产权的先进百万千瓦级第三代压水堆技术。它吸取了我国30多年来百万千瓦级压水堆设计、建设和运营的成熟经验,充分消化吸收了其他第三代非能动型压水堆的设计理念,创新性地提出了"能动与非能动相结合"的安全设计理念。针对华龙一号及其后续发展,我国核能行业协会于2021年正式发布了《华龙系列用户要求文件》(HRD)。如图1-8所示,《华龙系列用户要求文件》采用了两层结构,分别对应于美国的《先进轻水堆用户要求文件》的第一层次与第二层次。

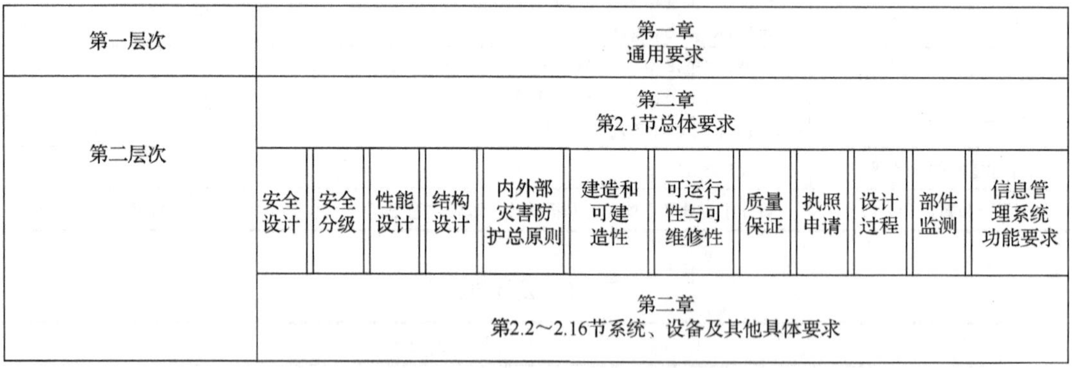

第一层次	第一章 通用要求											
第二层次	第二章 第2.1节总体要求											
	安全设计	安全分级	性能设计	结构设计	内外部灾害防护总原则	建造和可建造性	可运行性与可维修性	质量保证	执照申请	设计过程	部件监测	信息管理系统功能要求
	第二章 第2.2~2.16节系统、设备及其他具体要求											

图1-8 《华龙系列用户要求文件》的文件结构

与URD相似,HRD的第一层次提出了华龙系列压水堆设计应该遵循的14个原则,它们分别是简化、设计裕量、纵深防御、能动与非能动结合、人因、设计基准与安全裕量的平衡、审评经验反馈、标准化、应用成熟技术、可维修性、质量保证、经济性、实物保护和环境友好。这些原则与URD中第一层次中提出的原则既有相同的原则也有不同的原则。相同的原则代表着第三代压水堆设计遵循的共性原则,不同的原则反映了华龙系列自身特殊的设计,如能动与非能动结合原则,也反映了不同国家对压水堆技术的不同理解。

在第二层次中,《华龙系列用户要求文件》也包括总体要求和分系统要求两个部分。其中,分系统要求部分对堆芯设计、反应堆冷却剂系统及其相连系统、安全系统、核辅助系统、仪表与控制系统、电力系统、电厂支持系统、放射性废物处理系统、燃料操作和储存系统、设备通用要求、电力生产系统、汽轮机系统、电厂布置设计、概率安全分析和经济性评价这15个方面进行了详细的规定。

1.2.2 典型第三代核反应堆概览

各国的先进核反应堆用户要求文件实际上就是第三代核反应堆技术的设计要求和标准，满足这些用户要求文件的核反应堆即是第三代核反应堆。通过 20 多年的发展，目前全球范围内已有不少能够满足各国用户要求文件的第三代轻水堆，其主要的技术参数如表 1-11 所示。

表 1-11 典型第三代轻水堆及其主要技术参数

名称	类型	热功率/MWt	电功率/MWe	效率/%	一回路压力/MPa	压力容器进出口温度/℃	一回路运行方式	专设安全设施运行方式
EPR	能动型压水堆	4590	1660	36	15.5	296/329	能动	能动
AP1000	非能动型压水堆	3400	1115	33	15.5	280/322	能动	非能动
CAP1400	非能动型压水堆	4040	1450	36	15.5	283/335	能动	非能动
APR1400	能动型压水堆	3983	1416	36	15.5	291/324	能动	能动
VVER-1200（AES-2006）	"能动+非能动型"压水堆	3212	1108	35	16.2	298/329	能动	能动+非能动
华龙一号	"能动+非能动型"压水堆	3050	1090	36	15.5	292/331	能动	能动+非能动
ABWR	能动型沸水堆	3926	1356	35	7.17	216/287	能动	能动
ESBWR	非能动型沸水堆	4500	1600	36	7.17	216/287	非能动	非能动

1. 能动型第三代轻水堆

能动型第三代轻水堆的设计理念与第二代轻水堆的设计理念保持一致，即能动安全的设计理念。目前，已经成熟的能动型第三代轻水堆包括欧洲压水堆 EPR、先进沸水堆 ABWR 和韩国的 APR1400 等。

1）欧洲压水堆 EPR

1993 年左右，法国的法马通公司和德国的西门子公司开始着手设计欧洲压水堆 EPR。法国电力公司和德国的各主要电力公司也参加了 EPR 的设计。而且，法国和德国核安全当局协调了 EPR 的核安全标准，统一了技术规范。1998 年，法马通和西门子完成了 EPR 的基本设计。2000 年，法国和德国的核安全当局的技术支持单位（IPSN 和 GRS）完成了 EPR 基本设计的评审工作，并颁发了一套适用于第三代核电站设计建造的详细技术导则。2001 年，法马通公司与西门子核电部合并组成了法马通先进核能公司，用于推广 EPR。值得指出的是，EPR 的全球首堆已经在我国台山核电厂于 2018 年建成、并网发电。

EPR 为单堆四环路布置的压水堆，系统压力和反应堆进出口温度分别为 15.5MPa 和 296℃/329℃，与第二代压水堆相当，如表 1-11 所示。EPR 设计寿命为 60 年，比第二代压水堆 40 年的设计寿命延长了 50%。反应堆热功率 4590MWt，电功率 1660MWe，是全球单堆功率最大的压水堆。EPR 采用双层混凝土安全壳设计，外层采用加强型的混凝土壳抵御外部灾害，内层为预应力混凝土，用于防护内部灾害。

为了取得比第二代压水堆更高的安全性能，EPR 设置了 4 列独立的专设安全设施。它们分别位于安全厂房 4 个隔开的区域，形成物理隔离，如图 1-9 所示。EPR 通过简化系统设计、扩大主回路设备储水能力、改进人机接口、系统地考虑停堆工况等手段来提高纵深防御的设计安全水平。针对三哩岛事故中出现的堆芯熔毁这样的严重事故，EPR 设置了的应对措施——堆芯捕集器，将堆芯熔融物稳定在安全壳内，保证安全壳短期和长期功能，避免放射性释放。

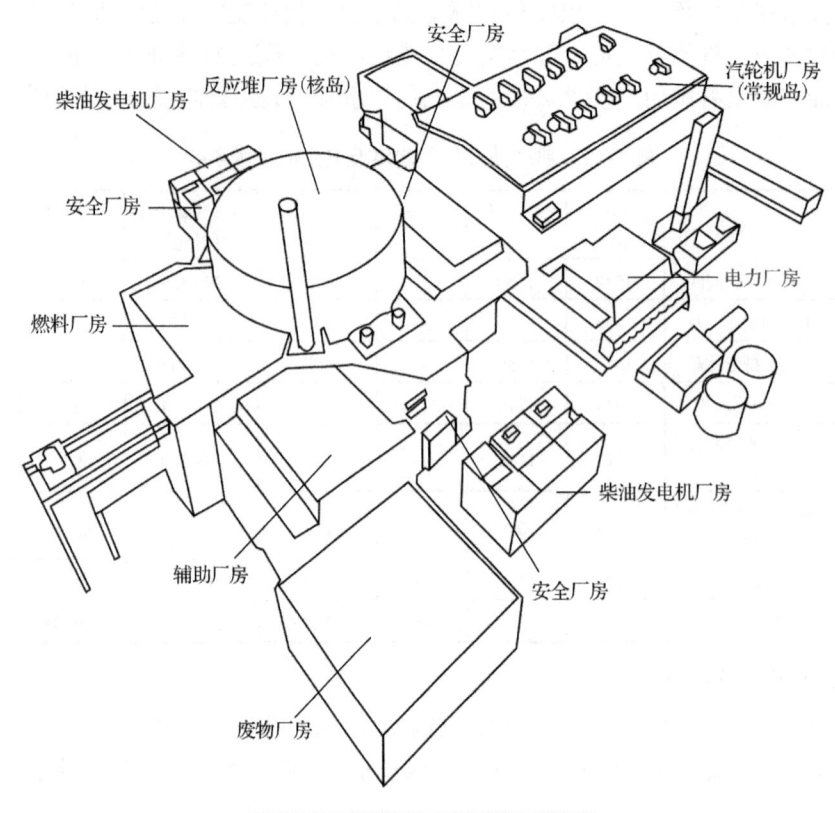

图 1-9　能动型第三代压水堆 EPR

2）先进沸水堆 ABWR

沸水堆（BWR）是 20 世纪 60 年代最先由美国通用电气公司发展起来的。与压水堆不同的是，沸水堆仅有核反应堆系统而不包含二回路系统。沸水堆允许流经核反应堆堆芯的冷却剂发生沸腾；在反应堆堆芯产生的蒸汽离开反应堆后直接进入蒸汽透平膨胀，并由其带动发电机发电。20 世纪 70～80 年代，美国通用电气公司联合日本东芝和日立等公司研发先进沸水反应堆（ABWR）。1996 年，日本建成了泊崎刈羽核电厂（Kashiwazaki）6 号机组，是世界上第一个建成的满足《先进轻水堆用户要求文件》的第三代轻水堆。

先进沸水堆 ABWR 是在第二代沸水堆基础上改进而来的第三代沸水堆，其技术参数如表 1-11 所示，整体布置如图 1-10 所示。相比于第二代沸水堆，先进沸水反应堆将冷却剂再循环泵移至核反应堆堆芯内，进一步简化了核反应堆系统，极大地减小了核反应堆发生失水事故的概率。而且，内置循环泵的设置也增加了反应堆压力容器的容积，其反应堆压力容器的水装量是同等规模压水堆的两倍，这增强了核反应堆系统运行的稳定性。同时，内置循环泵放置在反应堆堆芯与压力容器壁之间，这增加了两者之间冷却剂水的厚度，从而减少了快中子到达压力容器表面的数量，为先进沸水堆 60 年的设计寿命提供了良好的条件。

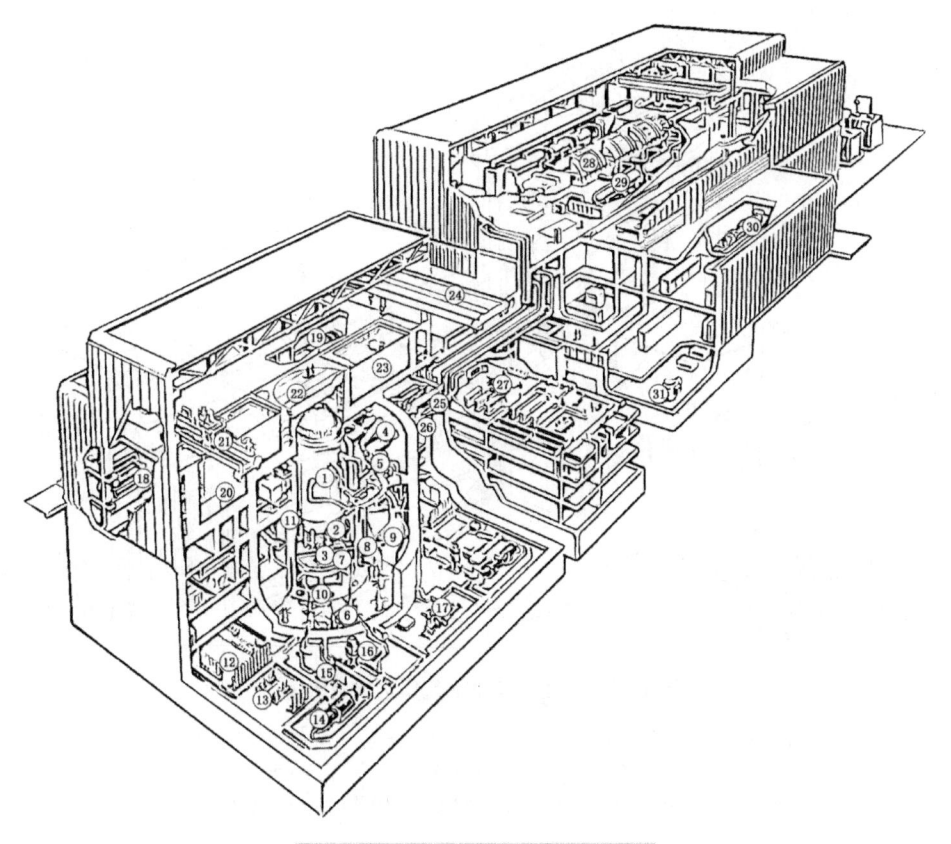

图 1-10　能动型先进沸水堆 ABWR

①反应堆压力容器；②反应堆内部泵；③精细运动控制棒；④主蒸汽隔离阀；⑤安全阀/泄压阀；⑥安全阀/泄压阀消音器⑦下干井设备平台；⑧水平通风口；⑨抑制水池；⑩下干井溢流器；⑪钢筋混凝土容器；⑫液压控制单元；⑬控制棒驱动液压系统泵；⑭余热排出换热器；⑮余热排出泵；⑯高压安注泵；⑰反应堆堆芯隔离冷凝汽轮机和泵；⑱柴油发电机；⑲常备气体处理过滤器和风机；⑳乏燃料储存池；㉑换料平台；㉒屏蔽块；㉓蒸汽干燥器和分离器储池；㉔桥式起重机；㉕主蒸汽管线；㉖给水管线；㉗主控室；㉘汽轮发电机；㉙汽水分离再热器；㉚燃烧式气轮发电机；㉛空气压缩机和干燥器

2．非能动型第三代轻水堆

与第二代反应堆和第三代能动型反应堆不同的是，非能动型轻水堆的专设安全设施的设计完全依赖于"非能动理念"。在事故条件下，核反应堆的专设安全设施的运行不需要外部能源的支持，依靠系统自身温度差、位置差和密度差等将冷却水注入堆芯中，并从堆芯带出余热，保证反应堆堆芯的完整性。

1）AP1000/CAP1400

最具代表性的非能动型第三代压水堆是美国的 AP1000 以及我国的 CAP1400。AP1000 是由美国设计的非能动型压水堆的代表，CAP1400 是我国在消化吸收 AP1000 技术基础上发展出来的具有更大功率水平的非能动型先进压水堆。它们的技术参数如表 1-11 所示。AP1000 核电厂示意图如图 1-11 所示。AP1000 和 CAP1400 采用了相同的非能动专设安全设施设计理念，而两者的主要差别在于核反应堆功率水平。由表 1-11 中的数据可知，AP1000 的热功率为 3400MWt，电功率为 1115MWe，而 CAP1400 的热功率是 4040MWt，电功率为 1450MWe。

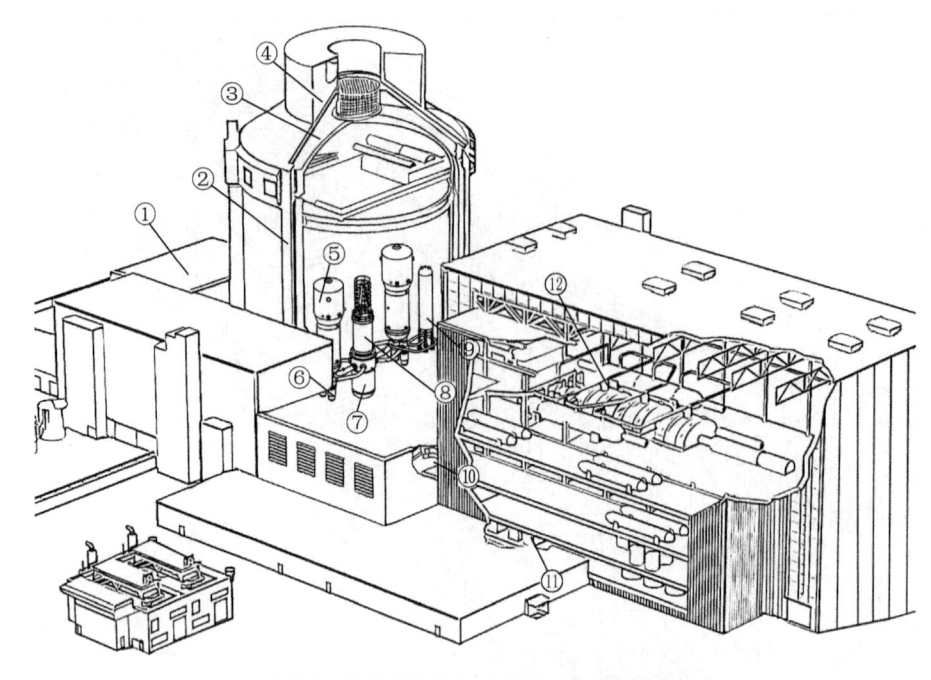

图 1-11 非能动型第三代压水堆 AP1000
①燃料处置厂房；②混凝土屏蔽厂房；③钢制安全壳；④非能动容器冷却水箱；
⑤蒸汽发生器（2台）；⑥反应堆冷却剂泵（4台）；⑦反应堆压力容器；
⑧一体化上封头组件；⑨稳压器；⑩主控室；⑪给水泵；⑫汽轮发电机

值得指出的是，为了应对核反应堆冷却剂系统的破口事故，AP1000/CAP1400 均创新地采用了堆芯补水箱、安注箱和非能动余热排出系统来代替第二代压水堆高压、中压和低压安全注射系统。而且，它们均采用了钢制安全壳与非能动安全壳冷却系统，将进入安全壳的能量排入最终的环境，保证压水堆核电厂最后一道物理屏障在破口事故下的完整性，防止放射性物质大规模释放。

2）经济简化型沸水堆

经济简化型沸水堆（ESBWR）是在简化型沸水堆（SBWR）发展起来的一类非能动型沸水堆，前者的技术参数如表 1-11 所示，其电厂布置如图 1-12 所示。SBWR 与 ESBWR 的设计理念完全相同，均基于"非能动安全"理念；两者的主要差别与 AP600 和 AP1000 的差别一样，仅仅是功率水平不同。SBWR 的电功率是 600MWe，而 ESBWR 的电功率达到 1600MWe。

与第三代非能动型压水堆一样，SBWR/ESBWR 采用非能动的专设安全设施代替了上一代沸水堆能动的专设安全设施。这些非能动的专设安全设施包括隔离冷凝系统、安全泄放阀、抑压水池、重力驱动冷却系统和非能动安全壳冷却系统。而且，除了这些非能动的专设安全设施，SBWR/ESBWR 在正常满功率运行时也采用了完全非能动的方式。这意味着在正常运行时 SBWR/ESBWR 能够完全依赖核反应堆堆芯冷却剂的沸腾及其自然循环，将 3000~4000MWt 量级热功率带出核反应堆堆芯，这是 SBWR/ESBWR 的最具特色的技术。

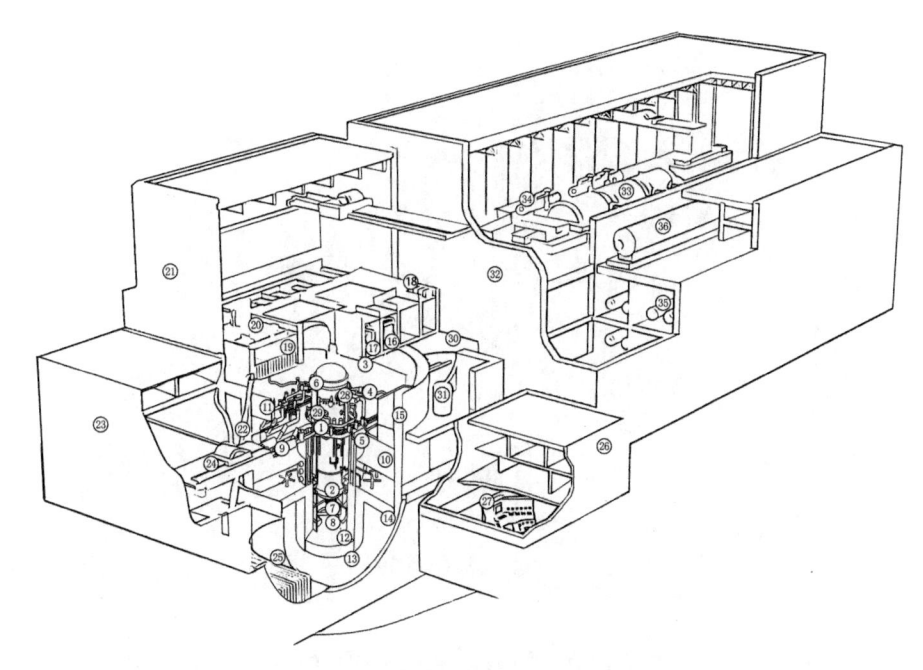

图 1-12 完全非能动型的经济简化型沸水堆

①反应堆压力容器；②精细电动控制棒；③主蒸汽隔离阀；④安全阀/卸压阀；⑤SRV淬火剂；⑥减压阀；⑦下干井设备平台；⑧堆芯补集器；⑨水平通风口；⑩抑压水池；⑪重力驱动冷却系统；⑫水力控制单元；⑬反应堆水净化/停堆冷却泵；⑭反应堆水净化/停堆冷却换热器；⑮安全壳；⑯隔离冷凝器；⑰非能动安全壳冷却系统；⑱汽水分离器；⑲燃料储存池；⑳换料机；㉑反应堆厂房；㉒斜式燃料转运机；㉓燃料厂房；㉔燃料转运机；㉕乏燃料储存池；㉖控制室；㉗主控室；㉘主蒸汽管道；㉙给水管道；㉚蒸汽管厂道；㉛常备液压控制安注箱；㉜汽轮机厂房；㉝汽轮发电机；㉞汽水分离再热器；㉟给水加热器；㊱直接接触给水加热器和水箱

3."能动+非能动"型压水堆

除了 EPR 完全的能动型安全技术和 AP1000 的非能动型安全技术，我国的华龙一号采取了"中间路线"，即"能动+非能动"的安全技术，其主要的技术参数如表 1-11 所示。华龙一号基于成熟的第二代压水堆技术，从技术参数角度来说，华龙一号是一个"标准的"百万千瓦级压水堆。它基本保留了第二代压水堆的核反应堆冷却剂系统和能动型的专设安全设施。它的反应堆冷却剂系统与第二代压水堆基本相同。能动的专设安全设施包括高压安注系统、中压安注系统、低压安注系统、余热排出系统、安全壳喷淋系统和堆腔注水系统。其中，堆腔注水系统是华龙一号新增的能动专设安全设施。

除了这些能动的专设安全设施，华龙一号还设置了非能动堆腔注水系统、非能动二次侧余热排出系统和非能动安全壳冷却系统这三大非能动专设安全设施，以应对三哩岛核事故和福岛核事故等严重事故，如图 1-13 所示。在能动的专设安全设施失效时，华龙一号依然能够依靠非能动的专设安全设施导出反应堆堆芯和安全壳内的余热，阻止核电厂三道物理屏障在事故条件下全部损坏，防止放射性物质大规模失控释放到环境中去。

从系统的多样性角度来说，能动与非能动相结合的专设安全设施比单纯的能动型和单纯的非能动型具有更大的优势。而且，这样的系统设置也符合压水堆核电厂多样性的设计原则，以防止共因失效。在一些极端的条件下，例如发生全厂断电事故，EPR 等采用的完全的能动系统更容易陷入被动的境地，因为它们需要外部能源的支持。一旦失去这些外部支持，它们

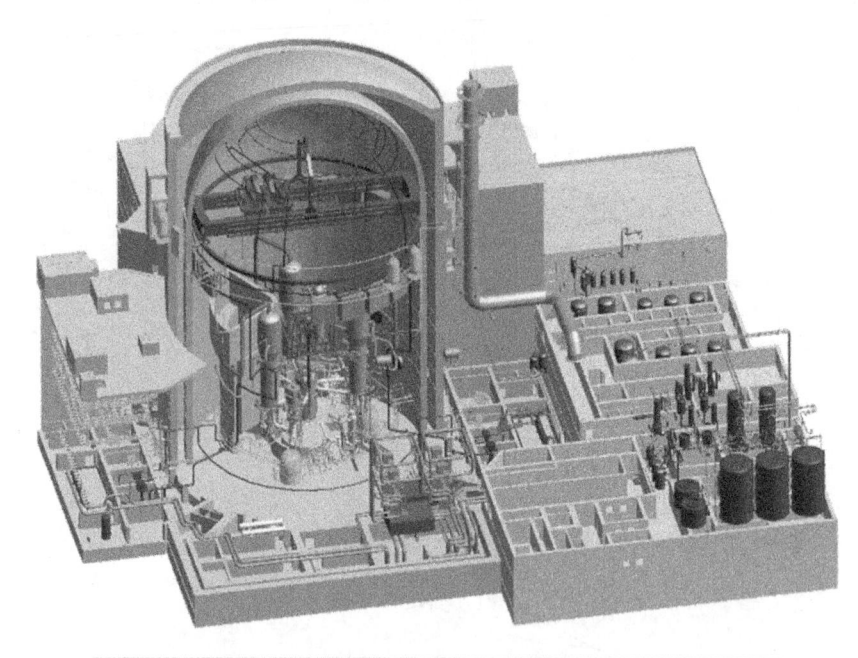

图1-13 "能动+非能动"型的第三代压水堆华龙一号（HPR1000）

将无法正常投入，从而失去对反应堆的保护。非能动型和"能动+非能动"型的专设安全设施可以避免出现这种局面。

完全非能动型的专设安全设施虽然在应对极端事故时比较有优势，但是极端事故发生的概率并不高，而发生一些概率更高的事故时，非能动型压水堆不得不完全采用非能动的手段来应对。众所周知，非能动专设安全设施的投入和运行通常无须人工干预，且见效相对较慢。这实际上意味着人工无法干预非能动专设安全设施的运行。在一些小事故时，尤其是外部条件比较好时，人工干预可使整个事故过程更加有效地得到控制。例如，能动的安全壳喷淋系统能够运行的话，非常容易控制安全壳内的温度和压力。相比完全的非能动型专设安全设施，"能动+非能动"型专设安全设施在这方面具有明显的优势。

1.3 第四代核反应堆的技术目标

鉴于第三代（商用）核反应堆已经逐渐成熟并进入建造阶段，为了核能的进一步发展，美国能源部牵头，来自全世界的100多个专家于1999年开启了关于下一代核能系统的基本目标、堆型等问题的大讨论。通过大讨论，2000年1月，阿根廷、巴西、加拿大、法国、日本、韩国、南非、英国和美国九个国家创建了第四代核反应堆国际论坛（GIF），并于2001年7月签署了第四代核反应堆国际论坛的创立文件——《第四代核反应堆国际论坛宪章》。瑞士于2002年签署了《第四代核反应堆国际论坛宪章》。

第四代核反应堆国际论坛旨在协调各国在第四代核能系统的研究、设计、建造和运行等工作，以使第四代核能系统满足全球2030年以后的核能发展需求。2002年，这十个国家以第四代核反应堆国际论坛的名义发布了《第四代核能系统技术路线图（基础版）》。在该技术路线图中，第四代核能系统的技术目标和六个候选堆型被提出来。同时，这六个候选堆型各自的技术目标、研究现状和技术攻关方向以及时间表也被进一步明确下来。第四代核能系统自 2002 年被正式提出来后，世界各国结合自身核能发展的需求，选择性地对这六种核反应堆进行了研究。欧洲原子能共同体（Euratom）、俄罗斯和我国分别于 2003 年和 2006 年签署了《第四代核反应堆国际论坛宪章》，成为第四代核反应堆国际论坛的正式成员。

2009 年，第四代核反应堆国际论坛发布了《第四代核能系统研发展望》报告。在报告中，第四代核反应堆国际论坛总结了全世界范围内在 2002~2009 年第四代核能系统的研究进展，并再一次明确了六个候选堆型在后续研究中的技术目标。2014 年，第四代核反应堆国际论坛发布了《第四代核能系统技术路线图（升级版）》。在报告中，第四代核反应堆国家论坛总结了六个候选堆型的发展现状、过去十年中取得的重要成果、下一阶段技术攻关目标及经调整的时间表。

1.3.1 技术总目标

第三代核反应堆的技术或者经济目标建立在大量第二代商用核电站的运行数据之上。然而，《第四代核能系统技术路线图（基础版）》中提出的第四代核能系统的技术成熟度均不高，几乎都停留在实验堆的阶段，尚未达到原型核电站的阶段。因而，第四代核反应堆的技术目标大多为原则性的目标。这是第四代核反应堆与第三代核反应堆技术目标的显著差别。在《第四代核能系统技术路线图（基础版）》中，第四代核反应堆的技术总目标包括可持续性、经济性、安全性与可靠性、防止核扩散和物理防护四个方面。

1. 可持续性

可持续性是指第四代核能系统在满足当代发展需求的同时，提升（至少不能损害）下一代满足社会发展需求的能力。任何社会都存在不断增长的能源需求，这一需求须与可持续原则相协调。可持续性目标要求保护资源、保护环境，保证下一代发展满足其需求的能力，避免给下一代造成不合理的负担。现存和下一代核电站须实现目前甚至更加严格的避免污染空气的目标。可持续性目标可细分为：

（1）第四代核能系统能提供可持续性能源，它不仅不会污染地球大气，而且在保证系统长期可用性的同时，实现核燃料资源的有效利用。

（2）第四代核能系统能有效管理核废物，以更好地保护公众健康和环境，并使其最少化，特别是显著地减少核废物长期管理的负担。

2. 经济性

具有竞争力的经济性是市场对第四代核能系统的要求，也是第四代核能系统的一个内在要求。在如今的环境下，核电机组常常作为基础负荷机组使用。随着全球能源市场的去监管化，大量独立的能源供应商和商业电厂运营方出现，核电站作为基础负荷的角色也将面临新的挑战，市场也要求其转变角色。因而，第四代核能系统需要适应这样的新环境，例如小功率机组、参与调峰等。除了提供电力之外，第四代核能系统应该能提供更丰富的能源产品以满足未来的需要，如氢气、工艺热、区域供热和海水淡化等。在满足更多样的能源需求时，第四代核能系统也应确保其经济性具有竞争力和吸引力。具体来说，经济性包含以下两个子目标：

（1）与其他能源相比，第四代核能系统能有一个清晰的全寿期成本优势；

（2）与其他能源相比，第四代核能系统能有一个相当的资本风险。

3．安全性与可靠性

安全性与可靠性是第四代核能系统发展和运行最重要的特性之一。核能系统必须在正常运行时和预期的运行瞬态工况下具有充足的安全裕度，事故工况应该能够被中止，非正常工况不应该恶化为严重事故。核反应堆技术的发展也要求第四代核能系统具有更好的安全性和可靠性，减小厂外放射性释放的频率和程度，减小核电站严重损坏的可能性。通过进一步的改进，第四代核能系统应具有更高水平的安全性与可靠性。具体来说，安全性与可靠性可分解为三个子目标：

（1）第四代核能系统应具有一个突出的安全性和可靠性；

（2）第四代核能系统应具有一个极低的反应堆堆芯损坏概率和损坏程度；

（3）第四代核能系统应消除场外应急响应。

这些目标的实现并不能完全依赖于技术进步，还应该依靠人员发挥重要的作用，以便能系统地考虑电厂的可用性、可靠性、可检查性和可维护性等。

4．防止核扩散与物理防护

防止核扩散和物理防护是拓展第四代核能系统作用最重要的特性之一。《核不扩散条约》提供的防护是一直防止民用核能系统用于核武器的扩散。这个目标应该适用于核能系统中所有的核材料，包括核燃料浓缩、转化、制造、核电厂发电、再循环和核废物处置所涉系统中所有的原材料和特别的可裂变材料。除此之外，现存的核电站应该具有高的安保防护，甚至能够抵御如地震、洪水、海啸、火灾等外部事件。专设安全设施应通过冗余原则、多样性原则和独立性原则极大地减少外部和内部威胁对核电站的影响。这个目标指明了需要进一步提高公众对核电站应对恐怖主义袭击的信心。

第四代核能系统的设计中应该提高系统防止恐怖主义行为的物理防护能力，达到与其他重要系统和基础设施相当的保护水平。总而言之，第四代核能系统能降低其提供武器级材料的吸引力，并在物理上增强抵御恐怖主义袭击的能力。

1.3.2 典型第四代核反应堆概览

基于可持续性、经济性、安全性与可靠性和防止核扩散与物理防护四个技术目标，第四代核反应堆国际论坛将这四个技术目标演化成 8 个子目标、15 个准则和 24 个指标，如表 1-12 所示。依据表 1-12 中的总目标、子目标、准则和指标等，第四代核反应堆国际论坛筛选出六个第四代核反应堆的候选堆型，它们分别为超高温气冷堆、钠冷快堆、气冷快堆、铅（铅铋）冷快堆、超临界水堆和熔盐堆。

在这六个候选反应堆中，钠冷快堆、气冷快堆、铅（铅铋）冷快堆均是快中子反应堆；超临界水堆和熔盐堆既可设计为快中子反应堆，也可以设计为热中子反应堆。这意味着六个第四代核反应堆的候选堆型里，仅有超高温气冷堆一个热中子反应堆。第四代核反应堆引入大量的快中子反应堆是为了充分利用铀矿资源，实现第四代核反应堆的可持续发展的技术总目标。快中子反应堆的核燃料利用率较高，所有超铀元素均可作为燃料。例如，在热中子反应堆中无法直接利用的可增殖核素（如 U-238）在快中子反应堆均可直接利用。

表 1-12　第四代核反应堆的技术总目标、子目标、准则和指标

技术总目标	子目标	准则	指标
可持续性	资源利用性	燃料利用性	核燃料资源
	核废物管理与最少化	核废物最少化	核废物质量
			体积
			热负荷
			放射性毒性
		放射性废物管理与处置的环境影响	环境影响
经济性	寿期循环成本	建造成本（隔夜价）	隔夜价
		发电成本	发电成本
		建造周期	建造周期
	资金风险	隔夜价	隔夜价
		建造周期	建造周期
安全性与可靠性	运行的安全性与可靠性	可靠性	故障停运率
		工人/公众的日常辐照	日常辐照
		工人/公众的事故辐照	事故辐照
	堆芯损坏	安全系统的鲁棒性	可靠的反应性控制
			可靠的余热导出
		分析模型的典型性	主要现象的不确定度
			燃料的长期热响应
			一体化实验的缩比性
	厂外应急响应	源项与质能释放	源项
			质能释放的机制
		缓解措施的鲁棒性	长期的系统时间常数
			长期和有效地阻止
防止核扩散与物理防护	防止核扩散与物理防护	转移的敏感性或非法生产	分离的材料
			乏燃料的特性
		设施的脆弱性	非能动安全特性

另外，由于目前正在运行中的第二代和第三代商用核反应堆绝大部分均为轻水反应堆，即热中子反应堆。从铀资源来说，仅仅 U-235 才能作为燃料，即使通过 U-238 在反应堆内嬗变生成 Pu-239 而得到一部分利用，但是铀资源的整体利用率仅为 1%左右。如果全球热中子反应堆继续执行一次通过燃料循环策略，如图 1-14 所示，目前已经探明的铀矿储量将在 2030 年左右消耗殆尽。

如果快中子反应堆被引入到目前的核工业体系中，则这些快中子反应堆可与目前商业运行中的第二代和第三代热中子核反应堆相配合，利用热中子反应堆卸出的乏燃料制成的燃料，

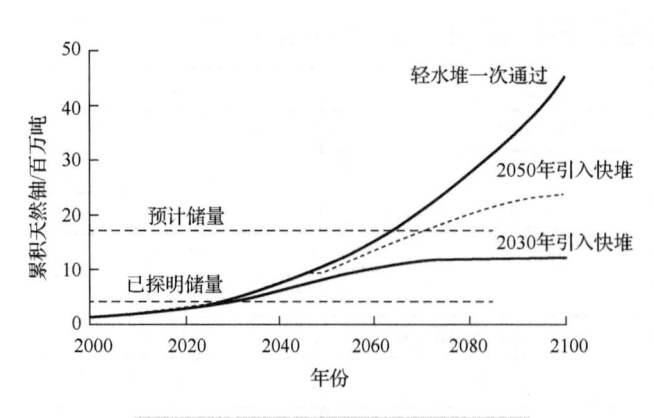

图 1-14 全球铀矿资源与燃料循环策略

提高铀资源的利用率。如图 1-14 所示，如果在 2030 年引入快中子反应堆，那么无须再进行大规模的铀矿资源勘探，目前潜在的铀矿储量足以支撑起全球核能的可持续发展。这将为下一代留下足够的铀矿资源用于其社会发展。如果快中子反应堆的引入要推迟至 2050 年左右，那么仍然需要进行一定规模的铀资源勘探才能保证全球核工业的发展。总之，只要引入快中子反应堆，全球核工业对铀资源的需求量将远远低于轻水堆"一次通过"策略下的需求量。这是第四代核反应堆 6 个候选堆型中有 5 个是快中子反应堆的主要原因。

1. 超高温气冷堆

超高温气冷堆（VHTR）是第四代核反应堆中唯一的热中子反应堆，并采用一次通过燃料循环策略。由于超高温气冷堆与高温气冷堆在反应堆结构方面差异不大，因而得益于高温气冷堆的发展，超高温气冷堆仅需要在耐高温材料（高温合金材料、纤维强化的陶瓷材料和复合材料）方面进行研发工作。如表 1-13 所示，超高温气冷堆的一个最基本的特征是反应堆出口温度达到 1000℃，其主要目标是尽快实现核能的高温工艺热应用，如煤气化、热化学制氢等。

表 1-13 超高温气冷堆参考设计的参数

反应堆参数	数值
功率	250（球床）/600（柱状）MWt
中子能谱	热中子谱
反应堆压力	7MPa
反应堆进出口温度	1000℃
功率密度	$3\sim6MWt/m^3$
燃料	氧化物燃料（UO_2、MOX）、钍基燃料
燃料类型	TRISO
燃耗	100~150GWd/THM

如图 1-15 所示，超高温气冷堆的流程及其能源利用示意图中显示超高温气冷堆的高温利用方式是主要制氢，而非发电。当提供工艺热（如制氢）时，核反应堆一回路系统与工艺热回路之间通常设置有一个中间换热器或者蒸汽发生器，以隔离一回路系统或工艺热回路。超高温气冷堆的出口温度需要达到 1000℃，以获得更高的系统效率。超高温气冷堆期望具有较高的经济性，因为其具有较高的出口温度和较高的产氢效率。对于如此高的出口温度，超高温气冷堆也可采用直接循环发电或采用联合循环发电。

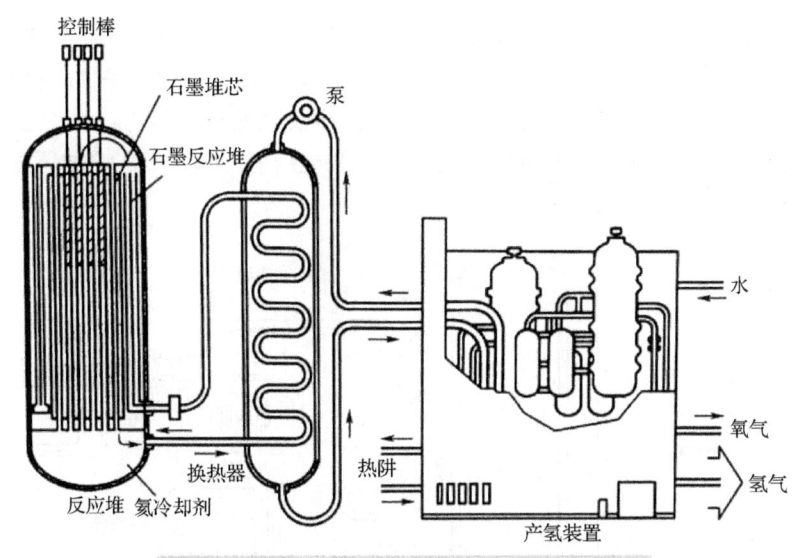

图 1-15 超高温气冷堆及其能源利用方式示意图

表 1-13 所示的是超高温气冷堆参考设计的技术参数。超高温气冷堆参考设计的反应堆功率在 200~600MWt。与其他堆型不同的是，超高温气冷堆可采用棱柱状堆型或球床堆型。无论采用何种堆型，燃料的技术是相同的，即 TRISO 技术。得益于 TRISO 技术，超高温气冷堆可以比较灵活地采用各种燃料（如氧化物燃料、钍基燃料）及燃料循环，例如 U-Pu 燃料循环，Th-U 燃料循环，以最少化放射性废物。同样地，TRISO 燃料技术使得超高温气冷堆能够取得比一般热中子反应堆深得多的燃耗，可达 100~150GWd/THM。

球床超高温气冷堆的热功率在 200~250MWt 的水平上，而柱状超高温气冷堆的热功率在 600MWt 的水平上。相比于其他第四代核反应堆，超高温气冷堆的功率水平较小，这主要是由于超高温气冷堆追求的是固有安全性，即完全采用自然（导热、对流和辐射传热）的方式导出反应堆内的余热，不再需要任何能动的堆芯余热导出手段。其他类型的反应堆如果也采用这样的策略，它们的热功率也无法达到 3000MWt 的水平。超高温气冷堆与高温气冷堆一样，由于冷却剂氦气密度较低，因而需要采用较高的一回路压力。按照目前成熟的技术，一回路的压力一般在 7MPa 左右。

2. 钠冷快堆

钠冷快堆的基本特征是快中子反应堆和闭式燃料循环。除了用于发电之外，钠冷快堆也可用于高放废物的管理，特别是钚和其他锕系元素。由于钠金属非常活泼，与水和空气均能发生剧烈的化学反应，因而钠冷快堆参考设计常采用三回路布置方式，如图 1-16 所示，其参数如表 1-14 所示。在传统的蒸汽朗肯循环回路（三回路）与反应堆系统回路（一回路）之间，设置有中间隔离回路（二回路）。中间隔离回路通常也采用钠作为冷却剂，用中间热交换器与一回路系统连接，用蒸汽发生器与三回路连接。一回路系统的布置可以采用池式（图 1-16），也可以采用紧凑的回路式。

如表 1-14 所示，钠冷快堆的功率水平可以在 1000~5000MWt 的范围内进行选择，以适应不同的使用需求和安全设计需求。当功率水平较小时，钠冷快堆的一回路系统可以采用自然循环以形成固有安全式反应堆。钠冷却剂的体积热容相对较大，而且沸点较高，这增强了钠冷快堆的固有安全性。另外，既然它是液态金属冷却剂，钠冷快堆的运行压力仅仅需维持在大气压的水平上。这是所有液态金属冷却反应堆的共性优势之一。钠冷快堆的功率密度较大，可达 350MWt/m³，是常见压水堆的 3.5 倍左右。由于采用了快中子谱，钠冷快堆的燃料转换比最高可达 1.3 左右，能够实现燃料的增殖。钠冷快堆的反应堆出口温度在 530～550℃，因而钠冷快堆的三回路系统可以采用蒸汽朗肯循环发电或者 SCO_2 布雷顿循环发电。

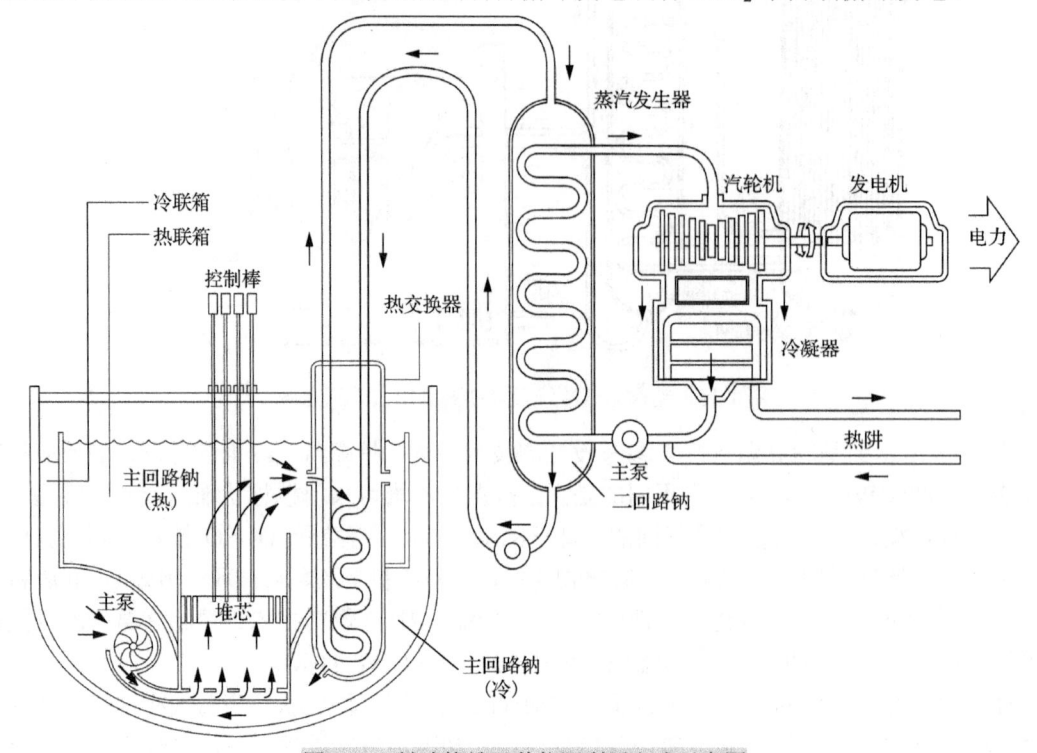

图 1-16 钠冷快堆及其能源利用方式示意图

表 1-14 钠冷快堆参考设计的参数

反应堆参数	数值
功率	1000～5000MWt
中子能谱	快中子谱
反应堆压力	1atm
反应堆进出口温度	530～550℃
功率密度	350MWt/m³
燃料	氧化物燃料（MOX）或金属燃料（U-Pu-Zr 合金）
包壳	铁素体钢等
转换比	0.5～1.3
燃耗	150～200GWd/THM

3. 铅（铅铋）冷快堆

铅（铅铋）冷快堆是采用铅或者铅铋合金作为冷却剂的快中子反应堆。由于是快中子反应堆，因而它能采用闭式燃料循环。如图 1-17 所示，铅（铅铋）冷快堆通常设计成池式，反应堆被置于铅（铅铋）池的底部，依靠自然循环或者强迫循环方式将热量带到铅（铅铋）池的上部，并通过中间热交换器将热量传递给二回路。按照第四代核反应堆国际论坛的推荐，铅（铅铋）冷快堆推荐采用布雷顿循环发电。

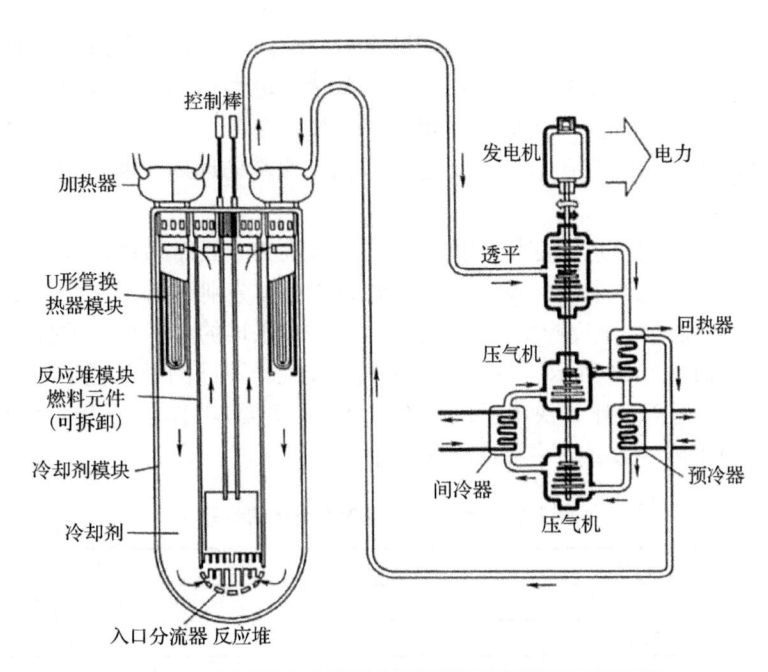

图 1-17 铅（铅铋）冷快堆及其能源利用方式示意图

表 1-15 所示的是铅（铅铋）冷快堆的参考设计方案及其特征参数。铅（铅铋）冷快堆在反应堆的功率上比较灵活，可设计成 50～150MWe 级的电池型反应堆，也可以设计成 300～400MWe 级的模块型反应堆，也可以设计成 1200MWe 级的大型反应堆。其中，电池型的反应堆分别有铅铋冷和铅冷两种不同的方案。

表 1-15 铅（铅铋）冷快堆参考设计及其技术特征

反应堆参数	铅铋冷电池型（近期）	铅铋冷模块型（近期）	铅冷大型（近期）	铅冷电池型（远期）
冷却剂	铅铋合金	铅铋合金	铅	铅
反应堆出口温度/℃	550	550	550	750～800
压力/atm	1.0	1.0	1.0	1.0
功率水平/MWt	125～400	1000	3600	400
燃料	金属、氮化物	金属	氮化物	氮化物
包壳	铁素体钢	铁素体钢	铁素体钢	陶瓷、高温合金
燃耗/(GWd/MTHM)	～100	100～150	100～150	100
转换比	1.0	1.0	1.0～1.02	1.0
燃料组件型式	开放式	开放式	混合	开放式
冷却剂流动模式	自然循环	强迫	强迫	自然循环

电池型的铅（铅铋）冷快堆是一类比较有特色的反应堆设计。它通常被设计为长换料周期（例如 15～20 年）的反应堆。由于功率较小，因而它可采用工厂一体化的方式进行制造。这样一体化的制造方式便于为小电网需求的地区和应用提供电力，也可为那些希望发展核能但又不希望负担整个核燃料循环的发展中国家提供电力。由核能技术发达的国家提供电池型的铅（铅铋）冷快堆，每个换料周期结束之后，再由反应堆的提供者进行换料和维护。

由于铅（铅铋）冷快堆采用了液态金属冷却剂，因而反应堆系统压力与钠冷快堆一样，运行在大气压下。液态金属冷却剂的熔点和沸点与系统压力无直接联系，因而反应堆出口温度的选择比较灵活。铅（铅铋）冷却快堆的出口温度设定为 550℃，这作为近期发展目标。随着技术的成熟和材料的进步，例如采用陶瓷型或高温合金包壳材料，铅（铅铋）冷快堆的反应堆出口温度期望提高到 750~800℃，这作为铅冷快堆的远期发展目标。

4．超临界水堆

与第二代和第三代的轻水反应堆相比，超临界水堆的一回路系统运行压力提高到了水的临界点（374℃、22.1MPa）之上。反应堆出口温度和压力分别达到 510℃和 25MPa，反应堆出口水处于超临界状态，这一反应堆因此而得名。超临界水堆的参考设计的技术参数如表 1-16 所示，其系统布置如图 1-18 所示。与其他第四代核反应堆不同的是，超临界水堆既可以设计成热中子反应堆，也可以设计成快中子反应堆。两者的主要差别在于反应堆内是否考虑慢化。如果存在额外的慢化剂，那么超临界水堆是热中子反应堆。

表 1-16　超临界水堆参考设计的参数

反应堆参数	数值
功率	3900MWt/1700MWe
中子能谱	热中子谱、快中子谱
热效率	44%
反应堆压力	25MPa
反应堆进/出口温度	280℃/510℃
体积功率	100MWt/m^3
燃料	UO$_2$
包壳	不锈钢、镍基合金
燃耗	45GWd/THM

由于反应堆出口的冷却剂处于超临界状态，因而超临界水堆与沸水堆一样，采用直接循环方式，即通过反应堆的高温高压超临界水在透平中膨胀做功，推动发电机发电。从透平排出的乏汽经冷凝成单相水，再逐级加热至 280℃后，进入反应堆再次被加热。由于反应堆出口温度提高至了 510℃，因而超临界水堆的预期热效率可以达到 44%。而且，超临界水不再存在液相，因而沸水堆中的汽水分离器、再热器等就不再需要了，整个系统的布置比沸水堆更加简单。

5．气冷快堆

第四代核反应堆中的气冷快堆是氦气冷却的快中子谱反应堆，如图 1-19 所示。由于采用了快中子谱，因而它能采用闭式燃料循环，并能实现锕系元素的完全再循环。同样地，气冷快堆也能充分利用各种易裂变和

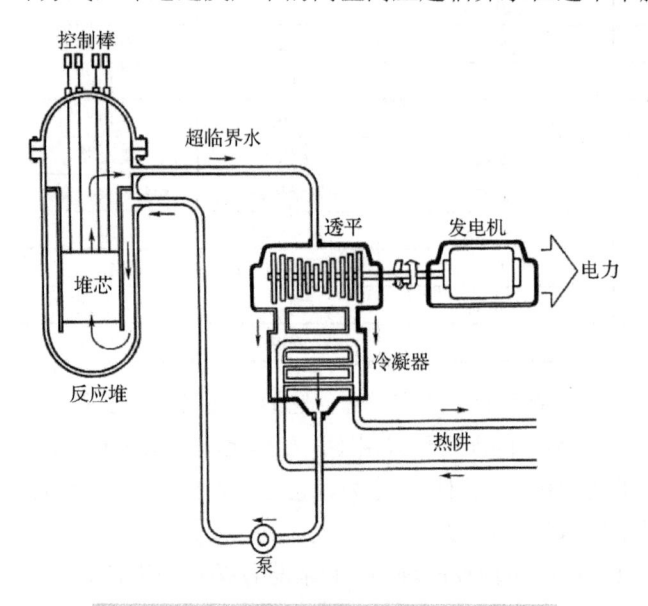

图 1-18　超临界水堆及其能源利用方式示意图

可增殖的核材料，甚至包括铀浓缩后剩下的贫铀。这使得气冷快堆的铀资源利用率比采用一次通过的热中子反应堆的利用率高 2 个数量级。氦气冷却剂保证反应堆可以采用较高的出口温度，因而气冷快堆可与热中子谱的超高温气冷堆一样用于发电、制氢和提供工艺热。图 1-19 中所示的是采用布雷顿循环发电的气冷快堆，其参考设计参数如表 1-17 所示。

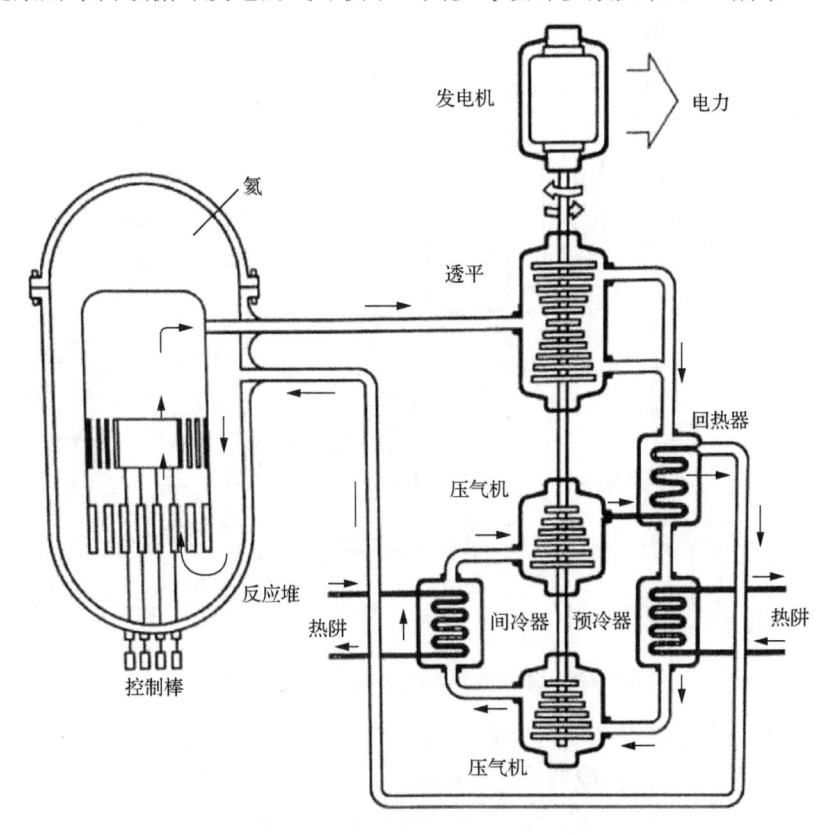

图 1-19 气冷快堆及其能源利用方式示意图

表 1-17 气冷快堆参考设计参数

反应堆参数	参考值
反应堆热功率	250~600MWt
热效率（布雷顿循环）	48%
反应堆进出口温度	490~850℃
平均功率密度	100MWt/m^3
参考燃料	含 20%Pu 的 UPuC/SiC（70%/30%）
燃料、冷却剂和包壳的体积比	50%/40%/10%
转换比	自维持
燃耗	5%FIMA

6．熔盐堆

熔盐堆是第四代核反应堆中唯一的液态燃料反应堆。熔盐堆的燃料是氟化铀或氟化钚与其他氟化盐的混合物，如 LiF-BeF$_2$-ZrF$_4$-UF$_4$。在熔盐堆正常运行时，高温使氟化盐处于熔融状态，因而反应堆由此得名。如图 1-20 所示，熔盐堆与钠冷快堆一样采用三环路布置方案，这是由于氟化盐在高温条件下具有较强的腐蚀性。熔盐堆一回路系统采用液态燃料，二回路系统通常采用不含燃料的熔盐，例如 BeLiF。根据熔盐堆运行温度的不同，三回路可以采用布雷顿循环发电，也可以采用朗肯循环发电。

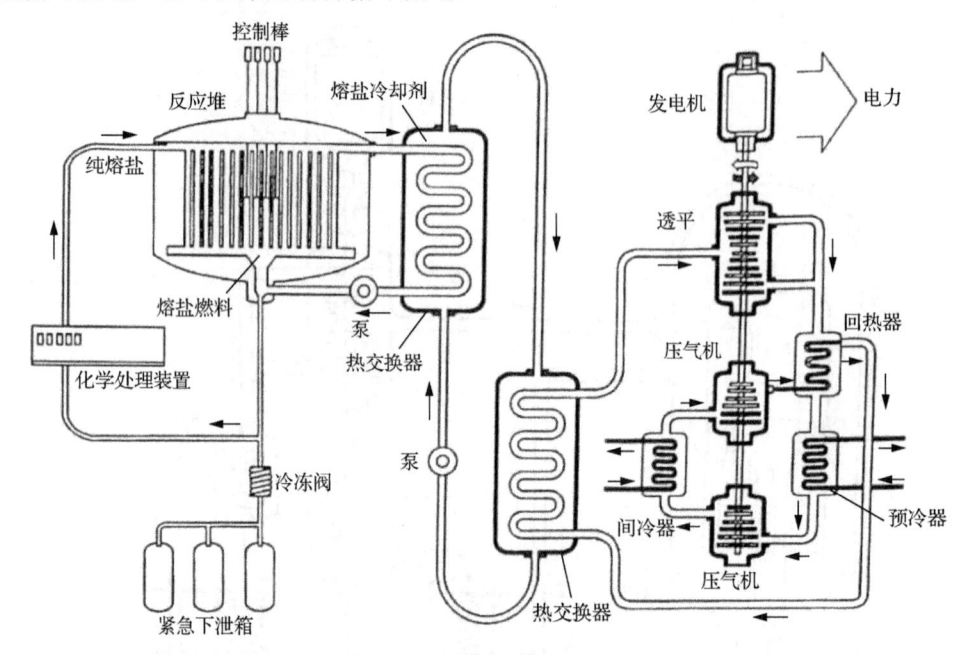

图 1-20 熔盐堆及其能源利用方式示意图

表 1-18 所示的是熔盐堆参考设计参数。熔盐堆的参考设计是标准的百万千瓦级反应堆，热功率在 2400MWe 的水平上。根据反应堆中是否存在慢化剂（通常采用石墨），熔盐堆既可以设计成热中子反应堆，也可以设计成快中子反应堆。液态燃料与金属冷却剂一样，无须高压环境，因而反应堆的系统压力是常压的。液态燃料使换料、燃料处理和裂变产物去除变得比较容易，具备燃料在线处理的能力。熔盐的高沸点使得熔盐堆可以运行在很高的温度下，例如 700~850℃。当反应堆出口温度达到 850℃时，熔盐堆具备制氢的潜力。

表 1-18 熔盐堆参考设计参数

反应堆参数	参考值
反应堆热功率	2000~2400MWt/1000MWe
中子能谱	热中子谱、快中子谱
热效率	44%~50%
反应堆进/出口温度	560℃/700℃（发电）~850℃（制氢）
燃料	$LiF\text{-}BeF_2\text{-}ZrF_4\text{-}UF_4$（液态）
反应堆系统压力	1atm
平均功率密度	$22MWt/m^3$
转换比	1.07（max）

熔盐堆的液态燃料选择非常灵活，这使得熔盐堆的用途变得非常灵活，既可以用于焚烧锕系元素，也可以用于燃料增殖。如果需要，不停堆的条件下也可改变燃料的成分。根据用途的不同，熔盐堆通常可以采用四种燃料循环方案。第一种是利用钍铀（Th-232—U-233）循环使燃料的转换比最大化（如 1.07）；第二种是掺杂型钍铀循环，即在燃料中掺杂一些 U-238，减少 U-233 用于生产核武器材料的吸引力；第三种是掺杂型的一次通过锕系元素焚烧燃料循环；第四种是多次后处理的锕系元素焚烧燃料循环。第四种燃料循环方案是熔盐堆首选的燃料循环。如果采用第四种燃料循环模式，那么氟化盐（NaF/ZrF_4）是首选，因为锕系元素在这种氟化盐中的溶解度较高。如果追求较大的燃料转换比，那么氟化盐 LiF/BeF_2 是首选。

1.3.3 未来发展技术目标

2014 年，第四代核反应堆国际论坛根据每一类型第四代核反应堆的发展现状，提出了在下一个十年里各类型反应堆的发展目标。

对于气冷快堆，主要的技术目标包括：①2400MWt 级气冷快堆概念设计，实现增殖能力；②失压事故相关安全管理和非能动余热排出技术；③先进燃料的堆外辐照试验；④小型实验堆（如 ALLEGRO）的设计。

对于铅冷快堆，主要的技术目标包括：①推动铅铋冷却原型堆（SVBR-100 和 BREST-300）的相关工作；②铅冷快堆的详细设计与执照申请；③事故条件下的初步安全分析（包括地震、蒸汽发生器传热管破裂）；④铅化学管理系统的发展和材料腐蚀问题研究；⑤燃料处理技术和系统运行；⑥先进的建模和仿真技术；⑦各类燃料（MOX、锕系元素容忍燃料、氮化物燃料）开发和发展；⑧锕系元素管理技术（燃料后处理、燃料制造）。

对于熔盐堆，主要的技术目标包括：①确认熔盐快堆基准概念设计；②熔盐物理化学性能和技术，特别是腐蚀、安全相关问题。

对于钠冷快堆，主要的技术目标包括：①形成三类基准设计方案，即池式、回路式和模块式；②推动全球范围内（中国、印度、日本和俄罗斯）钠冷快堆的运行、建造工作；③推动先进的钠冷快堆示范电站工作（法国、日本和俄罗斯）；④固化通用的安全设计准则；⑤钠冷快堆先进燃料的发展（先进的反应堆燃料、锕系元素容忍燃料）；⑥钠冷快堆先进设备的设计和常规岛（先进能量转换系统）设计；⑦乏燃料处置方案和技术；⑧钠冷快堆经济性评估和运行优化。

对于超临界水堆，主要的技术目标包括：①针对压力容器式和压力管式的两类超临界水堆，推动两类概念设计及安全分析；②各类最终潜在材料的测试；③堆外燃料组件测试；④超临界水堆分析工具开发与验证；⑤超临界水堆原型堆设计的一体化实验研究；⑥小规模燃料组件的堆内辐照测试；⑦确定超临界水堆的原型堆设计（反应堆功率水平和基本设计）。

对于超高温气冷堆，主要的技术目标包括：①近期超高温气冷堆重点关注的反应堆出口温度 700~950℃的工作；②远期关注更高的反应堆出口温度（1000℃）和更深的燃耗（150~200GWd/tHM）；③发展高温工艺热用户联盟；④耐高温的中间热交换器、管道、阀门等研究；⑤基于可行性和商用性发展的先进制氢方法；⑥验证非能动余热排出系统的有效性和可靠性；⑦耐极端高温（1800℃）燃料的测试；⑧高温工艺热系统与核反应堆系统的耦合安全评估。

第 2 章　先进水冷反应堆

本章所介绍的水冷反应堆是指采用轻水作为冷却剂和慢化剂的反应堆，包括压水堆、沸水堆和超临界水冷堆。由于水冷堆安全性高、技术成熟，目前世界上无论是在电站核动力还是舰船核动力，水冷反应堆的使用都占绝对多数。1954 年世界上第一艘核潜艇、1957 年建成的西平港核电站都是采用压水反应堆。经过多年的发展和使用，在不断技术更新的进展中，水冷反应堆已经发展成了一个庞大的家族。其中压水堆这一分支最为繁茂，已经运行的电站压水堆已发展到了第三代。除了大型电站用压水堆外，还开发了小型模块化压水堆、紧凑布置的压水堆等；近年来又开发了一体化的新堆型。水冷堆的一个分支沸水堆近年来也有很快的发展，先后开发和使用了先进沸水堆（ABWR）、简化型先进沸水堆（SBWR）和经济简化型沸水堆（ESBWR）。在第三代水冷堆技术的基础上，国内外正在研究开发经济性更好的第四代水冷堆，即超临界水冷堆。本章主要介绍一些有代表性的、目前已经使用的或正在研发的先进水冷反应堆。

2.1　先进压水反应堆

2.1.1　华龙一号

华龙一号是中国核工业集团开发的、具备能动与非能动相结合安全特征的第三代先进压水堆核电厂。它采用压水堆核电厂已有的成熟技术，具有全面的严重事故预防与缓解措施，强化了外部事件防护能力和应急响应能力。华龙一号的设计全面地贯彻了核安全纵深防御设计原则、设计可靠性原则和多样化原则。采用"能动与非能动相结合的安全设计理念"，能够有效应对动力源丧失的全厂断电事故，同时提供了多样化的手段满足安全性要求。

华龙一号充分借鉴了三代核电技术的先进设计理念和我国现有压水堆核电厂设计、建造、调试、运行的经验，以及近年来核电领域新的研究成果和福岛核事故经验反馈，满足我国最新核安全法规要求。设计中参考了国际最新的核安全标准，参照国际先进轻水堆核电厂用户要求，满足三代核电技术的总体指标。华龙一号充分利用我国目前成熟的装备制造业体系，具有技术成熟性和完全自主的知识产权，满足全面参与国内和国际核电市场竞争的要求。

华龙一号反应堆本体结构形式采用典型的压水堆结构，堆芯额定热功率为 3050MWt。反应堆冷却剂系统采用传统的分散式布置，主冷却剂系统由三条环路组成，主要设备有三台蒸汽发生器、三台主循环泵和一台稳压器，布置方式见图 2-1。

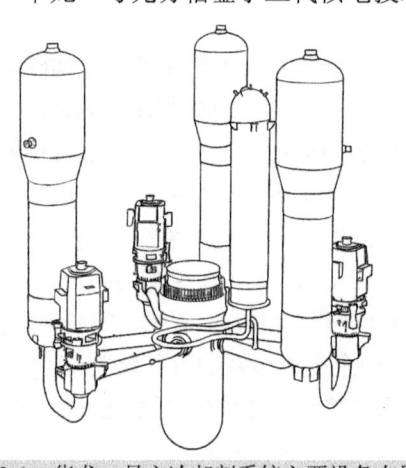

图 2-1　华龙一号主冷却剂系统主要设备布置

蒸汽发生器产生的蒸汽在汽轮机内做功，汽轮机带动发电机发电，额定发电功率为1160MWe，电厂净电输出功率约为1090MWe。华龙一号主要设计参数列于表2-1中。

表2-1 华龙一号主要设计参数

参数	数值
堆芯热功率	3050MWt
净电功率	1090MWe
净效率	36%
电厂设计寿期	60年
电厂可利用率目标	≥90%
换料周期	18个月
安全停堆地震（SSE）	0.3g
堆芯损坏概率（CDF）	$<10^{-6}$/堆年
大量放射性释放概率（LRF）	$<10^{-7}$/堆年
操纵员不干预时间	0.5h
电厂自治时间	72h

1. 反应堆压力容器

反应堆压力容器设计压力为17.23MPa（绝对压力），设计温度为343℃，运行压力为15.5MPa。堆芯段筒体内径为4340mm，筒体外径为4794mm，压力容器不含测量管的高度为12567mm。压力容器筒体有三个冷却剂出口接管和三个冷却剂入口接管。容器的主要零部件为整体锻造成型，整个容器上无纵向焊缝，正对堆芯的高中子注量率区无环焊缝，这些技术保证了压力容器的60年使用寿命。

反应堆压力容器大体分为三部分，即顶盖组件、容器筒体组件和紧固密封组件。顶盖组件包括顶盖法兰、半球形上封头、通风罩支撑。半球形上封头上有61个控制棒驱动机构管座、12个堆芯测量仪器管座、一个排气管、4个吊耳等。容器筒体组件是由几个环形锻件焊接而成，环形锻件包括：1个容器法兰段锻件，上面开有压紧螺栓的螺孔；容器的接管锻件，三个进口接管和三个出口接管焊在其上；直筒锻件，在堆芯的高中子通量区无焊缝；过渡段和下封头锻件。这些锻件焊接在一起形成容器筒体组件。反应堆压力容器紧固密封件包括主螺栓、主螺母、球面垫圈和C型密封环。反应堆压力容器的主体材料为16MND5型钢，容器内表面堆焊不锈钢防腐层，堆焊层材料为309L+308L，堆焊层厚度为7mm。华龙一号反应堆压力容器的主要设计参数如表2-2所示。

2. 反应堆堆芯及堆内构件

1）堆芯

华龙一号反应堆堆芯活性区高度为3.66m，等效直径为3.23m，堆芯高径比为1.13，燃料的平均线功率密度为173.8W/cm，堆芯铀装量为81.35t。反应堆堆芯由177个17×17方形燃料组件组成，每个组件有264根燃料棒，24根控制棒导向管和一根仪表管。燃料组件骨架由24根导向管、一根仪表管与11层格架（8层定位格架和3层跨间搅混格架）焊接而成，导向管与上管座、下管座连接形成燃料组件的支撑骨架。

表 2-2 反应堆压力容器主要设计参数

参数	数值
运行压力	15.5MPa
设计压力	17.23MPa（绝对压力）
设计温度	343℃
控制棒驱动机构管座数	61 个
水压试验压力	24.6MPa（绝对压力）
水压试验温度	≥（零脆转换温度）RT_{NDT}+30℃
堆芯筒体内径	4340mm
筒体外径	4794mm
高度（不含堆芯测量管座）	12567mm

燃料芯块由 UO_2 或 UO_2-Gd_2O_3 材料组成，第一循环装料分三种富集度的燃料，分别是 1.8%、2.4%、3.1%。最高富集度的燃料组件置于堆芯外区，较低富集度的两种组件按棋盘格式排列在堆芯内。第一循环采用硼硅酸盐玻璃作为可燃毒物，可燃毒物棒数量为 1248 根。

第二燃料循环装入 68 个富集度为 3.9%的新燃料组件，同时卸出 68 个富集度小或者燃耗深的燃料组件。从第三次循环开始，每次装入 68 个富集度为 4.45%的新燃料组件，同时卸出 68 个富集度小或者燃耗深的燃料组件。反应堆经过四次换料后，第五次循环达到 18 个月平衡换料。平衡循环的堆芯中间组件使用前一循环燃耗过两个或三个循环且燃耗不太深的燃料组件，以防止寿期末中心组件燃耗超过设计准则。

堆芯测量系统包括：堆芯实时功率分布监测系统，用来监测堆芯运行状态；堆芯测量系统，用于测量反应堆堆芯中子注量率、燃料组件出口冷却剂温度和压力容器水位。堆芯测量系统包括 44 支中子-温度探测组件和 4 支水位探测组件，这些组件从反应堆压力容器顶盖插入堆芯，通过堆顶密封结构进行固定。

堆芯在线监测子系统以中子注量率、燃料组件出口冷却剂温度和反应堆冷却剂入口温度等实测信号为输入，在线、连续地对仿真器计算得到的堆芯功率分布进行修正，获得与堆芯当前状态一致的功率分布。基于实测的堆芯功率分布，可以给出堆芯的局部线功率密度峰值，从而给出堆芯最小 DNBR（departure from nuclear boiling ratio）值。通过连续地在线监测堆芯的局部线功率密度和最小 DNBR，可以预警燃料芯块的熔化以及燃料包壳的烧毁。

反应堆堆芯测量子系统提供反应堆燃料组件出口及压力容器上封头腔室内冷却剂的温度，以及由此计算得出的反应堆冷却剂最高温度和平均温度。系统还要根据反应堆冷却剂系统提供的主回路压力和安全壳大气监测系统提供的安全壳大气压力，计算出反应堆冷却剂饱和温度，并由此计算出反应冷却剂的最低过冷裕度。

反应堆压力容器水位测量子系统提供压力容器内关键点是否被冷却剂淹没的信息，当水位低于一些关键点时，向操纵员提供相应的信息。水位测量不承担安全功能，但是在事故工况下系统将对水位关键点进行持续监测，以便在事故期间和事故后让运行人员了解反应堆冷却剂覆盖情况。

2）堆内构件

反应堆堆内构件由上部堆内构件、下部堆内构件、压紧弹簧和 U 形嵌入件等组成。堆内构件通过吊篮法兰吊挂在反应堆压力容器支承台阶上。通过 4 个对中销对上支承法兰和吊篮法兰定位，保证了上、下部堆内构件、压力容器及顶盖组件的对中。压紧弹簧放置在两个法兰之间，通过反应堆压力容器顶盖的作用压紧堆内构件。U 形嵌入件用螺栓连到已焊在压力容器上的径向支承块上并构成键槽，与吊篮组件下端的 4 个径向支承键相配合，以限制吊篮组件下部的周向位移，由热膨胀造成的径向和轴向伸展将不受约束。上堆芯板的圆周上设置 4 个键槽与吊篮筒体上相应位置处的 4 个导向销相配合，以保证上堆芯板与下堆芯板的准确对中。这样可保证燃料组件的精确定位和控制棒驱动机构的准确对中。

上部堆内构件为倒帽形结构，由上支承组件、上支承柱组件、上堆芯板组件、上部构件起吊旋入件、控制棒导向筒组件以及堆内测量导向结构组成。支撑板为厚锻件，厚度为 304.8mm。上堆芯板组件包括上堆芯板、354 个燃料组件定位销和 8 个嵌入件。上堆芯板厚度为 76.2mm。上堆芯板有 61 个 168.15mm×168.15mm 的方孔、44 个直径为 157.23mm 圆孔和 72 个直径为 146.05mm 的圆孔，为流水孔。上部堆内构件中有 61 组控制棒导向筒。

反应堆的下部堆内构件是堆芯的主要支撑结构。在压力容器内通过 4 个径向支承键和 4 个对中销来定位。下部堆内构件包括：吊篮组件、下堆芯板组件、堆芯支撑柱组件、围板和辐板组件、热屏蔽板和辐照监督管支架及其垫板、二次支撑及流量分配组件、下部构件起吊旋入件和对中销等。

3．燃料组件

燃料组件采用目前国际上通用的正方形无盒组件形式，17×17 的排列方式，每组 264 根燃料棒。燃料组件的骨架由 24 根控制棒导向管、1 根仪表导管与 11 层格架（8 层定位格架，3 层跨间搅混格架）焊接而成，24 根导向管与上管座、下管座通过相应的连接件形成连接。定位格架将燃料棒夹持固定位置，使其保持相互间的横向间隙以及与上、下管座间的轴向间隙。导向管除了用于容纳控制棒之外，还有其他相关组件棒的插入，如可燃毒物棒、中子源棒和阻力塞棒。仪表导管位于组件中心，用于容纳堆芯测量仪表的插入，燃料组件的外形结构与标准压水堆燃料组件相同。

燃料元件包壳、控制棒导向管和定位格架都是由锆合金材料制成的。燃料芯块采用烧结的二氧化铀或 UO_2-Gd_2O_3 芯块。燃料棒由包壳、芯块、压紧螺旋弹簧及上下端塞组成。包壳与端塞封焊前在包壳内充以氦气，以减少包壳的应力和应变，燃料棒的结构与标准压水堆燃料棒类似。

定位格架由锆合金条带交叉焊接而成，条带上有刚性凸起和因科镍弹簧片，用来夹持燃料棒。条带的上部设有搅混翼，用于改善组件的热工水力性能。控制棒导向管下部内径有缩径，在缩径段和不缩径段有一个过渡区，在控制棒快速下插降至行程末端时，缩径段可为控制棒提供水力缓冲。

控制棒组件采用通用的结构形式，24 根控制棒连接在上部的星形架上。根据所含控制棒的吸收中子能力和吸收体的种类不同，控制棒组件分为黑体控制棒和灰体控制棒组件。黑体控制棒组件由 24 根银-铟-镉（Ag-In-Cd）合金材料的控制棒组成，相对于灰组件而言黑棒组件有更强的热中子吸收能力，灰棒组件由 12 根含银-铟-镉的控制棒和 12 根含不锈钢的控制棒组成，其热中子吸收能力相对较低。

中子源组件由压紧系统及连接在其上的 24 根相关组件棒组成。一次中子源组件含有 1 根一次中子源棒、一根二次中子源棒、12 根可燃毒物棒和 10 根阻流塞棒。一次中子源棒内装有锎-252 中子源,其上、下端装有二氧化三铝垫块。二次中子源棒内装有锑-铍芯块。反应堆初始装料时堆芯含两组一次中子源组件及两组二次中子源组件。

4. 反应堆冷却剂系统

反应堆冷却系统由三条并联到反应堆压力容器上的环路构成。每条环路包括一台蒸汽发生器、一台轴封式冷却剂泵及管路和控制仪表等。一个压力安全系统连接到其中一个环路的热管段,压力安全系统包括一台稳压器、一台泄压箱以及压力控制、超压保护和严重事故下快速泄压的阀门、仪表和相应的连接管道等。

主冷却剂系统满功率水装量为 $308m^3$,每条环路流量为 $22840m^3/h$。额定功率下反应堆入口温度为 291.5℃,堆芯出口温度为 330.8℃,反应堆压力容器出口水温为 328.5℃。每条环路上冷却剂的温度在主管道上直接测量。环路热段用窄量程电阻温度计测量位于蒸发器附近的温度,在管道截面上以 90°夹角布置。环路冷段窄量程电阻温度计位于主冷却剂泵的下游,在管道截面上以 60°夹角在管道中平面以上的位置对称布置。根据温度测量值可以计算出反应堆冷却剂的平均温差和冷却剂的平均温度,这些信号用于反应堆控制和保护。

稳压器具有 $51m^3$ 的自由空间,用以限制负荷瞬变时的压力变化,将反应堆冷却剂系统的压力维持在设计限值以内。超压保护由三列先导式安全阀提供,并设计了专用快速泄压阀,在严重事故发生时为系统卸压。反应堆冷却剂通过这些阀门释放到卸压箱中。反应堆稳态运行时压力维持在 15.5MPa;根据负荷不同,冷却剂平均温度在 291.7～310.0℃;稳压器水位在 23.0%～61.1%。稳压器下部的波动管连接到一个环路的热管段。压力控制通过电加热器和喷淋阀的动作实现。喷淋系统由两条主管路的冷段供水,通过喷淋管接到稳压器的上封头,由阀门控制流量。

压力安全系统的三个安全阀通过三条带 U 形结构的管路与稳压器上封头的接管连接。这些 U 形管在每个安全阀的上游可以构成水封,以防止氢气泄漏。每个阀组由两台串联安装的先导安全阀组成;上游的阀门具有安全功能,如果上游的第一个阀门隔离失效,下游的第二个阀门即执行隔离功能。

安全阀排放管接到稳压器泄压箱。泄压箱还接收某些阀门和阀杆的引漏和余热排出/化学溶剂控制系统产生的排放,以及作为事故下稳压器快速泄压阀和反应堆压力容器高位排气系统中事故排气子系统的排放通道。

5. 华龙一号核电厂主要设计特征

1) 能动与非能动相结合的安全设计理念

在现有电厂成熟的能动技术基础上,充分吸取国际上先进的非能动技术,采用能动与非能动相结合的安全措施,以能动和非能动的方式实现应急堆芯冷却、堆芯余热导出、熔融物堆内滞留和安全壳热量排出等功能,非能动系统作为能动系统的备用措施,为纵深防御各层次提供多样化的安全手段。

2) 完善的严重事故预防和缓解措施

对于可能威胁安全壳完整性的严重事故现象(如高压熔堆、氢气爆燃、安全壳底板融穿和安全壳长期超压)设置完善的预防和缓解措施,包括一回路快速卸压系统、非能动消氢系统、堆腔注水冷却系统、非能动安全壳热量导出系统和安全壳过滤排放系统;考虑严重事故环境条件下主控制室的可居留性以及相关设备的可用性;此外还吸取福岛核事故经验反馈,设置移动设备提供应急电源和水源,改进乏燃料贮存水池的冷却和监测手段。最终目标是从设计上实际消除大规模放射性释放,仅需有限的场外应急措施。

3) 大自由容积双层安全壳

内壳采用大自由容积的预应力混凝土壳,承受事故工况下的温度和压力,外壳主要起屏蔽作用,保护内壳及其内部结构。同时安全壳自由容积增大,提高事故下安全壳作为最后一道屏障的安全性。通过设置屏蔽壳和实体隔离等方式,实现核岛厂房对大型商用飞机撞击的防护,避免在该类事故下出现放射性大量释放。

4) 操纵员不干预时间延长

通过优化系统设计、增设控制信号、增大设备容量和开展相关的事故分析,事故后操纵员不干预时间不少于30min,简化系统操作,减少由于人员干预而可能产生的误操作。通过非能动系统水箱贮存水量和专用电池容量的设计,保证非能动系统能够持续运行72h,结合移动泵和移动柴油发电机等非永久设施,使得严重事故后核电厂在72h内无须厂外支援。

6. 华龙一号核电厂安全设计理念

根据核电安全的要求,核电厂必须确保的三项基本安全功能是:控制反应性、排出堆芯和乏燃料热量、包容放射性物质和控制运行排放以及限制事故释放。为实现基本安全功能,纵深防御理念贯彻于华龙一号的全部活动,以确保这些活动均置于冗余措施的防御之下。安全重要的构筑物、系统与部件的设计,都能足够可靠地承受所有确定的假设始发事件,这是通过冗余性、多样性及独立性等设计准则来保证的。

能动与非能动相结合的安全设计是华龙一号最具代表性的特点,同时也是满足多样性原则的典型案例。能动技术最突出的特点是在核电厂偏离正常状态时能高效可靠地纠正偏离,非能动系统利用自然循环、重力、热膨胀、气体膨胀等自然现象,在无须电源支持的情况下保证反应堆的安全。非能动系统设计简化、使用投入方便,但是也存在事故后可操作性和可干预性差的问题。随着研究的深入,核工业界已逐渐认识到能动技术与非能动技术各自的优缺点,两者技术的联合交叉使用,可确保应急堆芯冷却、堆芯余热导出、熔融物堆内滞留、安全壳热量排出等功能很好地发挥。华龙一号采用能动与非能动相结合的设计策略,按照纵深防御的思想,综合利用两种安全性的优点,在处理基准事故时,以能动的安全系统为主(如低压安注、中压安注、应急给水和喷淋系统等),辅以部分非能动的安全手段(如安注箱、弹簧式安全阀);在处理设计扩展工况时,增设非能动的安全措施,在能动手段暂不可用时投运非能动系统导出堆芯热量。能动与非能动相结合的技术用于确保应急堆芯冷却、堆芯余热导出、熔融物堆芯滞留、安全壳热量导出等功能。能够充分发挥能动安全技术成熟、高效的优势和非能动技术,不依靠外力的固有安全特性,符合目前核电确保安全的发展潮流。图2-2表示了能动与非能动系统原理。

华龙一号的多样性还体现在其他方面。例如,停堆手段除了常用的控制棒和调节硼浓度实现停堆,还设有应急硼注入系统,能够在事故工况下向堆芯注入硼酸溶液,使堆芯迅速转入次临界状态,并维持足够的次临界度。支持电源包括两列互相独立的厂外电源、应急柴油发电机、厂区附加柴油发电机、全厂断电(SBO)柴油发电机、移动式柴油发电机,以及不同电压等级和容量的直流电源。设备的多样性包括辅助给水系统采用了两台电动泵加两台气动泵的设计,分别由应急电源供电和主蒸汽管供汽来实现其功能。

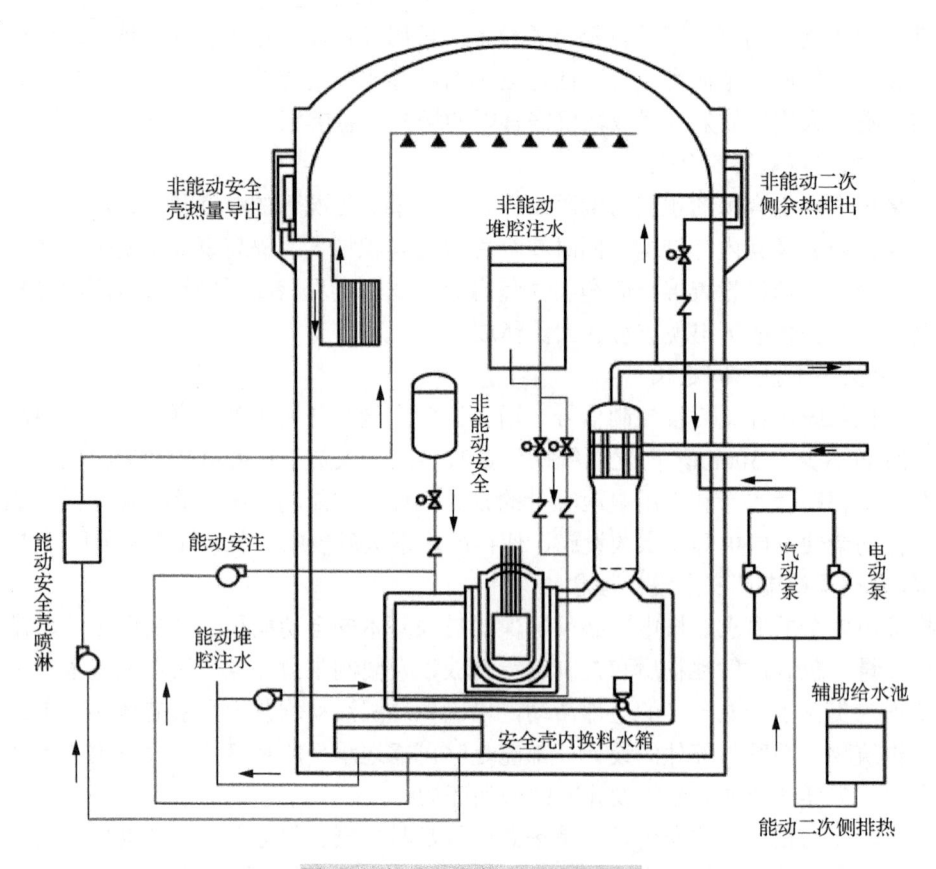

图 2-2 能动与非能动系统原理图

华龙一号采取了完善的严重事故预防和缓解措施，设计中强调了安全壳完整性的重要。概率安全分析表明，华龙一号堆芯损毁概率小于 10^{-6} 堆$^{-1}$·年$^{-1}$，大量放射性释放概率小于 10^{-7} 堆$^{-1}$·年$^{-1}$，实现了从设计上实际消除大规模放射性释放的目标。为了进一步消除剩余风险，设计中考虑了有充足的裕量保护电厂来自地震、洪水和大型商用飞机撞击等超基准外部事件的袭击。通过设置移动泵和移动柴油发电机，提高了应急响应能力。非能动系统水箱贮存水量和专用水池容量能够维持非能动系统持续运行 72h。

7. 华龙一号核电厂专设安全设施

用于缓解设计基准事故的专设安全设施主要包括安全注入系统、辅助给水系统与安全壳喷淋系统。专设安全设施包括冗余系列，以满足单一故障准则。为了保证独立性，在核岛布置设计中考虑了安全系统和正常运行系统间充分的物理隔离，专设安全系统主要布置在两个安全厂房内，正常运行系统主要布置在反应堆厂房、电气厂房、燃料厂房及核辅助厂房内；同时冗余的两个安全系列分别布置在两个安全厂房中并且由独立的应急柴油发电机供电。两个安全厂房位于反应堆厂房两侧，两个应急柴油发电机厂房也分别布置在核岛的两个角落，实现了实体隔离。

安全注入系统由两个能动子系统（即中压安注子系统和低压安注子系统）与一个非能动子系统（安注箱注入子系统）组成。系统采用了内置换料水箱，相比设在安全壳外的换料水箱，增强了对外部事件的防护，并且避免了长期注入阶段的水源切换。中压与低压安注泵在发生冷却剂丧失（LOCA）事故时从内置换料水箱取水并注入反应堆冷却剂系统，以提供应急堆芯冷却，防止堆芯损坏。

辅助给水系统用于在丧失正常给水时为蒸汽发生器二次侧提供应急补水并导出堆芯热量。水源取自两个辅助给水池，动力由 2×50%电动泵（可由应急电源供电）和 2×50%气动泵（由蒸汽发生器供汽）提供。泵的多样性提高了系统的可靠性。

安全壳喷淋系统通过喷淋，冷凝由于主冷却剂管道破裂或主蒸汽管道破裂事故时释放到安全壳内的蒸汽，将安全壳内的压力和温度控制在设计限值以内，从而保持安全壳的完整性。喷淋水由喷淋泵从内置换料水箱抽取，喷淋水中含化学药剂以减少安全壳大气中的气载裂变产物（尤其是碘）和限制结构材料腐蚀。低压安注泵可作为安全壳喷淋泵的备用，确保长期喷淋的可靠性。

8．严重事故预防和缓解措施

华龙一号对于所有可能的严重事故现象采取了完善的预防和缓解措施，见图 2-3，包括高压熔堆、氢气爆炸、底板熔穿和安全壳长期超压。对于被认为是现有核电厂薄弱环节的特定设计扩展工况，比如全厂断电（station blackout，SBO）和未能紧急停堆的预计瞬变（anticipated transient without scram，ATWS），设计中也考虑了适当的措施。

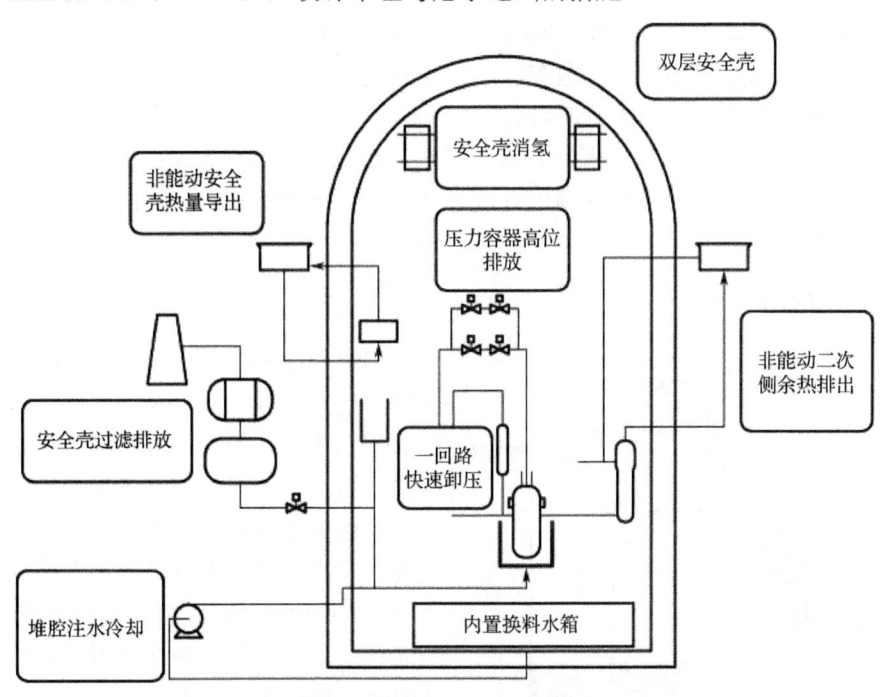

图 2-3 超设计基准事故/严重事故的预防与缓解措施

一回路快速卸压系统用于在严重事故情况下对反应堆冷却剂系统进行快速卸压，从而避免可能导致安全壳直接加热的高压熔堆现象发生。反应堆容器高位排放系统用来在事故情况下从反应堆容器顶部排出不可凝气体，以避免不可凝气体对堆芯传热的影响。

堆腔注水冷却系统通过向反应堆容器外表面与保温层之间的流道注水来实现对反应堆容器下封头外表面的冷却，从而维持反应堆容器的完整性，并实现堆芯熔融物的堆内滞留。该系统由能动和非能动子系统组成。能动子系统包括两个系列，每个系列通过泵从内置换料水箱或备用的消防水管线取水。非能动子系统主要借助位于安全壳内的高位水箱,在发生严重事故并且能动子系统失效时,注入管线上的隔离阀打开,水箱内的水通过重力流下对反应堆容器下封头进行冷却。

二次侧非能动余热导出系统在 SBO 事故并且气动辅助给水泵失效时投入运行,以非能动的方式为蒸汽发生器二次侧提供补水。该系统由分别连接三个蒸汽发生器的三个系列组成。蒸汽发生器二次侧和浸没在安全壳上部换热水箱内的热交换器之间的闭合回路将建立自然循环,导出蒸汽发生器一次侧的热量。水箱容量能够维持系统 72h 的运行。

安全壳消氢系统用于将安全壳大气内的氢气浓度控制在安全限值以内,防止设计基准事故时的氢气燃烧或严重事故时的氢气爆炸。系统由安装在安全壳内部的 33 个非能动氢气复合器组成,在氢气浓度达到阈值时自动触发。

非能动安全壳热量排出系统(passive containment cooling system,PCS)用于排出安全壳内的热量,从而确保在发生超设计基准事故时安全壳内的压力和温度不会超过设计限值。安全壳内高温蒸汽和气体的热量被安装在安全壳内换热器管内的冷却水带走,并输送到安全壳外的水箱。PCS 上升段与下降段的温差,以及换热水箱与热交换器的高度差是建立自然循环导出热量的驱动力。在热量排出过程中水箱内的水被加热和蒸发,热量最终耗散在大气中。水箱的水装量满足严重事故后 72h 非能动热量排出的要求。

安全壳过滤排放系统通过主动地有计划排放避免安全壳超压。排放管线上的过滤装置用来尽可能减少排放到大气中的放射性物质。

在发生 ATWS 事故时,应急硼注入系统用来向反应堆冷却剂系统提供快速硼化,从而将堆芯保持在次临界状态。如果正常硼化方式不可用,系统能够手动启动向反应堆冷却剂系统注入足够的硼酸溶液。

2.1.2　AP1000

AP1000 是第三代核反应堆具有代表性的堆型,也是较早被认可的三代反应堆。图 2-4 给出了 AP1000 反应堆冷却剂系统主要设备布置图。这是一种二环路的压水型反应堆,该反应堆采用了成熟的压水堆技术,并做了必要的改进。反应堆压力容器采用环形锻件焊接以及全焊接式堆内构件,继承了 System 80[+]和 AP600 的成熟技术,这是两种在美国三哩岛事故后设计的改进型压水反应堆,均采用了双环路布置,为了提高安全性,其反应堆和蒸汽发生器都增加了安全余量。在此基础上设计的 AP1000 反应堆燃料元件和燃料组件基本沿用了成熟技术,反应堆和蒸汽发生器的热工参数都留有比较大的冗余量,以提高其安全性。AP1000 的显著特点是采用了非能动安全设施及简化的电厂设计。

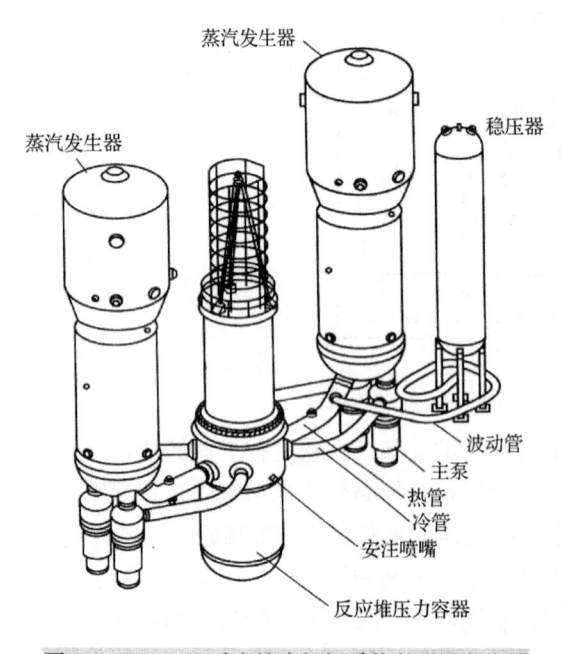

图 2-4　AP1000 反应堆冷却剂系统主要设备布置

AP1000 反应堆的热功率为 3400MWt，发电机输出功率约为 1250MWe，电厂净电输出功率为 1000MWe。反应堆采用 18 个月换料，核电厂设计寿命为 60 年。预计的堆芯损毁概率为 5.08×10^{-7} 堆$^{-1} \cdot$年$^{-1}$，大量放射性物质释放的概率为 5.94×10^{-8} 堆$^{-1} \cdot$年$^{-1}$。

AP1000 核岛主设备的设计，除了反应堆冷却剂泵选用的大型屏蔽电机泵和第 4 级自动降压系统采用的大型爆破阀以外，其他部件均有工程验证的基础，都采用成熟的设计。

AP1000 蒸汽发生器是直立式的自然循环蒸汽发生器，采用 InconeL-690 镍基合金传热管，传热管为三角形布置的 U 形管。这类蒸汽发生器已经有很好的制造和运行经验。System 80$^+$ 和 AP600 的蒸汽发生器与 AP1000 是同一个类型的，蒸发器的堵管余量较大，水装量的余量也较大，大大增加了蒸汽发生器二次侧事故工况下的"蒸干"时间。AP1000 稳压器的设计，是基于西屋公司在世界上设计的将近 70 个在役核电厂的稳压器的成熟技术。AP1000 稳压器的容积比相当容量核电厂的稳压器约大 40%，容积为 59.5m^3。大容积稳压器增加了核电厂瞬态运行的裕量，从而使核电厂非计划停堆次数减小，运行也更加可靠，它不再需要动力操作释放阀，减少了反应堆冷却剂系统泄漏源。

AP1000 核电厂的安全性是通过非能动安全系统和严重事故缓解措施来保证的。非能动安全系统包括非能动堆芯冷却系统和非能动安全壳冷却系统。非能动系统依靠流体的自然循环工作，利用重力、流体的自然对流、扩散、蒸发、冷凝等原理，在事故工况下执行安全功能，不需要人员干预，避免了人因失误。严重事故缓解措施包括：防止高压熔堆的自动降压系统、堆腔淹没系统、堆芯熔融物保持在反应堆压力容器内的（IVR）技术。

1. 反应堆压力容器

AP1000 反应堆压力容器由一个圆柱形筒体段、过渡段、半球形下封头和可拆卸的半球形上封头组成。筒体段包括两部分，上筒体（接管段）和下筒体（活性区段）。下筒体与半球形下封头之间用一个过渡段连接。上筒体、下筒体、过渡段和半球形下封头用低合金钢制造，几个部件焊接成型后容器内部堆焊奥氏体不锈钢。压力容器进出口接管、直接注入管接管和堆内吊篮支撑均位于上筒体。

反应堆压力容器的总质量为 425.3 吨，由 SA-508-3 钢制成，压力容器的设计压力为 17.2MPa，设计温度为 343℃，运行寿命为 60 年。压力容器的下筒体长度大于 4.27m，下筒体与上筒体之间的焊缝在活性区的上部。上筒体是一个大的环形锻件，锻件内有 4 个内径为 558.8mm 的入口接管、两个内径为 787.4mm 的出口接管和两个内径为 172.7mm 的直接注入接管。直接注入管可保证在事故工况下安全注入水可直接注入反应堆，直接注入接管在主法兰配合面以下 2540mm 处；出口接管在主法兰配合面以下 2032mm 处；入口接管在主法兰配合面以下 1587.5mm 处。入口接管在出口接管的上方，中心线在不同的平面上，其轴向的偏移量约等于热管段接管内半径。由于入口接管高于出口接管，允许堆芯在不卸料的情况下进行主泵检修。检修时只要把入口管排空就可以进行主泵检修，此时保证压力容器内有足够的水装量淹没堆芯。

反应堆压力容器整体半球形顶盖的球体内径为 3936mm，外法兰外径为 4775.2mm。45 个 177.8mm 直径的螺栓将可拆卸的带法兰半球形顶盖与下部压力容器相连。顶盖法兰与下法兰的密封是由两道 O 形金属密封环来完成的。穿过上筒体的内部和外部检漏管用以检查通过 O 形环的任何泄漏。半球形顶盖上有 69 个贯穿件，是控制棒驱动机构进入堆内的通道。每个控制棒驱动机构定位在相应的开孔处并与顶盖贯穿件焊接。顶盖上还有 8 个贯穿件是堆芯测量装置进出的通道。8 个贯穿件中的每一个都插入一根导向管。

2．反应堆堆芯和堆内构件

1）堆芯

反应堆堆芯活性区高度为 4.3m，堆芯由 157 个 17×17 方形燃料组件组成，首次装料时，为了达到满意的堆芯径向功率分布，燃料组件有 3 种富集度，采用分区装载的形式。

最高富集度的燃料组件置于堆芯外区，较低富集度的两种组件按棋盘格式排列在堆芯内。在堆芯的中心区，两种低富集度的燃料交替分布，形成棋盘样的格式。第 3 区在堆芯的外围，富集度最高。燃料棒的设计还考虑了在燃料棒的上下端布置低富集度的燃料芯块，以减少轴向中子泄漏，提高燃料利用率。

西屋公司还提出了另一种先进的 AP1000 首次装料模式，反应堆堆芯分为 A～F 共 6 个分区，燃料富集度由低到高。其中 A 区、C 区和 D 区在堆芯外围，燃料富集度较低；高富集度的 F 区和低富集度 B 区在堆芯内部。这种模式称为低泄漏装料模式，其优点在于，由于最外区是燃耗深度较大的辐照过的组件，因此堆芯边缘中子注量率较低，从而减少了中子从堆芯的泄漏，增加了中子利用的经济性和堆芯内部的反应性，延长了堆芯寿期。但是这种方案可能存在的问题是，新的燃料组件装入到中心，会使堆中心部位的功率峰值增加，为了达到可接受的功率峰值，需采用增加布置可燃毒物来抑制功率峰值。

核电厂从建成到退役一般要经历几十个运行循环，形成运行循环系列。按照每个运行循环的特性，可以分为首次循环、过渡循环序列、平衡循环序列和受扰动循环序列。首次循环是整个反应堆运行寿命中唯一全部由新燃料组成的堆芯燃料循环。过渡循环序列从第二循环序列到平衡序列的第一个循环为止。受扰动的平衡循环到平衡循环重新建立之间的循环也称为过渡循环。平衡循环在理想情况下是一个无限的循环序列，在这种循环序列中，每个循环的性能参数保持相同，运行循环进入一个平衡状态。实际的运行总要受到各种因素的扰动，反应堆不可能建立起绝对的稳态的平衡循环，但平衡循环的概念是性能指标最佳的循环方案，在燃料管理方案设计中具有重要意义。

2）堆内构件

AP1000 反应堆的堆内构件由上部堆内构件和下部堆内构件两大部分组成。堆内构件为堆芯、控制棒提供支承和保护，是反应堆安全可靠运行的保障。反应堆堆内构件与压力容器及其各部件的相对位置如图 2-5 所示。

在反应堆运行期间，吊篮筒体引导从反应堆容器进口接管进来的冷却剂向下流经下腔室，然后向上流过堆芯下支承板进入堆芯。冷却剂离开堆芯后，流经堆芯上板，再流过控制棒导向筒和支承柱，到达反应堆出口接管。在反应堆运行期间，少量入口冷却剂旁通流量用来冷却堆芯围板和压力容器顶盖。

堆内构件的上部支承构件由上部支承、堆芯上板、支承柱和导向筒组件组成。支承柱构成上部支承板与堆芯上板之间的空间。支承柱的顶部和底部固定在这些板上，传递两板之间的机械载荷。部分支承柱对固定式堆内探测器导管起辅助支承作用。

通过吊篮筒体上的扁平销在上部堆芯组件与支承组件实现正确定位的同时，也考虑了与下部堆内支承组件的配合。4 个扁平销均匀地分布于吊篮筒体内堆芯上板安装位置的同一高度上。4个与之相配合的嵌块置于堆芯上板相同的位置上。当上部支承组件放入下支承组件时，嵌块在轴向与扁平销相配合。这样，堆芯上板与上部支承组件的横向位移得到了限制。

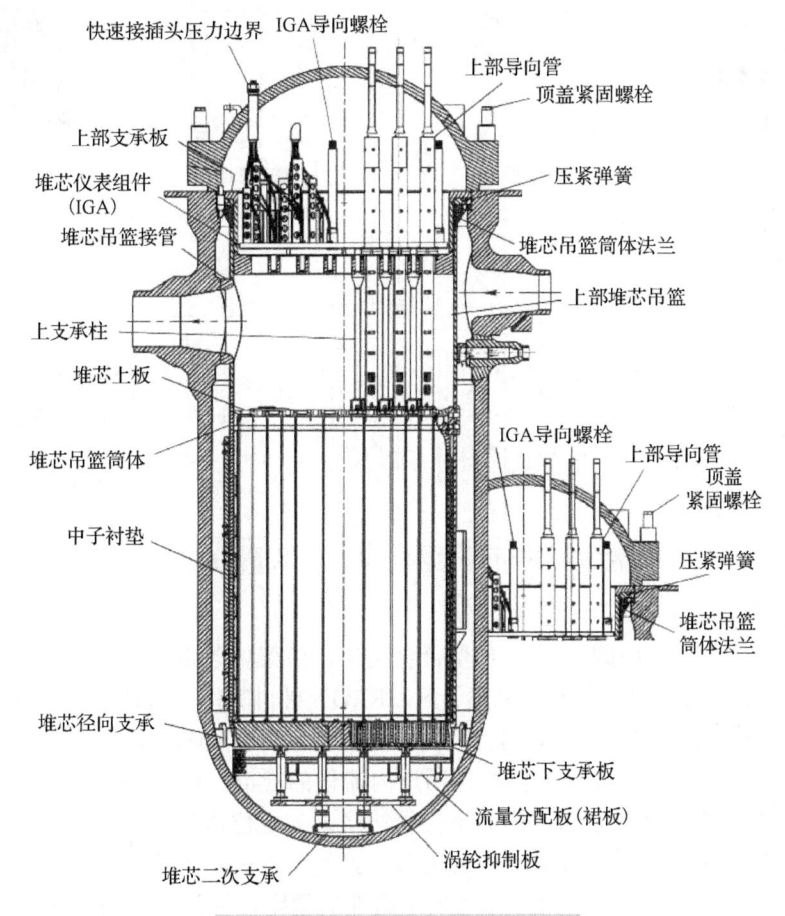

图 2-5　反应堆压力容器及堆内构件

燃料组件定位销伸出堆芯上板底部，当上部堆芯支承组件放到位时，与燃料组件相配合。这些定位销和导向系统为下部支承组件、上部堆芯支承组件、燃料组件及控制棒组件提供精确定位。吊篮筒体上法兰与上部堆芯支承组件之间的压紧弹性环实现了上、下堆芯支承组件的预加载，当反应堆压力容器顶盖安装上去后，弹性环压缩到位。

下部堆芯支承组件由吊篮筒体、堆芯下支承板、堆芯二次支承、涡流抑制板、堆芯围筒、热屏蔽、径向支承键及相关附属件组成。下部支承组件的上法兰坐在反应堆压力容器法兰的凸缘上，它的下端依靠压力容器内壁的径向支承系统来限制其横向运动。径向支承系统包括吊篮筒体组件下端的定位键，这些定位键与反应堆压力容器上的支承块相配合。径向支承系统限制了吊篮筒体下端的转动和平移，但允许径向热膨胀和轴向热膨胀。

3．燃料组件

AP1000采用通用的17×17的方形燃料组件，在总的289个栅元中有24个为控制棒导向管栅元，还一个堆内测量管栅元。每个燃料组件有15个定位格架，包括2个端部格架、8个低阻力中间格架、4个中间流动搅混格架和1个保护格架。导向管与定位格架通过焊接连在一起，与上管座和下管座一起构成燃料组件的骨架结构。其结构形式见图2-6。

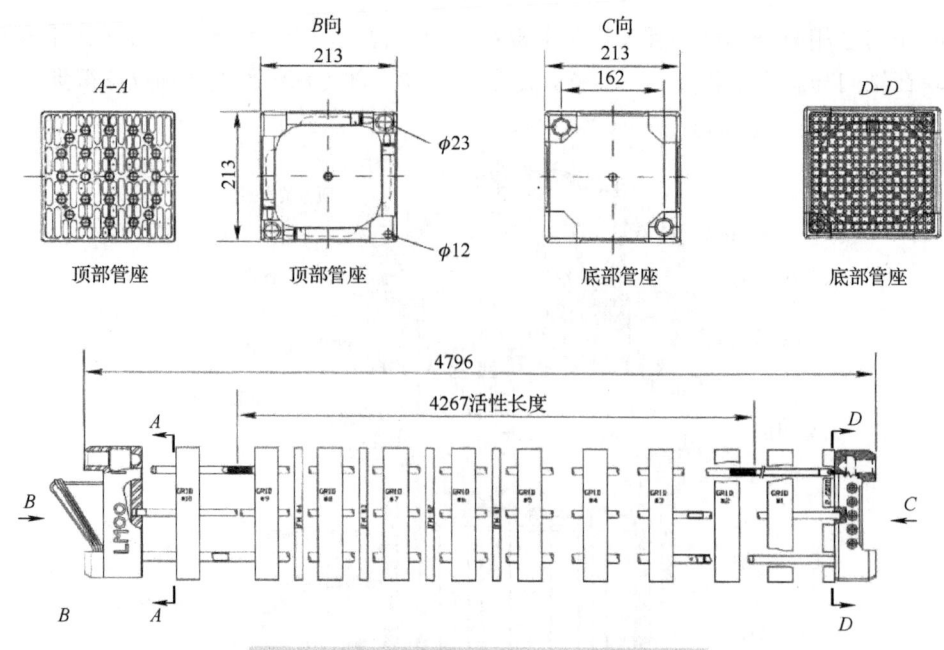

图 2-6　AP1000 燃料组件结构（单位：mm）

1）定位格架

两个端部定位格架均由因科镍 718 型合金制作，格架内条带上不带搅混翼，外条带上带有搅混翼。8 个中间格架用一种新型锆合金（ZIRLO）材料制作，这种材料具有中子吸收截面小的优点。定位格架的主要功能是夹持燃料棒，为燃料棒提供横向支承，保持燃料棒的间距。定位格架上方的搅混翼，有助于增强组件通道内流体的搅混，改善传热。4 个中间搅混格架位于组件上部 4 个定位格架之间，中间格架结构形式与定位格架一致，高度是定位格架的一半。中间搅混格架的作用是增强对流传热能力，放置在高热流密度区，改善这一区域的热量交换，在提高临界热流密度的同时，又增加了组件的刚度。保护格架用 718 合金制成，条带连接处用激光焊接。保护格架位于下管座孔板的上方，把过水小孔分隔成 2 等分和 4 等分，进一步起到过滤异物的作用。

2）导向管

导向管的作用是为控制棒、可燃毒物棒、中子源和阻力塞等提供通道。导向管材料为锆合金。导向管上端的管径较大，使控制棒插入后有足够的环形间隙，这样保证当反应堆快速停堆时控制棒可快速插入，在正常运行时保证足够的冷却剂流量。导向管的下端有缩径，对控制棒快速下插的后期起阻尼作用。在导向管缩径的上端有流水孔，在正常运行期间冷却剂经流水孔流入导向管，在控制棒快速下插时水从这些小孔流出，可以减少控制棒的下落时间。

3）燃料棒和燃料芯块

燃料棒的外径为 9.5mm。燃料棒主要由包壳管、压紧弹簧、上端塞和下端塞等部件组成。AP1000 使用的包壳材料为 ZIRLO 合金，合金中含有 0.1%的锆和 0.1%的锡。与传统的锆相比，ZIRLO 合金具有更好的抗水腐蚀、抗辐照生长和蠕变的特性。在高燃耗下 ZIRLO 的氧化膜厚度只及锆合金的 1/3，辐照增长量比锆-4 的最佳估计值小 1/4。燃料芯块的上端是螺旋压紧弹簧，用来防止芯块移动。燃料棒有上端塞和下端塞，用来封装燃料元件。下端塞的长度超过底部格架的高度，以防止燃料包壳受到截留在底部格架位置处异物的磨损。

燃料棒中采用 3 种类型的燃料芯块：①常规的两端为蝶形加倒角的二氧化铀芯块，这种形状允许芯块中心位置有较大的轴向膨胀，也增大了容纳裂变气体释放的空腔体积，每个芯块两端外圆柱面上有倒角，以方便加工制造，也降低了燃料芯块制造时的破损概率；②低富集度的环形二氧化铀芯块，放置在燃料棒的顶部和底部，以减少中子泄漏，提高燃料利用率，环形芯块增加了燃料棒的气腔空间，可容纳更多的裂变气体；③两端蝶形加倒角芯块，表面涂有 ZrB_2 的涂层，硼化物的涂层相当于可燃毒物，这种带涂层的芯块放置在燃料棒的中部。这种芯块是西屋公司的一种独特设计，已经大规模应用于其提供的燃料中。它是通过磁控等离子溅射设备将 ZrB_2 包覆层均匀地涂覆在二氧化铀芯块上，形成一个均匀而与芯块集合紧密的包覆层。ZrB_2 包覆层可以耗尽，其作用是降低局部中子峰值因子，提高堆芯装载的灵活性，为燃料管理和提高燃耗创造条件。

4．反应堆冷却剂系统

AP1000 的反应堆冷却剂系统回路布置如前面的图 2-4 所示，系统由两条环路组成，每条环路包括一台蒸汽发生器、两台反应堆冷却剂泵。与其他分散式布置压水堆不同的是：每条环路有一根冷却剂热管段、两根冷管段，两台主冷却剂泵直接安装在蒸汽发生器的下封头上。反应堆冷却剂系统参数见表 2-3。

表 2-3　反应堆冷却剂系统参数

电厂设计寿命/年	60
反应堆热功率/MPa	3415
反应堆冷却剂运行压力/MPa	15.51
运行条件下冷却剂（液态）体积/m³	271.84
热管段内径/mm	787.4
冷管段内径/mm	558.8
最佳泵电机功率/kW	544
稳压器总容积/m³	59.47
稳压器内径/m	2540
稳压器总容积/m³	12776
单台蒸发器功率/MW	1707.5
单台传热面积/m²	11477
蒸发器壳侧压力/MPa（绝对压力）	8.27
蒸发器给水温度/℃	226.67
蒸发器蒸汽出口压力/MPa（绝对压力）	5.76
每台蒸发器蒸汽流量/（t/h）	3397.41

反应堆冷却剂通过主泵驱动冷却剂流过堆芯，由于 AP1000 每条主冷却剂环路的流量很大，每条环路有两条冷管段，每条环路上由两台主泵驱动冷却剂可以减小主泵的尺寸，降低了制造的难度。每条环路有一条热管段，稳压器的波动管接在两个环路其中一个热管段上，自动降压系统和余热排除系统也接在热管段上。

反应堆冷却剂系统与安全相关的功能包括如下几方面。①保持反应堆冷却剂压力边界的完整性。作为压力边界，反应堆冷却剂系统要包容冷却剂，在所有核电厂运行工况下限制放射性物质释放到安全壳内，同时也要防止蒸汽发生器一次侧冷却剂泄漏到二次侧。②保持堆芯冷却和反应性控制。反应堆设有非能动堆芯冷却系统，在反应堆停堆后，排出反应堆冷却剂系统的显热和衰变热。③保持冷却剂温度变化速率，确保不发生不可控的反应性变化。④在安全停堆运行和事故运行期间调节化学成分时，保持反应堆冷却剂的化学成分均匀。核电厂运行期间如果出现全部冷却剂泵脱扣，反应堆冷却剂系统由强制循环转变到自然循环时，反应堆冷却剂系统有足够的冷却剂循环和衰变热排出能力。

5. 非能动堆芯冷却系统

AP1000 非能动堆芯冷却系统包括非能动堆芯余热排出系统和应急非能动安全注入系统两部分。非能动系统的优点是极大地降低了人为失误发生的可能性。当发生事故并失去交流电源后 72h 以内无须操纵员动作，可以保持堆芯的冷却。非能动安全系统的设计能够满足单一故障准则。它包含更少的系统和部件，因而能够减少试验、检查和维护的工作量。非能动安全系统远距离控制阀门的数量只有典型能动安全系统的 1/3，并且不包含任何泵。非能动安全系统是 AP1000 反应堆的一大特色，它的成功使用在增加了电厂的安全性同时也简化了系统。它的主要设备包括两个堆芯补水箱（core makeup tank，CMT）、两个安注箱、内置换料水箱、非能动余热排除热交换器，以及相关的管道阀门和其他一些设备。

非能动余热排出热交换器用于应急排出堆芯衰变热，是由一组连接在管板上的 C 形管束和布置在上部（入口）和底部（出口）的封头组成的。换热器的入口管线与反应堆冷却剂系统热管段相连接，出口管线与蒸发器下封头冷腔室相连接，它们与反应堆冷却剂系统热管段和冷管段组成一个非能动余热排出的自然循环回路，见图 2-7。余热排出热交换器的位置处在较高的换料水箱内。当反应堆冷却剂泵不可使用时，依靠冷、热段的密度差驱动使冷却剂自然循环流过堆芯和换热器。非能动余热排出换热器把反应堆的衰变热排入换料水箱的水中，水温会升高，当水温升高到当地压力下的饱和温度时，换料水箱中的水会蒸发，蒸发出的蒸汽在安全壳的内表面冷却成水。

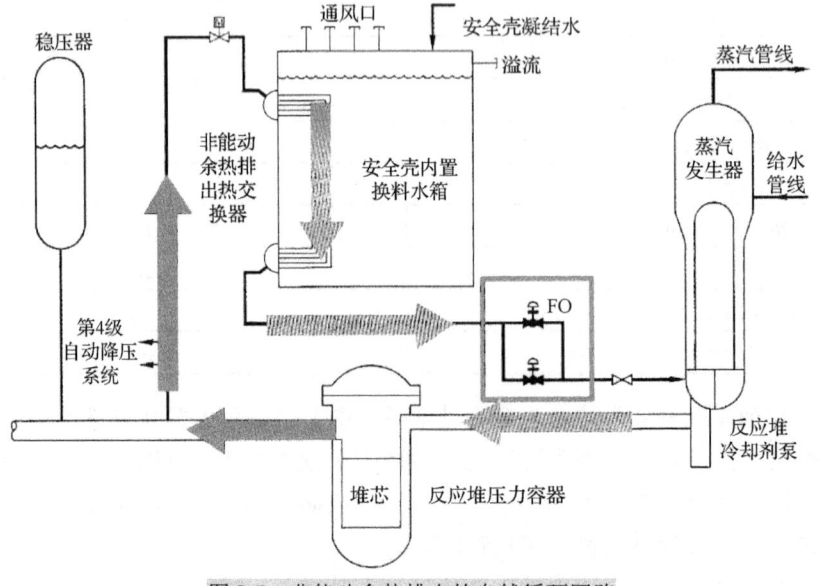

图 2-7 非能动余热排出的自然循环回路

在发生非 LOCA（loss of coolant accident）事故时，当正常补水系统不可用时堆芯补水箱（CMT）提供硼化水，两个补水箱都位于安全壳内较高的位置，每个补水箱都储存有 70.8m³ 的含硼水，可为堆芯提供足够的停堆裕度。CMT通过一根注入出口管和一根连接到冷管段的压力平衡入口管分别与反应堆冷却剂系统相连。出口管由两只常关的并联气动隔离阀来隔离，这些阀可由失压、失电或者控制信号触发打开。CMT 的出口隔离阀与非能动余热排出的隔离阀不同，有不同的阀体和不同的气动装置，以满足多样性的要求。

在丧失冷却剂事故（LOCA）情况下，非能动堆芯冷却系统由四种不同的水源进行非能动安全注入，即安注箱在数分钟内短时间提供相当高流量的安注；CMT在长时间内提供相对高流量的安注；安全壳内换料水箱提供更长时间的低流量安注；在上述三个水源安注结束，安全壳被淹后，安全壳成为最终的长期冷热阱。

6. 安全壳

AP1000 安全壳由钢制安全壳容器和屏蔽构筑物两部分组成，其功能是包容放射性并为反应堆和反应堆冷却剂系统提供屏蔽。钢制安全壳容器是非能动安全壳冷却系统的一个重要组成部分。安全壳容器和非能动安全壳冷却系统用来在假想设计基准事故下从安全壳中导出热量，以防止安全壳超过其设计压力。在事故状态下，钢制安全壳容器提供了必要的屏障，防止安全壳内的放射性气溶胶物质和水中的放射性外泄。

环绕在钢制安全壳容器外面的是屏蔽构筑物，是由钢筋混凝土构成的环形建筑。在正常运行工况下，屏蔽构筑物与安全壳内的构筑物一起为反应堆冷却剂系统及其他所有的放射性系统和部件提供必需的辐射屏蔽。在事故状态下，屏蔽构筑物为安全壳内的放射性气溶胶物质和水中的放射性对公众和环境的危害提供了必要的辐射防护。屏蔽构筑物同样是非能动安全壳冷却系统的一个组成部分。非能动安全壳冷却系统的空气导流板位于屏蔽构筑物的上部环形区域。在设计基准事故下，大量能量释放到安全壳内时，非能动安全壳冷却系统的空气导流板给空气冷却的自然循环提供了一条通道。屏蔽构筑物的另一功能就是防止外部事件（包括龙卷风或者飞射物）对钢制安全壳容器、反应堆冷却剂系统等的破坏。

非能动安全壳冷却系统是 AP1000 非能动安全理念的一个重要组成部分，是缓解严重事故的一个重要环节。非能动安全壳冷却系统能够从钢制安全壳内向环境传递热量。这种热量传输是为了防止安全壳在设计基准事故后超过设计压力和温度，并可以在较长时间内继续降低安全壳内的压力和温度。非能动安全壳冷却系统利用钢制壳体作为一个传热面，蒸汽在钢制安全壳表面冷凝并加热内表面，利用内外表面的温差通过导热将热量传递到钢制安全壳的外表面，再由外部自然循环的空气将热量带走。来自环境的空气经过一个常开的流道进入，沿着安全壳外壁上升，最终通过安全壳穹顶上方水箱中间的通道返回环境。安全壳穹顶上方水箱在接到安全壳高压或高温触发信号后，通过重力自动将水喷洒在钢制安全壳的顶部，然后形成均匀的下降液膜，液膜与外侧向上流动的空气对流传热，通过液膜蒸发带走热量。

2.1.3 先进一体化压水反应堆

以上所介绍的华龙一号和 AP1000 反应堆都属于压水堆的分散式布置形式，即反应堆、蒸汽发生器和稳压器等设备都分散布置在不同位置，由管路系统将这些设备连接在一起。这样的布置方式具有技术成熟、设备布置灵活、检修方便等优点；但是占用空间大，一旦连接管路出现破口或者断裂，就会造成反应堆冷却剂大量外漏，使堆芯失去冷却，从而造成堆芯烧毁的严重事故。目前这种分散布置压水堆的最大假想事故就是主管路双端断裂，为了预防应对这一事故的发生，在设计上采取了很多安全措施，也配备了相应的安全系统，造成安全系统复杂，电站造价上升。

为了从根本上杜绝大破口事故的发生，近年来世界各国都在研发一体化反应堆。所谓一体化反应堆就是将反应堆冷却剂系统的主要设备，如蒸汽发生器、稳压器、冷却剂泵等设备全部容纳在反应堆容器内。其优点是取消了这些设备之间接管，从根本上杜绝了大破口事故的发生，大大增加了安全性。由于这些设备都布置在反应堆容器内，不需要管道连接，各设备也不需要厚重的外壳，所以减小了重量和整个系统所占的空间。

一体化反应堆用于舰船有其特殊的优势，一体化布置可使舰船堆舱内设备的重量尺寸大大减小，节省出宝贵的船内空间，对船体布置、舰船的航行特性、武器装载量的提升都会带来很大的好处。因此，美国和俄罗斯的潜艇上都使用了一体化反应堆。

一体化反应堆是近年来水冷反应堆研发的重点方向之一，世界各国相继研究出了很多有创新的一体化反应堆，其中有的堆型适用于电站核动力，也有的适用于舰船核动力，还有用于核供热的。一体化水冷堆的循环方式分强迫循环和自然循环两种，而强迫循环又分冷却剂泵在堆内和堆外两种情况。

一体化自然循环反应堆一般指完全依靠自然循环带走堆芯产生的热量，在结构方面将稳压器、蒸汽发生器等主回路核心设备均布置在压力容器内，其结构简单、布置紧凑，省去了主冷却剂管道及冷却剂泵等，避免了主管道破口事故。一体化自然循环反应堆完全依靠冷热段的密度差产生驱动力，形成自然循环带走堆芯产生的热量。冷却剂在堆芯被加热，密度减小，在浮升力的作用下向上流入蒸发器，经过传热管的冷却工质密度增大，然后向下流回到堆芯，形成一个循环。整个循环过程无须冷却剂泵的参与，具有良好的固有安全性。

一体化强迫循环反应堆是目前已经比较成熟的堆型，与全自然循环反应堆相比，一体化强迫循环反应堆需要冷却剂泵的驱动使冷却剂流过堆芯，冷却剂泵布置的位置有堆内布置、反应堆压力容器侧面布置和反应堆压力容器下方布置多种形式。

一体化反应堆由于具有结构简单、布置紧凑以及良好的固有安全性等特点，当前在多用途的小型堆以及船用核动力堆等方面得到较多的应用。一方面，它具有良好的固有安全性，作为多用途的小型反应堆可用于区域发电、海水淡化、区域供热、制氢、工业蒸汽供给和其他热利用等领域；另一方面，由于它结构简单，布局紧凑，噪声较小等特点，作为船用核动力装置也得到广泛应用。

一体化反应堆以其结构简单、布置紧凑以及良好的固有安全性而受到世界各国的关注，并逐步地从发展研究阶段进入商业应用阶段。目前，美国、俄罗斯、日本、阿根廷和我国都进行了大量的一体化反应堆研究工作。下面介绍几个国外有代表性的一体化反应堆的堆型。

1. 美国一体化压水堆 IRIS

美国新设计的一体化压水反应堆（international reactor innovative and secure，IRIS），是西屋公司在 20 世纪末最早提出的概念。这一概念提出后，美国、日本和意大利的几所大学都加入了概念设计研究和初步设计。目前虽然各种资料给出的技术参数有所不同，但是根据最新资料介绍，大致情况如下：该型反应堆是一种一体化的压水反应堆，设计的热功率是 1000MWt，电功率是 335MWe，被称为第四代先进水冷反应堆。反应堆的具体参数见表 2-4。

IRIS 实现了全部一体化，反应堆压力容器的下部是堆芯，模块化的螺旋盘管式直流蒸汽发生器布置在堆芯上方侧面的环形空间内,整个蒸汽发生器由 8 个模块组成,均匀地分布在堆芯上方的环形空间内。在每个蒸汽发生器模块的上方有一台冷却剂循环泵,共有 8 台这种循环泵,这些泵也装在压力容器内,浸没在水中。反应堆容器上封头是一个气腔,这个气腔起稳压器的作用。IRIS 采用了现有压水反应堆的很多成熟技术,由于其自然循环能力强、没有大口径的外部接管,因此其固有安全性得到大幅度提高,受到业界较好的评价。

表 2-4　IRIS 主要参数

反应堆类型	一体化压水堆	燃料组件	17×17
热功率/MWt	1000	燃料组件数	89
电功率/MWe	335	燃料富集度/%	4.95
冷却剂循环方式	强迫循环	燃耗 MWd/tU	65
系统压力/MPa	15.5	换料周期/月	48
堆芯入口温度/℃	292	设计寿命/年	60
堆芯出口温度/℃	330	反应堆压力容器高度/m	22.2
燃料类型	UO$_2$/MOX	反应堆压力容器直径/m	6.2

1) 反应堆冷却剂系统及设备

IRIS 反应堆冷却剂泵的电机和泵体都浸泡在反应堆压力容器水中,只有电力导线引出堆外,为驱动电机供电,还有为泵提供冷却的循环水接管由反应堆容器外引入。关于泵本身的冷却问题目前还在研究,目标是研究耐高温的材料,省去泵的冷却系统,这样可以减少冷却水接管。冷却剂泵采用池式(pool type)泵,这种泵在美国海军已得到应用,并正在用于化工系统。它的特点是大流量、低压头。IRIS 的冷却剂流动路径简单,流动阻力小,正适用于这种泵。电机和水泵由两个同心圆柱体组成,内部是转子,外环是定子。

图 2-8 是 IRIS 堆剖面示意图。控制棒驱动机构全部位于反应堆容器内,堆芯布置在反应堆容器的下方。冷却剂从下腔室流入堆芯,向上流经堆芯后进入堆芯上升腔,然后向上流过控制棒驱动机构,在控制棒驱动机构的顶端进入冷却剂泵的吸入口,通过冷却剂泵的驱动,使冷却剂强迫循环向下流入蒸汽发生器,然后向下通过吊篮与压力容器间的环形空间进入下腔室。

IRIS 的稳压器是利用反应堆压力容器的上封头内空间,稳压器空间采用一个隔热的、倒置的帽形结构与主冷却剂隔开,具体结构如图 2-9 所示。倒置的帽形结构衬有隔热层,这个结构将稳压器的工质与主冷却剂流体隔离并隔热。稳压器内有电加热器,以保证稳压器腔室内的工质温度保持在对应压力下的饱和温度。在倒置帽形隔

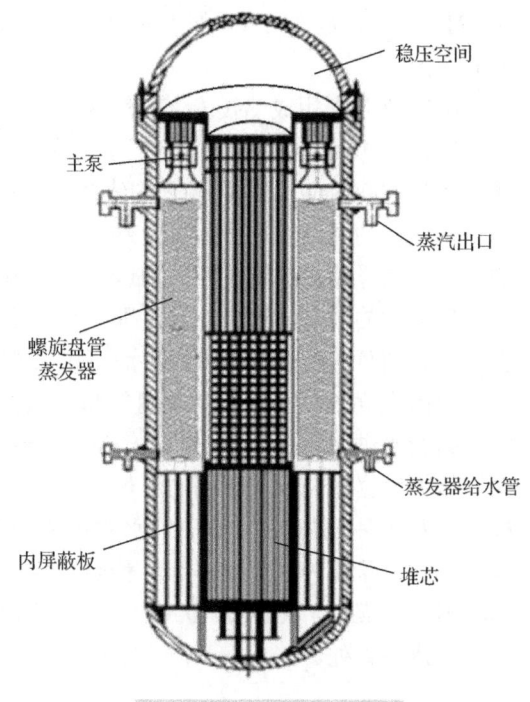

图 2-8　IRIS 堆剖面示意图

板的下部开有波动孔（类似于分散布置的波动管），允许主冷却剂与稳压器流体之间有波动地流入和流出，波动孔正好位于电加热器的下方。

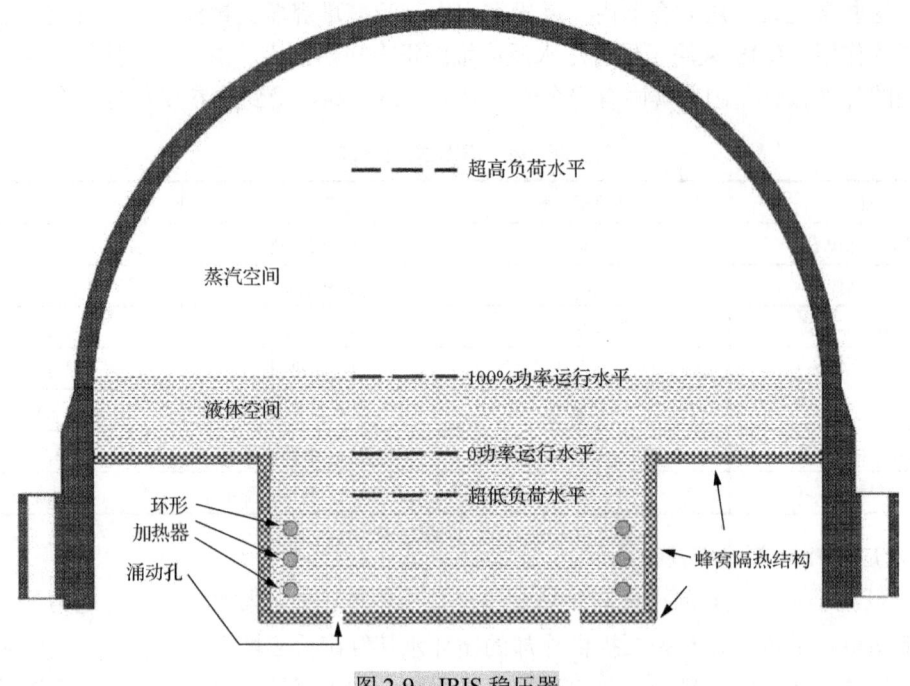

图 2-9　IRIS 稳压器

因为反应堆容器直径较大，利用反应堆容器上封头作为稳压器空间比分散布置的稳压器空间大很多。IRIS 稳压器的容积大约为 71m^3，蒸汽容积大约为 49m^3，是 AP1000 的 1.6 倍，而 IRIS 功率才是 AP1000 的 1/3。这种大的稳压器容积与功率的比值是 IRIS 不需要稳压器喷淋的原因。

IRIS 堆芯采用成熟技术，其燃料组件采用西屋公司为 AP1000 设计的 17×17 的燃料组件，每个组件有 24 根控制棒导向管。堆芯内装有 89 组燃料组件，燃料的活性长度为 4.267m，总热功率为 1000MWt。燃料棒平均线功率密度大约是 AP1000 的 75%。堆芯的热工余量较大，增加了运行的灵活性。燃料棒上端留出的裂变气体空腔有所增加，大约是普通压水堆燃料棒的两倍，这样使得燃料棒在长期运行之后内部压力不至于过大。

反应性的控制方式分三种，即固体可燃毒物棒、硼酸溶液可燃毒物和控制棒。因为堆芯有比较大的负温度系数，硼酸溶液可燃毒物用量很少，这也增加了反应堆的固有安全性。

IRIS 的蒸汽发生器是螺旋盘管型直流蒸发器，反应堆冷却剂走管外侧，自上向下流动，二回路给水进入管内，自下向上流动。8 台模块式蒸发器均匀布置在堆芯吊篮（2.85m）和反应堆压力容器（6.2m）之间的环形空间内，见图 2-10（a）。每个蒸发器模块有一个中心支承柱，用来支撑传热管，一个下给水联箱和一个上蒸汽联箱连接传热管。每台蒸发器模块有 656 根传热管，管束外径为 1.64m。传热管连接到上下联箱的竖直面上。蒸发器模块由反应堆压力容器提供支承，见图 2-10（b）。上、下联箱用螺栓在压力容器内部分别连接到蒸汽出口接管和给水接管处。

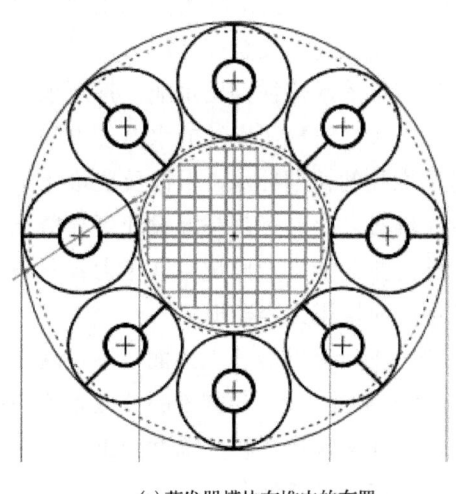

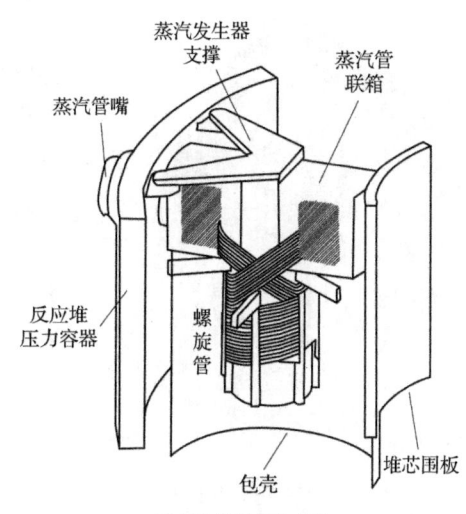

(a) 蒸发器模块在堆内的布置　　(b) 蒸发器模块的支撑

图 2-10　IRIS 螺旋盘管式直流蒸发器

螺旋盘管式蒸汽发生器的设计能够缓解热膨胀产生的应力,对流体引起的振动也有很好的缓解作用。研发单位对该型蒸发器进行了模拟实验,模拟体直径与原型相同,高度尺寸比原型有所减小。在实际稳定运行参数条件下,进行了热工、振动、阻力损失等方面的实验。

控制棒驱动机构完全在反应堆压力容器内,外侧是蒸汽发生器。相比传统的控制棒驱动机构在堆外的情况,这里不存在弹棒事故,因为在控制棒及驱动机构的轴向上不存在大的压差。取消了反应堆容器上封头上的控制棒驱动机构管座接管,大大地简化了上封头的制造难度,消除了管座处焊缝腐蚀开裂、泄漏等事故的风险。一体化反应堆控制棒驱动机构体积小,需要的驱动功率不大,既可以采用电磁驱动也可以采用液压驱动,日本、阿根廷等国家在这方面都有一些成功的经验。

IRIS 堆芯活性区的周围设有圆筒形的不锈钢中子反射层,这样可以减少中子泄漏,提高中子利用率,延长燃料使用周期。中子反射层的使用减少了快中子对堆芯吊篮的辐射量,中子反射层与下降段较厚的水层一起,大大降低了反应堆压力容器受到快中子的辐照剂量。其带来的好处是:延长了反应堆压力容器的使用寿命,不需要压力容器的脆性变化检测,减少了生物屏蔽。

2）安全壳系统

IRIS 采用反应堆主冷却剂系统一体化布置,将蒸汽发生器、稳压器、主泵等设备都装入压力容器内,使主冷却剂系统和设备所占有的空间大幅度减少,这样安全壳的体积可以减小。IRIS 的安全壳采用了钢制球形结构的小型化设计方案,如图 2-11 所示。球形钢制安全壳直径 25m,壁厚 2.54cm,设计压力 1.4MPa。安全壳上方有一个可拆卸的半球形上封头。上封头拆卸后可进行反应堆换料,换料时在反应堆压力容器上封头法兰和安全壳上封头接口法兰之间加一密封套筒,将反应堆容器和密封套筒内充满水就可以进行换料操作。采用球形结构和小型化设计的结果是:在同样材料和厚度的情况下,IRIS 安全壳能承受的压力高于分散布置的传统圆柱形安全壳 3 倍。

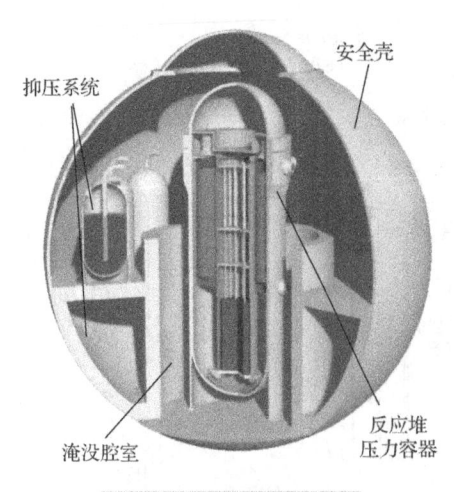

图 2-11 IRIS 安全壳布置

图 2-11 也表示出了抑压水池系统,在出现安全壳压力峰值时,这一系统保证了安全壳的压力低于设计值。当出现事故后反应堆的水排往抑压水池,抑压水池水位升高会提供足够压头,将抑压水池的水淹没堆腔。水位淹没高度可提供堆腔的长期补水,保证反应堆压力容器的水装量维持在堆芯之上。在超基准设计事故情况下,系统也提供足够的排热能力导出反应堆压力容器表面传递的热量,防止反应堆压力容器损坏。

IRIS 安全壳大约一半的容积在地面之下,这样大约只有 15m 的高度在地面以上。与常规的分散布置的压水堆安全壳相比,地面构筑物体积大幅度减小,从而减小了飞机等飞行物撞击的可能性。

3) 安全性设计理念

IRIS 的安全设计理念是"依靠设计保证的安全性(safety-by-design)",简单的解释就是在装置设计时就考虑消除事故发生的可能性,而不是通过设计来对付事故序列。对于有些不能消除的事故,要在设计上减少它们出现的可能性。一体化反应堆本身就是减少事故隐患的一个例子,因为它没有大口径的接管,从根本上消除了大破口事故发生的可能性。

IRIS 在安全上也采用纵深防御的原则,包括传统纵深防御的几种手段,除了多道屏障、冗余性、多样性这些方法之外,IRIS 采用的另外一个手段就是从设计上减少事故的触发事件,即减少事故发生的可能性。IRIS 采用"依靠设计保证的安全性"的体现表示在表 2-5 中。

表 2-5 IRIS 依靠设计保证的安全性理念的体现

IRIS 设计特点	安全性体现	受影响的事故
一体化布置	没有大口径冷却剂接管	破口事故
反应堆容器容积加大、高度增加	增加了水装量	破口事故
	增加了系统自然循环能力	减少了堆芯热量输出产生的事故
	采用堆内控制棒驱动机构	弹棒事故,取消了上封头接管座
从反应堆容器内进行热量输出	依靠蒸汽冷凝对系统进行减压,不损失冷却剂质量	破口事故
	由蒸发器和应急热输出系统有效输出热量	破口事故 所有需要冷却的事故
安全壳尺寸减小、压力增加	减小了破口事故时冷却剂从破口流出的压差	破口事故
多个冷却剂泵	减小了单台泵失效的影响	电机锁死,泵轴和叶片故障
蒸发器系统设计压力高	不需要蒸发器安全阀,给水和蒸汽管路都是按照一回路系统压力设计,减少了管路破裂的可能性	蒸发器管路破裂
直流式蒸汽发生器	限制了二次侧水装量	蒸汽管断裂事故 给水管断裂事故
一体化稳压器	较大的(稳压器容积/反应堆功率)比值	超压;给水管破裂

由于 IRIS 反应堆冷却剂系统一体化的特点,反应堆容器比常规分散布置的压水堆大很多,反应堆内水装量也大很多。当冷却剂系统出现小破口或者中等破口时,可以依靠足够的水装

量来保证堆芯安全,而不需要安全注入。同样,较大的水装量使系统的热容量增加,这也缓解了系统降温和升温的影响。

采用布置一体化后,冷却剂系统热芯和冷芯位差的增加及流动阻力的减小,可产生更大的自然循环能力,这大大提高了系统通过自然循环带走停堆后堆芯衰变热的能力。反应堆压力容器高度的增加,为控制棒驱动机构的布置提供了足够的空间。这不仅消除了弹棒事故的隐患,也不需要控制棒驱动轴穿出反应堆容器上封头。这样就消除了由于系统加硼对上封头控制棒驱动机构管座腐蚀的威胁。在事故情况下,蒸汽发生器可以为堆芯热量提供输出,同时也配有应急热量导出系统,可以保证堆芯衰变热的有效输出。

由于 IRIS 的反应堆冷却剂系统占用空间减小,可以将安全壳设计成一个耐高压的紧凑形式。这样,在失水事故的初期阶段,允许安全壳内压力有所升高。这种较高背压的好处是:当出现中、小破口时,可以限制堆内水装量的丧失速度。同时,堆内和堆外之间的压差也会很快降低,终止破口影响的时间就会减少。在不需要外界补给的情况下,保证反应堆容器内有足够的水装量淹没堆芯。

4)安全要点

为了体现"依靠设计保证的安全性",IRIS 还设有简化的非能动安全系统,如图 2-12 所示,包括如下几个。

(1)非能动应急热量输出系统,它由 4 个独立的子系统组成。每个子系统都有一台水平放置的 U 形管换热器,这些换热器分别连接到蒸发器的给水/蒸汽管路上,换热器浸没在安全壳外的换料水箱内,由换料水箱作为系统热阱。非能动应急热量输出系统的单个子系统,在失去二次侧热量输出的情况下能带出堆芯衰变热。非能动应急热量输出系统依靠自然循环工作,通过蒸发器的传热管导出堆芯热量,然后把系统产生的蒸汽在 U 形管换热器中冷凝,把热量传给换料水箱的水中。非能动应急热量输出系统在实现堆芯冷却过程中,也为反应堆提供了减压,而这种减压没有水的丧失。

(2)有两个应急硼注入箱,通过向反应堆压力容器的直接注入,将含硼水注入堆芯,它同时也为堆芯提供补水。

(3)稳压器蒸汽空间有一个小的减压系统,当反应堆内水位低于设定值时,帮助非能动应急热量输出系统对反应堆卸压。减压系统的出口通过管路和阀门接入抑压水池内。这样,在事故情况下可保证反应堆容器内压力与安全壳内压力平衡。

(4)安全壳抑压系统,由 6 个水箱和一个共用的不凝性气体贮存空间组成。每个抑压水箱通过一个引出管连接入到一个浸没在安全壳水中的扩散接管,当出现事故排放时,排出的蒸汽通过此系统进入水池而冷凝。安全壳抑压系统可以把安全壳的峰值压力限制在 1.0MPa 之内,这一压力远低于安全壳的设计压力。在破口事故情况下,抑压水箱也可以向堆内补水。

(5)特殊结构的小型安全壳设计可以更有效地收集事故后泄漏出的液体和冷凝液体,把这些液体收集在堆坑内。在破口事故后期,堆坑内的水位高于堆芯,可以依靠重位压头通过直接注入系统为堆芯补水。堆坑水还可以保证反应堆容器下部浸没在水内,保证严重事故后反应堆容器的完整性。

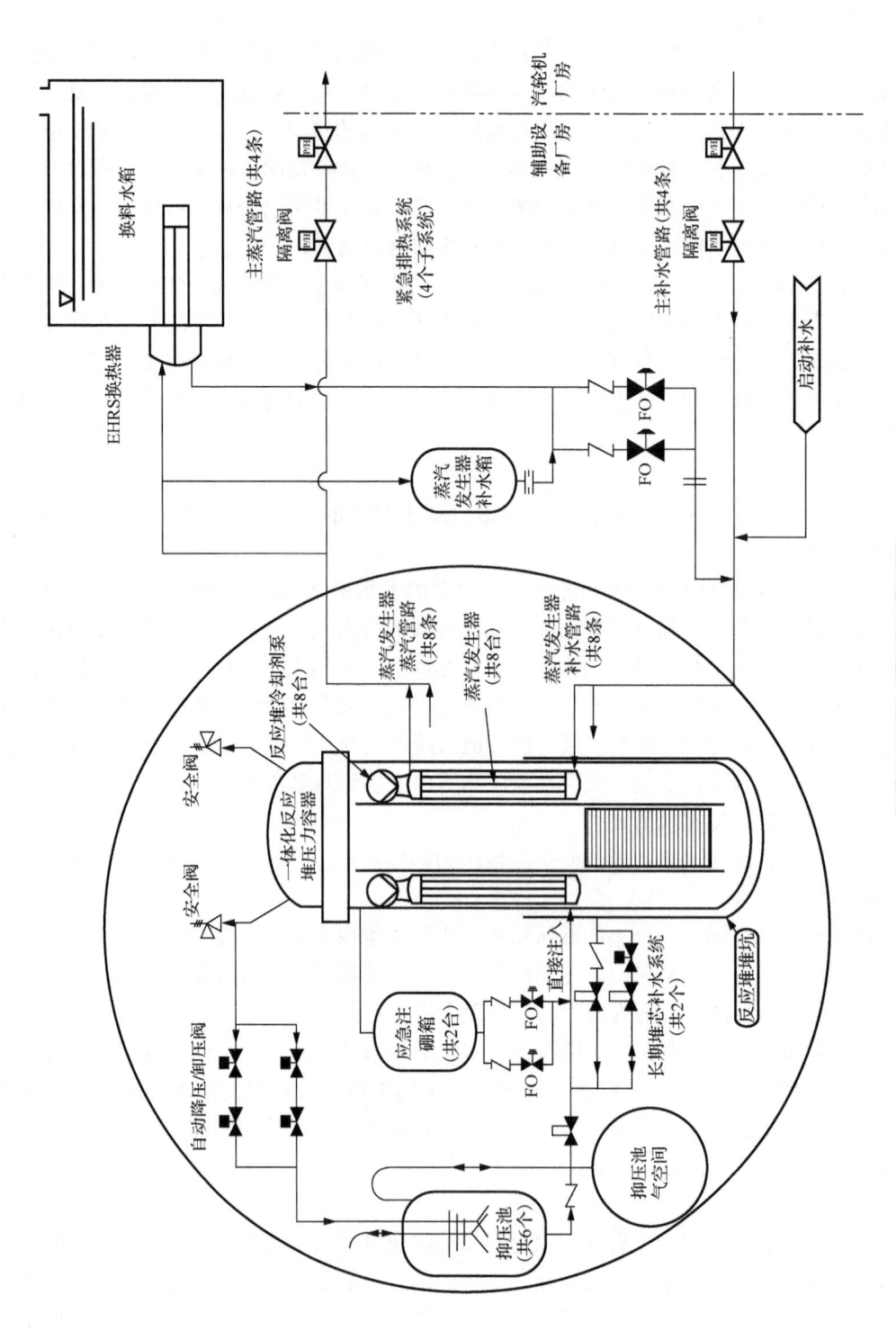

图 2-12 ISIR 非能动安全系统

2. 日本的一体化压水堆 MRX

日本原子能研究所提出了一种船用一体化反应堆（marine reactor X，MRX），该型反应堆设计功率为 100MW。MRX 设计中考虑了船用堆的特殊条件，反应堆能在常温下不用化学停堆系统就可停堆，以便保证舰船沉没后反应堆安全关闭；在出现卡死一组控制棒时，反应堆也能发出大于 30%的额定功率；反应堆对船的快速载荷变化能进行快速响应，以满足机动性要求（能在 30s 内从 15%功率升到满功率）；反应堆能承受船体运动产生的附加力，允许的最大垂直运动、水平运动加速度为 ±1g；横摇和纵倾角分别为 45°和 30°。

1）反应堆本体结构

图 2-13 所示为 MRX 一体化压水堆的本体结构，与美国的一体化反应堆 IRIS 有一些共同之处，例如将蒸发器、稳压器和控制棒驱动机构都放在反应堆容器内，一回路设备之间没有大口径接管。与 IRIS 有所不同的是 MRX 的冷却剂泵是放在反应堆压力容器外，两台冷却剂泵水平方向与反应堆容器壳体成 90°角直接相连，冷却剂泵安装位置在内置蒸发器的上方。蒸发器是螺旋盘管型直流式蒸汽发生器，反应堆冷却剂在蒸发器传热管外侧自上向下流过，二回路给水从蒸发器下部进入，从传热管内向上流动被加热变成蒸汽，蒸汽从出口流出进入汽轮机做功。稳压器是利用控制棒外侧反应堆容器上部的环形空间，包括电加热器、喷淋、释放阀和安全阀等。

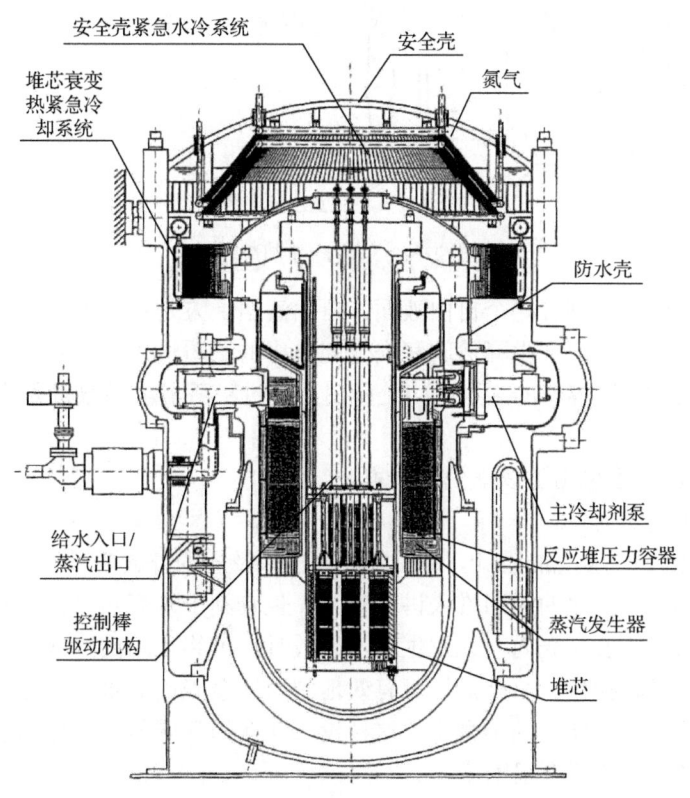

图 2-13 MRX 一体化压水堆本体结构

反应堆冷却剂在堆内的流动情况如图 2-14 所示。反应堆冷却剂从容器的下封头进入堆芯，从堆芯流出后向上流经控制棒驱动机构。由于上升段较长、上升段与下降段的密度差较大，冷却剂的自然循环能力较强。冷却剂从上升段的出口进入冷却剂泵，冷却剂泵与反应堆容器的接管是一个双层套管，冷却剂从中心管进入，经主泵加压后从外层套管流出，向下进入蒸发器传热管外侧向下流动，流出蒸发器后再向下流经堆芯外围的环形空间进入下腔室。

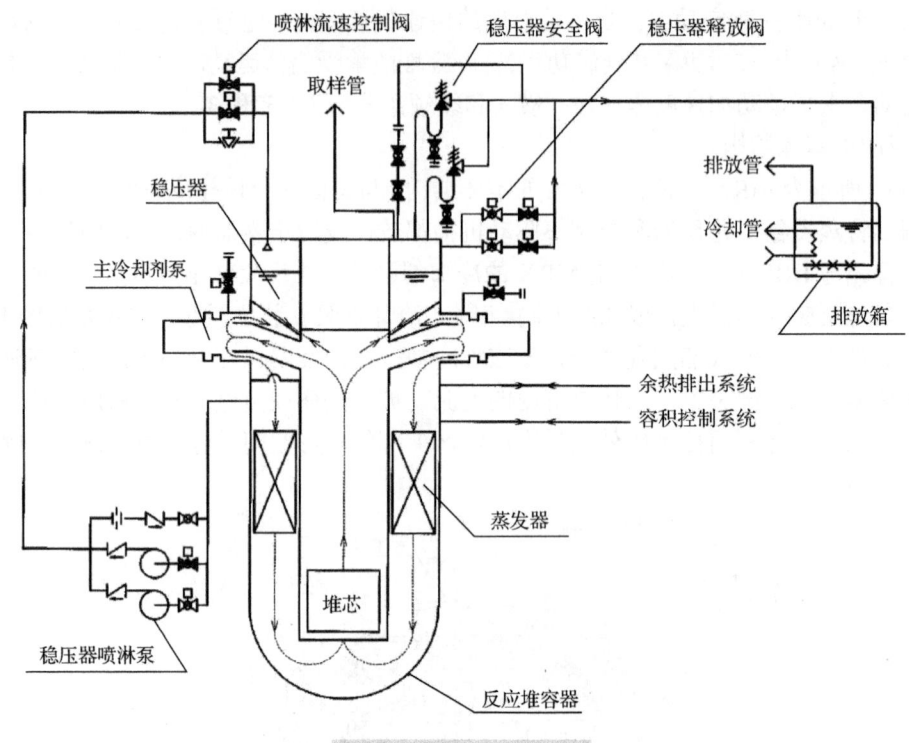

图 2-14 堆内冷却剂流程

在反应堆容器内冷却剂有一个自由液面，自由液面上方是稳压器空间。稳压器上方设有释放阀和安全阀，事故情况下由释放阀和安全阀排出的工质进入排放箱。稳压器上部还有喷淋接管，喷淋水从反应堆容器的主泵出口处引出，经过稳压器喷淋泵进入稳压器。

2）设计特点

MRX 一体化压水堆采用了以下先进技术。

（1）采用水淹式安全壳。

MRX 采用水淹式安全壳的设计，将反应堆容器以及容器外的各种设备、仪器等浸泡在安全壳内，这对于必须小型化的船用堆来讲很有利，也有利于衰变热排出的非能动化。将反应堆容器设置在装满水的安全壳内，在发生失水事故时，可终止一回路水的流失，非能动地保持堆芯淹没，防止堆芯损坏。另外，还可有效地利用安全壳内的水作为辐射屏蔽，取消安全壳外的生物屏蔽，实现了装置的小型化。这种设计存在的问题是一体化的程度太高，安全壳及反应堆内部设备的维修检查很困难。

为了避免安全壳内的温度和压力上升，反应堆容器和安全壳水之间设有隔热层，隔热层由密封壳与安全壳内的水分开，隔热层有泄漏检测系统。这样可以确保反应堆容器的完好性，可早期检测出外壳结构等出现的异常现象，早先发现异常，可进行及时维修和检查。由于在反应堆容器外侧有隔热层，由容器外表面散热造成的热损失小于反应堆功率的 1%。

为了有效发挥水淹式安全壳的优点，并能使安全壳内的水得到冷却，采用了热管换热器传递出热量。正常运行时，安全壳内水温保持在 60℃ 以下。如果考虑 MRX 用到破冰船上，则外界气温可达 -50℃，可将氨或氟利昂装入真空金属管中。热管蒸发器一旦被加热，介质开始蒸发成为蒸汽，热量被带到冷凝器，在冷凝器中又变成原来的液体状态。该过程连续进行，使热量转移。其结构简单，没有可动部件，可保证长寿命，可靠性也高。反应堆及安全壳冷却系统的结构见图 2-15。

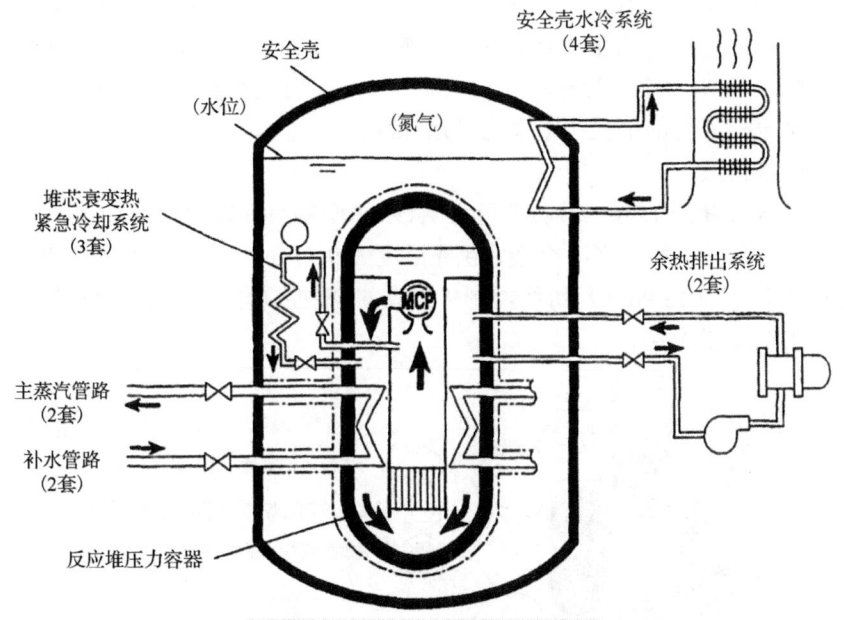

图 2-15 反应堆及安全壳冷却系统

（2）采用自然循环排出衰变热。

在蒸汽管道破损、传热管破损和失水等事故工况时，采用自然循环将衰变热排放到安全壳中的水系统和热管式安全壳水冷却系统，这些系统可非能动地导出衰变热，提高安全性。作为异常时发挥排出衰变热作用的系统，除了具有能动冷却功能的系统之外，还配有非能动性质的冷却系统。

异常工况时的安全性通过始终保持堆芯淹没和尽可能非能动导出衰变热来实现。衰变热导出系统除了具有能动冷却机能的容积控制系统之外，正在研究非能动的冷却系统。该研究的典型方案是：使其成为在能动打开阀门之后，可利用自然循环导出热量的应急冷却系统。其他方案还有利用水压动作阀的等压注入系统和经过改进的应急用冷凝器导出热量。

投入应急堆芯冷却系统时，无须操作隔离阀就能达到目的。即关闭主给水管和主蒸汽管的隔离阀及打开应急堆芯冷却系统（蒸汽发生器旁通方式，各回路有两条系统）的隔离阀，就能将衰变热排放到安全壳水中，由热管式安全壳水冷却器进行非能动冷却。

（3）控制棒驱动机构安装在反应堆容器内。

传统分散式压水堆的控制棒驱动机构设置在反应堆容器外，在反应堆运行时，如果控制棒驱动机构压力套破损，控制棒束就会从堆芯弹出，导致反应性急剧增加和严重的功率分布变化的事故。为了避免此类事故发生，如果将控制棒驱动机构安装在反应堆容器内，从物理上就可排除控制棒束的弹棒事故，能确保更高的安全性。为了实现控制棒驱动机构安装在反应堆容器内，需要控制棒驱动机构能在高温、高压水的条件下可靠地工作。

MRX 屏蔽层设置在反应堆容器外侧的安全壳内和反应堆容器内。反应堆容器外侧的布置是：堆芯横向依次为隔热层和空气、钢（5cm）、水（10cm）、铸钢（47cm）、水（68cm）和安全壳；堆芯下方的屏蔽顺序是隔热层和空气、钢（5cm）、水（10cm）、铸钢（47cm）、水（29cm）和安全壳。在堆芯和蒸汽发生器之间有钢屏蔽层，并增加蒸汽发生器内侧堆芯吊兰的板厚。其目的是：①使蒸汽发生器内的二次系统产生的 ^{16}N 引起的主蒸汽管周围的剂量当量率不超过标准值；②堆芯斜方向的安全壳外表面的剂量当量率不超过标准值；③减少停堆时在安全壳内作业的辐照。100%功率运行时堆芯横向的中子和 γ 射线剂量当量率的计算结果表明，在堆芯横向的安全壳外表面的剂量当量率也满足标准值。

3）反应堆堆芯设计

反应堆活性区高度为 1.4m，堆芯直径为 1.49m，燃料组件数 19 组，每组组件有燃料棒栅元数 493 个。燃料包壳材料为锆-4 合金，包壳厚度为 0.57mm。燃料棒直径为 9.5mm，呈三角形布置，燃料棒节距为 13.9mm。每组控制棒束有 54 根控制棒，控制棒吸收材料为 90%浓度的 B_4C。堆芯布置见图 2-16。

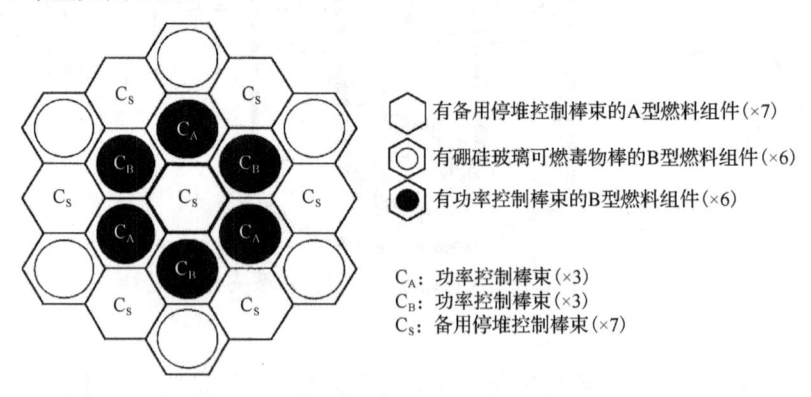

图 2-16 堆芯布置图

该反应堆的堆芯布置有 19 个六角形燃料组件。堆芯由通过一回路冷却系统的水进行冷却。燃料组件由 A 型燃料组件和 B 型燃料组件组成。A 型燃料组件由 456 根普通燃料棒、37 根含钆燃料棒和 54 根控制棒导向管组成；B 型燃料组件有两种，一种是由 468 根普通燃料棒、25 根含钆燃料棒和 54 根硼硅玻璃棒组成；另外一种是无硼硅玻璃棒，而含 54 根控制棒导向管。A 型燃料组件内有备用停堆用的控制棒束，用于反应堆停堆时插入；B 型燃料组件的第一种没有控制棒，有两种可燃毒物棒；B 型燃料组件的第二种内插调节反应堆功率的控制棒。普通燃料的富集度是 4.3%，含钆的燃料富集度为 2.5%。

因为 MRX 不采用化学补偿控制反应性，反应堆慢化剂的负温度系数较大。由于大的负温度系数，可实现反应性的自我调节，即功率可以稳定跟踪负荷的变化，不需要控制棒动作。由于没有硼补偿，与陆上堆相比，MRX 堆内功率分布不均匀性要大。为了展评堆芯功率分布，在一部分燃料棒中加了 Gd_2O_3，还有一些硼硅玻璃可燃毒物棒，加之较多的控制棒数量，这些都有助于展平堆芯功率分布。燃料元件设计线功率密度为 41kW/m，实际运行线功率密度为 30.4kW/m，留有较大的余量，有利于运行的灵活性和安全性。

2.2 先进沸水反应堆

沸水反应堆与压水反应堆都属于水冷反应堆系列，与压水堆不同的是沸水堆的冷却剂在堆芯内产生沸腾，省略了蒸汽发生器和一回路的管路和设备，产生的蒸汽经过堆内的汽水分离器后直接到汽轮机做功。先进水冷反应堆的一个重要追求目标就是简化系统和设备，因为复杂化是现有电厂存在问题的根源，这不但增加了投资成本，也造成了运行和维修保养的困难。先进沸水反应堆在早期的沸水堆基础上做了许多技术改进，例如将冷却剂循环泵包含在反应堆压力容器内，取消了外部连接管道；而经济型简化沸水堆取消了冷却剂泵，采用堆内自然循环，大大提高了可靠性。由于采用了一体化的蒸汽供应系统，与相同功率的压水反应堆核电厂相比，省去了蒸汽发生器和稳压器等大型设备，按照重量计算，可以少用材料大约50%。先进沸水反应堆采用了紧凑型抑压式安全壳，安全壳的体积大幅度减小。

沸水堆是 20 世纪 60 年代首先由美国的 GE（General Electric）公司发展起来的，1978 年开始，美国通用公司联合日本的东芝和日立等公司研发先进沸水反应堆（ABWR），并于 1996 年建成了泊崎刈羽 6 号和 7 号 ABWR 机组。在 ABWR 的基础上，多个国家合作又设计了简化型先进沸水堆（SBWR）和经济型简化沸水堆（ESBWR）。目前很多国家都有能力建造沸水堆，在当今的动力反应堆中，沸水堆大约占 23%。沸水堆的研制起步较晚，但由于它具有系统压力低，循环回路简单等优点，所以受到一些用户的欢迎。在沸水堆中，燃料产生的热量大部分使水汽化，冷却剂一次流过堆芯吸收的热量多，因此，对于同样的热功率，通过沸水堆堆芯的冷却剂流量小于压水堆。

2.2.1 先进沸水反应堆

先进沸水反应堆（advanced boiling water reactor，ABWR）是在早期的沸水堆基础上改进而成的，一个较重要的改进是将冷却剂再循环泵移至堆内（原来的再循环回路和循环泵在堆外），进一步增加了反应堆压力容器的容积，这种反应堆压力容器的水装量是同等规模压水堆的两倍。由于 ABWR 加大了水装量，反应堆及蒸汽供应系统的热惯性加大，其优点是系统运行变得更加稳定，延缓了运行瞬态的剧烈程度，减慢了机组对外来扰动的响应速度，从而使操纵员有更多的时间恢复组的稳定运行。ABWR 把循环泵移到反应堆压力容器内部，增大了堆芯与压力容器壁之间的水层厚度，从而减少了快中子到达压力容器表面的数量，在 60 年的设计寿期内压力容器内表面快中子积分通量小于 10^{18}n/cm^2。

除了冷却剂循环系统的改进之外，ABWR 在燃料组件的结构形式、堆芯结构设计、安全壳设计和安全系统设计等方面也做了较大的改进和提高，使 ABWR 比早期的沸水堆安全性更高，经济性更好。

与压水堆相比，沸水堆具有以下特点。

（1）采用直接循环。沸水核反应堆产生的蒸汽被直接引入汽轮机，推动汽轮机转动而带动发电机发电。由于在堆芯内直接产生蒸汽，反应堆的系统压力也由压水堆的 15MPa 下降到约 7MPa。这些特点使沸水堆系统简化，投资成本降低。但反应堆冷却剂汽化后直接被引入汽轮机，蒸汽中带有一定的放射性，这会使汽轮机受到放射性照射，因而辐射防护和废物处理较为复杂。

（2）堆芯允许出现饱和沸腾。沸水反应堆在设计上要求具有负的空泡反应性系数，这种负反馈作用具有较好的控制调节反应性和功率水平的性能，无须通过在冷却剂中加入硼酸的方法调整寿期初的过剩反应性，因此省略了压水反应堆中的化学和容积控制系统。不利之处在于反应堆堆芯处于两相流动状态，可能带来流动不稳定性以及沸腾临界等问题。

（3）抑压式安全壳系统。压水反应堆核电厂一般采用较大的干式安全壳，而在沸水反应堆核电厂中，则通常采用干、湿安全壳配合方式。湿井安全壳内存有大量水，在发生 LOCA 等事故条件下，采用这种配置方案可利用水对蒸汽冷凝作用抑制安全壳内的压力上升。

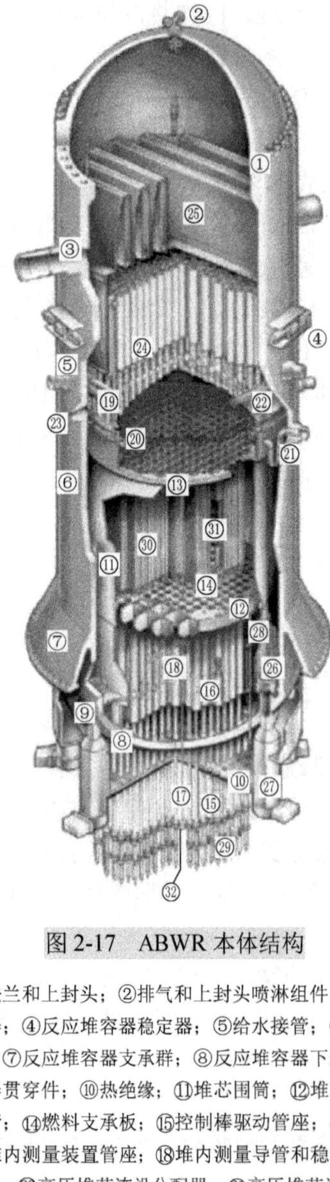

1. ABWR 本体结构

与早期沸水反应堆不同，ABWR 采用了一体化结构，在内径为 7.1m 的压力容器内布置了包括反应堆燃料组件、堆内构件、十字形控制棒、汽水分离器、蒸汽干燥器和内置循环泵在内的核蒸汽供应系统。ABWR 和早期的 BWR/6 堆内结构布置相似，主要在内部循环通道进行了修改。在反应堆容器和堆芯围筒之间不再设置喷射泵，10 台内置循环泵安装于下封头上，取消了早期沸水反应堆的外部再循环回路，堆芯失水事故发生概率及其影响都可以减轻。高压堆芯喷淋喷雾器改为堆芯注水喷雾器；低压注水管道不再引入围筒内注水，而改用围筒外的注水喷雾器注水；上部栅格板与上部围筒是一个整体，使结构简化。底部堆芯围筒支承结构由因科镍 600 合金材料制造，作为由不锈钢材料制作的围筒和由低碳合金钢材料制作的反应堆压力容器焊接的过渡段，减小了结构热应力。由于控制棒是从反应堆容器下封头插入，为了空出控制棒的移动空间和满足运行的需要，把堆芯下栅格板的轴向位置提高，内置泵的安装位置下移至堆芯之下，以避免电机绕组和其他部件的中子辐照活化。ABWR 的反应堆本体结构如图 2-17 所示。

ABWR 反应堆容器的上封头与筒体通过法兰用 80 个螺栓连接，法兰面上有双重镍合金 O 形密封环，在任何情况下不允许有可检测到的泄漏。整个反应堆的重量由支承裙坐在混凝土基础上支承。

反应堆压力容器用来容纳堆芯和堆内构件，是防止放射性物质外逸的重要屏障。为了

图 2-17 ABWR 本体结构

①容器法兰和上封头；②排气和上封头喷淋组件；③蒸汽出口限流器；④反应堆容器稳定器；⑤给水接管；⑥反应堆容器筒体；⑦反应堆容器支承群；⑧反应堆容器下封头；⑨反应堆容器贯穿件；⑩热绝缘；⑪堆芯围筒；⑫堆芯支承板；⑬上导管；⑭燃料支承板；⑮控制棒驱动管座；⑯控制棒导管；⑰堆内测量装置管座；⑱堆内测量导管和稳定器；⑲给水分布器；⑳高压堆芯淹没分配器；㉑高压堆芯淹没连接器；㉒低压堆芯淹没管；㉓停堆冷却接口；㉔汽水分离器；㉕蒸汽干燥器；㉖反应堆内置泵；㉗内置泵电机壳；㉘堆芯和内置泵差压管；㉙精细运动控制棒驱动；㉚燃料组件；㉛控制棒；㉜局部功率监视器

满足反应堆容器在高温、高压、强放射性辐照条件下工作的特殊要求,保证核电站的安全,同时考虑反应堆容器加工制造的经济性,要求制造反应堆容器的材料具有适当的强度和较高的韧性及良好的可加工性能、抗辐照性能及热稳定性。另外,对断面收缩率、冲击韧性及脆性转变温度等也有较高要求。表 2-6 列出了 ABWR 容器的主要设计参数。

表 2-6 ABWR 容器的主要设计参数

参数	数值
设计温度/℃	302
运行温度/℃	287
设计压力/MPa(表压)	8.62
试验压力/MPa(最大打压表压)	10.78
直径/mm	7112
厚度/mm	174
高度/mm	21000
质量/t	~870

ABWR 容器是由低碳合金钢锻件和卷板拼焊组成的,自上至下共可分为 11 个部分,其中 4 个部分为钢板卷制,其余部分为锻件。自上而下有 9 条环焊缝和 4 条纵焊缝,以及上封头上 4 条弧面对接焊缝和一个法兰结合面。上封头顶部为钢板拼焊,上下法兰为锻件,另有两个布置开孔的筒节为钢板卷焊,其余的堆芯区域筒节、裙座及下封头均为锻件。筒身上开的大孔共 17 个,4 个主蒸汽出口在一个筒节上,另外的 13 个开孔集中在第二个筒节上,高压注水及备用硼酸溶液控制系统位置最低。

2. 反应堆堆内构件

ABWR 的堆内构件包括用来支撑反应堆堆芯的堆芯支撑构件及其他的堆内部件。堆芯支撑构件包括堆芯围筒、围筒支撑、上部栅格板、堆芯支撑板、燃料支撑板、控制棒导向管、控制棒驱动机构外壳的非压力边界部分;其他部件包括汽水分离组件、给水分配装置、应急堆芯冷却系统(ECCS)低压堆芯注水分配装置、ECCS 高压堆芯注水分配装置、反应堆容器顶部排汽及喷淋组件、反应堆容器材料性能监督试样夹持器等。

1)堆芯围筒及其支撑

ABWR 堆芯围筒是直径为 5600.6mm,壁厚为 50.8mm 的不锈钢圆筒,堆芯围筒提供隔离功能,将堆芯区域与压力容器隔离开来,并与压力容器筒体形成环状空间,即将经过堆芯向上流的冷却剂与向下的再循环流体分开(相当于压水堆的堆芯吊篮)。围筒由 4 个筒节焊接而成,每个筒节由 2 块或 6 块钢板卷焊而成。围筒的底部支撑在围筒支撑环上,支撑环由均布在下封头上的 10 个支撑腿支撑,在围筒支撑环和压力容器筒体之间,由水平的泵台支撑并固定。围筒的上、下部有法兰,用以与堆芯支撑板的螺栓连接。

2)上部栅格板

上部栅格板是一块带有方形流水孔的圆形板件,由不锈钢锻件整体铣削成型,通过其下法兰固定在围筒的上法兰上,其圆柱形表面形成上部围筒的延伸,上部栅格板的顶部法兰供围筒封头的安装。每个方孔为 4 盒燃料组件提供水平支撑和导向。对于外围的燃料,一个方孔支撑的燃料组件少于四个。燃料支撑底部带有孔，供锚固堆芯中子监视器及启动用的中子源。上部栅格板圆周上的两个弧形凹道，为内置泵叶轮在拆装时提供通道。

3）燃料支撑

燃料组件的支撑有两种基本形式，即外围燃料支撑及中央燃料支撑。外围燃料支撑位于堆芯周边且不靠近控制棒的位置，每个外围燃料支撑结构支撑一盒燃料组件，燃料支撑上开有一个小孔，以保证外围燃料组件中能通过适当的冷却剂流量。除了外围燃料支撑以外就是中央燃料支撑，每个中央燃料支撑在水平与竖直方向上支持 4 盒相邻的燃料组件，支撑件上开有 4 个孔，以保证适当的冷却剂流量分配到每一盒对应的燃料组件。中央燃料支撑安置在控制棒导向管上部，控制棒导向管由堆芯支撑板水平固定，控制棒穿过中央燃料支撑中心的十字形孔。

4）汽水分离设备

沸水反应堆的冷却剂从堆芯流出的是汽水两相混合物，需要经过汽水分离后去除液相的蒸汽才能使汽轮机做功。蒸汽中如果含有水滴，对汽轮机的工作特性及安全性都会造成较大的危害，因此汽水分离设备是沸水堆的一个重要设备。ABWR 的汽水分离设备由汽水分离器组件和干燥器组件两部分组成：

（1）汽水分离器组件。

ABWR 的汽水分离组件由一组（349 个）竖直平行安装的分离筒组成，汽水分离组件安装在堆芯围板的上部法兰上，从堆芯流出的两相流混合物进入各个分离筒。分离筒的结构如图 2-18 所示，每个分离筒内由三级分离组成。汽水混合状态的两相流体从堆芯上部的空腔经过立管进入汽水分离器的下端，在汽水分离器下端有分离叶轮，分离叶轮是非转动部件，当汽水混合物通过叶轮的扭转叶片时产生旋转涡流，使汽水混合物向上产生旋转运动，在旋转离心力的作用下，液体被甩向筒体壁面，然后从侧面疏水口流出，再从下降段流回堆芯。这种分离器也称一级分离器，或称旋叶分离器。由于它的原理局限性，它主要分离大块的液体和较大的液滴。

（2）干燥器组件。

汽水混合物经过上面的汽水分离组件后仍然具有较大的湿度，液相以很小的液滴存在于蒸汽中，这样的蒸汽如果进入汽轮机就会对汽轮机的叶片造成很大损伤。因此，需要进一步对蒸汽进行除湿，这种除湿器称为干燥器，也有文献称为二级汽水分离

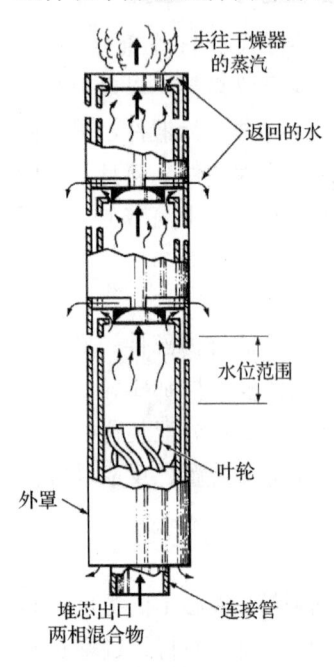

图 2-18 汽水分离筒

器。蒸汽干燥器就是用于进一步提高蒸汽干度的设备。蒸汽干燥器是由多个干燥组件构成的，每一个干燥组件都是由干燥单元和两侧固定用的圆孔网板构成。干燥单元是在由整块薄钢板压制成的波浪形板上焊接断续的波浪形翼片而形成的。蒸汽在干燥器通道中转折流动，利用液滴的惯性和干燥器的复杂通道可以捕捉到蒸汽中的小液滴，从而使蒸汽的干度提高。

3．反应堆再循环系统和内置泵

1）再循环系统

反应堆再循环系统的功能是为冷却剂循环流动提供驱动力，使冷却剂在燃料表面带走更

多热量,产生更多的蒸汽。采用可调速的泵控制冷却剂流速,通过改变冷却剂循环流速来控制反应堆功率。

反应堆再循环系统强迫冷却剂流过堆芯,携带出燃料产生的热量。进入反应堆堆芯的水由两部分组成:一部分是蒸汽在汽轮机做功后进入冷凝器冷凝后再返回反应堆的给水;另一部分是从分离器和干燥器分离出的水。再循环系统利用布置在堆芯下方的十台泵为冷却剂流动提供驱动力。泵的叶轮部分安装在反应堆容器内部,所以称为内置泵。内置泵驱动冷却剂流进反应堆容器下腔室,向上流过燃料支承板,流经燃料管束,再向上通过汽水分离器和干燥器,分离出的水在下降段的环形空间与给水混合后向下流入内置泵,形成再循环,如图 2-19 所示。

冷却剂再循环系统的流量是可以变化的,变化范围从自然循环工况的 20%额定流量到能带出堆芯全部热功率的流量。实际上使用 10 台泵的 9 台就能输出反应堆 100%的热功率。当其中 3 台泵停止运行时,剩下的 7 台泵仍能实现 90%的功率输出,泵及驱动电动机在 0.7s 内可以从对应于额定堆芯流量的转速降低到该转速的 1/2。再循环流量是可调的,反应堆输出功率在 70%~100%的调节不需要移动控制棒,而是通过改变再循环流量来调节。无论是功率调节还是由于其他原因导致不足 10 台泵运行,所有运行中的泵都保持相同的速度运行。内置泵的速度调整是通过改变设置在各个泵上的静态供电电源频率实现的。10 台泵分成 4 组,分别是 2 台一组和 3 台一组,4 组泵沿反应堆容器圆周相间布置,分别由 4 条母线供电,其中两组六台泵的电源采用了带有飞轮的电机供电,当丧失电源时,利用电机的惯性可以供电 3s 以上。因为堆芯内冷却剂流量影响反应堆功率和燃料的热工边界,因此再循环系统也被用来缓解反应堆的运行瞬态和一些应急工况。

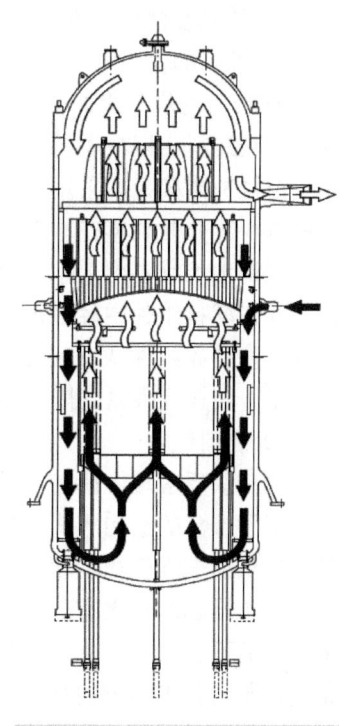

图 2-19 冷却剂再循环流动路线

2)内置泵

ABWR 与早期的沸水反应堆在冷却剂循环上最大的不同之处就是内置泵代替了外部循环管道和外置循环泵。它的优点是:取消外部循环管道,在压力容器下部无大口径开口,避免了堆芯顶部以下的大破口失水事故,减少了应急堆芯冷却系统中泵的容量。内置的循环回路变短,大大减少了回路阻力,降低了冷却水循环所消耗的功率,泵的功率只有 BWR/5 外循环泵的 73%。由于内置泵比原来的循环泵容量小,数量多,耗电少,所以改善了可运行性。在压力容器与堆芯围筒之间有一环形空间,这一环形空间被泵台隔成上、下两个部分。泵台位于下封头上,泵台上均布 10 个孔,可安放 10 台内置泵。内置泵通过泵的扩散器固定在泵台上。

内置泵是由湿式电动机驱动的单级泵。内置泵的主要部件有:叶轮、泵轴、扩散器、电动机转子、电动机定子、防反转装置以及轴承等。叶轮及扩散器为锻件整体铣削成形。泵轴很长,一直延伸到下面的电动机中。电动机转子的轴是空心的,允许泵轴穿入,泵轴与电动机转轴的连接处在电动机的最低处,用螺栓连接。电动机外壳焊接在反应堆压力容器下封头的接管上,构成反应堆容器的一部分。选择长轴,使电机可以安装在压力容器下封头最低位置,从而减少电机绕组的辐照活化。

4. 堆芯及燃料组件

1) 堆芯的构成

ABWR 的堆芯由 872 个燃料组件、205 个控制棒和 52 组测量堆芯功率分布的探测元件组成。首次装料由四种不同富集度的燃料组件组成。堆芯内每四个组件之间插入一根控制棒组成一个控制棒栅元。采用 GE 公司开发的控制栅元堆芯设计和运行方案，其特点是在运行期间只有少部分控制棒在堆芯内移动来补偿整个运行寿期的反应性变化。

在沸水堆堆芯内，水从堆芯底部经过节流装置的调节，进入燃料组件构成的冷却剂的通道，并在燃料组件中经过加热产生沸腾，变成汽水混合物从堆芯上部流出，带走堆芯产生的热量。控制棒组件从反应堆压力容器下部插入反应堆堆芯，通过控制棒的移动控制堆芯的功率水平。装在元件盒间隙中的堆芯测量元件进行堆芯的功率分布测量。

2) 燃料组件

与压水反应堆中所使用的燃料组件相比，沸水堆中所使用的燃料组件的一个重要特征就是采用了带盒的结构形式，如图 2-20 所示。燃料组件盒的主要功能是保护燃料棒束，为燃料组件提供结构强度和刚度，并可控制事故工况下的燃料组件的动态响应以及在 LOCA 条件下帮助应急堆芯冷却水有效冷却燃料棒束；将冷却剂分成不同的区域，防止燃料组件间的横向流产生的不利影响，保证燃料元件的绝大部分以两相对流传热方式进行冷却，确保整个堆芯高度范围内有不沸腾的冷却剂存在；即使在堆芯上部，中子也能被慢化。4 组燃料组件盒形成的十字形通道为十字形控制棒组件在其中的上下移动提供导向和轨道。

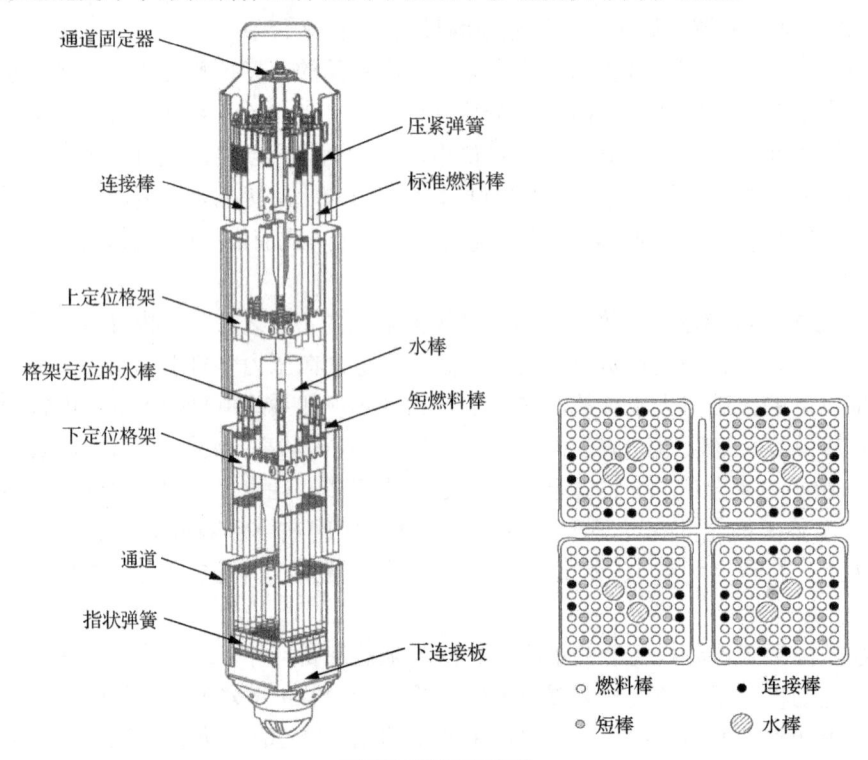

图 2-20 燃料组件

沸水堆中所使用的燃料组件一般都是正方形排列的棒束结构，ABWR 用的是美国 GE 公司 GE14 型 10×10 的燃料棒束，主要由上连接板、下连接板、8 层定位格架组成。其中每组组件中有 2 根水棒，与早期沸水堆组件的水棒不同的是每根水棒占用 4 个棒的栅元；有 8 根连接棒，每个边上有 2 根，连接棒两端带有螺纹，用螺帽与上下连接板连接；有 12 根短棒，其余是全长度的标准燃料棒。短棒上端在第 5 层定位格架上边缘，短棒的主要作用是增加组件上部两相流的流动空间，减小了流动阻力，同时也减少了流动不稳定性，还有增加了水/铀比的作用。ABWR 采用了较大的水棒，在水棒上下端部穿过管壁各钻几个孔，以使冷却剂自由地流入和流出。水棒的功能主要是用于增加燃料棒束中心位置的热中子注量率，以展平燃料棒束内的中子注量率的分布。同时水棒还有利于增强堆芯上部中子慢化的作用，对展平燃料棒束的轴向功率分布也有所帮助。另外，定位格架的轴向定位也是靠水棒来完成的。

（1）上连接板。

上连接板由整体的 304 型不锈钢铸件加工而成，包括把手和上连接孔板两部分。上连接板的把手是用于吊装燃料组件的构件。上连接孔板为多孔部件，其外边缘具有与元件盒匹配的定位面，四个角各有一个向上延伸的小圆柱，用于固定元件盒。四个小圆柱中的一个钻有轴向带内螺纹的孔，与帽状螺钉配合固定元件盒固定器。此外，上连接孔板还有两种轴向通孔，一种是为燃料棒在燃料棒束上端提供横向定位的定位孔，并保证燃料棒在轴向可自由伸长；另一种是流水孔，为流经燃料棒束的冷却剂提供出口。

（2）下连接板。

下连接板也是由整体的 304 不锈钢铸件加工而成，包括管嘴和下连接孔板两部分。管嘴为方锥形构件，侧面开孔为流入燃料组件的冷却剂提供入口。下连接板的下连接孔板和上连接板的上连接孔板相似，即存在流水孔和定位孔。流水孔可以均匀分配流入燃料组件的冷却剂；定位孔为燃料棒在棒束下端提供轴向和横向定位。下连接板两个相邻侧面各设有一个小孔，以提供适量的旁通流量，流经堆芯燃料组件之间的区域，冷却控制棒组件或堆芯核仪表。此外，下连接板上有杂质过滤器，可以阻挡杂质进入堆芯。

（3）定位格架。

ABWR 设置有 8 层定位格架，每层定位格架都是由 Zr-2 合金条带组成的。采用 Zr-2 合金材料是因为其对中子的吸收截面小，且对含氢材料敏感性较低。定位格架上的每个栅元借助适当的弹簧力夹持燃料棒，从而保证了燃料棒之间的设计间距，并将燃料棒的流致振动及其造成的燃料棒包壳微振磨蚀限制在可接受的范围之内。ABWR 的定位格架为环箍形，定位格架的轴向位置由两个水棒中的一个来定位。

（4）元件棒。

与压水堆的燃料棒相比，ABWR 的燃料棒直径较粗、燃料富集度种类较多，上下端塞结构有所不同。每根燃料棒由上端塞、下端塞、燃料芯块、包壳管、气腔弹簧和吸氢器组成。

上下端塞端部各有一个细长的圆棒，组装成燃料组件时，分别装入上下连接孔板的定位孔中。其中上端塞的细长圆棒，在装入上连接孔板固定孔中之前，先套上因科镍压紧弹簧，然后将其再插入固定孔中，从而使压紧弹簧受到上连接孔板的压缩，将燃料棒稳固地固定在下连接孔板上，这种结构设计在满足连接、定位的同时，也允许燃料棒轴向膨胀或伸长。

ABWR 所使用的燃料芯块密度则达到 97%理论密度。在 ABWR 中，燃料的分区装载不仅体现在沿反应堆堆芯的径向，而且在单根燃料棒中也采用上高下低的富集度，因此燃料富集度种类较多，这样做的好处是降低了局部功率峰。反应堆运行时上部蒸汽含量大，中子慢化能力差，因此用高富集度铀，下部为低富集度铀。整体低富集度的燃料棒位于燃料棒束的四个角和邻近水隙边缘的地方；整体较高富集度的燃料棒用于燃料棒束的中心部位。此外，燃料棒束中选取若干根含钆燃料棒，用于改进燃料棒束径向和轴向功率分布，并允许堆芯内装更多可裂变物质。含钆棒中的钆以 Gd_2O_3 形式与 UO_2 混合，在堆中起到可燃毒的作用。

5. 控制棒组件及其驱动机构

ABWR 控制棒为十字形，安置在四个燃料组件中间间隙内。沸水堆的冷却剂内一般不加硼，因此控制棒是停闭反应堆的主要手段。控制棒驱动机构装在反应堆压力容器底部，通过液压系统驱动，使控制棒从堆芯底部插入。由于堆芯下部蒸汽份额较小，功率密度较高，所以从堆芯底部插入控制棒可有效降低堆芯下部的反应性，有利于轴向功率的展平。控制棒的这种布置也有利于为反应堆压力容器上部留出充分的空间，作为安置汽水分离器和蒸汽干燥器之用，反应堆停堆后控制棒不影响换料操作。先进沸水堆的控制棒采用电力和液压两种驱动方式，正常运行时使用电力驱动，使控制棒缓慢插入和抽出，实现精细化的反应性控制；当发生事故时采用液压驱动，可将所有控制棒同时快速插入堆芯，插入速度约为 2m/s。

沸水反应堆控制棒组件可提供足够停堆裕量，实现控制堆芯内功率分布和反应性的功能。对反应堆的功率分布控制，是借助控制棒组件在堆芯中的布置和插棒深度实现的。控制棒组件与控制棒驱动机构连接，通过驱动机构使之快速插入堆芯，引入足够负反应性，使反应堆紧急停堆；通过驱动机构使之步进插入和抽出，使堆芯反应性减小或增大，从而达到降低或提升反应堆功率的目的。

1）控制棒组件

ABWR 的控制棒与 BWR 的通用控制棒组件设计基本相同，但是其设计细节仍有差异。ABWR 堆芯中有 205 根十字形翼板状控制棒，在控制棒翼板中添加 B_4C 或铪，铪相对于 B_4C 的优点就是使用寿期长，在辐照期间不发生肿胀，缺点是价格昂贵，中子吸收率也比 B_4C 低，因此铪吸收体用于堆芯高燃耗区域。

沸水堆控制棒组件的十字形骨架是由上下十字形构件、中心柱和保护套（形成翼板）焊接在一起组成的刚性骨架。上下十字形构件由不锈钢铸件加工而成，为控制棒组件上下部提供结构刚度，其中上十字形构件位于控制棒组件顶部，有把柄供吊装控制棒组件操作抓取用；在翼板上安装有不锈钢球制成的滚轮，滚轮在燃料组件盒的壁面上滑动，为控制棒组件顺畅插入或抽出堆芯提供方便。下十字形构件位于控制棒组件的底部，主要起到连接和支承作用，在下十字形构件的中央设有"联轴器"与驱动机构的驱动轴连接。

中心柱为十字形杆状不锈钢结构件，位于控制棒组件的中心，上下分别与上下十字形构件焊接，而径向与 4 个构成控制棒组件翼板的保护套盒焊接，从而组成一个整体，为控制棒组件提供结构刚度。

2）微动控制棒驱动机构

ABWR 采用电机驱动和水力驱动并用的混合驱动方式。其中电机驱动用于正常运行工况，可满足抽出、插入及微动位置调节功能；水力驱动用于紧急停堆工况，以满足控制棒从堆芯底部快速插入堆芯的沸水反应堆设计要求。它的特点是：①正常运行工况下具有良好的运动特性，允许小的功率变化，改善了启动时间和功率调节的机动性；②多种停堆功能，在水力驱动的基础上增加电机驱动；③排除反应性事故，没有掉棒和弹棒事故。

控制棒驱动系统由以下3个主要部分组成。①电机/水力微动控制棒驱动机构，主要用于正常运行工况下反应性的控制。②水力驱动单元，主要用于反应堆紧急停堆，水力驱动单元为水力驱动快速插棒提供高压水。每个水力驱动单元包括充有高压的氮水蓄能器、阀和其他部件，并连接着两套微动控制棒驱动机构。ABWR中共有103套独立的水力驱动单元。另外在正常运行工况下，水力驱动单元还为微动控制棒驱动机构提供一股洗涤水流。③控制棒驱动水力附属系统，为水力驱动单元提供清洁的除盐水，定期给快速插棒蓄能器充水，并作为控制棒驱动机构洗涤水流的水源。

电机驱动和水力驱动并用的驱动方式，满足了控制棒从堆芯底部插入的沸水反应堆设计要求。与从顶部插入的压水堆磁力提升控制棒驱动机构相比，电机驱动的功能起到了与磁力提升器相似的功能，无论在正常运行工况下，还是在事故工况下都能够满足反应堆的控制要求。所以从原理上来说，电机驱动和水力驱动并用的驱动方式具有与压水堆控制棒驱动机构一样的完整性、安全性和可靠性。

6. ABWR安全壳及其排热系统

为了进一步提高沸水堆的安全性，ABWR在早期沸水堆的基础上进一步加强了安全性要求。在反应堆发生失水事故时，为了防止放射性物质超标准释放到环境中，设置了反应堆安全壳系统。由反应堆应急冷却系统和安全壳系统构成了主要的反应堆安全设施。在发生严重事故情况下，安全壳排热系统可以缓解安全壳升压，保持安全壳的完整性。安全壳及其排热系统可以阻止裂变产物泄漏到环境中去，避免事故后果扩大。

1）安全壳结构

ABWR采用钢筋混凝土结构的压力抑制型湿式安全壳，内有抑压水池。当出现失水事故时，释放出的蒸汽使干井压力升高，迫使其中的空气、蒸汽和水的混合物通过干井/湿井之间的竖向和水平排放管道进入抑压水池，蒸汽在抑压水池中被冷凝，使安全壳不会产生严重的升压；同时还设有干井/湿井真空释放阀，将进入抑压水池并从水中溢出留在湿井的不凝性气体在适当时候放回到干井内，防止事故后由于干井内蒸汽冷凝产生负压，保证安全壳的完整性。

ABWR安全壳采用带可拆卸钢封头的压力抑制型钢筋混凝土结构，它与二次安全壳的反应堆厂房在同一基板上，并被二次侧安全壳包围形成一个整体，如图2-21所示。为了将放射性裂变产物的泄漏降低到允许水平，抑压型安全壳内衬碳钢板（干表面）和不锈钢板（湿表面）。

干井分上干井和下干井。上干井围绕反应堆压力容器，由圆筒形钢筋混凝土安全壳边界墙、隔板、顶板和钢封头包围而成，用于布置蒸汽管道、给水管道、一回路冷却剂系统的其他管道、反应堆压力容器安全/释放阀和干井的通风系统冷却器。下干井位于反应堆容器之下，用于布置反应堆内置泵、控制棒驱动机构和反应堆容器的下部件。在干井和抑压水池之间有10根内径为1.2m的竖直排放管，每根竖直排放管通过3根内径为0.7m的水平排放管与抑压水池相连。排放管的作用是在发生失水事故时，引导干井内蒸汽和水的混合物进入湿井的抑压水池被冷凝。在湿井抑压水池水位之上，每根竖直排放管在背靠上述3根水平排放管的一侧设置有另一个水平连通管与下干井联通，平衡上、下干井的气压。发生严重事故时，下干井内产生的蒸汽与湿井联通起来，必要时可引导抑压水池的水溢流进入下干井。

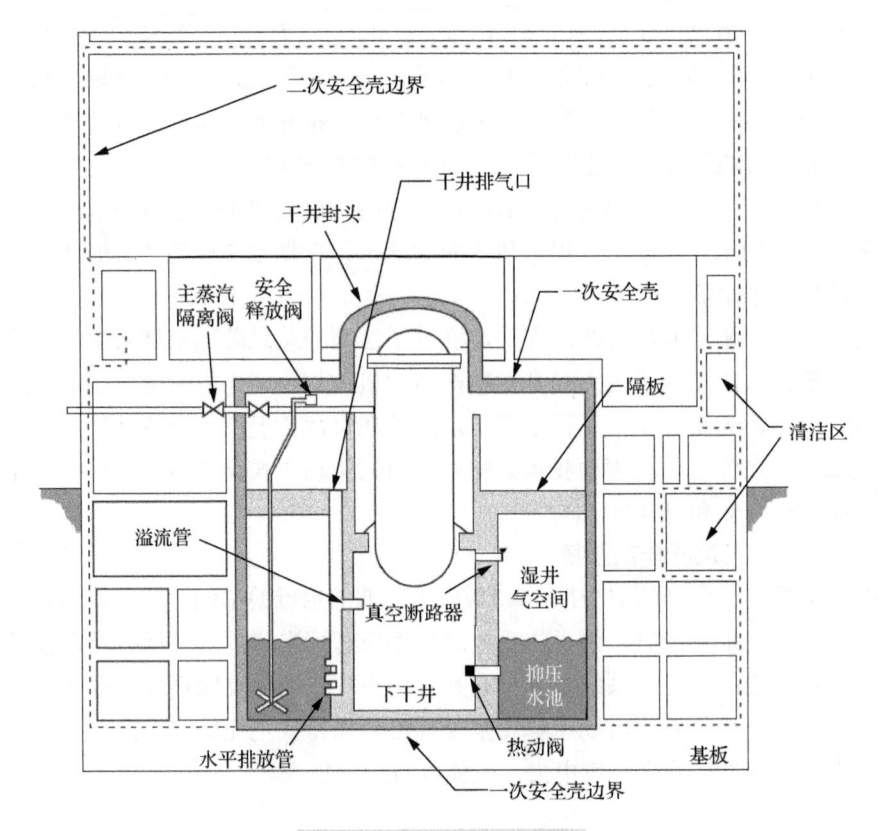

图 2-21 ABWR 安全壳系统

湿井是由安全壳边界墙、反应堆容器支撑墙、隔板和基板包围的环形封闭空间构成,包括抑压水池及其上部气空间。与抑压水池相连的 30 根水平排放管在竖向分成 3 排,每排 10 根。抑压水池水位必须淹没与湿井相通的所有水平排放管才能使进入湿井的蒸汽被抑压水池的水冷凝。抑压水池水位至顶层水平排放管中心线的额定淹没距离为 3.5m,水平排放管中心线竖向间距为 1.37m,底层水平排放管中心线离抑压水池底面 0.76m。反应堆应急堆芯冷却系统(ECCS)从抑压水池抽水期间抑压水池水位下降,但其最低水位仍可保证顶层水平排放管顶端具有 0.6m 的淹没深度。低水位时抑压水池最小水容积为 3580m^3;高水位时湿井上部最小气空间容积为 5960m^3。在预期瞬态和事故工况下,抑压水池的水不仅作为热阱而且作为 ECCS 的水源。在导致最终热阱丧失的瞬态工况下,通过安全释放阀的排放管道和抑压水池内的消泡器可将堆芯热量传递到抑压水池。

2)安全壳的严重事故对策

ABWR 发生堆芯融化严重事故的概率很小,但是在安全壳的设计中采用了较完善的严重事故对策。一旦发生严重事故,安全壳结构提供放射性裂变产物的滞留和延时释放。作为最后一道放射性防护屏障,安全壳必须保持其结构完整性。安全壳升压是由于事故后堆芯产生的衰变热和不凝结气体。不凝结气体主要产生于堆芯燃料包壳的锆合金与水反应。其造成的压力增加通过相对较大的安全壳自由容积和安全壳高承压能力来适应。衰变热产生的蒸汽被抑压水池吸收,使安全壳的升压变得非常缓慢。

干井封头的承压能力是安全壳结构事故工况下承压的限制条件。ABWR 干井封头允许压力为 666.9kPa，该承压能力足以承受堆芯中 100%的燃料包壳与水反应所产生的氢气。ABWR 采取了安全壳气体惰化运行及氢氧复合措施，使氢气的影响最小化。

ABWR 下部干井的设计对安全壳在严重事故工况下的响应也是非常重要的，其采取的措施包括：

（1）在干井底部的安全壳钢衬里以上设计有 1.6m 厚的附加混凝土层，保证从反应堆容器中泄漏出的裂变碎片不会直接接触安全壳边界，从而防止安全壳的早期失效。

（2）附加混凝土层采用碳酸钙重量含量为 4%的低含气率混凝土，堆芯碎片与混凝土相互作用时的气体产生率很低。这意味着安全壳升压需较长时间，而时间对气溶胶的去除是关键因素之一。

（3）采用熔渣屏蔽墙保护层，防止堆芯碎片进入下部干井的集水坑。这使得堆芯碎片与流入下干井的水之间的接触表面积最大化，使堆芯碎片得到最大程度的冷却；屏蔽墙采用矾土砖为材料，可抵御堆芯与混凝土相互作用产生的化学侵蚀；地面疏水坑和设备疏水坑的屏蔽采取不同的技术措施；屏蔽高度和深度足以保证长时期内堆芯碎片不会进入集水坑。

（4）在抑压池底面以上 8.6m 处，布置下部干井和湿井之间的连通管，严重事故时裂变碎片进入下部干井后，从安全壳外向抑压池补充的水使抑压池中水溢流进入下干井冷却堆芯碎片，防止或缓解堆芯／混凝土相互作用。上干井与下干井之间的连通管可提供足够的流通面积，供排出下干井中堆芯碎片与水相互作用产生的蒸汽。从下干井到上干井的通道包括几个 90°弯头。这种曲折的通道布置有利于气流在进入上干井之前去除其中夹带的堆芯碎片，使堆芯碎片直接进入抑压水池，并在抑压水池中冷却。

3）安全壳的设计特点

ABWR 安全壳的抑压水池可用作瞬态和事故条件下的热阱，还可用作堆内冷却剂的可靠补充水源，对裂变产物有一定的洗涤和滞留作用。在严重事故对策方面，ABWR 安全壳采取充氮惰化，并设置氢氧复合器，以防止产生氢爆；采用重晶石混凝土作为干井底板减少不凝结气体的产生量，减少安全壳的事故压力荷载；设置抑压池注水设施，以便严重事故时可由抑压池溢流向下干井充水冷却堆芯熔融物；湿井气空间设置爆破膜进行安全壳超压保护。

抑压水池作为瞬态和事故工况下的热阱，接收从一回路释放的蒸汽，LOCA 事故时湿井区域按顺序将遭受下列三种对结构设计产生重要影响的水力荷载：①池水膨胀荷载；②冷凝震荡荷载；③间歇性蒸汽排放冲击荷载。气-汽混合物将竖直排放管内的水位压低至上排水平排放管顶部以下，混合物进入抑压池在排放管出口形成大气泡，随着混合物从升压的干井继续流入，气泡向抑压池膨胀造成水位上涨形成水力静压力。气泡上面的水随着气泡迅速膨胀而向上运动造成水位上涨现象，通常持续几秒钟。在抑压池膨胀阶段，湿井区域遭受的荷载有：作用于抑压池边界的荷载和水下结构的拖拽荷载、作用于湿井气空间的荷载和作用于水上结构的拖拽和冲击荷载。在冷凝震荡阶段，蒸汽在排放管出口连续产生气泡的同时被池水不断地冷凝而消失，伴随着气泡的出现和消失产生周期性的变化荷载，作用在抑压池边界和水下结构上。

4）安全壳排热系统

安全壳排热系统（containment heat removal system，CHRS）的作用是在 LOCA 事故工况下防止安全壳超温、超压，维持其完整性。CHRS 必须满足下列安全设计准则：

（1）控制抑压池平均水温在 LOCA 条件下不超过 97.2℃；

（2）满足单一故障准则要求；
（3）满足安全等级要求，包括经受安全停堆地震后完成其功能的能力；
（4）在由 LOCA 施加的环境条件下系统能维持运行；
（5）在核电厂正常运行期间系统的每个能动部件都能进行性能试验。

CHRS 共有三个冷却回路，是余热排出（residual heat removal，RHR）系统的组成部分，见图 2-22。CHRS 的功能由 RHR 系统的低压注水（low pressure flooder，LPFL）模式、抑压池冷却（suppression pool cooling，SPC）模式和安全壳（干井和湿井）喷淋模式实现。三种运行模式的冷却水源都是抑压池水，热量经由 RHR 热交换器传递给反应堆厂房冷却水系统（reactor building service water system，RSW）。

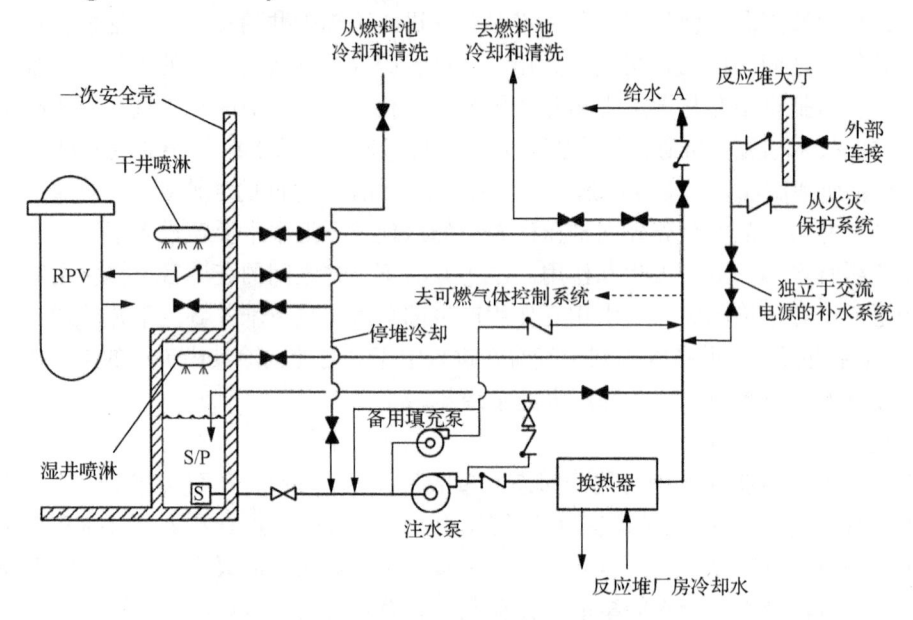

图 2-22 安全壳冷却系统和余热排除系统

安全壳冷却随 LPFL 的启动而开始。LPFL 模式运行期间，注水泵从抑压池取水，经热交换器后注入反应堆压力容器。LPFL 由反应堆容器低水位信号或干井压力高信号自动触发，也可以手动触发。尽管 LPFL 的主要功能是发生 LOCA 后维持反应堆冷却剂水位在堆芯活性区顶部以上，保持堆芯冷却，但它同时经 RHR 热交换器排出了部分抑压池水的热量，起到冷却安全壳的作用。抑压池冷却模式运行期间，注水泵从抑压池取水、经余热排出热交换器和抑压池回水阀返回抑压池。其作用是将 LOCA 后释放入抑压池的热量通过 RHR 热交换器排出，使抑压池平均水温小于 97.2℃。该模式下任一回路在 LOCA 发生 10min 后可由手动关闭 LPFL 注水阀和打开抑压池回水阀触发；若采用自动触发，三个余热排出回路将同时被触发。三个余热排出回路中的两个（B 和 C 回路）具有安全壳喷淋功能。使用安全壳喷淋时必须关闭 LPFL 注水阀打开喷淋阀，并由手动触发，通常是干井和湿井同时喷淋，其中干井喷淋流量占 88%，湿井喷淋流量占 12%。干井喷淋只能在干井压力高允许喷淋信号出现后被触发。

5）安全壳气体惰化及可燃气体控制系统

安全壳大气控制系统（atmospheric control system，ACS）的作用是在除停堆换料和设备维修之外的所有电厂运行模式下，建立和维持一次安全壳内的惰化气体环境。堆芯内的锆-水反应和水的辐照分解会产生氢气和氧气。可燃气体控制系统（flammability control system，FCS）的功能是控制一次安全壳内氢气和氧气浓度的增加。设置这两个系统的目的是排除氢气燃烧对设备和结构造成破坏。

ACS系统由下列设备组成：液态氮气贮存罐、蒸发器和输送氮气到安全壳的管路及阀门，还包括从安全壳到备用气体处理系统和空调系统（heating ventilation and air conditioning，HVAC）排气连接管路和阀门，详见图2-23。

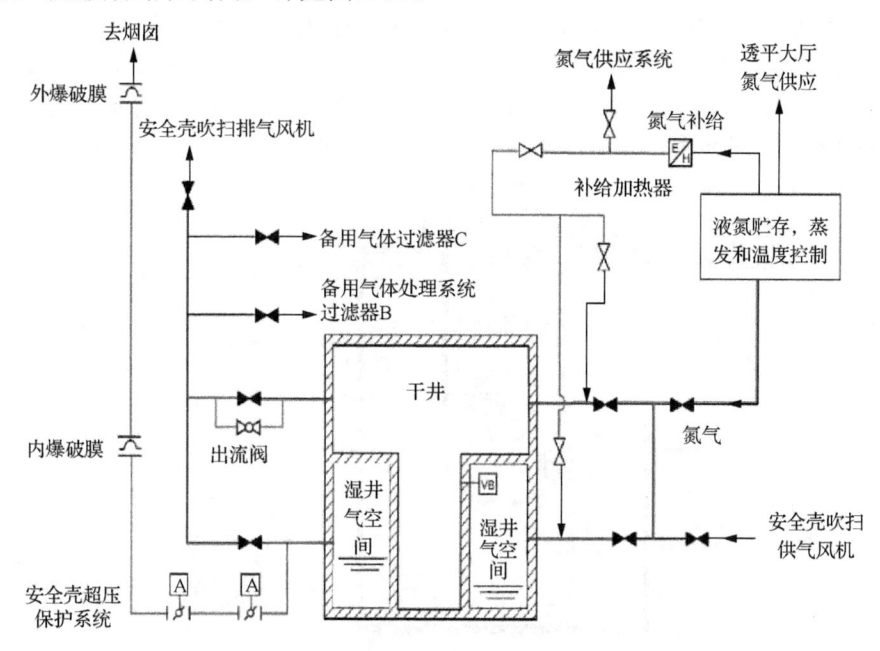

图2-23 安全壳大气控制系统

反应堆启动期间，ACS惰化子系统可在4h内将干井和湿井的大气惰化，使干井和湿井大气中的氧气体积浓度降到3.5%以下。在反应堆启动、正常运行、事故状态下，干井和湿井内的压力控制在0~13.7kPa。正常运行期间直径为50mm的氮气补充管线自动维持安全壳5.2kPa的正压，阻止空气从二次安全壳向一次安全壳泄漏，维持氧气体积浓度在3.5%以下。而安全壳泄放管线将保证安全壳压力最大不超过8.6kPa，远低于停堆整定值13.7kPa。停堆反惰化时，由反应堆厂房气体处理系统和空调系统（HVAC）吹扫风机向干井和湿井供气，排气通过电厂排气系统排放，或者在监测到放射性超标时先通过备用气体处理系统过滤处理后再由烟囱排放。LOCA事故后的长期吹扫清理运行也由安全壳吹扫系统供气并经备用气体处理系统过滤处理后排向环境。安装在吹扫和排气管线上（直径为550mm）的隔离阀在电厂正常运行时一直处于关闭状态，仅在启动和停堆阶段需要惰化和反惰化时才打开。发生LOCA事故时，这两个阀门会接收到隔离信号。阀门故障时处于关闭位置。

ACS还包括安全壳超压保护系统，在严重事故下为安全壳提供超压保护。该系统包括两个直径为200mm的超压爆破膜，串联设置在连接湿井气空间和排气烟囱的直径为250mm的管线上。爆破膜材料为不锈钢。第一个爆破膜靠近安全壳压力边界，设定爆破压力为0.72MPa（绝对压力，对应爆破膜温度93℃），第二个位于烟囱的进口处。若湿井压力增长到617.8kPa（表压），爆破膜打开，安全壳泄压以保证安全壳的结构完整性。爆破膜能承受安全壳设计压力和湿井全真空而不泄漏。但是，为了防止爆破膜意外泄漏、破裂和不适当密封，在第一个爆破膜上游还串联安装有两个隔离阀，这两个阀门是核安全相关的，在正常运行期间可以进行试验，由直流电源供电，可在承受 617.8kPa（表压）压力下关闭。另外，为防止在爆破膜打开后在位于反应堆厂房内的超压保护管线内产生氢气燃烧和爆炸，此管线和安全壳一样在启动时进行惰化，在反应堆运行时保持惰化，即将安全壳的惰化气氛一直延伸到烟囱入口。

7. 应急堆芯冷却系统（emergency core cooling system，ECCS）

在 ABWR 堆芯顶部以下的反应堆容器上没有大口径接管，堆芯顶部以下的水不会丧失，这在应对 LOCA 事故工况时减少了应急堆芯冷却系统的容量。应急堆芯冷却系统有三个分支，每个分支上都有高压补水和低压补水功能，保证事故后堆芯的水装量，见图 2-24。

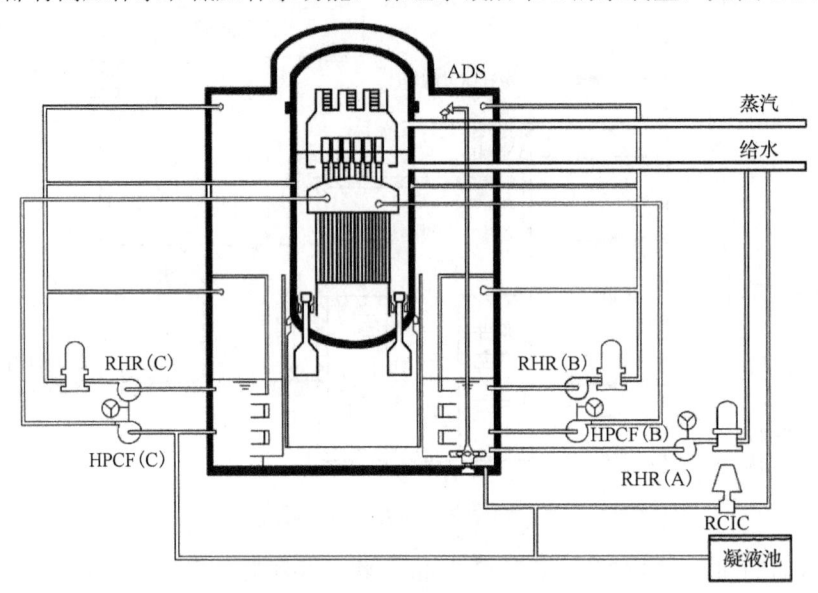

图 2-24 应急堆芯冷却系统

在应急堆芯冷却系统三个分支中的两个高压堆芯注水是由电机驱动的注水泵完成的，通过各自的管路，在堆芯围板内由分布器将冷却水注入堆芯。还有一条分支采用蒸汽透平驱动泵，通过反应堆隔离冷却系统（reactor core isolation cooling system，RCICS）由给水管将应急冷却水注入堆芯。RCICS 由蒸汽透平驱动，是一个安全级的系统，它有双重功能：在 LOCA 事故情况下，提供高压堆芯应急冷却；同时在反应堆隔离（如主透平甩负荷）的瞬态，保证反应堆的水装量。由于这一分支使用蒸汽透平作为动力源，在电站失去所有交流电源时它提供了一个多样性的补水方式。

ABWR 的低压堆芯冷却是利用三个余热排出（RHR）泵在 LOCA 事故后进行低压注水（LPFL）。对于小破口事故，如果高压补水失效，自动减压系统（automatic depressurization system，ADS）会自动开启，通过安全/释放阀（safety/relief valve，SRV）把蒸汽排往抑压水池，使反应堆压力降低到允许低压注水泵向堆内注水。

ABWR 的余热排出系统在早期沸水堆的基础上做了相应改进，它兼顾正常停堆时的堆芯冷却，也提供 LOCA 事故下的安全壳冷却。堆芯和抑压水池的冷却都可以通过余热排出换热器和辅助热量输出系统来完成。在发出 LOCA 事故信号后，反应堆大厅冷却水系统和服务水系统也同时被启动。由于应急堆芯冷却系统和余热排出系统的改进，与早期的沸水堆相比ABWR增加了安全余量。

应急堆芯冷却系统的设计要求在所有假想的LOCA事故下必须满足下列条件：
（1）燃料包壳温度≤1204℃；
（2）燃料包壳局部最大总氧化量≤17%的包壳壁厚；
（3）最大产氢量≤全部燃料包壳金属与水反应的产氢量的1%；
（4）堆芯几何形状变化不应妨碍堆芯的应急冷却；
（5）ECCS投运后堆芯温度应能维持在允许的低水平上，有导出衰变热的能力。

除上述要求以外，ECCS的设计还必须满足下列条件：①装备三套高压注水冷却系统，其中任何一套都能将水位维持在堆芯活性区顶部以上，破口尺寸小于25mm时无须自动减压阀（ADS）动作；②事故后30min内无须操纵员采取行动进行干预；③具备足够的冷却水源、管路容量、水泵等，在LOCA事故下保证淹没堆芯，以便导出衰变热。

应急堆芯冷却系统主要包括如下分系统。

（1）高压堆芯注水系统（high pressure core flooder，HPCF）。

HPCF的功能是在小破口事故条件下，保证反应堆内水装量，使反应堆不减压。在反应堆系统出现破口事故情况下，保证燃料包壳的温度不超过限值。该系统有两个独立的回路，分别设置在反应堆大厅的不同位置，保证完全物理隔离。系统由电动泵驱动，水源分别为冷凝水贮存池和抑压水池，冷凝水贮存池为优先水源，两个水源之间能够自动切换。驱动水泵安装位置在凝水贮存池和抑压水池的正常水位以下，保证泵的有效吸入压头。在辅助动力电源不可用的情况下，使用应急柴油发电机的电源。在相应瞬态功率变化时，该系统也作为堆芯隔离冷却系统的备用。该系统在破口直径≤25.4mm时，可以维持反应堆水位在反应堆活性区以上15.3cm以上。

（2）堆芯隔离冷却系统（RCIC）。

RCIC系统属于安全级高压注水系统，仅一条回路。该系统的主要功能是在反应堆容器被隔离后且给水丧失时，对反应堆容器补水，它也是应急堆芯冷却系统网络的一部分。系统的水源为冷凝水贮存池和抑压水池，冷凝水贮存池为优先水源。采用气动泵强迫水进入堆芯，驱动用蒸汽透平的蒸汽是堆芯衰变热产生的，透平的排气进入抑压水池。

该系统有两个作用：一个是当反应堆隔离且给水丧失时，由于衰变热产生蒸汽，反应堆内压力升高，为了限制反应堆压力进一步升高，安全卸压阀自动开启释放蒸汽进入抑压水池，导致反应堆水位下降，当水位降至活性区顶部以上243.4cm时，RCIC自动启动，堆芯产生的蒸汽驱动透平做功；这一过程既消耗了堆芯产生的蒸汽，也将抑压水池的水注入堆芯，从而维持反应堆容器内的水位在堆芯活性区顶部98.7cm以上。另一个是在破口事故下反应堆水位下降到整定值时，或者干井压力达到整定值时，触发RCIC系统自动启动，从而维持反应堆水位。

RCIC系统可在反应堆处于全压状态下向反应堆注水，并提供适当的堆芯冷却直到反应堆压力降到低压注水子系统（LPFL）可以投入运行。当反应堆水位到达要求时，RCIC系统自动停止运行。在RCIC运行期间，衰变热所产生蒸汽的热阱是抑压池，需要采用余热排出系统（RHR）的抑压池冷却模式（SPC），利用RHR热交换器将热量传递给反应堆厂房冷却水（reactor building cooling water，RCW），维持抑压池水温在可接受的限值之内。

（3）自动减压系统（ADS）。

自动减压系统由主蒸汽管道上的安全/释放阀组成，在主蒸汽的 18 个阀门中只有 8 个具备这种功能，该 8 个阀门平均分布在 4 条主蒸汽管线上，每条主蒸汽管线上布置两个，其中一个靠近反应堆堆芯，另一个间隔布置。自动减压系统独立于应急堆芯冷却系统，当反应堆压力边界上出现小破口事故时，如果堆芯隔离冷却系统和高压堆芯注水系统全失效，自动减压系统阀自动开启，将反应堆高压蒸汽排放进入抑压水池，降低反应堆压力至低压注水对应的压力范围，使低压注水系统可以及时向反应堆注水，冷却堆芯，限制燃料包壳温度上升。

自动减压系统由下列逻辑触发：①反应堆低水位和干井压力高两信号同时作用触发"ADS 延时继电器"延时 29s 后；②反应堆低水位信号经"干井压力高信号旁通延时继电器"延时 8min 再延时 29s 后。两种触发条件下，RHR 或 HPCF 泵出口压力高均作为 ADS 投入的允许信号。第二种触发条件是针对不产生干井压力高信号的 LOCA 事件（如安全释放阀误开启不回座，或安全壳外蒸汽管道破口）而设计的，为操纵员判断反应堆容器水位是否将维持在堆芯活性区顶部以上提供必要的时间。ADS 延时继电器被触发后，若在 ADS 启动前反应堆容器水位恢复到低水位以上，则该延时继电器将被自动复位，以避免 ADS 不必要的投入。

（4）余热排出系统（RHR）。

RHR 由电动供水泵供水的安全级低压注水系统组成，有 3 个独立回路，分别位于Ⅰ、Ⅱ和Ⅲ区。Ⅰ区的 RHR 管道和主给水管的接口位于安全壳外，低压注水经一根主给水管进入反应堆容器。Ⅱ和Ⅲ区的 RHR 系统提供的冷却水经布置于反应堆容器上的两个低压注水接管，再经各自对应的低压喷水环管进入堆芯围筒的环形空间。

余热排出系统是一个综合系统，包括有多个功能，安全壳冷却系统也是其功能之一，余热排出系统参见前面的图 2-43。除了安全壳冷却功能之外，余热排出系统还包括以下功能：①低压淹没堆芯功能，在大破口 LOCA 事故期间为反应堆堆芯提供水量补充，维持堆芯冷却。低压注水运行模式由反应堆低水位信号或干井压力高信号自动触发。低压注水之前，堆内压力必须降到反应堆压力低允许信号设定值以下。低压注水管仅从抑压池取水，这条管路也可以提供安全壳冷却。②抑压水池冷却，在正常情况下可保持抑压水池温度在 49℃，在 LOCA 事故后可维持抑压水池温度 97℃ 以下，热量通过余热排出换热器传递给反应堆厂房冷却水。③反应堆停堆冷却，该运行模式主要功能是带走堆芯衰变热，在反应堆停堆 20h 内可把反应堆内的水温降低到 60℃，可达到换料和停堆检修的环境条件。这种运行模式下，注水泵直接从反应堆冷却接管出口取水，经余热排出换热器冷却后再打入反应堆。④辅助乏燃料水池冷却，余热排出系统的三条回路均可以为乏燃料水池提供辅助冷却。该运行模式只有当反应堆停堆后，燃料水池冷却系统不可用时采用，维持水池温度不超过限制。⑤独立于交流电源的补水，该系统是在全场断电情况下，通过火灾防护系统引水，通过余热排出系统将水注入反应堆容器，也可以进行干井喷淋和湿井喷淋。其作用是在其他所有的应急冷却系统都失效而且没有交流电源的情况下防止堆芯融化，如果堆芯已经熔化，就可以减缓熔化的过程。

2.2.2 经济简化型沸水反应堆

在美国和日本合建的先进沸水堆 ABWR 基础上，在 20 世纪末，美国、日本和欧洲的一些国家研究开发了一种简化型沸水反应堆（simplified boiling water reactor，SBWR）。与 ABWR

相比，SBWR 主要做了两方面的改进：一方面在安全设计上把原来的能动安全系统改为非能动安全系统，充分利用重力、对流力等自然界力量来保证反应堆及核电站的安全，在提高安全性的同时简化了系统，安全系统减少了对电源和设备的依赖，系统得到大大简化，因此这种堆也称简化型沸水堆；另一方面，反应堆内冷却剂采用自然循环，取消了主回路系统的主循环泵。

SBWR 的反应堆热功率是 2000MWt，电厂的发电功率是 600MWe。美国 GE 公司和日本的日立公司对这种堆型进行了大量的前期研究工作。在开发研究的基础上给出完整的设计参数：其反应堆容器高 24.4m，直径 6m；反应堆堆芯高 2.74m，燃料组件为 8×8 的方形组件，采用十字形控制棒，堆芯布置 732 个燃料组件，有 177 根控制棒。

SBWR 虽然设计理念比较先进，安全性也很好，但是与现代大型电站反应堆相比，其功率偏小，经济性方面在商业市场上没有竞争力，没有得到核电市场的认可，所以 SBWR 完成了大部分设计但是并没有建造。认识到这一问题后，美国的 GE 公司和日本的日立公司随后在 SBWR 的基础上又开发了功率更大、经济性更好的 ESBWR（economic simplified boiling water reactor），称为经济简化型沸水堆。沸水堆由 SBWR 发展过渡到 ESBWR 这一经历过程，与压水堆由 AP600 过渡到 AP1000 的经历有很大的近似性。因为 ESBWR 是在 SBWR 的基础上开发的，它在有些方面更具先进性，下面主要介绍 ESBWR 的技术情况。

1. ESBWR 概况

ESBWR 在设计上继承了 ABWR 和 SBWR 的很多成功经验，充分利用前两者的成熟技术，主要在安全性和系统简化方面进行了较大革新。与 ABWR 相比，ESBWR 的功率、使用寿命、安全性都有较大提高，具有典型的第三代反应堆特征。反应堆热功率为 4500MWt，电厂净电输出功率为 1520MWe，电厂设计寿命为 60 年，堆内冷却剂采用全自然循环，安全系统采用非能动设计理念。电厂可利用率大于 92%，换料周期为 12～24 个月。

图 2-25 为 ESBWR 系统的总体情况，表示出了反应堆、应急堆芯冷却系统、安全壳、汽轮机以及一些关键的辅助系统。与早期的沸水堆相比，ESBWR 用非能动安全系统取代能动安全系统，减少了设备和投资，提高了固有安全性，使以前沸水堆复杂的安全系统得到简化。在反应堆设计方面，采用的改进措施是：缩短了活性区高度，在反应堆堆芯的上方加了一个大约 9m 高的吸力筒，其功能是提升冷却剂的自然循环能力，反应堆冷却剂完全依靠自然循环流动，从而省去了循环泵。采用非能动安全系统和堆芯实现全自然循环这两个改进，不但增加了装置的安全性，也使电厂造价有所降低，因此称为经济型简化沸水堆。

为了应对未能紧急停堆的预期瞬态 ATWS（anticipated transients without screem），ESBWR 采用了微动控制棒驱动机构，这一系统可以通过液压和电力驱动。另外，以往的应对 ATWS 情况需要操作员快速动作，这一操作被应急程序的自动反应替代，例如利用非能动的备用液体控制系统从加压的安注箱注入含硼水。

ESBWR 在改善运行和保养方面也做了相应的改进。反应堆容器的下部采用环形锻件焊接而成，取消了纵向焊缝，从而使反应堆容器的筒体部分减少了 30%的焊缝。

控制棒驱动机构也做了很多简化。首先，紧急停堆排放管和紧急排放容积被取消了，因为控制棒驱动机构水力紧急停堆用的水可直接排入反应堆容器；其次水力控制单元的数量减少了，每组控制棒的数量增加至 26 个，大大增进了反应堆的启动时间。

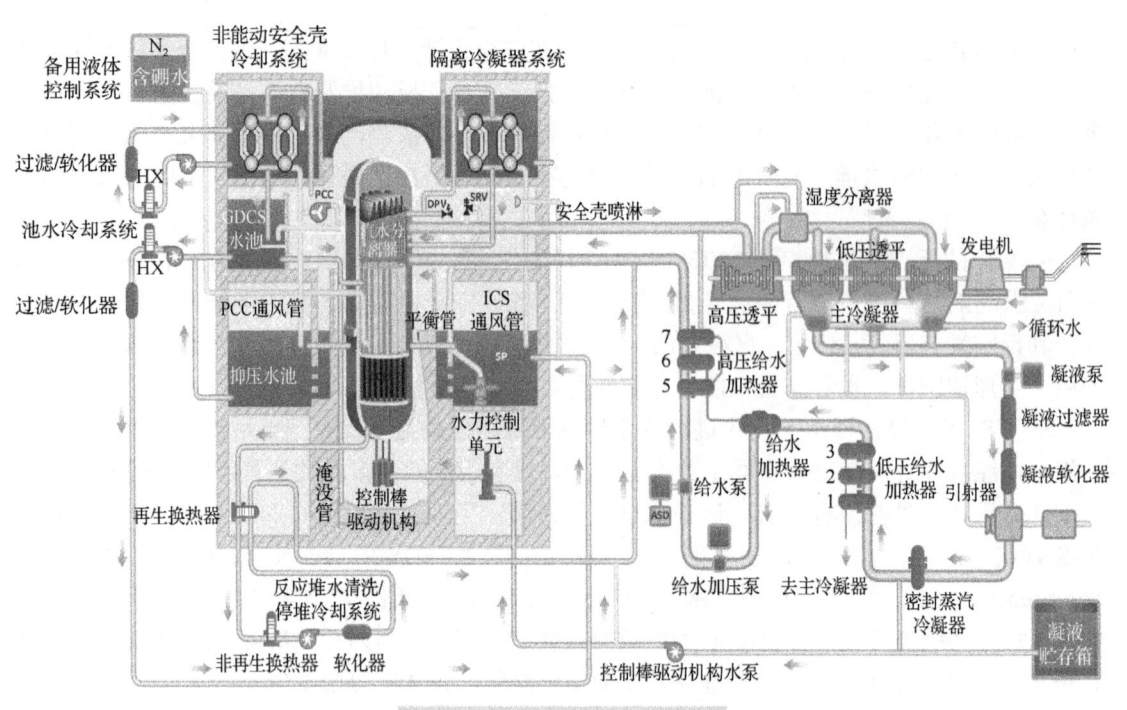

图 2-25 经济简化型沸水堆系统

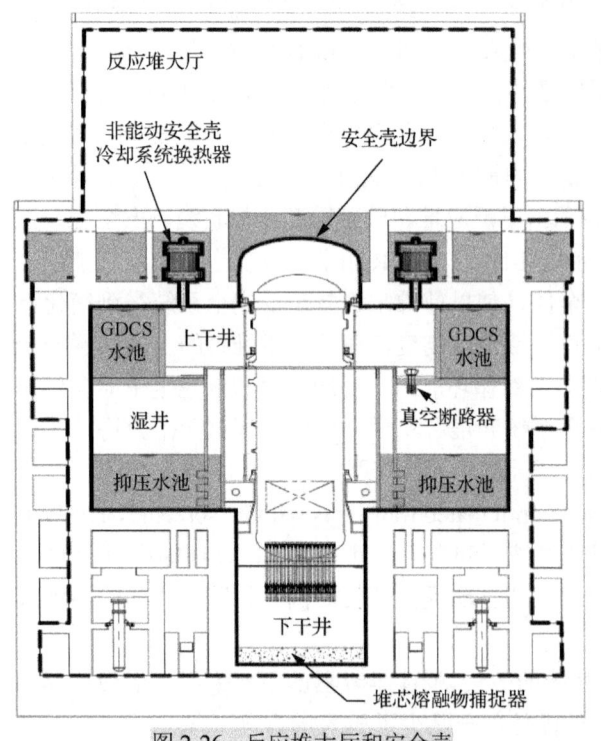

图 2-26 反应堆大厅和安全壳

在应对瞬态和事故时，首先用非安全补给系统和隔离冷凝器，在高压下，控制棒驱动系统的水泵可以通过给水管路直接把水注入堆芯。在出现 LOCA 事故时，随着反应堆的泄压，非能动的应急堆芯冷却系统会自动开启，贮存在安全壳内的水淹没下部干井和反应堆，水装量可淹没堆芯燃料以上 1m。衰变热通过安全壳上方的换热器用非能动的方式导出。

ESBWR 的反应堆大厅（包括安全壳）也在原 BWR 的基础上进行了简化设计，减少了操作和保养的负担。反应堆大厅的布置如图 2-26 所示。重力驱动冷却系统（gravity driven cooling system，GDCS）的水箱和抑压水池的位置都有所提高，为堆芯冷却系统提供了非能动工作的条件，可保证在所有基准事故条件下堆芯得到淹没。在安全壳上方的自然对流热交换器提供了非能动热量输出。

在装置运行期间，安全壳内的设备都不需要在役检查服务，电站正常停堆时需要检修的设备数量也大幅度减少。安全壳的尺寸与 ABWR 相当，但是，由于取消了冷却剂循环泵及其相关系统，实际的维修用空间更大了。为了简化正常停堆时的维修和检测，在安全壳内安装了监视器，可进行 360°监视。为了简化微动控制棒驱动机构的检修和保养，在下干井内安装了一个转动平台，用一些半自动设施移动和安装设备。湿井结构比较紧凑，并与安全壳的其他部分隔离，这样减小了抑压水池受外界的污染。

在缓解严重事故能力方面，ESBWR 也有很多改善，为通过氮气中和及附加非能动自动复合器，消除了来自氢气爆炸对安全壳完整性的威胁。足够扩展的干井底面积、干井淹没系统和反应堆容器下方的堆芯熔融物捕集器为安全壳的完整性提供了进一步的保障。吸取福岛核电站事故经验，还可以通过人工连接用现场水源或者用场外水系统保证堆芯冷却。

2．反应堆

1）反应堆容器和堆内构件

ESBWR 反应堆容器内部高为 27.6m，内部直径为 7.1m，壁厚为 182mm，设计压力为 8.62MPa（绝对压力），反应堆壳体材料 SA5083 钢，总质量为 853 吨，反应堆结构如图 2-27 所示。与 ABWR 相比，反应堆容器直径基本一样，但是反应堆容器高度增加了 6.6m，这样就增加了自然循环系统高度，提高了循环能力。在反应堆设计方面，一个重要改进就是冷却剂的循环由 ABWR 依靠循环泵驱动改为自然循环，取消循环泵的好处是减少了反应堆的附属设备，降低了造价；更大的好处在于冷却剂的循环流动不依赖于转动部件，也不依靠外部电源，这样就大大提高了反应堆的固有安全性。自然循环主要依靠流体冷、热段的密度差和高度差实现循环流动，在密度差相同的情况下，增加系统高度可以提高自然循环能力。ESBWR 的功率大于 ABWR，但是反应堆容器直径没有增加，这是由于在径向节省了循环泵所占的空间。

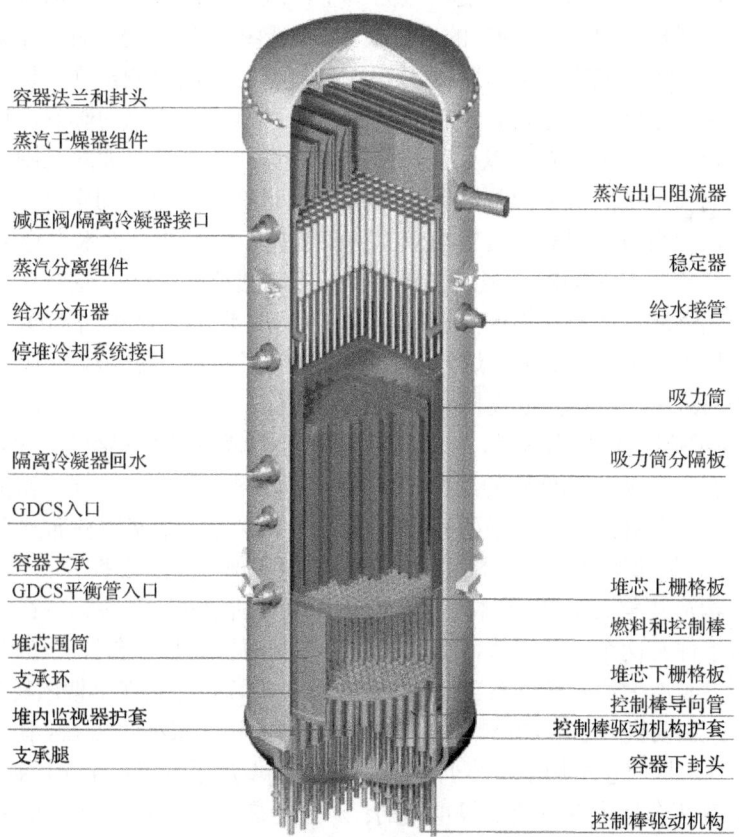

图 2-27 ESBWR 反应堆

反应堆冷却剂系统运行压力为 7.17MPa（绝对压力），堆芯冷却剂入口温度为 276.2℃，冷却剂流量为 9570kg/s，堆芯出口产生温度为 287.7℃的饱和蒸汽。在反应堆蒸汽出口接管上有限流器，主要限制在出现蒸汽管路破裂时蒸汽过量流出。除了限流器以外，在出口接管处还有蒸汽流速测量仪器，如果测得蒸汽流速过大，给出主蒸汽隔离阀关闭信号，就可关闭主汽轮机。流速测量信号也反馈到给水系统。

ESBWR 有两套并联的给水管路，每套给水管路在反应堆容器上有三个接入口，在接口管嘴内部焊接有双层套管，主要是保护反应堆容器免受高频热冲击。给水由接口管进入给水分布器，给水分布器位于容器内壁与堆芯围筒之间的环形空间内，给水进入后接入一个 T 形管，T 形管的横管与反应堆内壳的曲率相同，通过 T 形管把给水等分成两股与汽水分离器分离出的水混合流入反应堆容器下腔室。

冷却剂由下腔室进入堆芯被燃料加热，在堆芯上部产生沸腾，汽水两相流体向上进入吸力筒，吸力筒内由隔板分隔成若干通道。从吸力筒再向上汽水混合物进入汽水分离器，汽水分离器由多个分离筒组成，分离筒内装有旋叶轮，通过旋叶轮两相流产生旋转运动，在离心力的作用下液体被分离出来。夹带一些小液滴的蒸汽继续向上流经干燥器，干燥器由波纹板组成，通过干燥器把小液滴分离后，蒸汽流出反应堆。ESBWR 的汽水分离器和干燥器的结构与 ABWR 相同。

2）反应堆堆芯及燃料

ESBWR 的堆芯设计沿用 GE 公司之前 ABWR 设计的基本思路，在机械和力学方面采用保守的设计方案，减少了堆内构件所受的应力水平，减小了燃料包壳所承受的应力和温度。燃料组件结构和燃料棒沿用了 ABWR 的成熟技术，燃料的热工水力特性与前者相近。由于堆芯设计有比较大的反应性空泡系数，所以 ESBWR 有很好的固有安全性，例如：堆芯功率分布有自我展平特性；空间氙稳定性好；在负荷跟踪时可忽略氙变化的影响。这种氙稳定性对于大型反应堆有特别的好处，它可以允许日常运行的负荷跟踪在很大的范围进行。燃料组件之间的间隙比早期沸水堆的组件间隙增加大约 3mm，这样允许更多的水流过这一间隙，其结果是增加了冷停堆的余量，缓解了压力响应，从而增加了堆芯的热工水力稳定性。

反应堆活性区高度为 3.048m，比 ABWR 的堆芯高度有所减少，这样可增加吸力筒的高度，从而提高自然循环能力。活性区等量直径为 5.88m，燃料为烧结的 UO_2 芯块，包壳材料锆-2 合金，燃料棒外径为 10.26mm，燃料组件 10×10 方形布置，燃料组件数 1132 组，可燃毒物棒吸收材料为 Gd_2O_3，控制棒吸收材料为 B_4C 和 Hf。

ESBWR 堆芯燃料组件分为两种，一种是正常产生热功率的燃料组件 1028 组，燃料为低富集度的 UO_2；另一种是堆芯外围的组件 104 组，其燃料为天然铀，周边富集度较低的燃料主要用来屏蔽中子泄漏并产生燃料增殖。控制棒组件 269 组，十字组件布置在 4 组燃料组件之间；还有 64 个局部功率范围监视器组件，用来监视局部中子注量率。

燃料组件结构形式与 ABWR 基本相同，组件长度有所缩短，燃料元件在组件内 10×10 正方形布置。每组组件有两个大的水棒，燃料棒分长棒和短棒两种，全长度燃料棒 78 根、短棒 14 根，短棒的活性长度大约是长棒的 2/3。GE 公司这种短棒设计是在早期燃料组件设计基础上的一个革新改进，主要是为了增加燃料组件上半段流通面积、减小两相流动阻力，从而减小了堆芯流动不稳定性，同时也增加了堆芯上部的水-铀比，增加了冷停堆余量，提高了燃料效率。

在沸水堆中有两个反应性系数是很重要的：一个是燃料的多普勒反应性系数，它是负值，与反应堆功率变化反向；是瞬时相应的，当反应堆功率增加时 UO_2 的温度很快随之增加，燃料温度升高的结果是 U-238 产生很高的共振吸收，使反应性下降。另一个是慢化剂密度反应性系数，沸水堆中空泡份额较高，当功率变化时空泡份额随之变化，如功率增加，空泡份额会增加，中子慢化能力变弱，这对功率稳定是有好处的。

因为在 ESBWR 中堆芯空泡份额对反应性系数的影响大于氙对反应性系数的影响，因此可以忽略在功率降低时氙累积造成的运行问题，空泡反应性系数对抵御沸水堆中局部氙震荡有很大作用。在反应堆中局部氙震荡会产生局部功率振荡，特别是大型反应堆，这对反应堆保证热工限值造成很大挑战。氙震荡往往是由反应堆功率水平变化引起的，如果反应堆对氙震荡比较敏感，会妨碍反应堆负荷跟踪的能力，ESBWR 固有的抗氙震荡能力，使反应堆负荷跟踪能力有很大的灵活性。

沸水堆的停堆控制主要是通过控制棒和在燃料中的可燃毒物相结合来实现的。只有少数几种材料的核截面特性适合做可燃毒物材料，一个理想的可燃毒物材料要在燃料的一个循环寿期末全部耗尽，因为如果有剩余的毒物存在，就会影响燃料循环时间长度。可燃毒的另一个理想情况是其消耗所释放的正反应性，与 U-235 的消耗和裂变产物积累减少的反应性相匹配。ESBWR 采用 Gd_2O_3 作为可燃毒，把这些含钆（Gd）材料弥散在燃料组件中有选择的燃料棒内，收到了很好的效果。除了用于反应性控制以外，钆也用来进行堆芯轴向功率分布控制，这是靠选择不同的钆在燃料中的轴向浓度来实现的。

3. 安全系统

ESBWR 安全系统与早期的沸水堆安全系统的主要差别在于其采用了非能动安全的理念，取消了水泵、风机等这些需要电力驱动的设备，充分利用重力、自然循环驱动力等自然力完成安全系统功能。ESBWR 的安全系统包括隔离冷凝器系统（isolation condenser system，ICS）、重力驱动堆芯冷却系统（GDCS）、非能动安全壳冷却系统（passive containment cooling system，PCCS）等，详细情况见图 2-28。

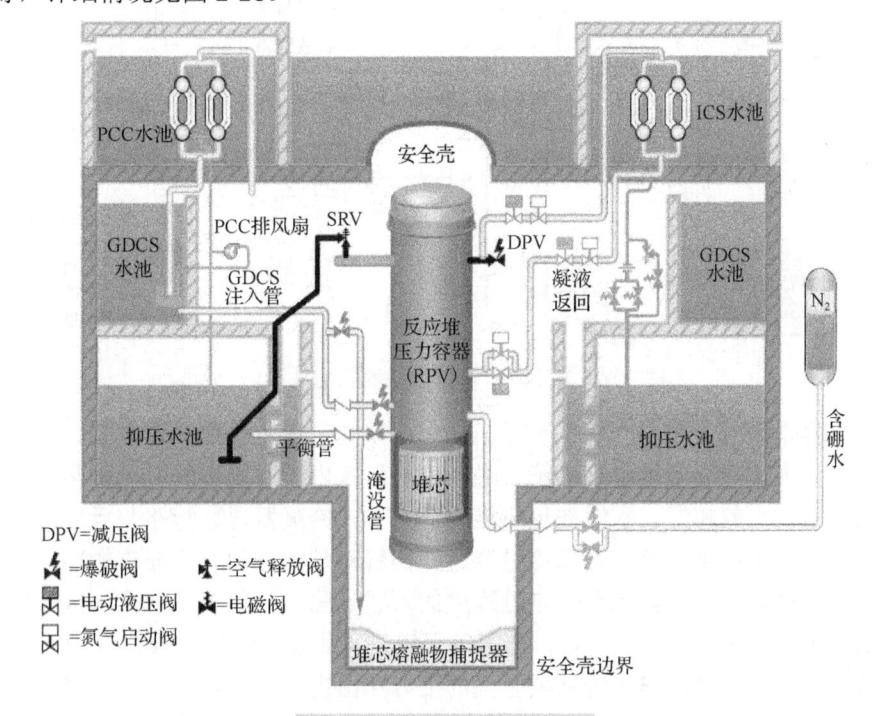

图 2-28 ESBWR 的安全系统

在反应堆容器的堆芯上端以下没有大口径接管和外部循环回路，在事故工况下自动减压后，只靠重力驱动就可以实现堆芯冷却，只要反应堆容器下部完整，堆芯的水就不会丧失。冷却用水源贮存在安全壳上干井内，其水量足以淹没堆芯。安全壳冷却系统换热器装在安全壳正上方的水池内，这里有足够的水保证在72h内带走堆芯衰变热。

ESBWR采用了非能动安全系统的结果是系统得到了简化，增加了安全边界余量。堆芯损毁概率大大低于早期的沸水堆和ABWR。

1）隔离冷凝器系统

隔离冷凝器系统如图2-29所示，它的功能是在主蒸汽系统突然隔离，如汽轮机甩负荷、给水丧失等情况下，限制反应堆压力升高，减少或者避免安全释放阀起跳。在这种情况下，保证了反应堆内的水装量，避免在功率瞬变和全厂断电情况下由于低水位造成反应堆自动减压。在反应堆正常的热量输出系统不好用时，该系统通过非能动方式输出堆芯衰变热，使反应堆水装量的损失最小。隔离冷凝器系统是安全级系统，在反应堆停堆与主蒸汽系统隔离后开始工作，输出衰变热，不需要反应堆减压和应急堆芯冷却系统投入运行。

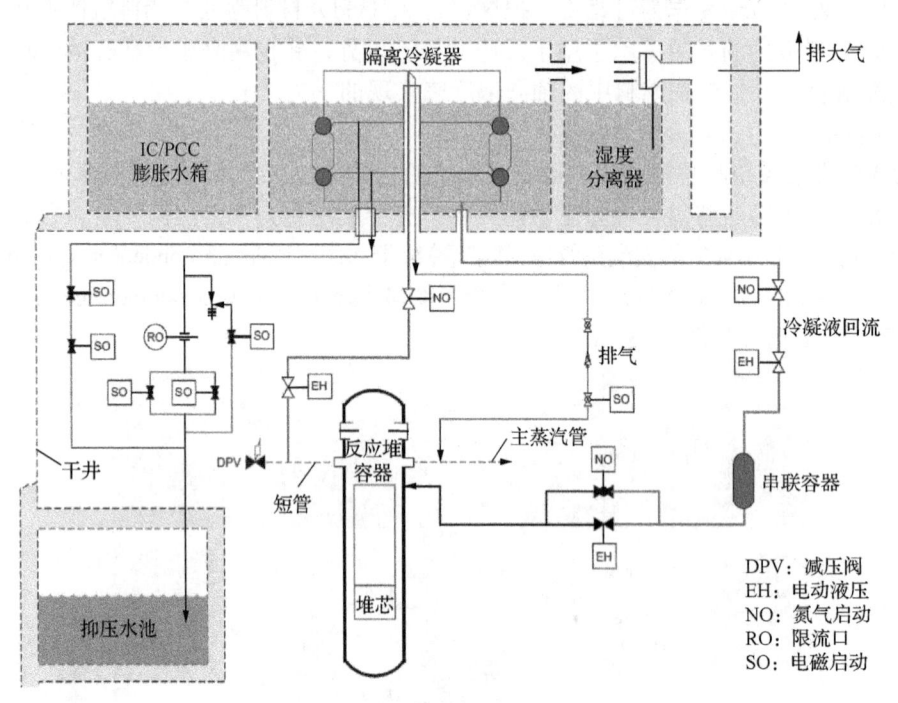

图 2-29 隔离冷凝器系统

隔离冷凝器系统由4个独立的系列组成，每个系列包括1个隔离冷凝器，冷凝器放置在安全壳外的水池内，从反应堆出来的蒸汽进入冷凝器管内，通过自然对流传热将热量传递给水池，水面上方与大气相通。水池在反应堆容器上方，冷凝器通过管路与反应堆容器连接，冷凝液靠重力返回反应堆。反应堆和冷凝器之间的管路是常开的，冷凝液的回水管路是常关的，这样可以保证回水管内充满有一定过冷度的水。当隔离冷凝器系统投入运行时，打开回水阀，凝液就可依靠重力流入反应堆，蒸汽就可以进入传热管输出热量。

反应堆与冷凝器之间的连接管从安全壳的上方穿出进入水池，要进行适当的绝热处理，连接到冷凝器上端的水平联箱上。每个蒸汽管路上装有限流器，其作用是保证流过的蒸汽不超过冷凝器的输热能力,同时也是应对下游蒸汽管路破裂事故造成过多的蒸汽丧失。蒸汽冷凝后,凝液收集在冷凝器的下联箱,然后由下联箱的回水管流回反应堆。蒸汽管路上装有排气管路,用来在正常(隔离冷凝器系统备用)工况下排除系统存留的氢气和空气,保证系统启动工作时传热不会受到不凝性气体的影响,排气管出口连接到主蒸汽管路上。在蒸汽管和冷凝液回流管上都装有安全壳隔离阀。

在冷凝液进入反应堆前的管路上有两个并联的阀门,一个是电动液压驱动的凝液回流阀;另一个是氮气驱动的凝液回流旁通阀。在电站正常运行时,这两个阀门都是关闭的,冷凝器中的凝液一直积累到冷凝器上联箱的顶端;当隔离冷凝器系统投入运行时,凝液回流阀和凝液回流旁通阀全部打开,凝液排入反应堆,汽-液交界面下移到冷凝器下联箱之下的回水管中,系统开始正常工作。

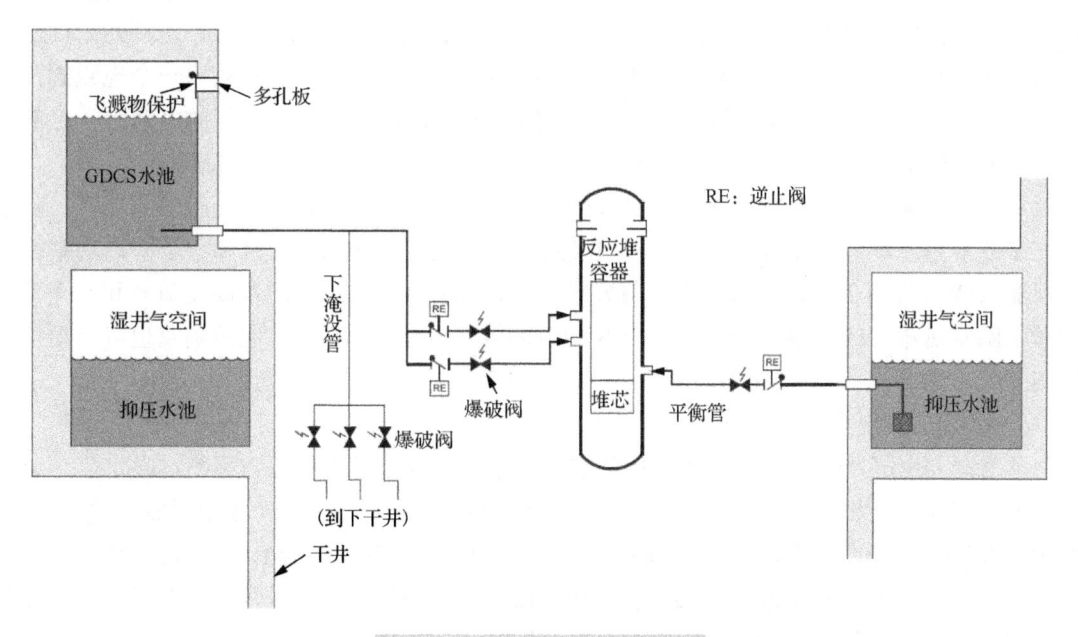

2)重力驱动堆芯冷却系统

重力驱动堆芯冷却系统由四组并列的系统组成,每组有三个独立的子系统:一个短期冷却(注射)系统,一个长期冷却(平衡)系统和一个淹没管。在出现破口的 LOCA 事故条件下,短期和长期冷却系统用来补充堆芯水装量;淹没管连接重力驱动系统水池和下干井,如图 2-30 所示。

图 2-30 重力驱动堆芯冷却系统

每组重力驱动堆芯冷却系统的注入系统由 200mm 直径的管子从水池引出,一个 100mm 直径的淹没管从上面分出,在淹没管的端部连接 3 个 50mm 的爆破阀和 3 个尾管,用来淹没下干井。注入管经过淹没管分支后,进入上干井的环形区,在这里连接到 2 个 150mm 直径的分支管,每个分支管上有 1 个止回阀和一个爆破阀。

每组长期冷却系统由 1 个 150mm 直径的平衡管带有一个止回阀和 1 个爆破阀,连接在反应堆容器和抑压水池之间。所有的管路都是不锈钢的,能承受与反应堆容器同样的压力和温度。堆芯注入管接头和平衡管接头内部都装有限流器。

在注水管和平衡管上都装有止回阀，止回阀下游还有爆破阀。爆破阀是气体推动型的，平时是关闭的，使用时由引爆器打开。在反应堆正常运行时爆破阀是零泄漏的，一旦爆破阀打开则管口全部通流，冷却水进入反应堆。止回阀是为了防止爆破阀误动作造成的危害，如果爆破阀打开后反应堆容器内的压力大于水池压力，止回阀能防止水的倒流。一旦反应堆内的压力小于池水压力，在重力的作用下池水就会流入反应堆容器。

在假想的堆芯熔毁事故序列过程中，反应堆下封头熔穿，堆芯熔融物流入下干井，重力注水冷却系统的淹没管从水池中把水引入下干井。淹没管路系统是通过接收到安装在下干井中的热电偶信号启动的，如果熔融物流入下干井，这里的温度就会快速升高，接收到高温信号后爆破阀就会迅速打开。

抑压水池平衡管吸入口加装有过滤器，防止在大破口情况下有碎片进入系统。在重力注水系统水池的气空间与外界相通的通道上也有过滤设备，防止碎片进入水池。重力驱动堆芯冷却系统的平衡管主要功能是事故后长期控制反应堆容器水装量。

3）自动减压系统（ADS）

如果反应堆低水位信号持续10s，自动减压系统会自动触发。同样，当干井高压持续1h时，自动减压系统也会自动触发。自动减压系统也可由布置在各冗余分支上的紧急启动逻辑信号触发，每个安全/释放阀或减压阀接收来自三个安全相关的分支的触发信号，这种冗余性保证有的分支信号失效，其他分支的信号仍能触发自动减压系统。安全/释放阀由一个电磁阀控制一个气动执行器来启动，减压阀是由装在阀上的爆破管开启的。ADS 阀门的开启有一定的延时，是为了控制泄放的速度，防止过大的水位膨胀，减小抑压水池所受的载荷。

对于未能紧急停堆的预期瞬态（ATWS），自动减压系统有禁止本系统触发的功能，防止其在未能紧急停堆的预期瞬态时动作。如果同时出现反应堆低水位信号和一个平均功率范围监视器 ATWS 许可信号，ADS 的自动触发被禁止，或者同时出现反应堆高压信号和一个平均功率范围监视器 ATWS 许可信号时，ADS 的自动触发也同样被禁止。主控制室也可手动切除 ADS 的自动触发。

4）非能动安全壳冷却系统

非能动安全壳冷却系统是为了维持基准事故条件下安全壳内的压力不超过限定值。该系统由 6 组相同且互相独立的回路组成，每组都有 1 组蒸汽冷凝器（两个模块组成），如图 2-31 所示。每条回路上的冷凝器（两个模块）的设计热输出功率为 7.8MWt。非能动安全壳冷却系统在出现 LOCA 事故后 72h 内可维持安全壳内压力小于设计值，此过程不需要对水池进行补水，72h 后水池需要进行补水，排风系统要启动。

每组非能动安全壳冷却系统有一根由安全壳引出的中心蒸汽管，蒸汽管的下端在安全壳内，是开口的，蒸汽管的上端分为两个分支，分别连接到冷凝器的两个上联箱上。蒸汽在竖直的传热管内冷凝，冷凝水收集在下联箱。冷凝液向下排入排气管外围的环形导管内，然后进入一个共用的大排水管中，最后流入重力驱动冷却系统（GDCS）水池内。不凝性气体通气管将干井中的不凝性气体引入湿井，保证冷凝器中尽量少的不凝性气体，使冷凝器有好的传热效果。当非能动安全壳冷却系统排热能力小于衰变热时，蒸汽也通过这条管路进入抑压水池。

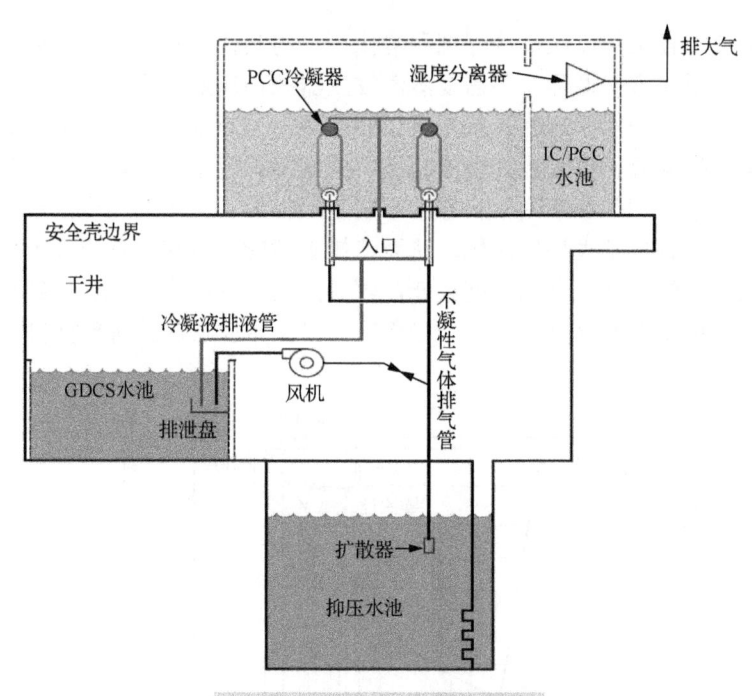

图 2-31 非能动安全壳冷却系统

LOCA 事故 72h 后，非能动安全壳冷却系统（PCCS）排气扇被打开，增加了长期的不凝性气体排出，提高了冷凝效率。排气扇的出口进入 GDCS 水池下部，防止回流。排气扇是由操纵员打开的，使用柴油发电机的可靠电源。

2.3 超临界水冷反应堆

超临界水冷反应堆（supercritical water cooled reactor，SCWR）是一种革新型轻水堆，它在水的超临界压力下运行，采用与沸水堆相同的直接循环主系统。由于其热效率高、电站系统简化，因此具有造价低的潜在优点。超临界水堆的概念是在 20 世纪 80 年代提出的，目前已在世界范围内引起了广泛兴趣，并在 2002 年被第四代反应堆国际论坛（GIF）选为 6 种第四代核能系统之一，是其中唯一的水冷堆。第四代反应堆国际论坛确定的目标是：在 2030 年之前完成第四代核能系统的研究工作，使核能系统在安全性、经济性、可持续发展、防核扩散等方面都有显著的提高。相关研发工作不仅要考虑核反应堆装置本身，还把核燃料循环也包括在内，组成完整的核能利用体系。

图 2-32 给出了几种水堆的工作压力和工作温度区间。图中 PV SCWR 表示压力容器式超临界水堆；PT SCWR 表示压力管式超临界水堆。超临界水堆在临界压力（22.1MPa）点以上工作，反应堆出口温度可达到 500℃或 500℃以上，而沸水堆的压力在 7MPa 左右，在所对应压力的饱和温度条件下工作，输出的饱和蒸汽温度大约为 285℃；重水堆冷却剂的压力大约为 10MPa，堆芯入口温度为 266℃，出口温度为 310℃，通过蒸汽发生器产生蒸汽。压水堆运行压力为 15MPa，堆芯入口温度为 280℃，堆芯出口温度为 320℃，通过蒸汽发生器产生蒸汽，做功的蒸汽温度大约在 285℃。超临界水堆产生的蒸汽的参数高，蒸汽直接进入汽轮机做功，所以超临界水堆的效率比现有的几种水堆的效率都高很多。

超临界水堆使用轻水作反应堆冷却剂和慢化剂，与其他水冷堆不同之处在于反应堆的运行压力很高，并且采用直接循环，不需要蒸汽发生器和稳压器。众所周知，超临界火电机组在世界范围内已是成熟技术，超临界水堆机组的常规岛与超临界火电机组近似，因此它可借鉴超临界火电机组耐高温材料和水处理控制技术的经验。超临界水堆是在较高压力和温度下运行的轻水堆。由于冷却剂在超临界状态时不发生亚临界状态下的相变，反应堆内不需要汽水分离设备，使系统和设备大幅度简化，从而使核电站的造价和运行成本大为降低，经济性明显改善。超临界水的冷却剂平均密度较低，可灵活设计堆芯中子能谱，超临界水堆不仅能设计成热中子堆，也能设计成快中子堆，这意味着超临界水堆有提高燃料利用率的潜力。

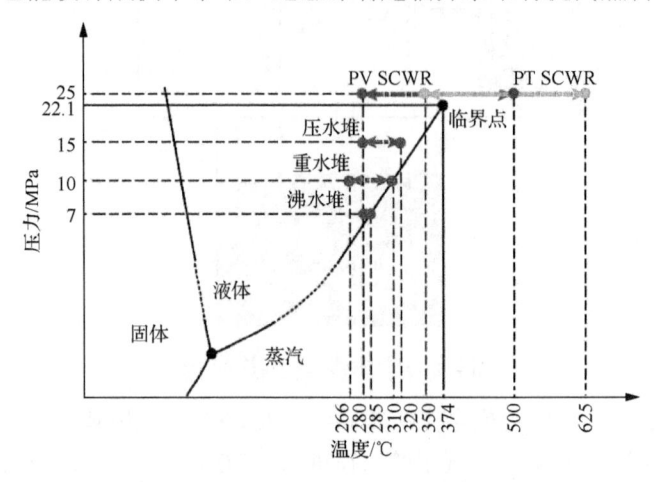

图 2-32　几种水堆的工作压力和工作温度区间

与常规水冷堆相比，超临界水堆具有以下突出优点。

（1）机组热效率高：这样可降低燃料循环费用，提高电站经济性。

（2）系统简化：在系统配置方面，超临界水堆系统可以大大简化。与沸水堆系统相比，不需要汽水分离系统和内置循环泵等，堆芯体积更为紧凑。与压水堆的间接循环相比，超临界水堆只有一个回路，因此不需要蒸汽发生器、主循环泵和稳压器，系统简化，可大幅度减少建造费用。

（3）主要设备和反应堆厂房小型化：由于超临界水焓值较高，单位堆热功率所需的冷却剂质量流量较低，因此反应堆冷却剂泵和管路的尺寸可减小。由于反应堆冷却剂装量较少，因此，在发生破口事故时，质能释放降低，可以设计较小的安全壳。由于采用简单的直接循环系统，核蒸汽供应系统布置紧凑，从而使反应堆厂房小型化。

（4）技术继承性好：目前世界上的主要核电技术基础是压水堆，而超临界水堆的很多技术与压水堆相近，可充分利用现有压水堆的技术基础，并充分利用现有压水堆设计、研发条件以及制造、建造、运行、维护和管理的经验。另外，超临界水堆汽轮机系统与超临界火电机组是一样的，因此可直接借鉴超临界火电汽轮机技术。由于我国已经能够建造 1000MWe 级超临界和超-超临界火电机组，因此在我国已经具有发展超临界水堆技术和相应的汽轮发电机组技术的很好基础。

（5）核燃料利用率高：超临界水堆堆芯冷却剂平均密度较低，冷却剂慢化能力弱，容易实现超热中子谱或者快中子能谱堆芯。这种堆芯可裂变燃料转换比高，甚至有报告称快谱堆芯可达到大于 1 的转换比，还可以燃烧锕系元素，从而有效提高燃料利用率。

2.3.1 超临界水的特性

我们知道水具有三种相态,即气态相、液态相和固态相。在大气压下,水的冰点为 0℃,沸点为 100℃。一般而言,随着压力的上升,对应的饱和温度也上升,由压力与饱和温度构成的曲线称为汽化线。19 世纪,人们认识到了水的气液相变过程,并用实验方法测量了一些工质的汽化线。但是工质的汽化线是否会一直延伸下去,这个问题困扰了当时的很多物理学家。1869 年,英国物理学家安德鲁斯明确回答了上述问题。安德鲁斯测量了二氧化碳在液态和气态时的密度差,发现在 31℃附近二者的差别消失了。安德鲁斯将该点命名为临界点。所谓"临界"是指超过这个点以后液态和气态的差别消失,分辨不出气态和液态。这种流体相态,一般称为流体的超临界态。

图 2-33 给出了热力学中水的温(T)-熵(S)图。从温-熵图上可以看出,在临界压力以下,如果压力一定,当水温升高达到了所对压力下的饱和温度后,继续加热会经历汽-液两相区,直至全部水都变成了蒸汽,压水堆和沸水堆所工作的压力都在临界压力以下,因此其工作过程或事故工况都会经历水的汽化过程,在这一过程中工质特性会发生阶跃变化。而当压力大于临界压力后,水就不再经历这样的汽化过程,即不存在水和汽的明显区分。

在超临界状态下,随着被加热水的温度不断升高,水的密度发生变化,这种变化是连续的,不会产生相变。而在次临界状态下,随着水温的升高,在对应的饱和温度以下水的密度变化不大,在饱和温度条件下水的密度会发生剧烈变化,这个过程中单相水变成两相,然后变为蒸汽。超临界压力下水的密度高于次临界压力下水的密度,在超临界压力下水会更有效地携带热量。由于这一原因,20 世纪 50~60 年代美国和日本就研究了采用超临界水作为工质输送锅炉等常规设备的热量。

对于水而言,其临界点参数为压力 22.1MPa,对应的温度为 374℃。超临界流体具有自己特有的物理和化学性质,其物理属性融合了气体和液体的某些特性。超临界流体对应比热容最大位置的温度称为拟临界温度,在拟临界点附近存在大比热区(图 2-34)。比热是指单位质量流体温度每升高或降低 1℃吸收或者放出的能量。流体的比热越大,意味着单位质量流量所携带的能量越多,载热能力越强。拟临界点之前为高密度、高黏度的类液态流体,在拟临界点之后为低密度、低黏度的类气态流体,类液态向类气态的相态转变是连续的过渡,即连续相变,它完全区别于亚临界流体气液两相的阶跃相变。

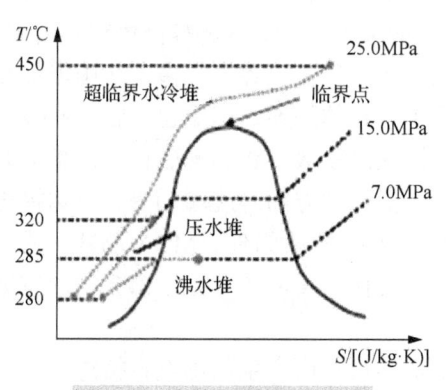

图 2-33 水的温-熵(T-S)图

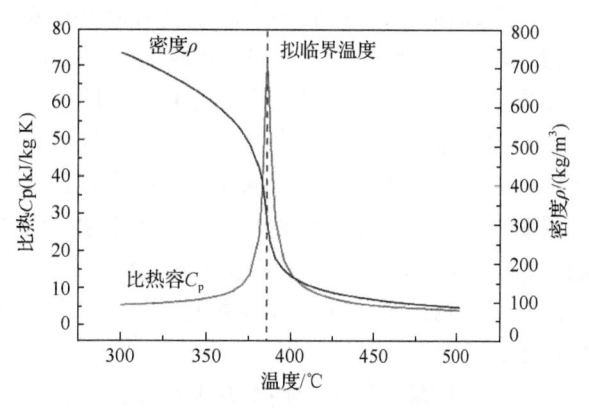

图 2-34 水在拟临界点比热的变化

超临界水既具有液体性质又具有气体性质，热量传输效率远优于普通的轻水，冷却剂在流经堆芯后不会发生相变，仅会从低温高密度流体转变为高温低密度流体。在超临界压力条件下，当温度接近所谓的拟临界温度时，水的特性将随温度发生急剧变化，但其变化是连续的。由于水特性的连续变化，在超临界压力下的传热变化一般要比亚临界压力下的传热变化轻微得多。

超临界水在高温下密度低，中子的慢化能力较弱。而弱慢化能力可提高堆内中子能谱，减少了中子慢化过程中的损失从而提高易裂变燃料转换比和燃料利用率。通过适当的设计，超临界水堆的易裂变燃料转换比可提高到接近 1，从而使燃料利用率大大提高。燃料利用率的提高需采用闭式燃料循环，提高热效率和燃料利用率均会降低核废物的产生量。

超临界水的流动与传热问题也是超临界水堆面临的难题之一，因为超临界水的物性参数在拟临界点附近产生奇异的变化。超临界水物性参数的奇异变化产生了完全不同于常规单相流，亦有别于两相流的流动传热特征。在超临界水冷堆中，还存在复杂流道、高热负荷与强烈核-热反馈等堆内苛刻条件。此外，冷却剂系统启停瞬态、运行与事故工况覆盖亚临界单相与两相、跨临界过渡以及超临界多个区域，其热物性、理化性质跨度极大。对这些过程的规律性和机理性认识是发展超临界水堆技术过程中必须深入研究和亟待解决的问题。

2.3.2 超临界水冷反应堆系统及工作原理

根据超临界水冷反应堆本体结构形式、中子能谱等特点可分为不同的种类。例如，按照反应堆本体结构形式，可分为压力容器（PV）式和压力管（PT）式两种类型。二者的主要区别在于：压力容器式将反应堆堆芯的燃料组件包容在一个独立的压力容器内，构成一个整体结构，类似于压水堆；压力管式将反应堆堆芯燃料组件分散在若干个压力管内，类似于加拿大压力管式重水堆的堆芯，但是压力管不是水平放置而是竖直安装在堆芯内。在中子能谱方面，可以分为热中子能谱和快中子能谱两种类型。对于热中子能谱超临界水堆，由于堆芯超临界水大部分在拟临界点以上的温度，其密度较低，慢化能力较弱，因此在热中子能谱的超临界水堆内要设置专门的水棒，来增加堆芯水-铀比，以提高中子的慢化能力和增加堆芯负空泡反应性系数，提高反应堆的安全性。一般采用温度较低、密度较高的堆芯入口流体作为慢化剂通过燃料组件，形成热中子谱堆芯。由于堆芯内要设置水棒、控制棒、可燃毒物棒等，加之堆芯内冷却剂温升高、密度变化大，热中子能谱超临界水堆的堆芯结构比较复杂。

由于超临界水在拟临界点温度以后密度较低，利用高温区超临界水密度低、慢化能力弱的特性，可以实现快中子能谱，做成快中子反应堆。快堆的突出优点是能够提高燃料利用率，提高堆芯功率密度，可燃烧锕系元素，实现燃料的闭式循环。目前世界上很多发达国家都在投入技术力量研究超临界水冷快中子反应堆，已经取得了一定的进展，但是也面临一些技术上的问题。遇到的主要技术挑战包括：堆芯具有正反应性空泡系数，当出现破口失水事故时会威胁堆芯安全；堆芯和燃料组件设计复杂；水装量少，安全性方面难度增加等。日本提出的 Super FR 即是快中子能谱超临界水堆方案，采用六边形稠密栅格组件、MOX 燃料，通过在燃料组件内加氢化锆材料解决正反应性空泡系数问题。总体来看，国际上大部分概念方案仍以热谱超临界水堆为主。

因为反应堆中的冷却剂不发生相变，而且像沸水堆那样堆芯内产生的蒸汽直接进入汽轮机做功，因而可以大大简化系统。图 2-35 给出了超临界水堆热力循环系统图，该反应堆热功率为 2300MWt，反应堆运行压力为 24MPa。500℃的蒸汽进入高压汽轮机做功，蒸汽在高压汽轮机膨胀做功后压力温度降低（4.25MPa，260℃）。高压汽轮机排出的蒸汽进入一个再热器，由反应堆出口引出部分蒸汽进行加热，再热后的蒸汽达到 441℃进入中压汽轮机膨胀做功，然后再到低压汽轮机做功，最后在 5kPa、33℃的条件下蒸汽在冷凝器中被冷凝成水。设计中用海水作为冷凝器的冷却水，假设海水温度为 15℃，每秒约 30 吨的水流量可以完成蒸汽的冷凝。冷凝器收集到的凝水由凝水泵打入三个凝水加热器（图 2-35 中 PH5～PH7），热源来自于低压汽轮机中间级引出的蒸汽。经过三级加热后凝水温度达到 135℃，然后进入加热、加压器，使压力达到 0.55MPa，温度达到 156℃。加热的热源是从中压汽轮机末级引出的蒸汽，这里加压的目的主要是提高给水泵的吸入压头。用三台高压给水泵为反应堆入口提供 25MPa 压力、1179kg/s 的给水。四台给水加热器（图中 HP1～HP4）把给水加热到 280℃后进入反应堆。根据设计资料介绍，该系统可输出电功率 1000MWe，效率达到 43.5%。

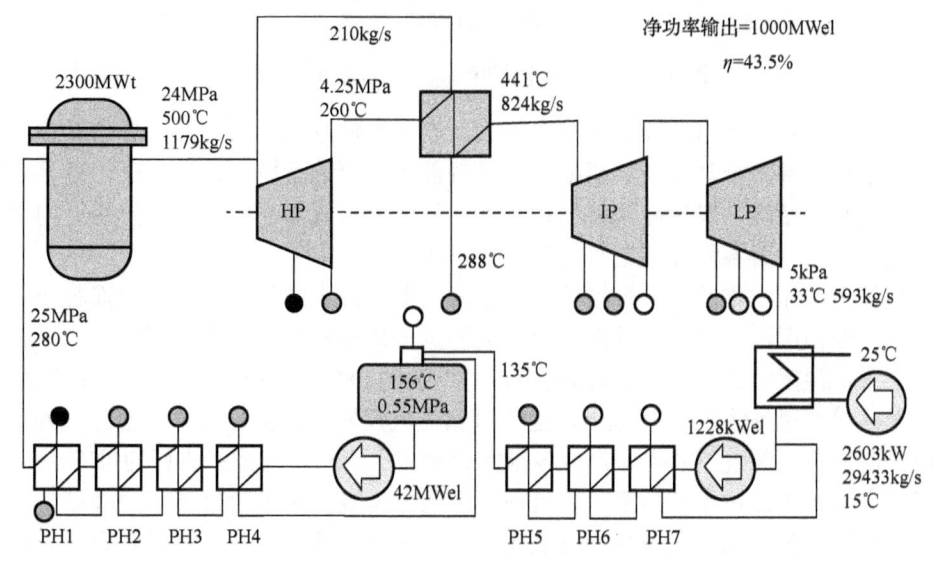

图 2-35 超临界水堆的热力循环系统

超临界水堆相对于现有轻水堆的潜在技术优势在于热效率高、电站系统简化，以及对设备的容量要求低。超临界机组汽轮机入口蒸汽的温度高、热焓高、压力高，所以热效率高。现有沸水堆的入口压力通常在 7MPa 左右，对应的温度接近饱和温度，超临界汽轮机组蒸汽压力和温度则要高得多。超临界水堆的热效率预计是现有轻水堆的 1.2～1.3 倍。因为超临界水堆堆芯中的焓升比沸水堆和压水堆大得多，所以它的反应堆冷却剂流量比后两者小得多，从而降低了对主系统设备容量的要求。

2.3.3 超临界水冷反应堆的堆芯结构

目前国际上提出的超临界水堆的方案比较多，反应堆本体结构特征也有较大的差别。虽然外部蒸汽循环系统比较简单，但是堆芯内冷却剂密度变化大、温升高，为了适应这一特点，堆芯内冷却剂流程相对比较复杂，分为单流程、双流程和三流程，见图 2-36。三种不同的堆芯冷却剂流程是基于不同的应用考虑而提出的，不同的流程形式有各自的技术特点。

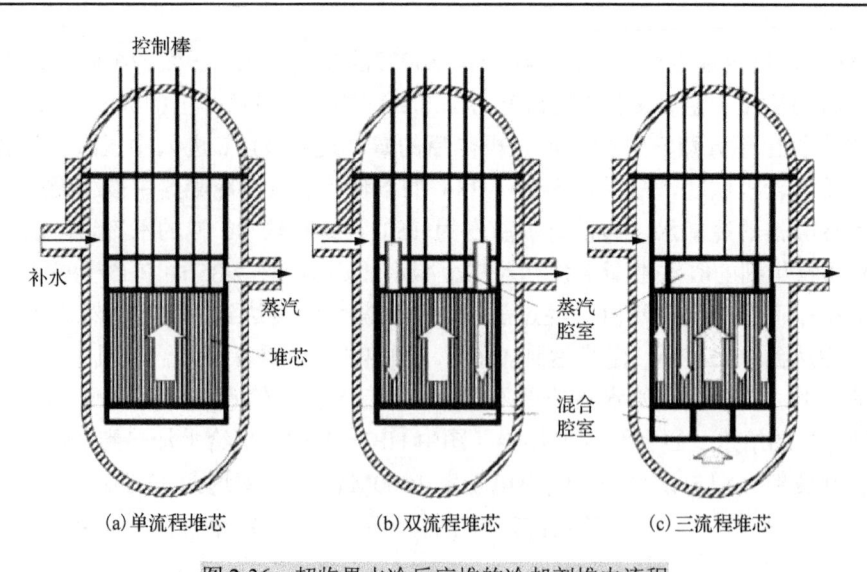

图 2-36 超临界水冷反应堆的冷却剂堆内流程

由于超临界水在堆芯温升高，密度变化大，燃料组件结构复杂，因此超临界水堆的堆内结构要比压水堆和沸水堆都复杂。超临界水堆目前还主要处于概念设计阶段，世界各国提出了一些不同的堆芯结构，概括起来有三种，这三种流程形式每一种又有不同的结构形式，因此目前有很多方案，而各种方案之间也有较大差别。

单流程堆芯与压水堆的堆芯很接近，其结构简单，技术成熟。但是这种堆芯冷却剂流经的路程短，一般情况冷却剂的温升不可能太高。据相关资料介绍，单流程堆芯如果工作压力为 25MPa、入口温度为 280℃，则冷却剂出口温度达到 380℃。这样的出口温度的工质到汽轮机做功，其热效率很难达到 40%以上，达不到第四代反应堆的指标要求。因此，为了使堆芯出口温度升高，提高装置热效率，目前各国的设计多采用双流程或三流程的堆芯。

为了提高冷却剂流过堆芯的温差，目前各国的方案设计中采用双流程的较多，一个比较典型的双流程堆芯的流动方案是冷却剂从反应堆容器入口接管引入后分成两股：一股向下，通过堆芯周围的环形通道流入下腔室；另一股向上，流入上腔室后转向下流经堆芯的外环的燃料组件进入下腔室。这两股流体在反应堆容器下腔室混合后从堆芯的中心部分向上流经中心区的燃料组件。这种布置的反应堆堆芯结构比较复杂，但是冷却剂通过堆芯的温升较大，燃料可以实行分区装载，热效率较高。

在三流程的堆芯的设计方案中，反应堆冷却剂从下腔室进入所谓的"蒸发器"，在第一流程的燃料组件内将拟临界点以下的过冷水加热成拟临界点以上的"蒸汽"，这一过程水的密度发生较大变化，流体的焓升很大。流体进入上混合腔之后向下折返，从中间第二个流程通道向下流动；然后再转向上流过外层燃料组件通道，最后从反应堆容器的出口接管流出。这种情况下，由于冷却剂流经堆芯的次数多，所以温升较大，出口温度可以达到 500℃或 500℃以上，而且堆芯的高度尺寸不大，但是堆芯结构相对比较复杂。

实际当中各个流程可能并不是在圆周上规则分布的，由于物理上功率展平等因素的要求，第一流程和第二流程的组件可能是交错排列的，在同一堆芯半径上可能有第一流程的组件也可能有第二流程的组件。特别是超临界水冷快中子堆，第一流程的组件和第二流程的组件有很大的交叉。超临界水堆根据堆芯结构和燃料布置及燃料富集度不同，可以分为超临界水冷热中子堆和超临界水冷快中子堆，它们的堆内结构和燃料都会都有较大差别。

1. 超临界水冷热中子堆

超临界水冷热中子堆的工作原理与压水堆和沸水堆类似。水作为冷却剂和慢化剂,具有冷却核燃料和慢化中子的双重作用。由于超临界水冷热中子堆与现有的轻水反应堆有很多近似性,可继承很多轻水堆现有的成熟技术,所以在现有的超临界水堆的研究方案中热中子堆方案占大多数。目前美国、日本、欧盟、加拿大、俄罗斯和我国都在超临界水冷热中子堆研究和开发方面开展了大量工作,并且都设计出了各自的概念堆方案。各国和地区的方案虽然在基本原理上没有太大的差别,但是在技术细节方面各国都有一些创新的想法和新技术,这些新理念和新技术在不断地推动超临界水冷热中子堆的发展和进步。

超临界水堆与现有的压水堆和沸水堆不同的是冷却剂在堆芯内的温度大部分在拟临界点以上,冷却剂的密度比亚临界条件下的水密度低,但是比亚临界条件下的蒸汽密度高。从慢化中子的角度看,拟临界点以上的超临界水慢化能力较弱。另外,超临界水在堆芯内密度变化大、温升高,这给堆芯设计带来很多现有轻水堆没有遇到的问题。还有堆芯内流体密度低,要想中子得到很好的慢化,需要留有更大的水空间,如何解决水空间加大后中子分布不均匀性和功率分布不均匀性的问题,也是堆芯结构设计需要解决的问题。由于这些原因,超临界水堆的堆芯结构比压水堆和沸水堆都要复杂。图 2-37 所示为一个有代表性的双流程超临界水冷热中子堆的堆芯流程,冷却剂从反应堆容器入口进入后,一部分向上流入上封头内,通过控制棒导向管向下流入堆芯所有的水棒通道和堆芯周边的燃料棒冷却通道,进入下封头后与另一部分冷却剂汇合,向上流过堆芯中间部分的燃料棒冷却通道。

图 2-37 双流程堆芯流程示意图

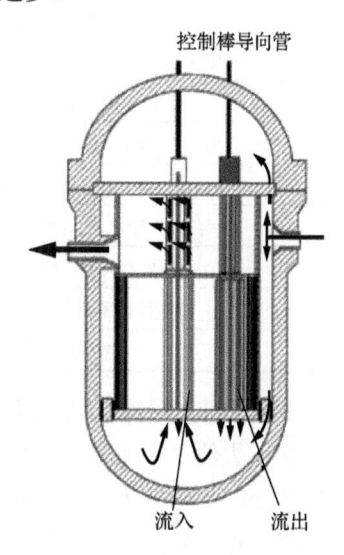

超临界水堆内冷却剂温度较高,不适合锆合金做燃料包壳,因为锆合金在 400℃以上的水中会发生锆-水反应,所以包壳材料用不锈钢或镍基合金材料。超临界水堆使用的燃料材料是 UO_2,但是由于不锈钢和镍基合金中子俘获截面较大,加之冷却剂慢化能力弱,所以 U-235 的富集度比其他水冷堆要高。

超临界水冷热中子堆燃料棒的设计要求与其他水冷堆类似,超临界水堆的热工水力方面的设计要求主要有两条:①防止正常工况下燃料包壳温度过高。压水堆和沸水堆的燃料包壳正常工况下允许最高温度主要受到锆-水反应温度的限制,所以一般不超过 400℃;超临界水堆正常工况下包壳允许最高温度主要受材料高温下强度降低的限制,超临界水堆一般要求燃料包壳温度不超过 650℃,设计时还要留有一定余量。②存在燃料棒最大线功率密度限制。在现有的压水堆和沸水堆中燃料棒的允许线功率密度都有限制。例如,压水堆在设计瞬态工况下最大线功率密度为 59.1kW/m,相应的燃料中心温度为 2300℃,低于燃料熔化温度。但是高温下燃料容易发生肿胀,造成燃料芯块与包壳的相互作用,考虑到安全余量,压水堆正常运行工况下允许线功率密度最大值为 43.1kW/m,相对应的燃料中心温度大约为 1870℃。沸水堆正常运行工况下允许最大线功率密度为 44kW/m。超临界水堆的燃料棒设计参考了其他水冷堆的设计经验,并考虑到超临界水堆的堆芯温度高于其他水冷堆,所以确定其燃料棒线功率密度设计值为 39kW/m,比相对应的压水堆和沸水堆要小。

由于超临界水堆目前正处于研发阶段，不同的研究者给出了不同的设计方案，各方案之间差别也较大，表 2-7 给出了一个较典型设计方案的主要参数。

表 2-7　超临界水堆的主要参数

堆芯压力/MPa	25
热功率/电功率/MW	2744/1200
冷却剂入口温度/冷却剂出口温度/℃	280/500
热效率/%	43.8
堆芯冷却剂流量/(kg/s)	1418
全部燃料组件数/冷却剂向下流动的燃料组件数	121/48
燃料富集度/%，下部/上部/平均	6.2/5.9/6.11
活性区高度/等效直径/m	4.2/3.73
燃料平均燃耗/(GWd/t)	45
最大线功率密度/平均线功率密度/(kW/m)	38.9/18.0
平均容积功率密度/(kW/L)	59.9
燃料棒直径/不锈钢包壳厚度/mm	10.2/0.63
绝热层厚度/mm	2.0[ZrO_2]

超临界水堆的特点是冷却剂在堆芯内的焓升大，在同样的热功率条件下，冷却剂流量要低很多，大约是沸水堆的 1/8。在入口温度 280℃条件下，水的密度是 800kg/m^3；在冷却剂出口温度 500℃条件下，密度是 100kg/m^3。燃料组件的设计要保证在这样的条件下燃料棒能得到很好的冷却，同时还要保证中子能够得到有效的慢化。

目前燃料组件的方案有很多种，有六角形的燃料组件也有方形燃料组件，六角形组件主要用于超临界水冷快中子反应堆，超临界水冷热中子堆大多采用方形燃料组件。有代表性的超临界水冷热中子堆的燃料组件如图 2-38 所示。由于超临界水堆的冷却剂焓升大、堆芯内冷却剂流量低，要达到很好冷却燃料的目的，燃料棒之间的间隔就必须要小，以保证冷却剂有较高的质量流速（kg/m^{2}s）流过燃料棒冷却通道。对于热中子堆，需要中子得到很好的慢化，而超临界水温度在拟临界点以上时密度较低，要达到好的中子慢化能力需要提供较大的水空间。从燃料冷却的角度需要燃料棒之间的间距小，而从中子慢化的角度又需要较大的水慢化空间，这两者是矛盾的。为了解决这一矛盾，在超临界水冷反应堆组件内引入较大的水棒来兼顾两者，因此超临界水冷热中子堆的燃料组件与其他水冷热中子堆有很大差别。由图 2-38 可见，每一排燃料棒周围都是水棒，以保证中子均匀和足够慢化，因为水棒中的水温度较低、慢化能力强，而燃料棒的冷却剂温度较高，因此水棒中的水要与冷却燃料棒的冷却剂有很好热绝缘。严格讲，水棒内流过的是慢化剂，燃料棒通道流过的是冷却剂。

虽然锆合金材料中子吸收截面低，但是超临界水堆的堆芯温度高不适合使用锆材料做包壳，超临界水堆燃料包壳以及水棒与燃料冷却通道的隔板都采用不锈钢材料。由于不锈钢吸收中子截面大、慢化剂的慢化能力弱这两个因素，超临界水堆的燃料富集度比其他水堆要高，分别为 5.9%和 6.2%。除了提高燃料富集度外，在燃料不同高度上使用不同富集度的燃料，通过这样的装料方式达到展平功率分布不均匀的目的。

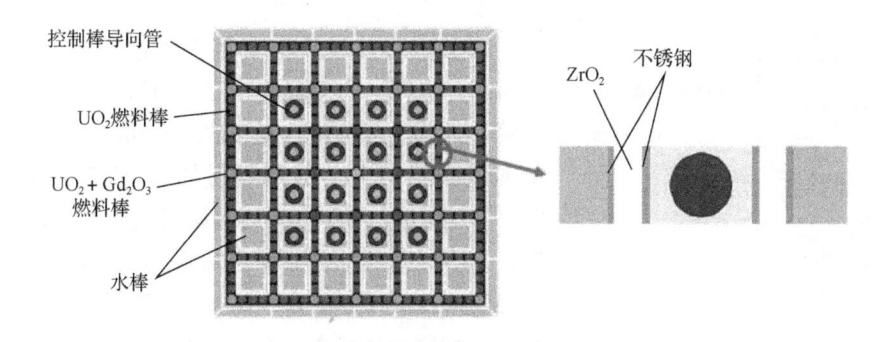

图 2-38 超临界水冷热中子堆的燃料组件

如图 2-38 所示,在水棒和燃料棒冷却通道之间加 ZrO_2 的热绝缘材料,进行隔热,防止水棒中的水温升高影响慢化能力。燃料组件中还采用钆作为可燃毒,钆材料混合在 UO_2 燃料内做成燃料芯块,含钆的燃料棒用来补偿反应性和展平轴向功率分布。控制棒采用束棒形式,通过控制棒导向管插入水棒中心,每个组件的 36 根水棒内只有中间的 24 根水棒插入控制棒。水棒中的水是从反应堆容器的上封头处由控制棒导向管引入,由上向下流入水棒。在反应堆容器下混合室内,从水棒流出的水和从一部分燃料棒冷却通道流出的水与从堆芯外围下降段流入的水混合,混合后的水再向上流过堆芯中间部分的燃料棒冷却通道,保证这部分通道冷却剂的流速更高,有效地带出燃料棒内产生的热量。这样可保证堆芯的平均温度高、轴向功率分布均匀。

以上这种双流程超临界水冷热中子堆的堆芯结构比较复杂,特别是堆芯以上结构件较多,燃料装换料很不方便。为了解决这一问题,国外一些学者经研究提出了一种双层水管的堆芯,如图 2-39 所示。从反应堆容器入口接管进入的水全部在堆芯周围的下降段向下流入下封头,其中有 50%的水从双层水管的中心管进入水棒作为慢化剂向上流动,到达水棒顶端后折返向下在两层水管之间的间隙向下流回下混合室,在下混合室与没有进入水管的另外 50%的水混合后作为冷却剂流入堆芯所有的燃料棒冷却通道。这种结构使堆芯以上的结构大大简化,反应堆的装换料容易很多。

燃料组件的横截面如图 2-40 所示,组件中有 348 根燃料棒,16 根水棒,燃料棒直径为 8mm,燃料棒节距为 9mm,两棒之间的间隙为 1mm。燃料棒与组件盒壁面之间的间距以及燃料棒与水棒壁面之间的间距均为 0.5mm。燃料包壳材料

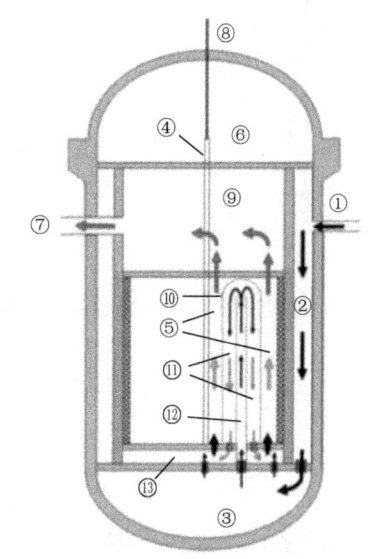

图 2-39 有双层水管的堆芯

①入口接管;②下降段;③下腔室;④控制棒导向管;
⑤燃料通道;⑥上腔室;⑦出口接管;⑧控制棒驱动机构;
⑨上混合腔;⑩双管型水管;⑪外水管;⑫内水管;
⑬下混合腔

为不锈钢,壁厚为 0.5mm,包壳与燃料芯块之间的间隙为 0.17mm,组件盒壁厚为 1mm。由于燃料棒排列比较密集、燃料棒冷却通道比较紧凑,加之冷却剂流量较大(50%+50%),因此燃料棒冷却通道冷却剂的流速高,增强了燃料棒与冷却剂之间的传热。

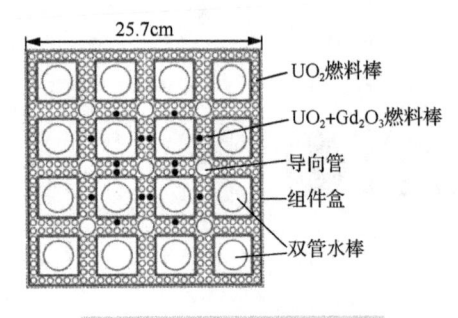

图 2-40 含有水棒的燃料组件

双层水管的设计主要从中子慢化和结构简单的方面考虑，水棒所占空间是 5×5 个栅元。水棒的内管是圆形管；外管是正方形，边长为 45mm。水管与燃料棒冷却通道有绝热层，绝热层材料为 8YSZ-50%（8mol% Y_2O_3/92 mol% ZrO_2，50%的相对密度），夹在两片不锈钢板之间，像三明治一样，见图 2-41（a）。内水棒外径为 32.6mm，其直径是根据管内流通面积与管外水的流通面积相同而确定的。内圆管壁厚为 5.8mm，由锆-4 合金材料制成，主要考虑锆的中子吸收截面低。

该方案设计堆芯燃料组件数 121 组，活性区高度为 3.7m，堆芯等效直径为 3.23m，堆芯热功率为 2800MW，热效率为 43.8%。燃料的平均富集度为 6.5%，燃料棒上部和下部燃料富集度是 6.4%，中间部分燃料富集度是 6.6%，主要是为了展平功率。在燃料组件横截面上功率峰值的位置安装含钆的燃料棒，采用 1%的 Gd_2O_3 与 UO_2 均匀混合制成燃料芯块。

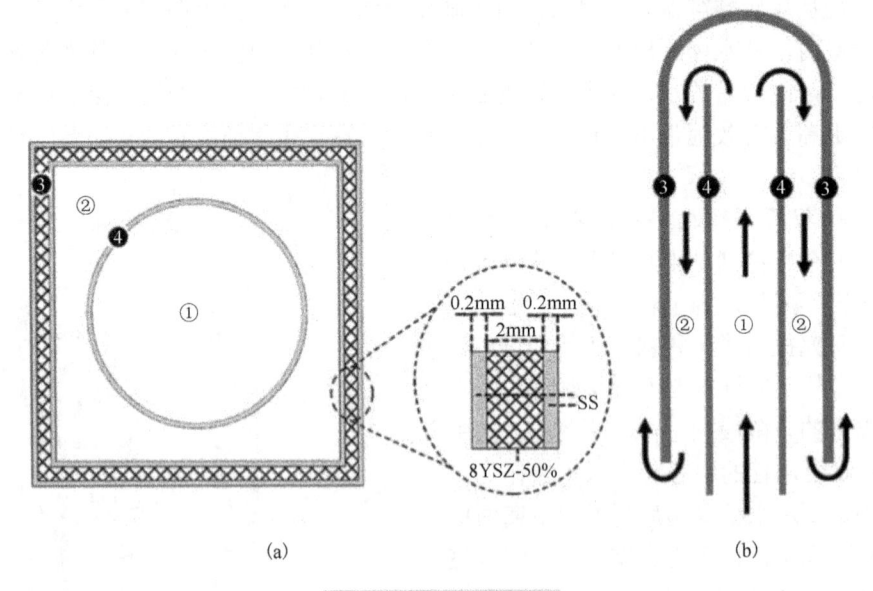

图 2-41 双层水棒结构
①内水棒；②外水棒；③外水棒管；④内水棒管

2．超临界水冷快中子堆

超临界水冷快中子反应堆的研究工作已经开展很多年了，各国的研究者设计了很多种方案。快堆内不需要中子慢化，因此燃料棒之间排布紧密，不需要水棒，冷却剂通道简单、堆芯紧凑。由于燃料棒排列紧密，堆芯流动阻力会增加，但是由于冷却剂流速低，不会出现泵的功率过大或者流动不稳定等问题。快堆功率密度大、堆芯结构简单，可实现燃料增殖，从而提高燃料的利用率，实现燃料的闭式循环，因此超临界水冷快中子堆比热中子堆经济性好，从这一意义上讲超临界水冷快中子堆更具发展潜力。

超临界水冷快中子堆的结构与超临界水冷热中子堆也有很多类似之处，一般分单流程和双流程两种，所不同的是堆芯内没有水棒；燃料组件分为点火组件和再生组件。目前给出的冷却剂在堆芯中的流程分三种情况：第一种是简单的单流程，与压水堆的情况相同，全部冷却剂从下降段进入下封头，然后向上流过全部燃料组件后从出口流出反应堆；第二种是双流程但是全部自下向上流动，全部冷却剂进入下封头后向上进入再生组件和部分点火组件，从这些组件的顶端流出后向下折返流入下混合腔，混合后再向上从剩余的点火组件流过堆芯，最后流出反应堆，其特点是流程较长，冷却剂焓升大，但是堆芯的流动阻力大；第三种是如图 2-42 所示的双流程。冷却剂从反应堆入口接管进入后，分成向上和向下两部分，向上流动的冷却剂在反应堆容器上封头内向下流入再生燃料组件和部分点火的燃料组件，到下混合腔与从下降段向下流入的冷却剂混合后再向上进入点火燃料组件，冷却点火组件后流出反应堆。

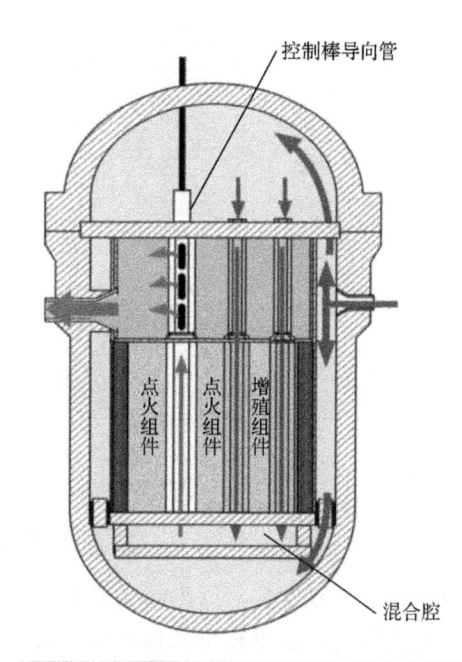

图 2-42　超临界水冷快中子堆内冷却剂流程

超临界水冷快中子堆的主要设计参数是：堆芯平均功率密度（包括再生区）在 100W/cm³ 以上；堆芯出口温度为 500℃；正常运行条件下燃料棒最高线功率密度为 39kW/m，平均线功率密度为 17kW/m；正常运行工况下燃料包壳表面温度不超过 650℃。

超临界水冷快中子堆使用 MOX 燃料（PuO_2+UO_2），其中 Pu 燃料是从压水堆乏燃料处理后提取的，易裂变同位素主要是 ^{239}Pu 和 ^{241}Pu。增殖燃料组件采用贫化铀，^{235}U 的富集度为 0.2%，是轻水反应堆乏燃料处理后都得到的。燃料包壳材料使用不锈钢，因为它能耐高温并且有很多在反应堆使用的经验。燃料棒的外表面有绕丝，用来做燃料棒的定位，绕丝的直径就是燃料棒之间的间距，大约为 1mm。

燃料组件是六角形的，组件边缘是组件盒，组件盒用来固定燃料棒和引导冷却剂流动。燃料组件分两种，即高富集度燃料的点火组件和低富集度燃料的增殖组件，其布置如图 2-43 所示。图 2-43 给出的只是多种布置方案其中一种，目前提出的布置方案有很多种，其中有的是增殖组件由堆芯中心向外辐射布置。每组燃料组件内流过的冷却剂流量不同，靠布置在燃料组件入口的节流件来实现。

为了得到负的冷却剂空泡反应性系数，增殖燃料组件中有氢化锆隔层，见图 2-43，氢化锆隔层可设置在增殖组件内，也可把氢化锆材料放在组件的周边。增殖组件和点火组件的布置形式也有很多种，由于增殖组件燃料富集度低，产生的热功率小，所以冷却剂流过这些组件的量要少。

与液态金属冷却的快堆相比，超临界水冷快中子堆具有负的空泡反应性是很必要的。因为超临界水冷快中子堆在高压下运行，出现破口事故（LOCA）是必须要考虑的安全问题。在这方面各国学者开展了大量的研究工作，研究具有低空泡价值或者负空泡价值的堆芯。其方法有两种：一种是事故情况下增加中子从堆芯的泄漏量；另一种是减小中子能谱硬度。这意味着采用扁平型堆芯，降低堆芯高度增加堆芯直径；或者在堆芯引入中子慢化材料。扁平型堆芯虽然可以增加事故时中子的泄漏，降低空泡反应性，但是堆芯直径增加意味着反应堆压

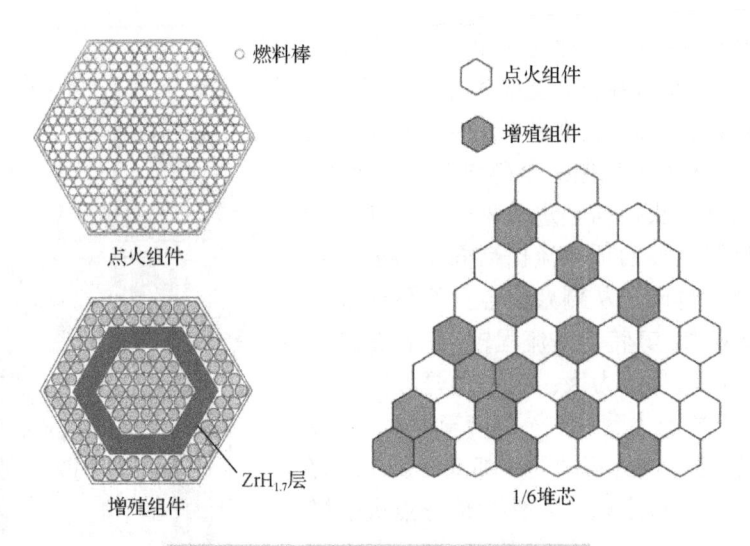

图 2-43 超临界水冷快中子堆的堆芯布置

力容器的直径增加，因为超临界水堆压力高，这会大大增加反应堆容器的造价。为了减小中子能谱硬度，如果在堆芯内加氧化铍（BeO）这样的慢化中子材料，对减小空泡反应性作用不大，而且会使燃料的转换比减小。

目前研究出的一种新方法是在堆芯加氢化锆材料 $ZrH_{1.7}$，其作用原理可以描述如下：在事故出现空泡条件下，中子泄漏会增加，如果把慢化中子材料布置在主要的中子泄漏方向上，由于氢的散射作用，中子就会慢化下来。如果把材料 $ZrH_{1.7}$ 布置在点火区和再生区的交界处或再生区内，则再生区的中子能量就会降低。再生区主要是 ^{238}U 材料，中子能量降低后 ^{238}U 的裂变截面下降而俘获截面大幅度上升，会产生共振俘获。^{238}U 俘获中子后会转换成 ^{239}Pu，这一过程既减少了快中子通量也增加了转换比。这样的结果使出现空泡时堆芯整体中子平衡是负值。

图 2-44 给出的是一种有代表性的点火组件的一部分，为典型的六角形组件的 1/6，该型组件共有 252 根直径为 5.5mm 的燃料棒，有 18 根控制棒，中心有一根仪表检测管。

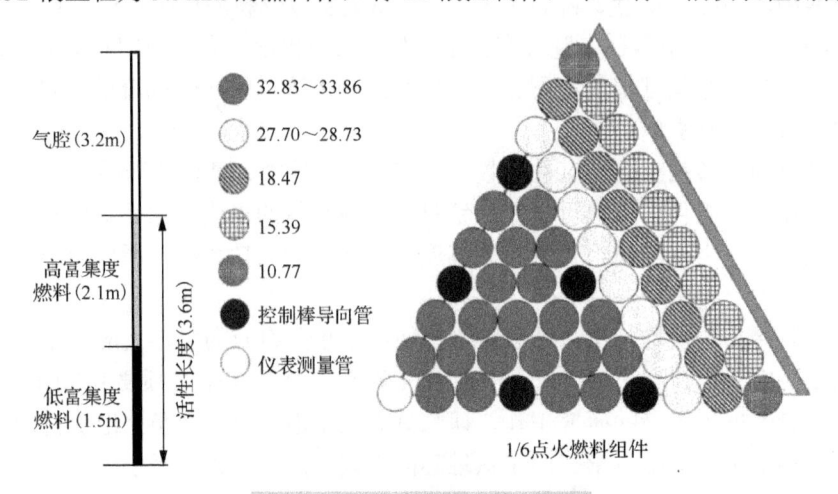

图 2-44 1/6 点火燃料组件横截面

点火燃料组件中使用 MOX 燃料，Pu 的平均富集度为 25.75%，如图 2-44 所示，燃料棒上下部位燃料的富集度不同，这主要是从展平功率分布方面考虑。燃料活性长度为 3.6m，元件上方气腔长度为 3.2m，主要为裂变气体释放和燃料肿胀留出更多的空间。包壳厚度为 0.4mm，包壳内径与燃料芯块之间的间隙为 0.03mm，燃料棒节距与棒径比值为 1.19mm。燃料组件盒壁厚为 2mm，燃料组件之间的间隙为 2mm。

2.3.4 我国超临界水冷反应堆的概念设计

从 2004 年开始，我国就进行了超临界水堆的研究，目前已进行了一些关键技术的攻关，例如在超临界水的热工水力方面已开展了相关的实验研究，在反应堆物理方面也开展了堆芯物理分析和设计方法研究，在这些研究的基础上提出了我国超临界水堆的概念设计方案。即采用压力容器式堆芯结构，中子能谱设计为热谱，燃料组件采用带水棒的正方形排列方式。

中国核动力研究设计院给出了 1000MW 级中国超临界水堆 CSR1000 方案，拟定的设计参数如表 2-8 所示，是在现有压水堆基础上开展超临界水堆技术研究与开发。该方案充分借鉴成熟压水堆以及超临界火电机组技术，发展具有自主知识产权的压力容器式、热中子谱超临界水堆，这也是对我国现有压水堆技术和超临界火电技术相结合的自然延伸。

表 2-8 中国超临界水堆 CSR1000 的主要参数

参数名称/单位	参数
电功率/MW	1000
热功率/MW	~2300
热效率/%	~43.5
中子能谱	热中子谱
冷却剂流程	双流程
系统压力/MPa	25
反应堆入口温度/℃	280
反应堆出口温度/℃	~500
燃料组件形式	方形
体平均功率密度/(kW·cm^{-3})	~60.0
换料周期/月	~12
平均卸料燃耗/(MW·d·t^{-1})(U)	>30000
燃料类型	UO$_2$
堆芯活性区高度/m	4.2
最大燃料包壳温度/℃	<650
最大线功率密度/(kW·m^{-1})	<39.0

在综合考虑堆结构设计可实现性和复杂程度的情况下，进行冷却剂流动方案设计，主要设计思想是：提高堆芯冷却剂流速，降低燃料包壳温度，同时获得较高的冷却剂出口温度。参照国外一些超临界水堆设计方案，设计了双流程堆芯方案如图 2-45 所示。

冷却剂自反应堆压力容器的冷却剂入口管进入后分为五部分：①约 10%沿堆芯围筒与反应堆容器内壁间的环腔向下流入下腔室；②约 40%自上而下作为第Ⅰ流程冷却剂；③约 6%作为第Ⅰ流程燃料组件慢化剂进入其水棒；④约 14%作为第Ⅱ流程燃料组件慢化剂进入其水棒；⑤剩余 30%作为慢化剂进入组件之间的通道。从各个通道向下流出的水在下腔室搅混后，全部向上作为第Ⅱ流程冷却剂最后流出堆芯。

CSR1000 堆芯的活性区高度为 4200mm，等效直径为 3379mm，外接圆直径为 3656mm，平均体积功率密度为 61.1MW/m³，平均线功率密度为 15.6kW/m。堆芯 UO_2 总装量约为 76.9t，堆芯共包含 157 盒正方形燃料组件。图 2-46 给出堆芯布置情况，燃料分三区装载，包括新燃料、烧过一个循环的燃料和烧过两个循环的燃料，类似于压水堆的分三区装料。图 2-47 给出的是在堆芯横截面上流程分布情况，第Ⅰ流程全部在堆芯的中心部分，第Ⅱ流程在堆芯边缘。

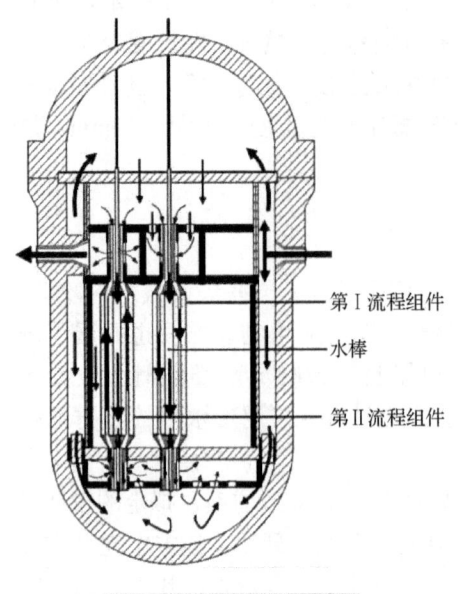

图 2-45 双流程堆芯方案

由于超临界水堆出口温度高，出、入口之间温差大，冷却剂质量流量低，燃料芯块及包壳温度比较高。针对冷却剂平均密度较小，中子慢化严重变弱，反应性剧烈下降的问题，设计中主要采取以下措施：①在流致振动允许条件下，尽可能地提高冷却剂流速、强化传热；②引入"水棒"设计概念，以增强中子慢化能力，提高反应性。这些措施可使堆芯最大燃料包壳温度显著降低，采用不锈钢作为包壳材料成为可能。经过多种燃料组件方案的对比分析，并综合考虑材料和制造的可行性，提出了如图 2-48 所示的燃料组件方案。该组件由 4 个子组

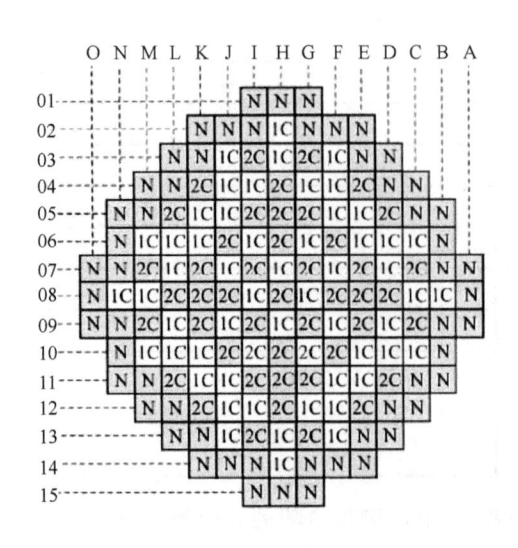

图 2-46 堆芯布置示意图

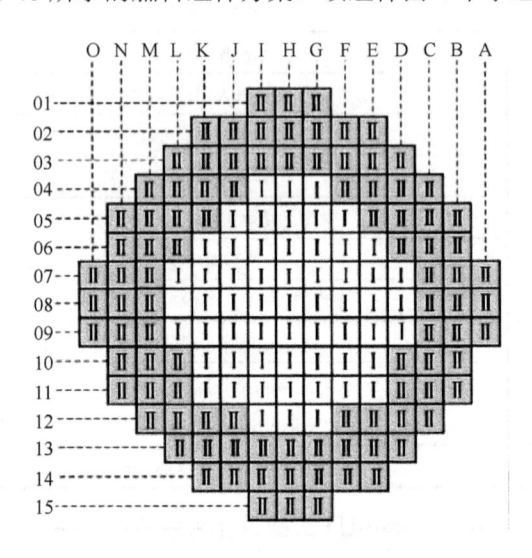

图 2-47 堆芯流程径向分布图

N-新组件；1C-烧过 1 个循环组件；2C-烧过 2 个循环组件

件组合在一起构成，利用定位格架进行组件的径向和轴向定位和支撑。每个子组件燃料棒呈 9×9 排列，棒间距为 1.0mm，燃料棒之间用绕丝定位，水棒占 5×5 个栅元位置。

水棒盒壁厚为 0.8mm，组件盒壁厚为 2.0mm。子组件中心距为 119.5mm。燃料组件中心距为 239.0mm，采用十字形控制棒，控制棒在四个子组件之间。为了减少燃料组件结构材料、提高堆芯中子经济性，组件盒壁采用"夹心饼干"结构形式。中心隔热材料为 ZrO_2，厚度为 1.0mm，两边为 310 不锈钢，厚度为 0.5mm。组件中燃料棒内 ^{235}U 的富集度有 5.7% 和 4.3%两种，位于子组件 4 个角处的燃料棒中 ^{235}U 的富集度为 4.3%，其余为 5.7%，平均富集度为 5.6%。

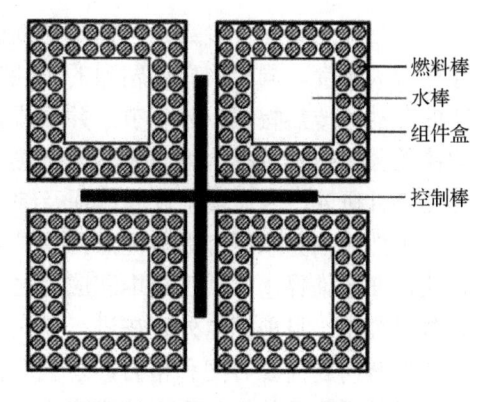

图 2-48 CSR1000 燃料组件示意图

在 CSR1000 概念设计方案中，选用了压水堆中应用较为广泛的 $\varPhi$9.5mm 燃料棒，为了容纳更多裂变气体，缩短燃料棒气腔长度，降低芯块中心设计温度，采用成熟的环状芯块，燃料形块外径为 8.19mm，中心气腔直径为 1.5mm。

2.3.5 超临界水冷反应堆研发存在的问题和挑战

超临界水堆虽然具有很多优点，具有很好的发展潜力，但是距离实际工程应用还有一段较长的路要走，目前还主要处于概念设计和技术研发阶段，很多工程应用问题需要进一步研究。目前遇到的主要是材料科学问题及流动与传热问题两大难题。在材料领域，超临界水是一种可以与氧以任意比例混合、高溶解性的非极性工质，其对材料的氧化和腐蚀性极强。虽然目前国际上对用于超临界火电厂的传热管材已经积累了较为成熟的经验，但由于超临界水堆燃料包壳及堆内构件壁厚很薄、受强中子辐照、同时需要考虑事故工况安全性要求，因此对超临界水堆材料性能有极其苛刻的要求。

超临界水堆内的结构材料要求有低的应力腐蚀开裂敏感性，较低的中子吸收截面、中子辐照稳定性好。这些特性使得超临界水堆材料科学方面的研究正面临两方面挑战：一方面，超临界水堆运行参数的提高使原来常用的一些堆内材料，特别是现有的锆合金燃料元件包壳材料在高温下强度和耐腐蚀性方面已不能满足超临界水堆的要求；另一方面，为了提高传热系数，减小因材料吸收截面而造成的中子消耗，提高燃料利用率，堆内结构件的尺寸受到限制，超临界火电系统中常用的高温材料在耐腐蚀性、辐照肿胀、辐照脆化等方面不能适用于超临界水堆。因此，研究与开发新的堆内材料成为发展超临界水堆亟待解决的一个技术关键，也成为材料科学领域的一大科学挑战。

根据目前耐热钢和耐热合金的发展现状，可以找到大量可以用于超临界水温度和压力的成熟材料，但是否能够用于超临界水堆，主要看其耐超临界水的腐蚀性（包括抗应力腐蚀和辐照加速腐蚀性）、抗辐照稳定性两大方面，目前研究者最关注的是材料在超临界水环境中的各种腐蚀问题。在超临界水条件下，目前的锆合金的强度急剧降低，并且腐蚀速度和吸氢量大大增加，无法满足超临界水堆燃料包壳材料的要求。通过对含 Cr 的耐热钢、奥氏体不锈钢及镍基合金的筛选实验，有希望开发出满足要求的新材料。

超临界水堆运行参数条件下冷却剂处于超高温和高压的状态，造成热工水力实验技术上存在较大难度。同时，局部剧烈的物性变化与复杂的冷却剂流程和通道结构相结合，造成堆芯的流动和传热特性十分复杂，并形成强烈的核热耦合反馈。因此，热工水力特性研究需要解决的关键技术包括：堆芯流动与传热特性研究，堆芯流动不稳定性研究，超临界条件下临界流特性研究，专设安全设施单项及综合性能验证等。

虽然超临界水堆有很多优点，但是由于以上所述的材料和热工水力方面的很多问题没有解决，在超临界水堆真正建堆和应用之前还需要开展大量的理论研究和实验研究工作。其中有些研究工作目前国内外正在进行，在有些研究方面已经取得了进展，但是有些技术难度较大的关键问题需要时间和精力，才能取得突破。除了材料和热工水力方面的问题之外，超临界水堆的堆物理特性与现有的反应堆也有较大差别，反应堆的结构与已有的反应堆也不同，这些都需要开展大量的理论和实验研究工作来解决。因此，在超临界水堆应用之前还需要全世界的科学家共同努力，攻克存在的技术难点问题，相信在不远的将来超临界水堆会加入核能应用的大家庭。

第3章 先进气冷反应堆

世界上第一个反应堆是费米在芝加哥建成的实验堆，它是空气冷却、石墨慢化的热中子反应堆，属于典型的气冷堆。基于这个实验堆，气冷堆技术是最先得到关注的反应堆技术。而且，气冷堆也因采用气体冷却剂而具备一些其他类型反应堆所不具备的优势。首先，气体冷却剂在反应堆内和整个核反应堆系统内不会发生相变，这使得气冷堆核反应堆系统的布置比较简单，并使核动力装置的布置变得极其灵活，既可采用间接循环方式，也可采用直接循环方式；其次，气体冷却剂能在不高的压力下被加热到很高的温度，这使得气冷堆的核动力装置能够具有很高的热效率；第三，气体冷却剂对于反应堆内的中子几乎是透明的，它既无吸收能力也无慢化能力。前者提高了反应堆中子的经济性，后者使气冷堆的核设计变得更加灵活，可以设计成快中子反应堆，也可以设计成热中子反应堆。

基于这些优势，气冷堆不仅发展出一个完整的气冷堆技术路线，而且它的发展几乎贯穿了核反应堆发展的整个过程。20世纪40~50年代有美诺克斯反应堆，60~70年代有改进型气冷堆，80年代以后有模块式高温气冷堆。而且，根据反应堆堆芯结构的不同，模块式高温气冷堆又演化出球床和棱柱状两大技术分支，并被独立地发展。2000年后，以固有安全性和1000℃的出口温度为技术特征的超高温气冷堆在第四代反应堆中又占有一席之地。近年来，由于SCO_2布雷顿循环的兴起，SCO_2反应堆引起了各国的兴趣。本章选取了模块式高温气冷堆、超高温气冷堆、气冷快堆及SCO_2反应堆这四类典型的气冷堆为代表，以介绍先进气冷反应堆技术。

3.1 气冷反应堆及其冷却剂的演变

气冷堆的基本特征是以石墨作为慢化剂，以气体（二氧化碳或氦气）作为冷却剂，以天然铀或低浓缩铀为燃料的一种反应堆。20世纪50年代以后，气冷堆在英国等最早利用核能的国家发展成为发电用的商用动力堆。到目前为止，气冷堆技术大致经历了以下4个阶段：镁诺克斯（Magnox）反应堆（原型堆）阶段、改进型气冷堆阶段、（模块式）高温气冷堆阶段和超高温气冷堆阶段。

3.1.1 镁诺克斯型气冷反应堆与CO_2冷却剂

第一代气冷堆采用镁铝合金Magnox作为燃料元件的包壳，因此它们常被称为Magnox型气冷堆。1956年，英国建成了Calder Hall核电站，电功率为50MWe，反应堆出口温度为340℃左右；它的建成标志着Magnox型气冷堆进入商业运行阶段。20世纪70年代初，Magnox型气冷堆在欧洲得到了广泛的应用。以英国为代表的欧洲国家共建造了38座Magnox型气冷堆，总装机容量达到8945MWe；其中，英国共建造了26座Magnox型气冷堆。

Magnox型气冷堆的主要技术特征包括石墨慢化、CO_2冷却剂、天然铀燃料和镁铝合金包壳。在核能发展的早期，这样的技术组合为无同位素分离能力但又想利用核能的国家创造了条件。Magnox 合金和石墨中子吸收截面均较小，尤其是石墨的慢化比（慢化能力与吸收截面之比）达到 170（轻水为 72），因而可直接采用天然铀作为燃料，无须敏感和复杂的铀浓缩技术。虽然石墨的慢化比是轻水的两倍多，但是这主要得益于石墨很小的热中子吸收截面。石墨本身的慢化能力仅为 0.064，比轻水（1.53）小一个数量级以上。因而，石墨慢化中子的能力较弱，中子需要与石墨碰撞更多次才能得到充分慢化，这导致石墨慢化反应堆通常需要大量的石墨作为慢化剂，从而使石墨反应堆的体积远大于轻水反应堆的体积。

相比于其他常见气体，CO_2 是常见气体中热物性较好的廉价气体，而且，在一定的温度范围内具有良好的化学惰性。如表 3-1 所示，CO_2 的气体分子量达到 44，这使得 CO_2 具有较大的密度，可以提高气体的载热能力和冷却能力。然而，从热物性的角度来说，CO_2 的定压比热相对较小，这限制了 CO_2 的载热能力。为了缓解气体密度较小的先天不足，气冷堆通常通过提高系统压力来适度提高气冷堆冷却剂的密度，从而改善气体冷却剂的载热能力。同时，随着系统压力的提高和气体密度的增加，气体冷却剂的传热能力也会有所提高，而且反应堆系统中体积流量明显减小，这有利于降低气体流速，从而降低气体的流动压降，减少耗功，提高系统的经济性。

表 3-1 标准状态下常见气体工质的热物性

种类	分子量	气体常数 / (kJ/(kg·K))	热导系数 / (W/(m·K))	密度 / (kg/m³)	定压比热 / (kJ/(kg·K))
空气	28.96	0.2871	0.0242	1.293	1.006
二氧化碳	44.01	0.1889	0.0146	1.82（常压） 97.49（4MPa）	0.85（常压） 1.50（4MPa）
氦气	4.003	2.077	0.1448	0.164（常压） 11.12（7MPa）	5.19（常压） 5.19（7MPa）
氮气	28.02	0.2968	0.024	1.250	1.043
氩气	39.50	0.2081	0.0163	1.783	0.522
氢气	2.016	4.124	0.1683	0.089	14.19

与水这种液态冷却剂相比，由于气体密度远小于液态冷却剂，气体冷却剂的载热能力远小于液态冷却剂的载热能力，这是气体冷却剂的一大缺点。而且，气体冷却剂与燃料表面的对流换热系数通常也要比液态冷却剂小一个数量级，这导致气冷堆需要更多换热面积或者更大的燃料包壳与冷却剂温差才能达到与液体冷却剂同量级的反应堆功率。前者使气冷堆的体积较大，后者使燃料包壳和燃料的温度较高。

虽然镁铝合金的中子吸收较弱，但是它最大的缺点是熔点低。这导致镁铝合金制成的包壳不能承受高温，从而限制了反应堆的出口温度，进而限制了反应堆热工性能和经济性的进一步提高。另外，由于天然铀石墨反应堆堆芯体积大，堆芯功率密度小、燃料燃耗低，因而提高反应堆出口温度、改善气冷堆的经济性成为其技术演化的主线。而且，这一主线一直贯穿整个气冷堆发展的历史。

3.1.2 改进型气冷反应堆

为了提高 Magnox 型气冷堆的热工水力性能，特别是反应堆出口温度，在 Magnox 型气冷堆的基础上，英国发展了改进型气冷堆（AGR），史称先进气冷堆。改进型气冷堆仍采用石墨为慢化剂，CO_2 为冷却剂，但采用不锈钢代替 Magnox 合金作为燃料包壳材料。采用不锈钢包壳后，先进气冷堆的反应堆出口温度高达 650~670℃，远远高于轻水反应堆的出口温度。然而，不锈钢较大的中子吸收截面导致反应堆中子经济性变差，无法采用天然铀作为燃料，因而改进型气冷堆采用了富集度为 2%左右的 U-235 作为燃料。

1963 年，英国建成了改进型气冷堆的原型堆——Windscale 堆，其电功率为 28MWe。基于 Windscale 原型堆的运行经验，英国从 1965 年开始批量建造了大型的改进型气冷堆。截至 1988 年，运行中的改进型气冷堆共有 13 座，总电功率为 7541MWe，占核电总装机容量的 2.4%。近年来，英国的改进型气冷堆逐渐进入退役阶段，英国转向压水堆技术。

3.1.3 模块式高温气冷反应堆与氦气冷却剂

通过采用不锈钢包壳，改进型气冷堆的反应堆出口温度比 Magnox 型气冷堆的出口温度高 300℃左右。但是，CO_2 在温度超过 670℃后与不锈钢不再相容，会发生化学反应，CO_2 冷却剂这一天然不足限制了反应堆的出口温度。为了进一步提高反应堆出口温度，气冷堆放弃了一直沿用的 CO_2 冷却剂，而采用了氦气作为冷却剂。氦气最突出的优点是其优秀的化学惰性。由于它是稀有气体，与常见的结构材料不会发生化学反应，因而气冷堆的反应堆出口温度可提高到 700℃以上，甚至达到了 950℃，因而这一代气冷堆称为高温气冷堆。

相比于 CO_2 冷却剂，虽然氦气因化学惰性彻底解决了 CO_2 带来的问题，但是氦气本身也存在自身的局限性。首先，氦气的分子量比 CO_2 小一个数量级，从而导致氦气的密度远远小于 CO_2 的密度，如表 3-1 所示。氦气很小的密度导致氦气的载热能力受到先天的制约。虽然氦气的导热系数和定压比热远大于 CO_2 的参数，这在一定程度上缓解了氦气密度低带来的不利影响，但是氦气的载热能力整体上较 CO_2 稍逊一些。为了弥补氦气的这个不足，高温气冷堆提高了核反应堆系统的压力水平，通常达到 7MPa，比改进型气冷堆的系统压力高将近一倍。其次，氦气由于是分子量最小的稀有气体，因而氦气比其他气体更容易从核反应堆系统中泄漏出去。

随着冷却剂问题的解决，燃料元件及其金属包壳成为制约反应堆出口温度提高的因素。高温气冷堆革命性地采用了全陶瓷型燃料。通过在早期实验堆（例如英国的龙堆，热功率为 20MWt，1964 年首次临界，1966 年达到满功率运行）中的不断实验，全陶瓷型燃料逐渐成熟并定型于耐高温的陶瓷型多层包覆颗粒燃料（TRISO 颗粒），如图 3-1 所示。从内到外，TRISO 颗粒包含 UO_2 燃料核芯、疏松热解碳层、内致密热解碳层、碳化硅层和外致密热解碳层。UO_2 燃料核芯通常是直径约为 0.5mm 的小球，疏松热解碳层是密度较低的热解碳，它主要用于吸收裂变气体。碳化硅层主要用于密封，防止放射性裂变产物从 TRISO 颗粒中逃逸出去。内外致密热解碳层是高密度的热解碳，主要用于保护碳化硅层，防止碳化硅层受到破坏。这种多层包覆颗粒燃料可运行在 1600℃而不会发生裂变产物的泄漏，如图 3-2 所示。

基于 TRISO 这一全新燃料技术，高温气冷堆的整个堆芯实现了去金属化，堆芯内的材料均为耐高温的石墨材料组成。这一技术调整为反应堆出口温度提高到 700℃以上，从结构材料方面奠定了坚实的基础。而且，基于反应堆堆芯结构设计的不同，高温气冷堆衍生出球床高温气冷堆和棱柱状高温气冷堆两个技术路线。球床高温气冷堆的堆芯由图 3-1 所示的石墨基体的燃料球组成。TRISO 颗粒弥散在石墨基体中并将石墨基体制成球形结构，直径为 5cm。

图 3-1 高温堆 TRISO 颗粒与燃料球、燃料柱

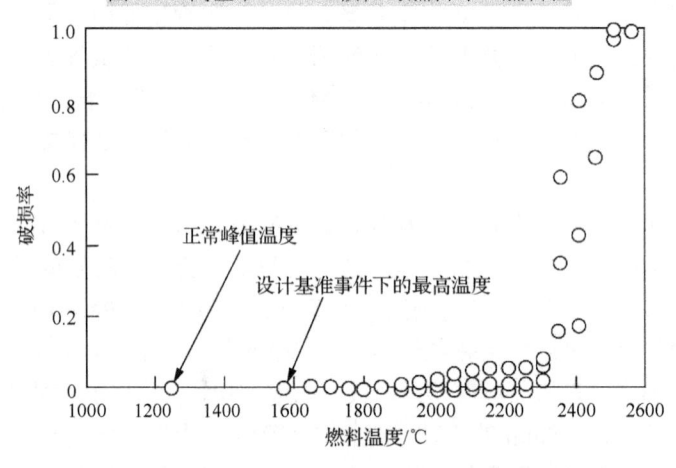

图 3-2 高温气冷堆 TRISO 的泄漏率随温度的变化

为了保护含有 TRISO 颗粒的石墨基体,在其外侧再包覆一层厚度为 5mm 的纯石墨,从而形成了直径为 6cm 的燃料球。大量的燃料球堆积在一起形成球床堆芯,球床高温气冷堆因而得名。早期的球床高温堆技术主要由德国开发。柱状高温气冷堆的堆芯由图 3-1 所示石墨六棱柱组成。对于柱状高温气冷堆,石墨基体被加工成带冷却剂孔道和燃料孔道的六棱柱。TRISO 颗粒与石墨一起制成圆柱状的燃料芯块,并放入燃料孔道中。大量燃料柱堆积形成堆芯,因而称为柱状高温气冷堆。早期的柱状高温气冷堆主要由美国开发。

美国于 1967 年建成并运行了柱状高温气冷堆的实验堆——桃花谷(peach bottom)反应

堆；它的电功率为 40MWe，1974 年按计划完成了试验任务后停堆退役。德国于 1967 年建成了球床高温气冷堆的实验堆——AVR。1974 年，AVR 的一回路氦气温度由 750℃ 提高到 950℃，成为世界上运行温度最高的核反应堆，1988 年按计划停堆退役。1967 年以后，高温气冷堆进入原型堆电厂设计、建造和运行阶段。美国建成了圣符伦堡（Fort. st. Vrain）高温气冷堆电厂，其电功率为 315MWe，1976 年达到临界，1979 年并网运行。德国建成了钍高温气冷球床堆（THTR-300），其电功率为 300MWe，1985 年 9 月达到临界，1986 年达到满功率运行。

在 1979 年的三哩岛核事故之后，尤其是 1986 年的切尔诺贝利事故之后，全世界范围内核能领域的科学家和工程师提出了"绝对安全"理念的核反应堆，或者固有安全反应堆。也就是说，在任何事故条件下，核电厂都不会发生核泄漏事故，不会危及周围的环境。这一理念也影响了气冷堆的技术发展。高温气冷堆演变成了模块式高温气冷堆，以实现固有安全。模块式高温气冷堆以小型化和具有固有安全性为其特征。反应堆在冷却剂丧失的情况下，堆芯余热也可依靠自然对流、热传导和辐射传出，使堆芯仍能保持其完整形态，从根本上排除了堆芯熔化的可能。

1981 年，德国西门子/国际原子公司（Siemens/Interatom）提出了模块式球床高温气冷堆 HTR-Module。它采用球形燃料元件，单堆热功率为 200MWt、电功率为 80MWe，发电效率达到 40%。由于德国在球床高温气冷堆上具有充足的技术储备，德国仅仅提出并设计了模块式高温气冷堆 HTR-Module，并未再进行模块式球床高温气冷堆的建设工作。

随后，模块式球床高温气冷堆技术在中国落地生根，并得到了长足的发展。中国建成了模块式球床高温堆的实验堆（HTR-10），其热功率为 10MWt，2000 年实现临界。HTR-10 主攻发电这一应用场景，HTR-10 不仅验证了反应堆技术，而且结合了蒸汽发生器和基于朗肯循环的二回路系统。在 HTR-10 的基础上，借鉴 HTR-Module，中国设计并建造了 HTR-PM 商用气冷堆示范电厂，反应堆单堆功率为 250MWt。目前，HTR-PM 商用气冷堆示范电厂已经建造完毕，实现了临界和并网发电。

除了中国，在 2000~2010 年，南非也致力于模块式球床高温气冷堆技术，并设计了球床堆 PBMR。PBMR 单堆热功率为 400MWt，采用氦气透平直接循环方案。由于南非经济发展遇到困难，PBMR 仅仅停留在设计阶段，未能进入建造阶段。中国在高温气冷堆氦气透平循环技术方面也有不错的工作。例如，在国家 863 计划的支持下，完成了 HTR-10GT 计划，实现了氦气透平实验机组的设计、建造和实验工作；基于 HTR-10GT 的经验，又完成了商用高温气冷堆氦气透平循环电厂的设计和研究工作。

与 HTR-module 同一时代，美国提出了模块式棱柱状高温气冷堆 MHTGR-350。它采用六棱柱燃料组件，单堆热功率为 350MWt，电功率为 140MWe，发电效率为 40%。与模块式球床高温气冷堆一样，美国的棱柱状高温气冷堆也有氦气透平循环方案的设计——GT-MHR。它的单堆热功率为 600MWt，采用氦气透平直接循环方案。与德国一样，美国并未开展模块式棱柱状高温气冷堆的建造和实验工作。

继美国之后，棱柱状高温气冷堆技术在日本落地生根。日本设计并建成了 HTTR 实验堆，其热功率为 30MWt；它主攻高温气冷堆工艺热应用，实验堆主要验证了反应堆技术和中间换热器技术。需要指出的是，日本的棱柱状反应堆设计与美国的设计在燃料元件和燃料组件在设计上均不相同。基于 HTTR 实验堆的经验，日本近年来致力于 GTHTR-300 的发展。GTHTR-300 的单堆热功率为 300MWt，采用氦气透平直接循环发电技术。

3.1.4 超高温气冷反应堆

在 2000~2002 年第四代核能系统大讨论期间，模块式高温气冷堆经实验演示的固有安全性在全球范围内得到了广泛认可。以模块式高温气冷堆为起点，并将反应堆出口温度提高至 1000℃，形成了超高温气冷堆（very high temperature gas cooled reactor）概念，如图 1-15 所示。超高温气冷堆在反应堆结构以及系统布置上与模块式高温气冷堆基本相同，没有实质性的变化。1000℃的反应堆出口温度是超高温气冷堆区别于模块式高温气冷堆的一个显著标志。也就是说，超高温气冷堆是反应堆出口温度 1000℃及以上的模块式高温气冷堆。正如图 1-15 所示，由于反应堆出口温度达到了 1000℃，超高温气冷堆可用于制氢，这是超高温气冷堆独有的应用场景，也是提出超高温气冷堆的初衷之一。

2009 年，第四代核能系统国际论坛将超高温气冷堆的出口温度降低至 900℃。2014 年，在升级版的第四代核能系统路线图中，超高温气冷堆的表述进一步发生了变化：它是能提供核热和电力的一种石墨慢化、氦气冷却的热中子反应堆；反应堆出口温度为 700~950℃，并具备将来超过 1000℃的潜力。也就是说，反应堆出口温度为 700~950℃的模块式高温气冷堆作为超高温气冷堆的近期发展阶段，而 1000℃及以上作为超高温气冷堆的远期发展阶段。

按照第四代核能系统国际论坛的这一最新的表述，超高温气冷堆的含义已经拓展并涵盖了模块式高温气冷堆；历史上的这两个概念需要合二为一。为了与各历史阶段的资料表述相协调，本书将反应堆出口温度 1000℃及以上的模块式高温气冷堆仍称为超高温气冷堆，是狭义的超高温气冷堆。反应堆出口温度为 700~1000℃的模块式高温气冷堆仍称为模块式高温气冷堆，是狭义的模块式高温气冷堆。反应堆出口温度 700℃及以上的模块式高温气冷堆称为广义的超高温气冷堆。随着我国高温气冷堆示范电厂 HTR-PM 的建成，广义的超高温气冷堆已处于商用堆示范阶段，它已成为第一个实现商业运行的第四代核反应堆。

3.2 模块式高温气冷反应堆

正如 3.1 节所述，区别于早期的高温气冷堆，模块式高温气冷堆的主要技术特征是高出口温度、小型化、模块式与固有安全性。本节分别主要以我国的 HTR-PM 和美国的 GT-MHR 为例介绍模块式球床高温气冷堆与棱柱状高温气冷堆。

3.2.1 球床高温气冷反应堆

1. HTR-PM

我国的高温气冷堆核电站示范工程 HTR-PM 是世界上唯一一个进入商用运行的模块式高温气冷堆。它是在我国前期球床实验高温堆 HTR-10 基础上发展起来的模块式球床高温堆。HTR-PM 山东石岛湾 1 号反应堆已经完成建造工作，于 2021 年 12 月并网发电。HTR-PM 采用朗肯循环发电技术，因而与压水堆核电厂一样，整个核动力装置包含一回路系统和二回路系统。其中，HTR-PM 一回路系统的三维布置如图 3-3 所示，其主要的技术参数如表 3-2 所示。如图 3-3 所示，从外形上来说，HTR-PM 的一回路系统主要由反应堆、蒸汽发生器、热气导管和氦风机组成。其中，氦风机位于蒸汽发生器压力容器的顶部。反应堆压力容器和蒸汽发生器压力容器采用"肩并肩"式布置，但蒸汽发生器压力容器的位置比反应堆压力容器更低。这是为了防止蒸汽发生器传热管破裂后二回路冷却剂直接进入反应堆压力容器。

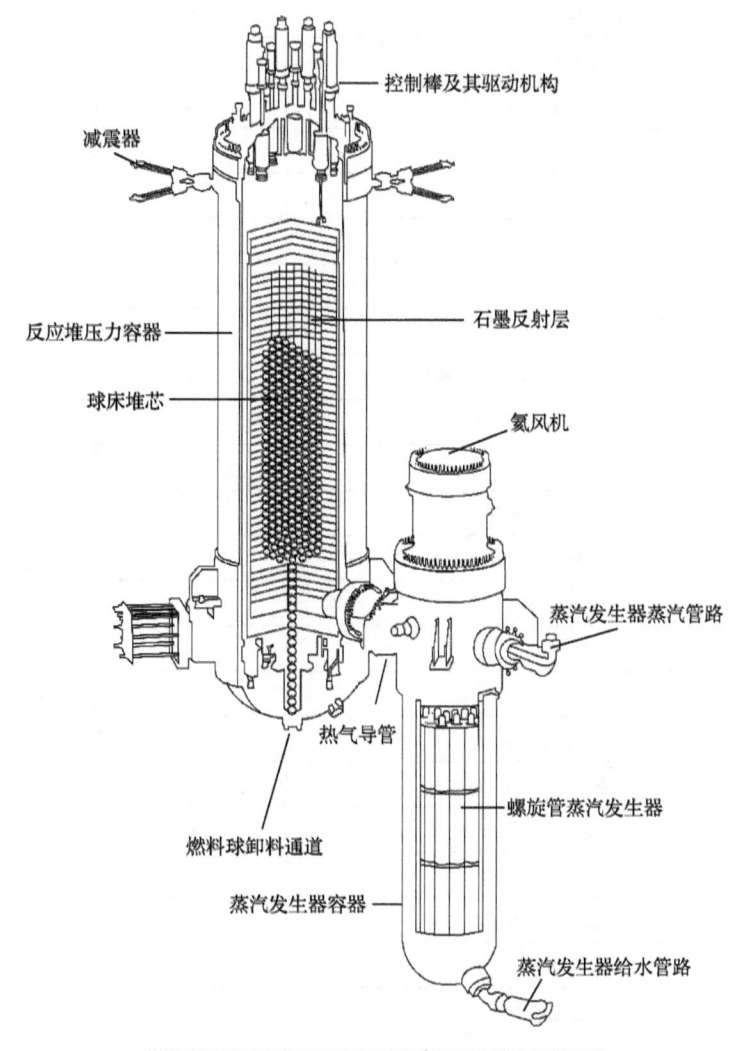

图 3-3 HTR-PM 一回路系统三维布置示意图

表 3-2 HTR-PM 的主要技术参数

序号	参数	单位	数值
1	热功率	MW	250
2	功率密度	MW/m^3	3.2
3	反应堆压力容器总高	m	25.2
4	反应堆压力容器外径	m	6.7
5	堆芯直径	m	3.1
6	堆芯高度	m	11
7	冷却剂	—	氦气
8	反应堆入口温度	℃	250

续表

序号	参数	单位	数值
9	反应堆出口温度	℃	750
10	一回路氦气流量	kg/s	96
11	一回路压力	MPa	7.0
12	燃料富集度	%	8.5
13	燃耗	GWd/tU	90
14	燃料球直径	cm	6
15	燃料球最大/平均功率	kW	1.2/0.61
16	燃料及其形式	—	UO$_2$-TRISO 颗粒
17	每个燃料球内的 TRISO 颗粒数量	个	12000
18	TRISO 颗粒结构	—	UO$_2$/PyC/SiC/PyC
19	TRISO 颗粒几何尺寸	mm	500/92/39/35/40
20	TRISO 材料密度	kg/m^3	9.8/0.97/1.91/3.2/1.91
21	TRISO 破损率	—	<5×10^{-6}
22	控制棒材料	—	B$_4$C
23	控制棒数量	根	18
24	控制棒位置	—	侧反射层
25	蒸汽发生器类型	—	螺旋管直流式
26	蒸汽发生器螺旋管模块	个	19
27	螺旋管模块功率	MW	13.2
28	模块内传热管数量	根	35
29	二次侧给水压力/温度	MPa/℃	16/205
30	二次侧出口蒸汽压力/温度	MPa/℃	14/570
31	蒸汽流量	kg/s	~96
32	蒸汽发生器总传热面积	m^2	2380
33	蒸汽发生器模块高度	m	~8.75
34	蒸汽发生器模块直径	m	0.585
35	平均热流密度	kW/m^2	105

HTR-PM 的单堆热功率为 250MWt，球床堆芯高度和直径分别为 11m 和 3.1m，平均功率密度为 3.2MW/m^3。如图 3-4（a）所示，在径向上，反应堆的主要部件有球床堆芯、侧反射层、热屏蔽、堆芯吊篮和反应堆压力容器。在轴向上，反应堆的主要部件有控制棒驱动机构及控制棒、反应堆压力容器上封头、吸收球储球罐、盖板、顶部热屏蔽、顶部反射层、燃料球堆芯、底反射层、底部热屏蔽以及底部支撑结构、卸料导管和反应堆压力容器下封头等。除此之外，反应堆压力容器内还设置有燃料球转运管道、吸收球转运管道和固定销等附属管道和结构。

第 3 章 先进气冷反应堆

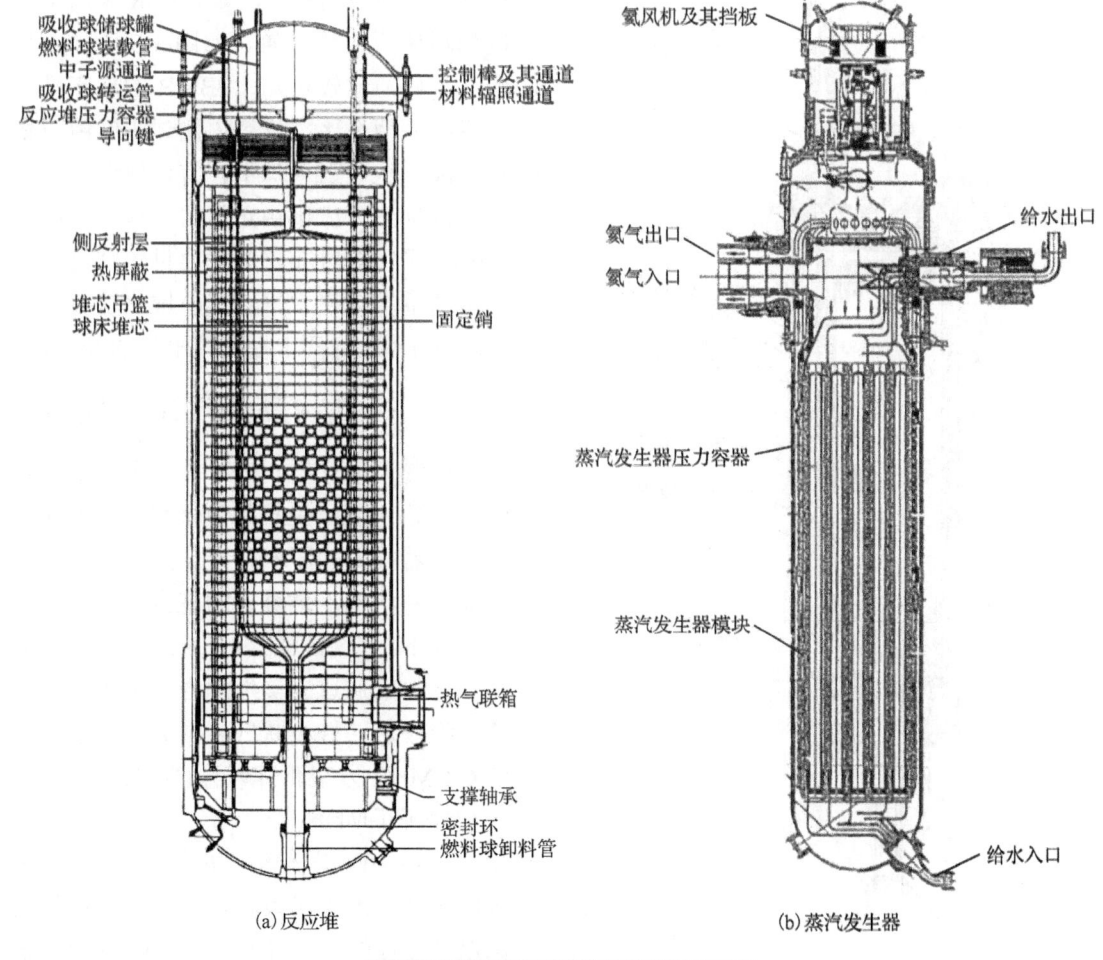

(a) 反应堆

(b) 蒸汽发生器

图 3-4 HTR-PM 反应堆与蒸汽发生器

HTR-PM 的蒸汽发生器属于小螺旋管直流式蒸汽发生器，如图 3-4（b）所示。一回路的高温氦气（750℃）自上而下流过螺旋传热管的外侧。二回路冷却剂（过冷水，205℃）从蒸汽发生器压力容器的下部接口进入螺旋管内侧，被一回路的高温氦气直接加热成过热蒸汽（570℃），并从蒸汽发生器压力容器的上部离开。被二回路冷却剂冷却后的氦气（250℃）在氦风机的推动下从热气导管外侧进入反应堆压力容器的环形下腔室。在反应堆压力容器的底部封头内，冷氦气改变流动方向后进入侧反射层的冷却剂孔道。冷氦气沿着冷却剂孔道自下而上流动，在侧反射层的上部从冷却剂孔道流出进入球床堆芯的顶部。冷氦气在球床堆芯顶部的空腔内再次改变流动方向，自上而下地流过由石墨燃料球组成的球床堆芯，并被加热到 750℃。高温的氦气穿过底部反射层进入热气联箱，回流后进入热气导管的内管。沿着热气管道，热氦气进入蒸汽发生器压力容器，并自上而下地流过螺旋传热管，将热量传递给二回路冷却剂。

2. PBMR

PBMR 是南非的模块式球床高温气冷堆，它具有球床高温堆的基本特征。例如，它采用 TRISO 颗粒、石墨基体的燃料球、全石墨堆芯等。然而，在反应堆技术上，PBMR 与 HTR-PM

存在一个明显的不同,即 PBMR 采用了双区的球床反应堆布置,如图 3-5 所示。与图 3-4(a)比较可知,PBMR 的球床堆芯分成内外两个区。堆芯内侧球床区由石墨球组成,这些石墨球不含有任何燃料。堆芯外侧环形球床区由正常的燃料球组成。PBMR 采用双区布置的主要目的是提高反应堆的单堆功率水平,其单堆热功率可达 400MWt,这有利于提高核电厂的经济性。

3.2.2 棱柱状高温气冷反应堆

从费米堆开始,气冷堆就采用了柱状结构,因为块状是石墨慢化剂最简单的形式。随着技术的不断发展,六棱柱燃料柱已成为柱状气冷堆堆芯的基本结构。在这一形式下,燃料柱能与三角形排列的燃料棒和冷却剂通道完美地配合,进入高温气冷堆阶段后,棱柱状气冷堆又演化出美国的 GT-MHR 方案和日本的 HTTR 方案。

1. GT-MHR

GT-MHR 是美国模块式柱状高温气冷堆的一个标准参考设计,也成为棱柱状超高温气冷堆的设计母型,如图 3-6 所示。它源于美国 20 世纪 80 年的模块式柱状高温堆概念。在 20 世纪 90 年代,美国和俄罗斯签署了高温气冷堆直接氦气透平循环合作计划,主要用于武器级钚的处置,得到了美国国会和能源部的支持。

图 3-7 显示了 GT-MHT 反应堆的基本结构。由图 3-7(a)可知,从内到外,整个反应堆包括内侧反射层、环形燃料区、外侧发射层、吊篮、环形腔室和反应堆压力容器;从下到上,堆芯包括底反射层、中间燃料区和顶反射层等。在径向上,环形燃料区包含 3 圈燃料柱,共 102 个燃料柱。在轴向上,环形燃料区包含 10 层燃料柱。整个堆芯共有 1020 个六棱燃料柱。

如图 3-7(b)所示,对于任意一个燃料柱,包含 210 个燃料通道,采用三角形排列,其直径为 1.27cm。每一个燃料孔道中放置 10~11 个如图 3-1 所示的圆柱形燃料芯块。燃料柱还包含 102 个直径为 1.588cm 的冷却剂孔道和 6 个直径为 1.27cm 的冷却剂孔道;氦气自上而下流过这些冷却剂孔道。在六棱柱的 6 个角上,还布置有 6 个可燃毒物孔道,用于放置固体可燃毒物棒。整个燃料柱的高度为 80cm,六边形的对边距为 36cm。

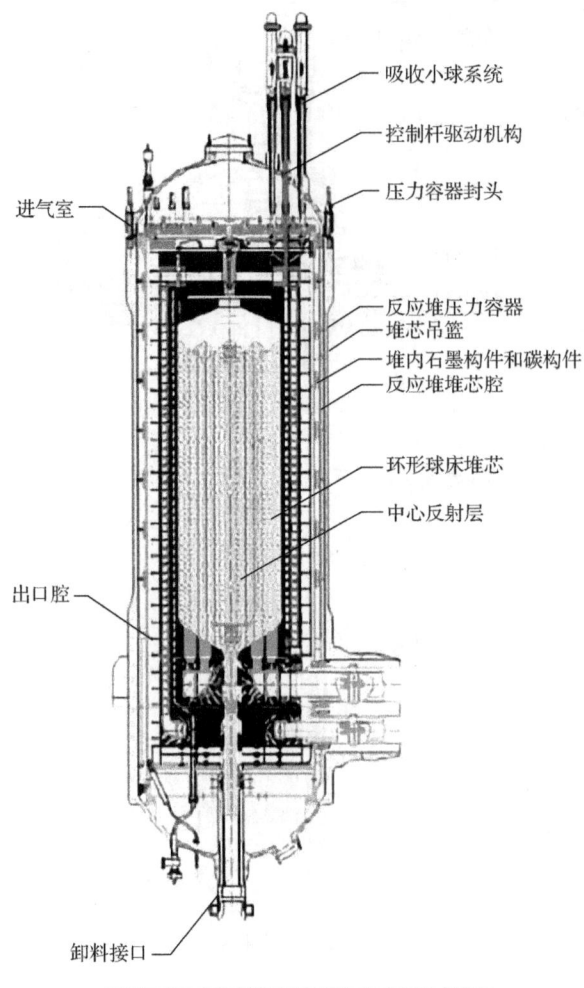

图 3-5 PBMR 反应堆本体结构示意图

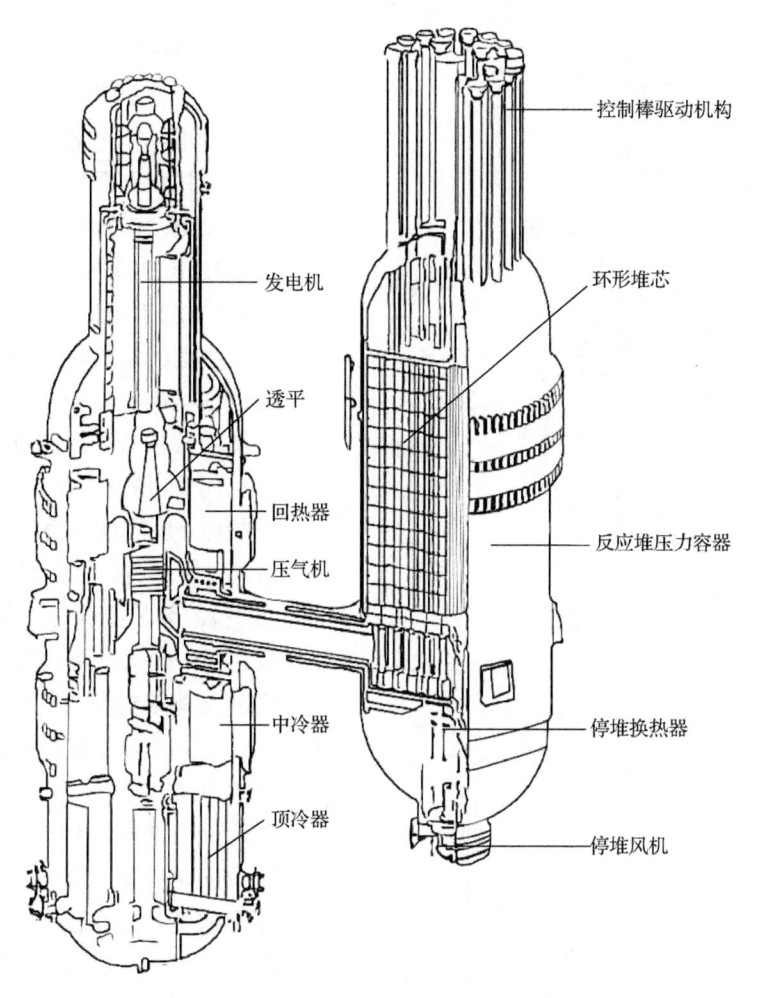

图 3-6　模块式棱柱状高温气冷堆 GT-MHR

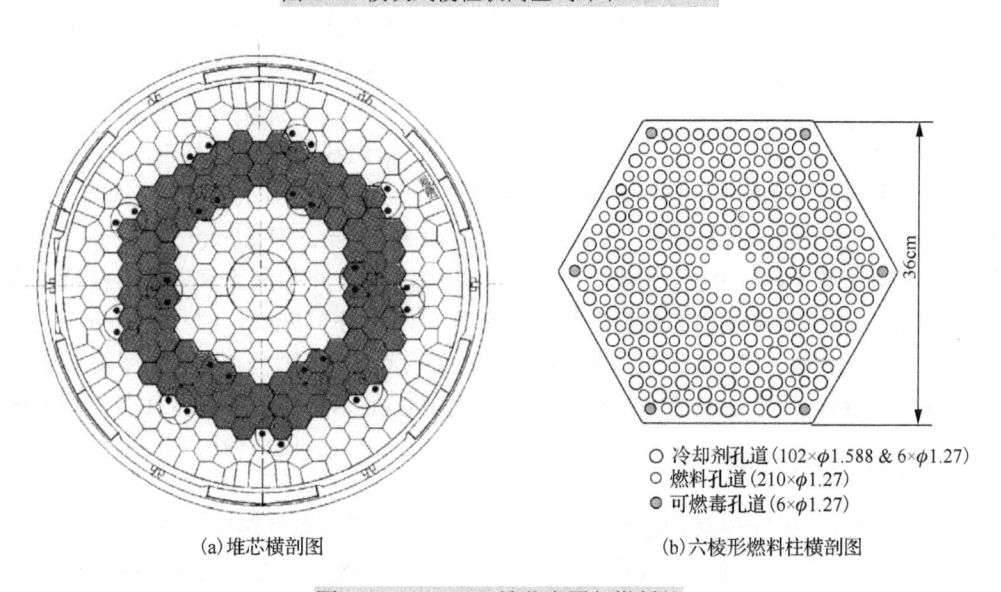

(a) 堆芯横剖图　　(b) 六棱形燃料柱横剖图

○ 冷却剂孔道(102×φ1.588 & 6×φ1.27)
○ 燃料孔道(210×φ1.27)
● 可燃毒孔道(6×φ1.27)

图 3-7　GT-MHR 堆芯布置与燃料柱

2. HTTR

日本自20世纪80年代开始关注高温气冷堆技术，通过 HTTR 实验堆掌握了棱柱状高温气冷堆技术，目前正在发展高温气冷堆氦气透平直接循环（GT-HTR300）技术。HTTR 的反应堆本体的结构如图 3-8（a）所示，它是一个小型的实验堆，主要用于验证日本的棱柱状高温堆相关的技术。HTTR 的石墨堆芯被置于反应堆压力容器之内。自上而下，依次是控制棒驱动机构及其控制棒、反应堆压力容器上封头、顶反射层、燃料柱、侧反射层（更换型和永久型）、堆芯围板与径向限位机构、底反射层、热气联箱、热屏蔽层、底板及底部支撑结构和氦气进出口管路等。

与其他高温堆不同的是，HTTR 的冷氦气通过套管式热气导管环形腔室进入反应堆压力容器底封头。冷氦气沿着反应堆压力容器与堆芯围板之间的环形通道自下而上流入反应堆压力容器上封头。氦气在上封头转向后自上而下流过顶反射层、堆芯和底发射层。热氦气在热气联箱中汇集后进入热气导管的内管，并离开反应堆压力容器。

日本提出并验证了一种不同的石墨燃料柱设计，并通过了 HTTR 实验堆的考验，如图 3-8（b）所示，它与典型的棱柱状高温堆（如 GT-MHR）技术差异较大。HTTR 的燃料柱设计仍然采用六棱柱结构，六边形的对边距为 36cm，高 58cm。六棱柱石墨基体设置了 33 个燃料棒通道，每个燃料棒通道中放置 1 根燃料棒。冷却剂氦气沿着燃料棒外侧纵向流过燃料棒，带走燃料棒发出的热量。每个燃料棒的长度为 577mm，直径为 34mm。燃料棒采用管状石墨做包壳，外侧设有 3 层支撑结构，内部含有 14 个燃料芯块。为了降低燃料芯块的中心温度，燃料芯块是中空的环形结构，内径为 10mm，外径为 26mm，长度为 39mm。

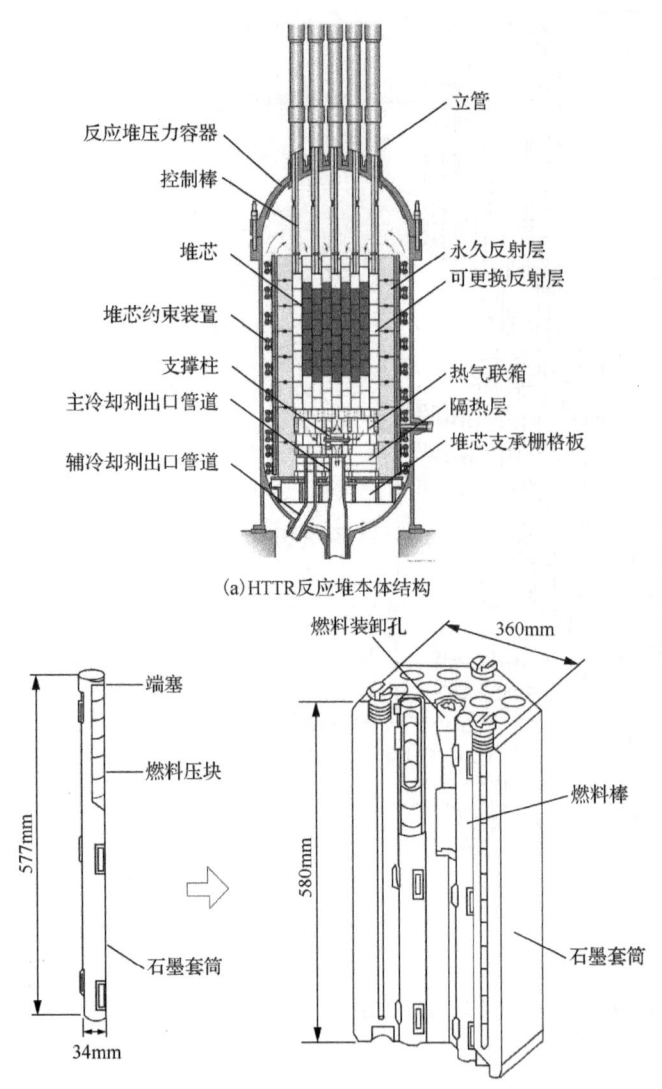

图 3-8 HTTR 设计的基本结构

3.2.3 动力循环方式

按照目前的主流设计理念，模块式高温气冷堆出口的高温氦气温度为 700～850℃。而且，由于反应堆出口的温度远远高于其他类型的反应堆，如压水堆，因而模块式高温气冷堆无论采用何种热力循环，其热效率都远高于其他类型的反应堆。正是由于反应堆出口氦气的温度很高，所以对于模块式高温气冷堆来说，其动力循环的方式比较灵活，既可以采用最普遍的朗肯循环，也可以采用布雷顿循环和联合循环。

1. 朗肯循环

朗肯循环是大部分核电厂最常采用的动力循环方式。从动力循环的分类来看，它通常被布置成间接循环方式，即整个核动力装置分为一回路系统和二回路系统，而实现热力循环发电的二回路系统冷却剂并不流经反应堆。我国商用高温气冷堆 HTR-PM 采用了这种成熟的朗肯循环技术，其流程示意图如图 3-9 所示。整个 HTR-PM 核电站由两个反应堆模块组成，每个反应堆模块配置一个蒸汽发生器模块。两个蒸汽发生器联合向一台汽轮机组提供 13.24MPa、566℃的过热新蒸汽。整个汽轮机组由高压缸和低压缸组成，并由它们带动发电机发电。

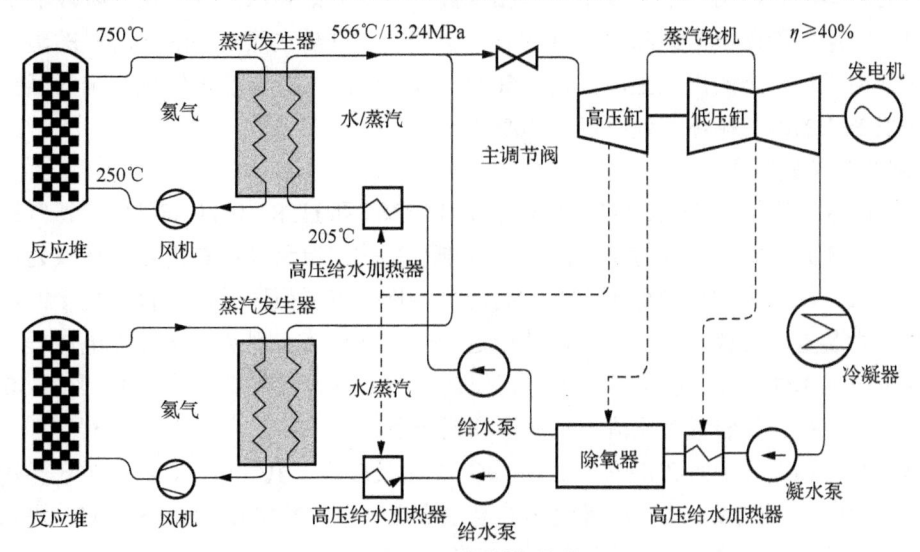

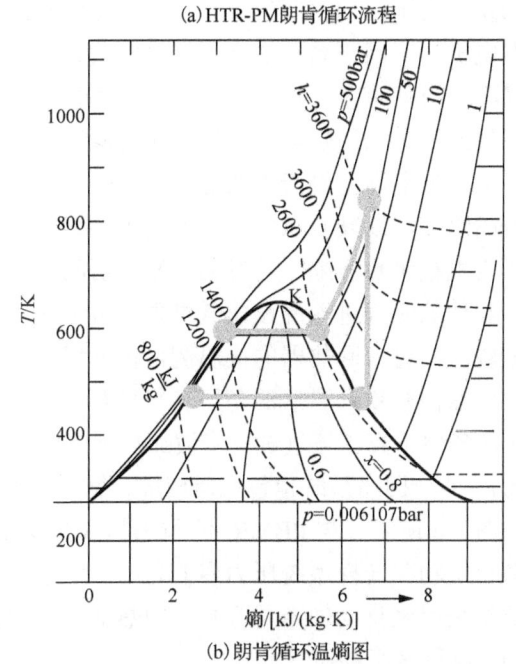

(a) HTR-PM朗肯循环流程

(b) 朗肯循环温熵图

图 3-9 典型朗肯循环的流程图与温熵图

从蒸汽发生器流出的过热新蒸汽最先进入汽轮机组的高压缸，在高压缸中绝热膨胀做功后进入汽轮机组的低压缸继续绝热膨胀做功，如图 3-9（b）所示。在汽轮机中做完功后乏汽排入冷凝器，并在冷凝器中等温放热后被冷凝成水。凝水被凝水泵从冷凝器中抽出，并在凝水泵中绝热加压后进入低压加热器。凝水在低压加热器中通过低压缸中的抽气加热，这可以提高朗肯循环的效率。在低压加热器加热后的水进入除氧器，在除氧器中，通过从高压缸抽出的蒸汽加热除氧器中的水以达到除氧的目的。除氧后的水被两台独立的给水泵抽取分别送入两台高压加热器，被从高压缸中抽出的蒸汽进一步加热至 205℃。

通过高压加热器加热后，205℃的水分别进入螺旋管直流式蒸汽发生器分两个阶段被加热为 566℃的新蒸汽。在第一个阶段中，单相水被加热变成饱和水蒸气，这一阶段的水近似于等温吸热。在第二阶段中，饱和水蒸气被进一步加热至过热水蒸气，这一阶段的蒸汽近似于等压吸热。由于反应堆的出口温度高达 750℃，因而新蒸汽的温度也较压水堆的蒸汽温度高不少，HTR-PM 的朗肯循环的效率可达 40%以上。

2．闭式布雷顿循环

模块式高温气冷堆 PBMR、GT-MHR、GT-HTR300 和 HTR-10GT 均采用了氦气透平直接循环方案，即闭式布雷顿循环方案。高温气冷堆较高的出口温度使布雷顿循环成为其理想的动力循环方式。从动力循环的分类来看，高温气冷堆布雷顿循环通常布置成直接循环方式，即整个核动力装置只有核反应堆系统，并通过一个回路直接实现热力循环发电过程。上述四个设计在反应堆本体设计上有很大的差异，但是动力循环的布置却几乎一样。图 3-10 显示的是典型的布雷顿循环的装置布置流程示意图和温熵图。

典型的布雷顿循环（如 PBMR、HTR-10GT）由反应堆、氦气透平、回热器、预冷器、高低压压气机和中冷器组成。从反应堆流出的高温高压氦气（7MPa，750～900℃）进入氦气透平，氦气通过绝热膨胀推动氦气透平做功。氦气透平与氦气压气机由一个轴连接，并在同一个轴连接有齿轮变速箱和发电机，一回路系统的高温氦气推动氦气透平做功，直接推动压力机压缩氦气提供一回路氦气流动的驱动力，同时推动发电机发电。

做完功后，氦气离开氦气透平进入回热器高温侧，在近似等压的条件下放出热量，加热回热器低温侧的低温氦气。从回热器高温侧流出的氦气进入预冷器，在近似等压的条件下放出热量，进一步降低其自身的温度，以减少氦气在压气机中压缩耗功。经过预冷器冷却后，低温低压的氦气进入低压压气机被绝热压缩。经过初步压缩后的氦气从低压压气机流出，并进入中冷器。经过中冷器冷却后的氦气进入高压压气机再次被绝热压缩成高压氦气。从高压压气机流出的高压氦气温度较低，进入回热器的低温侧，在近似等压的条件下吸收来自回热器高温侧氦气的热量。经过回热器初步升温后的高压氦气离开回热器，进入球床反应堆。在球床反应堆中，在近似等压的条件下高压氦气进一步被加热，出口温度可到 900℃。

与 PBMR 一样，GT-MHR 的一回路系统也包括反应堆、氦气透平、回热器、预冷器、高低压压气机和中冷器等，如图 3-6 所示。与 PBMR 不同的是，GT-MHR 的反应堆位于反应堆压力容器之中，而其他设备位于功率转换系统压力容器之中；两个压力容器采用热气导管连接在一起。氦气透平压气机组采用竖直同轴布置方式，回热器、预冷器和中冷器紧密地布置在转轴的周围，整个系统的紧凑程度很高。

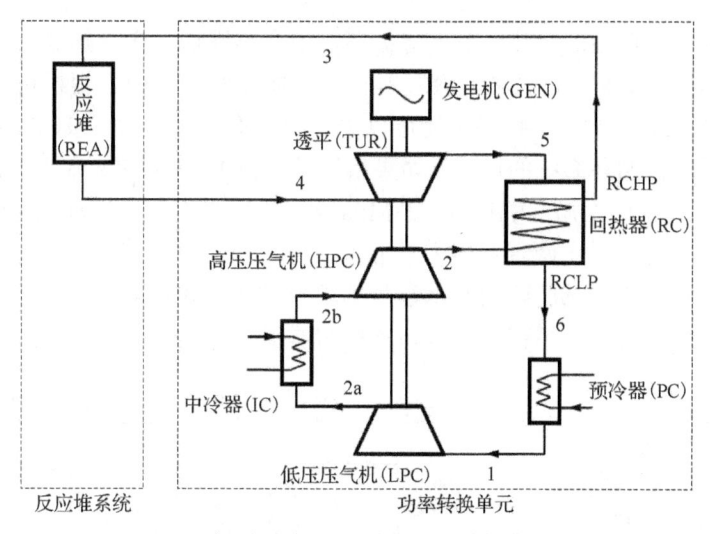

(a) 高温气冷堆氦气透平直接循环流程示意图

(b) 高温气冷堆氦气透平直接循环温熵图

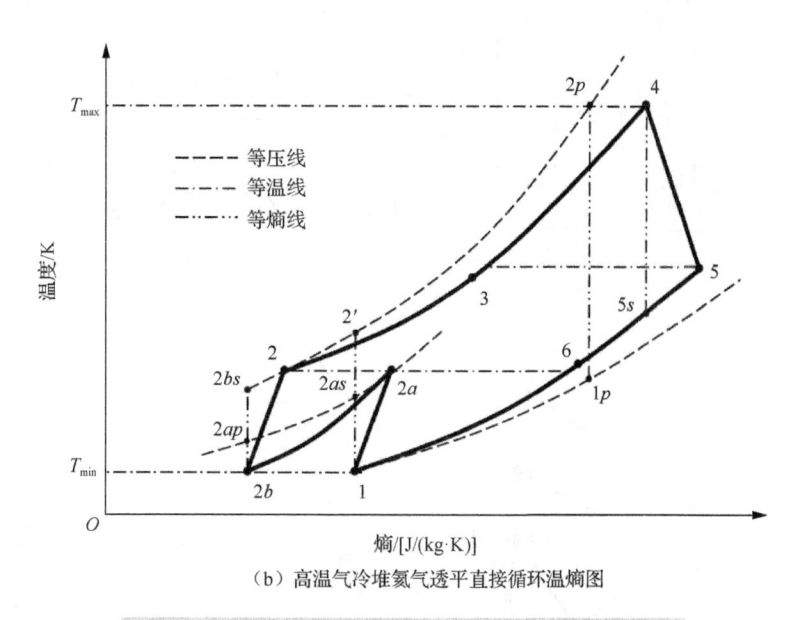

图 3-10 典型的高温堆布雷顿循环系统流程及其温熵图

3. 联合循环

对于高温气冷堆来说，在氦气透平直接循环的基础上，它还可以通过采用联合循环进一步提高整个系统的循环热效率。图 3-11 所示是典型的高温气冷堆联合循环流程图及其温熵图。高温气冷堆联合循环由上位循环和下位循环组成。

上位循环是一个简单的布雷顿循环，由反应堆、氦气透平、余热锅炉和压气机组成。高温高压（7MPa，750～900℃）的氦气从反应堆流出后，直接进入氦气透平绝热膨胀做功，同时推动发电机发电和压气机压缩低温低压的氦气。从氦气透平排出的氦气进入余热锅炉，在近似等压的条件下，加热下位循环的水，将其加热至过热蒸汽状态。从余热锅炉流出的氦气直接进入压气机并被绝热压缩至高压状态（7MPa）。从压气机流出的高压氦气进入反应堆，在近似等压的条件下被加热至高温状态（750～900℃），并再次进入氦气透平。

下位循环是一个典型的再热回热朗肯循环，由余热锅炉（含再热器）、汽轮机组（高压、中压和低压缸）、冷凝器、凝水泵、除氧器、给水加热器等组成。根据运行参数的不同，由图 3-11（b）和（c）可知，下位循环还可以选择为亚临界朗肯循环或超临界朗肯循环。两者的主要差别在于下位循环系统的压力；如果系统压力在 16～20MPa 水平上，那么下位循环为亚临界朗肯循环；如果系统压力在 24～28MPa 水平上，那么下位循环为超临界朗肯循环。从两者的温熵图中还可以看出两者在热力学上的一点差异。对于亚临界朗肯循环，水的加热过程要经历气液两相的饱和沸腾阶段和水蒸气的单相过热阶段；对于超临界朗肯循环，水直接被加压到了临界压力之上，不存在两相和单相的差别。

(a) 流程示意图

(b) 下位循环亚临界朗肯循环的温熵图

(c) 下位循环超临界朗肯循环的温熵图

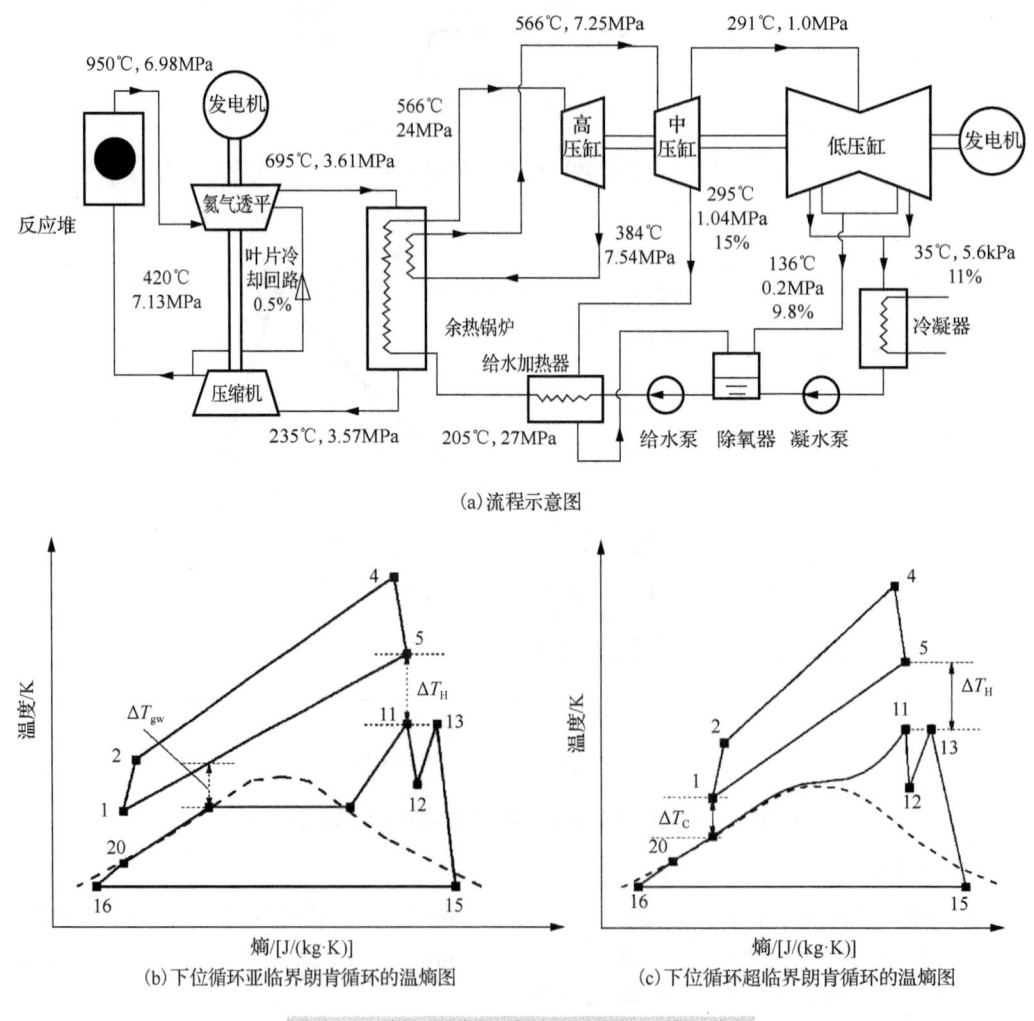

图 3-11 高温气冷堆联合循环流程及其温熵图

图 3-11（a）所示的是一个典型联合循环的参数。当高温气冷堆的出口温度为 950℃时，采用简单布雷顿循环的上位循环的热效率可达 12.8%，下位循环的系统压力为 24MPa，因而它是超临界朗肯循环，而且是再热回热朗肯循环。下位循环的热效率达到 45.6%，而整个联合循环的总热效率为 52.6%。超临界朗肯循环的效率通常比亚临界朗肯循环的效率高出 2%～4%。

比较图 3-11（a）与 3-9（a）的朗肯循环流程图可知，HTR-PM 的朗肯循环并未采用再热过程。这虽然会在一定程度上降低 HTR-PM 朗肯循环的热效率，但是 HTR-PM 作为世界上第一个模块式高温气冷堆商用电厂，牺牲一些效率以简化系统布置，是合理的设计考虑。

3.3 超高温气冷反应堆

3.3.1 技术目标与突破方向

作为广义的超高温气冷堆的远期目标，（狭义的）超高温气冷堆比（狭义的）模块式高温气冷堆具有更高的技术要求。反应堆出口温度超过 1000℃是其最显著的技术目标。除了反应堆出口温度之外，最新的路线图上还要求超高温气冷堆燃料的燃耗达到 150~200GWd/tHM。第三个关键性的指标是在事故条件下反应堆燃料的温度可以达到 1800℃的水平。为了实现这些技术目标，超高温气冷堆在材料的选择上需要做出相应的调整，并仍然需要大力的研发工作。

最重要的技术改进是多层包覆 TRISO 燃料颗粒本身。基于目前模块式高温气冷堆成熟的技术，TRISO 颗粒的四层包覆材料中最重要的一层是 SiC，它允许 TRISO 颗粒能够在 1600℃的环境下长时间工作而防止放射性物质泄漏。在更深燃耗（200GWd/tHM）下、更高温度（1600~1800℃）下考验目前的成熟技术（SiC-TRISO 颗粒）是一项新的挑战。第二个可能突破的方向是开发新的包覆材料。潜在的能够代替 SiC 的包覆材料是 ZrC。ZrC-TRISO 颗粒比 SiC-TRISO 颗粒表现出更强的抗化学反应堆的能力，因而前者更加稳定。ZrC-TRISO 颗粒允许超高温气冷堆运行在 1000℃以上的条件下，而且允许超高温气冷堆提高功率密度和总功率。这是困扰模块式高温气冷堆的主要技术障碍。然而，ZrC-TRISO 颗粒技术目前尚不成熟，需要大量辐照等实验检验其稳定性。第三个可能突破的方向是将 UO_2 燃料替换为 UCO 燃料。一些初步的研究表明 UCO-SiC-TRISO 体系有可能运行在超高温气冷堆期望的温度条件下。

为了适应 1000℃的高出口温度，控制棒的包壳材料也需要进行调整，尤其是棱柱状的超高温气冷堆。棱柱状堆与球床堆不同，前者的控制棒需要布置在整个反应堆堆芯内，而后者仅仅需要将控制棒布置在侧反射层中。在高温工业领域，纤维强化的陶瓷、烧结的 α 相 SiC，氧化物复合陶瓷和其他复合材料能够满足控制棒包壳对耐高温性能的需要。目前主要围绕 C/C 和 SiC/SiC 复合材料开展相关的研究工作，尤其是这些材料的辐照稳定性。

耐高温的反应堆压力容器、堆内构件、换热器、阀门等材料也是超高温气冷堆面临的挑战。随着反应堆出口温度的提高，反应堆压力容器本身也需要承受更高的温度，轻水反应堆压力容器的材料（A508、A333）有望用在超高温气冷堆上，但是需要调整 ASME 压力容器的一些规范。换热器面临比压力容器更加大的挑战，尤其是蒸汽发生器或者中间热交换器，因为它们需要直接接触 1000℃的高温氦气。Alloy 800H 和 Alloy 617 有望突破至 850~950℃。除了高温，氢脆也是这些材料需要面临的问题。超高温气冷堆的堆内构件主要是核级石墨，进一步提高核级石墨的性能，尤其是辐照性能、抗氧化性能和强度性能。

3.3.2 超高温气冷反应堆制氢

广义的超高温气冷反应堆在反应堆出口温度为 750~850℃时，发电是一种适用的能量利用方式。随着反应堆出口温度提高至 1000℃，超高温气冷反应堆产生的热量能够用于其他的用途，如工艺热、制氢等，如图 3-12 所示。在我国 2030 温气冷年"碳达峰"和 2060 年"碳中和"目标提出之后，除了提供电力之外，核能应该与其他工业领域进行更加深度的融合，超高温气冷堆的固有安全性以及高温热源是其天然的优势所在。

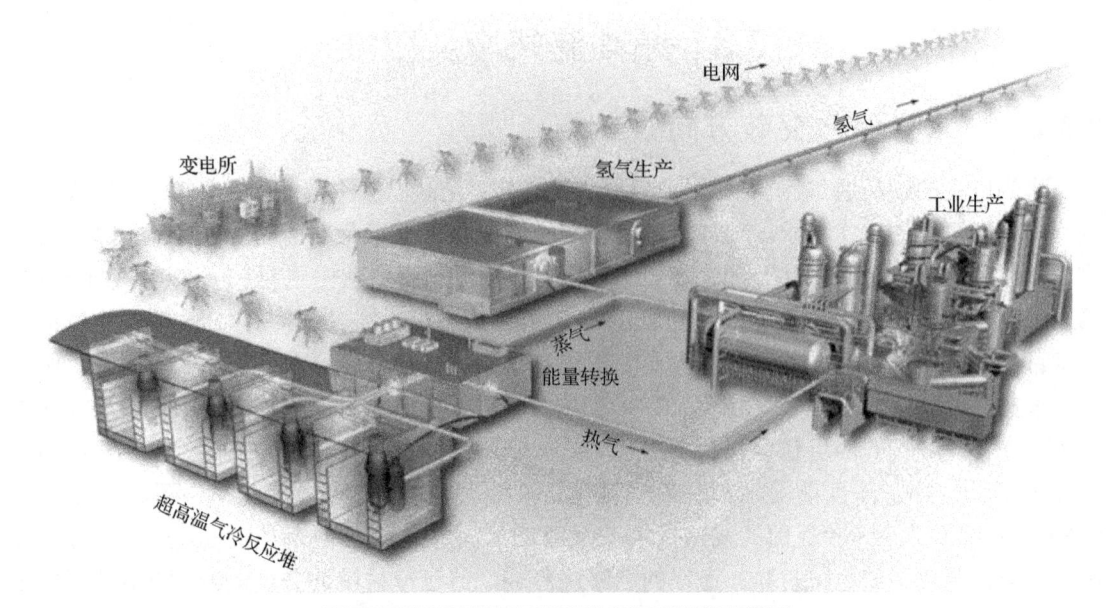

图 3-12 超高温气冷反应堆的应用场景设想图

利用超高温气冷堆提供高温热源制氢是其能源利用的主要目标之一，也是超高温气冷堆在第四代核能系统中最不可替代的一个地位。氢气是一种清洁能源，热值高，燃烧后无二氧化碳产生，而且存储与运输形式多样，在清洁燃烧、氢燃料电池等方面有良好的应用前景，在世界范围内引起广泛重视。氢气生产存在各种方法。从理论上来说，当水直接加热到 2000℃以上的高温时，部分水或水蒸气可以直接离解为氢和氧。除了水，汽油、柴油、甲烷、氨气、硫化氢等均可被用于制氢。然而，从控制碳排放的角度来说，最合适的核能制氢方式是高温电解水蒸气和热化学水解方式。

1. 热化学制氢

热化学水解制氢是指一组相互关联的化学反应构成一封闭循环系统，通过向该系统投入水和热量来产出氢气和氧气，而其他参与制氢过程的化合物均不消耗。热化学水解制氢的优点在于能耗低、独立产生氢气和氧气，而非氢气和氧气的混合气体，便于实现工业化、总效率高等。迄今为止，各类文献提出了上百种热化学制氢循环，其中，比较著名的有美国 GA 公司提出的碘硫循环和日本东京大学提出的 UT-3 循环。

根据所使用的化学品的不同，热化学制氢可分为氧化物体系、卤化物体系、含硫体系和杂化体系。不同的体系采用不同的化学品制氢。例如，最简单的氧化物体系是先利用金属氧化物（MeO）与水反应生成氢气和 Me_3O_4，然后分解 Me_3O_4 成 MeO 和氧气，从而实现循环过程。

UT-3 循环属于卤化物体系，它包括如下 4 个反应。

（1）水分解反应（固-气吸热反应）：

$$CaBr_2 + H_2O \longrightarrow CaO + 2HBr \quad （反应温度 750℃）$$

（2）氧气生成反应（固-气反应）：

$$CaO + Br_2 \longrightarrow CaBr_2 + 1/2 O_2 \quad （反应温度 600℃）$$

（3）Br_2 生成反应：

$$Fe_3O_4 + 8HBr \longrightarrow 3FeBr_2 + 4H_2O + Br_2 \quad （反应温度 300℃）$$

（4）氢气生成反应：

$$3FeBr_2 + 4H_2O \longrightarrow Fe_3O_4 + 6HBr + H_2 \quad （反应温度 650℃）$$

著名的碘硫循环属于含硫体系，它是由美国 GE 公司在 20 世纪 70 年代发明的，也是目前研究最充分的方法。碘硫循环包含本生反应、硫酸分解反应和氢碘酸分解反应这 3 个化学反应。

（1）本生反应：

$$2H_2O + I_2 + SO_2 \longrightarrow H_2SO_4 + 2HI \quad (20\sim120℃)$$

（2）硫酸分解反应：

$$H_2SO_4 \longrightarrow H_2O + SO_2 + 1/2 O_2 \quad (800\sim900℃)$$

（3）氢碘酸分解反应：

$$2HI \longrightarrow I_2 + H_2 \quad (350\sim500℃)$$

以超高温气冷堆高温作为热源，这三个化学反应可构成如图 3-13 所示的循环过程。利用核反应堆提供的 900℃ 高温，H_2SO_4 分解为 SO_2、H_2O 和 O_2。利用核反应堆同时提供 400℃ 的高温，HI 分解为 I_2 和 H_2。H_2SO_4 分解产生的 SO_2、H_2O 和 HI 分解产生的 I_2 再合成 HI 和 H_2SO_4。H_2SO_4 的分解与合成部分称为硫循环，HI 的分解与合成部分称为碘循环，合称碘硫循环。

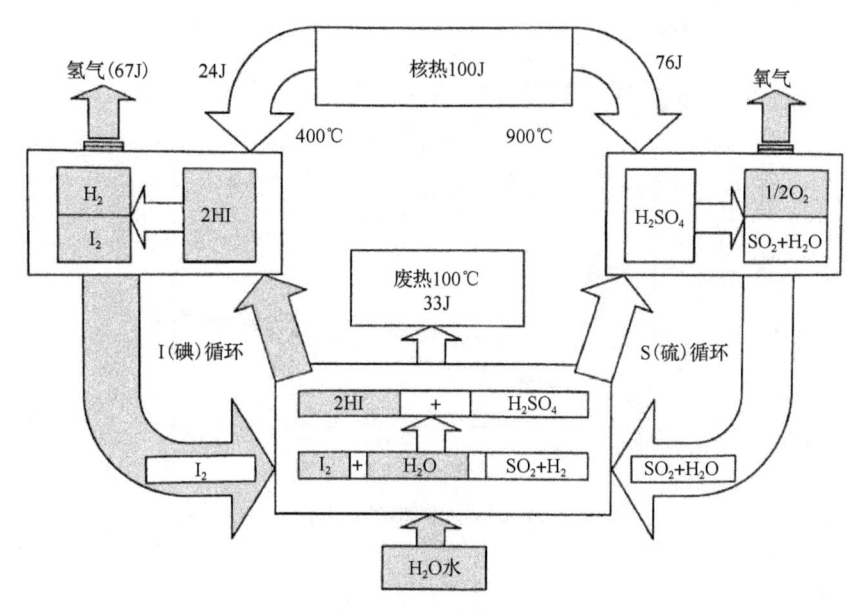

图 3-13 碘硫循环示意图

碘硫循环的主要优点是循环中的化学反应都经过不同规模的验证，可以连续操作。整个循环是闭路循环，整个反应过程只需要加入水，其他物料均可实现循环使用，除了氢气和氧气，没有其他的流出物，更不会产生 CO_2。碘硫循环的效率较高，约为 52%。如果联合循环（氢电联产），那么整个系统的效率可达 60%，而且，随着反应堆温度的升高，效率可进一步提高。

2. 高温电解水蒸气制氢

电解水制氢是一种常见的制氢方法，也是一种不会产生 CO_2 的制氢方法。传统的电解水制氢是采用电解槽电解常温单相水来制氢的。传统方法的最大不足在于电解效率相对较低，目前的技术维持在 25%~30% 的水平上。当采用高温水蒸气时，首先，高温有利于阳离子的扩散，电解过程所需的电能消耗明显下降。传统的电解池产生一立方氢气所需消耗的电能是 4.5kWh；在 900℃ 时消耗的电能为 3kWh。而且，随着温度的升高，消耗的电能占总消耗能量的比值从 100℃ 时的 93% 降低至 1000℃ 的 70%。其次，高温易于克服电极表面反应的活化能能垒，提高制氢效率。例如，传统的电解水制氢的效率较低，而高温电解水蒸气制氢的效率可达 45%~55%。再次，随着温度的升高，电解所需的电势会不断降低，当温度为 1000℃ 时，电解电势仅为 0.9V，如图 3-14（a）所示。

与传统的电解水制氢相比，高温电解水蒸气需要消耗一定的热能用于产生高温水蒸气。而且，随着水蒸气温度的升高，热能的消耗会随之增加，如图 3-14（a）所示。这致使电解高温水蒸气的总消耗能量随着水蒸气温度的升高而升高。如果采用常规的能量形式来提供高温水蒸气，这一点会抵消采用高温水蒸气的动力。然而，如果采用超高温气冷堆作为高温电解水蒸气制氢，它可以同时提供高温水蒸气和所需的电能，这大大增加了高温电解水蒸气的吸引力。如图 3-14（b）所示是高温电解水蒸气电解池的示意图。

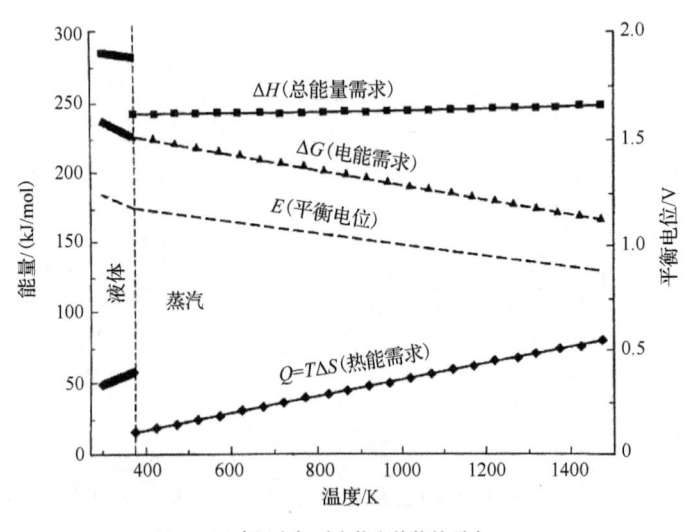

(a) 高温电解对电能和热能的需求

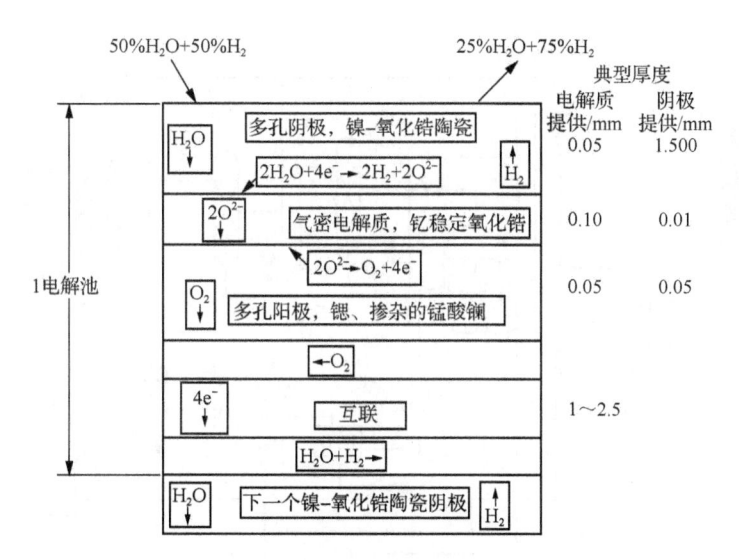

(b) 高温电解池结构示意图

图 3-14 高温电解水蒸气示意图

虽然高温电解蒸汽制氢和传统电解水制氢均采用固体氧化物电解槽（SOEC）技术，但两者的电解槽技术存在明显的不同。对于传统的电解水制氢来说，固体电解质是固体聚合物电解质（SPE），它通常是通过将磺酸基团结合到聚四氟乙烯上得到的。阴极材料是碳载铂，而阳极材料是 Ir、Pt、Pd 等合金或氧化物。对于高温电解水蒸气，电解槽的阳极常采用贵金属及其合金，或者钙钛矿结构的混合氧化物。如图 3-14（b）所示，阳极采用喷雾烧结的多孔介质，锶掺杂的锰酸镧。电解槽的阴极常采用镍-氧化锆金属陶瓷。多孔镍电极采用喷雾烧结工艺来制造。电解槽的电解质是气密性的氧化钇、氧化锆的混合氧化物。其中，10%的氧化钇作为稳定剂。

3.3.3 超高温气冷反应堆氢电联产

正如第 3.3.2 节所述，氢电联产可进一步提高系统的效率。而且，氢电联产可以同时产氢和发电，生产不同类型的清洁能源。图 3-15 所示是一个典型的氢电联产装置的流程示意图。超高温气冷堆发出的热量分别通过中间热交换器与蒸汽发生器将热量分别传递给利用碘硫循环制氢的回路和利用朗肯循环发电的回路。由于碘硫循环的硫酸分解和氢碘酸分解分别需要 900℃ 和 400℃ 的高温，因此超高温气冷堆产生的高温气体首先通过中间换热器给制氢回路提供能量。从中间换热器流出的 400℃ 以上高温氦气通过蒸汽发生器仍然能够产生与目前压水堆核电厂同量级的高温蒸汽，因而氢电联产系统中的发电回路采用朗肯循环，它的发电效率可与目前压水堆的核电厂在同一水平上。

对于制氢回路，由于碘硫循环中的硫酸分解通过中间换热器获得的热量先后串联用于硫酸分解和氢碘酸分解，实现能量的梯级利用。而且，为了实现能量的高效利用，对于碘硫循环中的硫酸和氢碘酸的纯化过程、硫酸和氢碘酸的浓缩过程，它们所需要的热量从朗肯循环的汽轮机中抽取蒸汽。这样的流程布置实现了能量更高效的利用，但是耦合了制氢回路和发电回路，使系统的流程和实际运行产生联系，略显复杂。

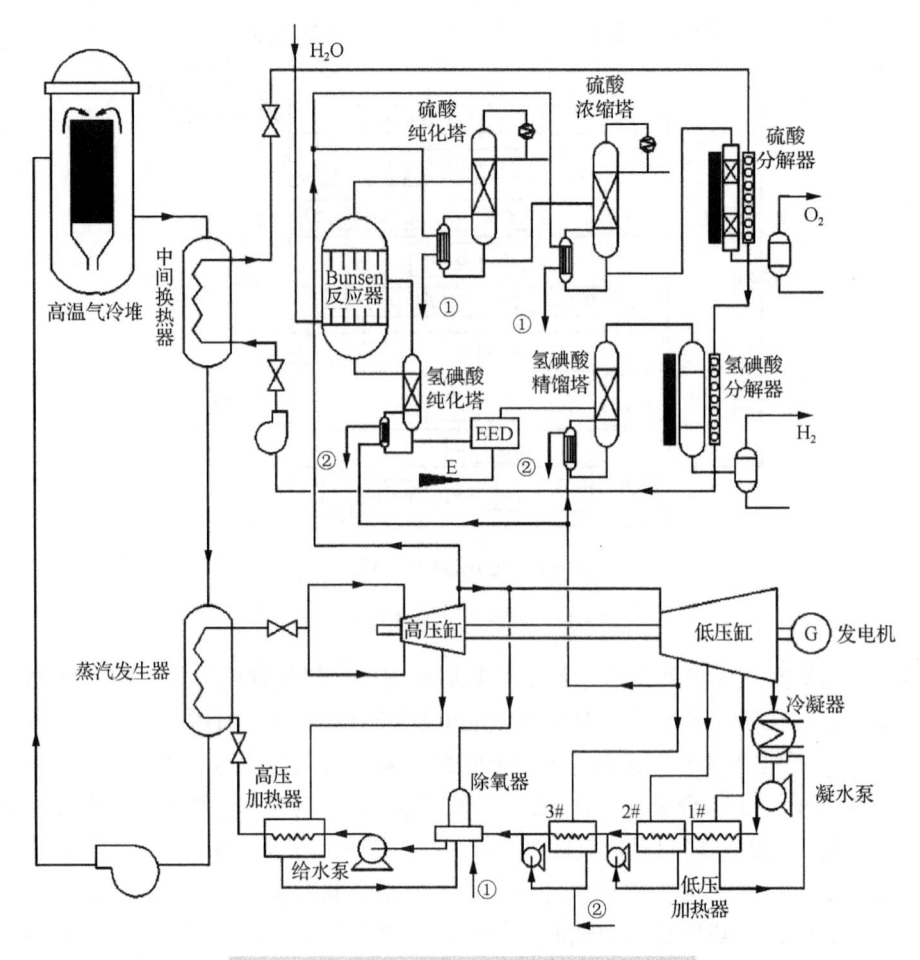

图 3-15 高温气冷堆氢电联产系统流程示意图

3.4 氦气冷却快中子反应堆

由于反应堆堆芯内存在大量的石墨，模块式高温气冷堆与超高温气冷堆内裂变产生的快中子均能得到慢化，因而它们均属于热中子反应堆。如果从设计上去掉反应堆堆芯内的石墨慢化剂，那么气冷堆还可以设计成快中子反应堆，这是气体冷却剂的一个优势。气冷快堆由于继承了气冷堆的优点，而且又是快中子谱反应堆，因而被选为第四代核能系统的候选堆型之一。图 1-19 所示是第四代核能系统报告中标准的气冷快堆及其热力循环的示意图。既然新一代气冷快堆通常采用氦气作为冷却剂，那么气冷快堆采用氦气透平循环作为其参考的热力循环方式。

虽然气冷快堆是第四代核能系统的候选堆型之一，但是它的发展实际上发轫于 20 世纪六七十年代，即与其他气冷堆是同一个时代发展起来的。在过去几十年的发展中，以第四代核能系统的提出为分界，气冷快堆的发展大致可以分为早期和新一代两个阶段。在第四代核能系统提出之前，早期气冷快堆的发展目的主要是燃料增殖，这个发展的初衷与其他快中子反应堆的初衷是一样的。随着第四代核能系统可持续发展和防止核扩散要求的提出，新一代气冷快堆的设计与早期的气冷快堆设计产生了一些差异。

3.4.1 早期反应堆及其技术特征

1. 美国的气冷快堆

美国的通用原子能公司（General Atomic）早在1962年宣布开展气冷快堆的研究工作，并于1968年推出了300MWe气冷快堆示范电站（GA GCFR）的详细设计、执照申请和建造计划。这一示范电站的主要技术参数和主回路布置分别如表3-3和图3-16所示。

表3-3 早期气冷快堆的技术参数

参数	GA GCFR	GBR-2	GBR-3	GBR-4
冷却剂	He	He	CO_2	CO_2
热功率/MWt	835	3000	3000	3450
燃料类型	棒状	包覆颗粒	包覆颗粒	棒状
燃料材料	$UPuO_2$	$UPuO_2$	$UPuO_2$	$UPuO_2$
反应堆入口温度/℃	323	260	260	260
反应堆出口温度/℃	550	750	650	560
一回路压力/MPa	8.5	12.0	6.0	12.0
堆芯压降/MPa	0.37（一回路）	0.34	—	0.24
堆芯高度/m	1.0	1.0	1.0	1.4
堆芯直径/m	2.0	—	—	—
增殖比	0.4	0.43	0.36	0.42
设计时间	1974年	1972年	1972年	1974年

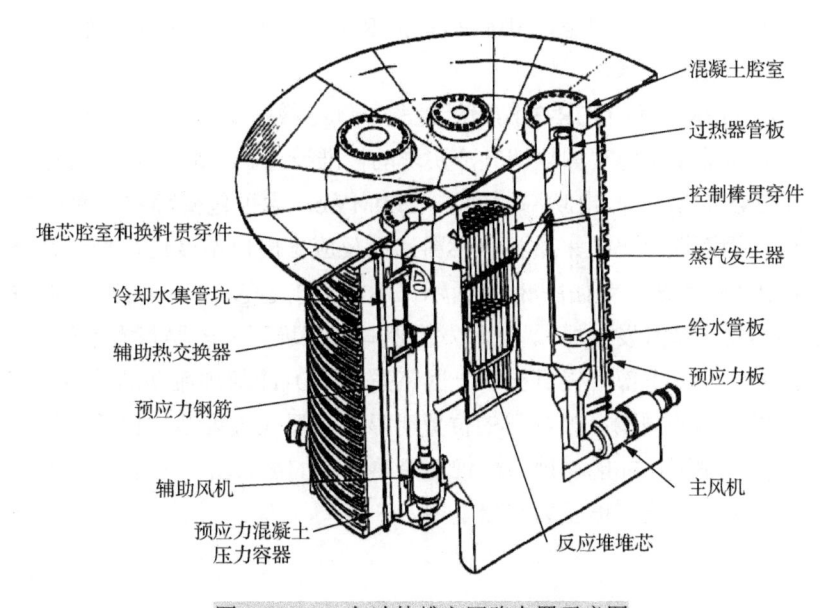

图3-16 GA气冷快堆主回路布置示意图

由表 3-3 中数据可知，GA 气冷快堆的热功率为 835MWt，冷却剂为氦气。反应堆采用 UPuO$_2$ 燃料，并将其制成棒状燃料元件。反应堆一回路的压力为 8.5MPa，进出口温度分别为 323℃和 550℃。虽然使用了氦气作为冷却剂，但是反应堆出口温度仍然设定为 550℃。这与第 3.3 节介绍的高温气冷堆仍然有不小的差距，因为 GA 气冷快堆的堆芯内存在大量的金属材料，不像高温气冷堆那样是耐高温的石墨。反应堆堆芯的高度仅为 1m，而直径达到 2m。从形状上来说，这是一个扁平型的反应堆堆芯结构。从中子经济性的角度来说，反应堆堆芯存在较大的中子泄漏，这是不利的。这样设计的主要目的是减小氦气通过反应堆时的压降，提高系统整体的经济性。

如图 3-16 所示，GA 气冷快堆整个一回路系统的布置与早期的气冷堆比较接近。反应堆位于整个系统的中心，周围是各种设备，如蒸汽发生器、余热排出换热器等。所有这些设备被安置在预应力混凝土反应堆压力容器（PCRV）之中。PCRV 整体是预应力钢筋混凝土结构，内表面大多存在钢衬中。这与压水堆等的反应堆压力容器存在显著的差异，也是早期所有气冷堆设计的一个典型特征。

2．欧洲的气冷快堆

德国是最早关注气冷快堆的欧洲国家之一。在 1970 年前后，德国的卡尔斯鲁厄（Karlsruhe）研究所和于利希（Jülich）研究所以及德国核工业界的其他单位共同发起了"气冷增殖堆备忘录"计划。除了德国之外，欧洲其他国家成立了"气冷增殖反应堆联合会"以推动气冷快堆的研究工作。这个联合会在 1970 年提出了一个 1000MWe 级的气冷快堆设计，代号 GBR-1；它设计采用氦气冷却和棒状燃料元件。随后，气冷增殖反应堆联合会在 1971 年又提出了 GBR-2 和 GBR-3 方案设计。与 GBR-1 相比，GBR-2 和 GBR-3 具有更高的反应堆出口温度，如表 3-3 所示。由于前者仍然采用氦气作为冷却剂，因而其反应堆出口温度提高至 700℃。然而，由于 GBR-3 采用 CO$_2$ 作为冷却剂，因而其反应堆出口温度与其他气冷堆一样，只能维持在 650℃。与 GBR-1 另一个不同是，GBR-2 和 GBR-3 均采用了包覆颗粒燃料，即与模块式高温气冷堆采用相同的燃料技术。

基于 GBR-1、GBR-2 和 GBR-3 的设计经验，气冷增殖反应堆联合会于 1974 年提出了 GBR-4 设计方案，通常被视为欧洲早期气冷快堆的标准设计。正如表 3-3 中数据所示，GBR-4 的热功率达到了 3450MWt，其电功率达到了 1200MWe。由于包覆颗粒技术在 20 世纪 70 年代尚未完全成熟，因而燃料仍然采用棒状燃料，而反应堆出口温度还被控制在 560℃的水平上。GBR-4 的整个回路系统布置如图 3-17 所示。GBR-4 的反应堆位于整个一回路的中心位置，周围围绕着主换热器（蒸汽发生器）。蒸汽发生器与反应堆压力容器基本上处于同一高度上。主风机位于蒸汽发生器的下部，提供整个一回路系统 CO$_2$ 冷却剂流动的动力。应急冷却换热器也布置在反应堆芯的周围，换热器的位置明显高于反应堆堆芯的位置，这样设计的主要目的是能够形成自然循环，非能动地带出堆芯余热。与 GA GCFR 一样，GBR-4 的一回路系统同样被置于预应力混凝反应堆压力容器之中。

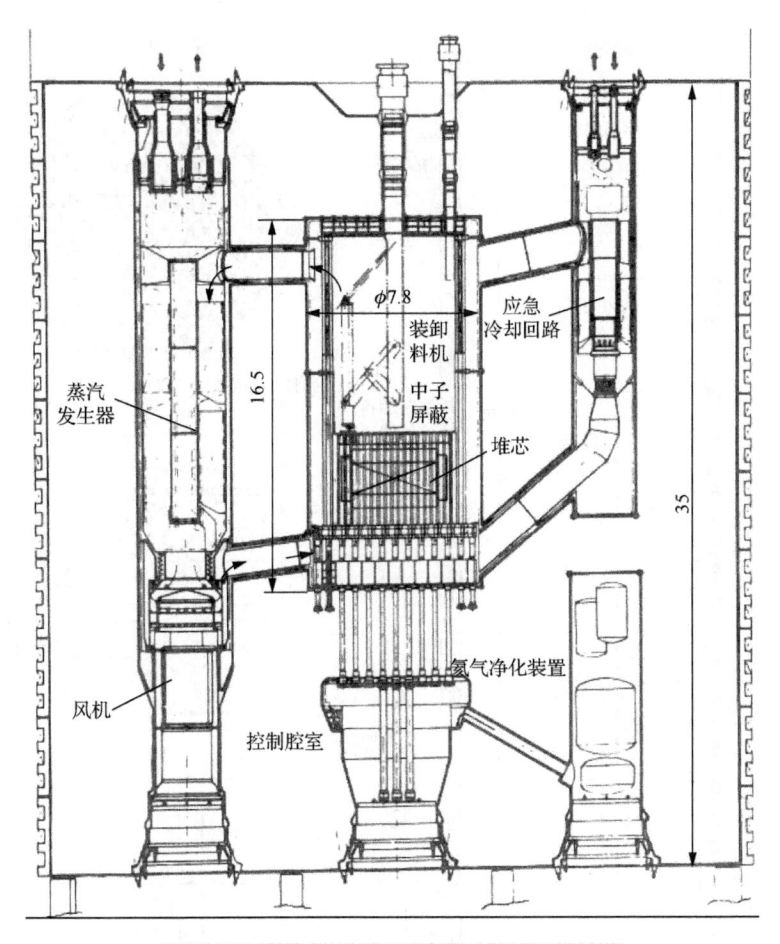

图 3-17　GBR-4 主回路的立面图（单位：m）

图 3-18 所示的是 GBR-4 的棒状燃料组件及其详细的结构。整个燃料组件的长度是 4800mm，呈六棱柱形的燃料盒包裹，燃料盒的对边距为 213mm。燃料盒自下而上由锥形下端口、下中子屏蔽、下燃料棒搁架、燃料棒、定位格架、上中子屏蔽和燃料操作接头组成。每个燃料盒包含 321 根燃料棒，它们采用三角形排列方式。每根燃料棒的直径为 7.7mm，长度为 2780mm；它自下而上分别为下端塞、过渡段、下增殖段、燃料段、上增殖段、压紧弹簧和上端塞。其中，燃料段的长度为 1400mm，上下增殖段的长度均为 600mm。增殖段的燃料芯块与压水堆的燃料芯块结构相似，均为小圆柱体，上下两个断面是凹的。燃料段的燃料芯块中心有一个小圆孔，其他与增殖段的燃料芯块相同。由于气体纵向外掠圆管外表面的对流传热系数往往较小，因而 GBR-4 的燃料元件外表面是强化传热表面，表面上有高度为 0.15mm 的凸起。

正如表 3-3 所示，GBR-2、GBR-3 和 GBR-4 分别采用了不同的燃料类型，GBR-2 和 GBR-3 采用包覆颗粒燃料。GBR-2 所采用的燃料组件如图 3-19 所示，它与 GBR-4 的棒状燃料存在明显的差异。如图 3-19（a）所示，GBR-2 的每个燃料组件由 6 根燃料棒组成。每根燃料棒由内到外分别是外套管、外流道、燃料颗粒床和中心流道。环形的燃料颗粒床由多孔的外管和

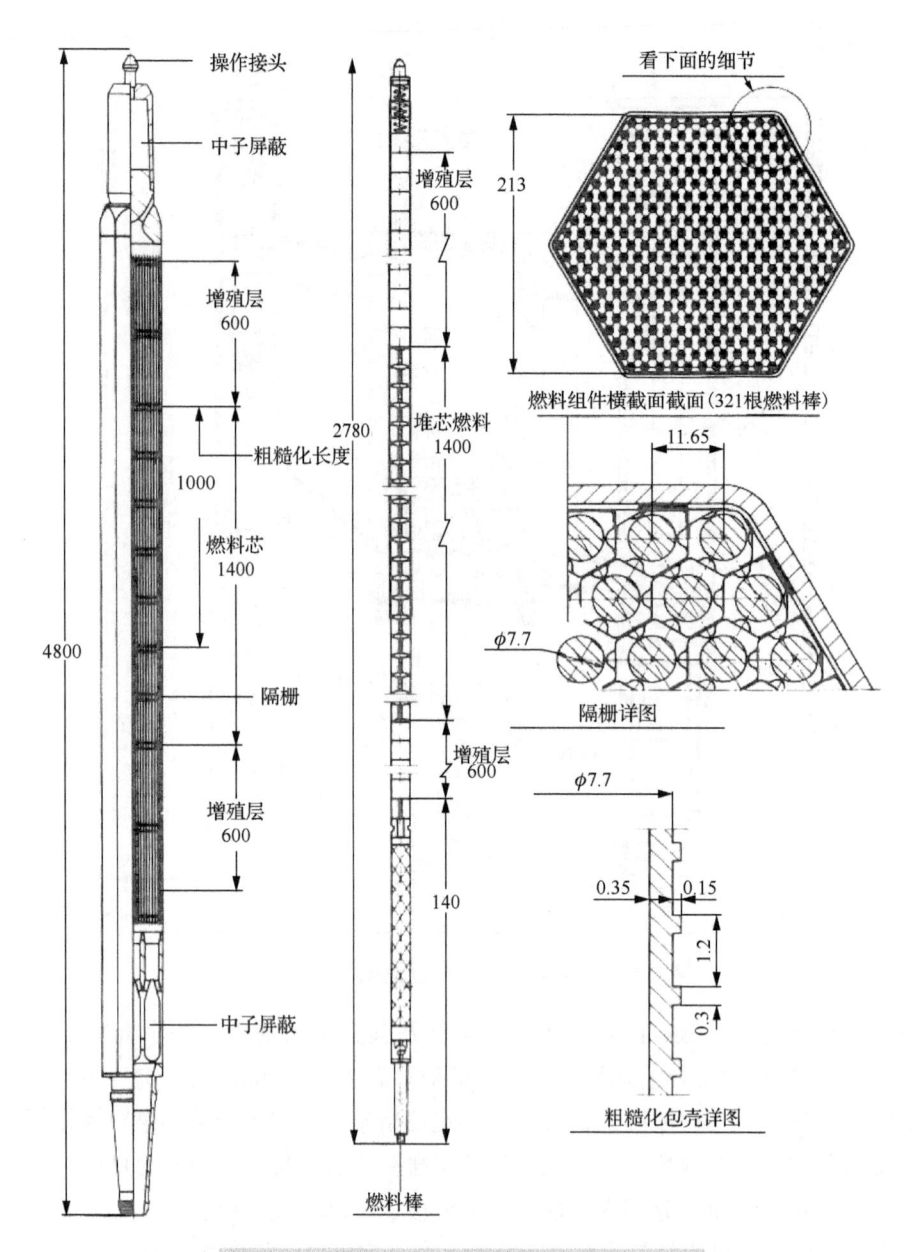

图 3-18　GBR-4 的棒状燃料组件（单位：mm）

内管组成，两层多孔管之间填充有包覆燃料颗粒。环形的燃料颗粒床的尺寸在燃料棒的长度方向上是变化的；燃料棒下端的直径较小，并随着长度的增加，直径逐渐增大。外流道和中心流道内均有支撑搁架，用于支撑燃料颗粒床。氦气从燃料组件底部进入被分配到每根燃料棒的环形外流道之中，并由外向内径向流过环形的燃料颗粒床进入中心流道。图 3-19（b）能更加清楚地显示出氦气通过燃料颗粒床时的流动过程。氦气通过这样的方式被加热到 750℃ 后离开燃料棒和燃料组件。

(a) GBR-2 的燃料组件　　　　(b) GBR-2 燃料组件的局部放大示意图

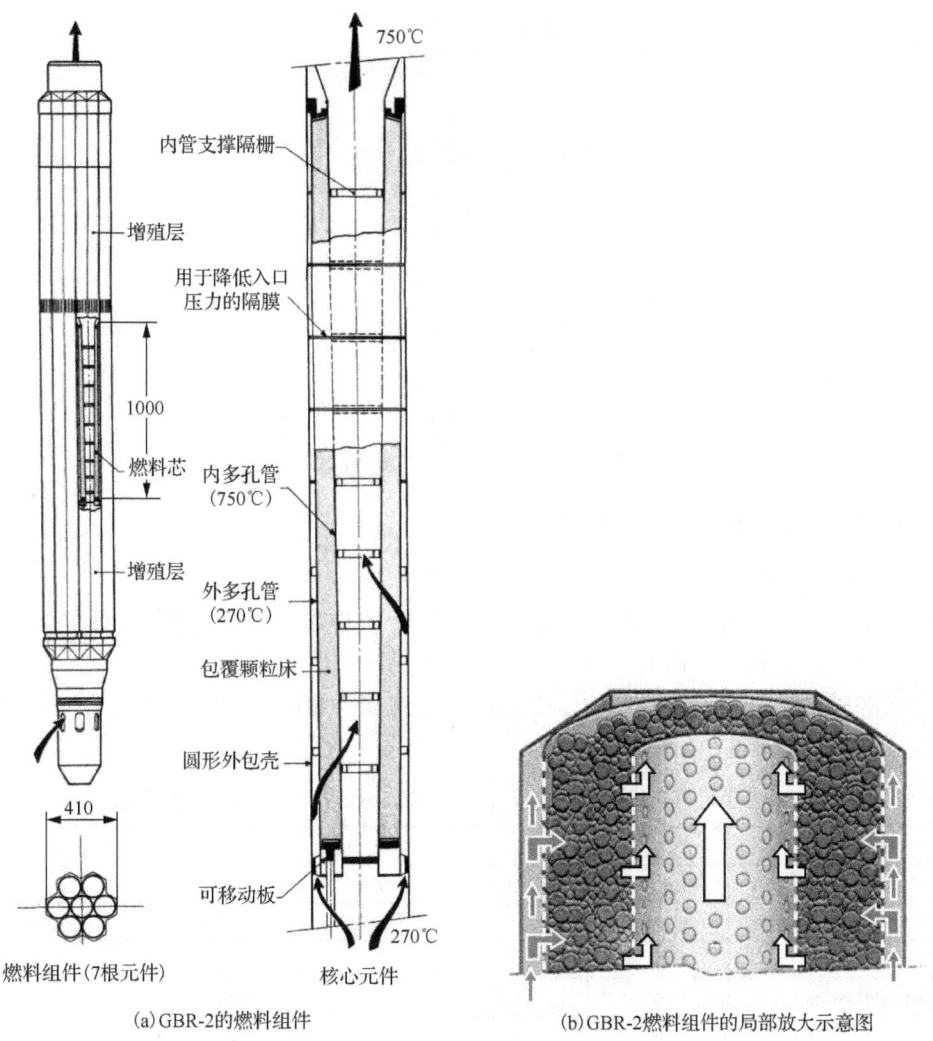

图 3-19　GBR-2 和 GBR-2 的包覆颗粒燃料与燃料组件（单位：mm）

3. 日本的气冷快堆

日本的气冷快堆计划开始于 20 世纪 60 年代。早期的研究主要集中在川崎重工，并研究了 CO_2 和 He 冷却的不同方案。其中，氦气冷却的方案基于液态金属快中子增殖反应堆的技术。川崎重工更加中意于低流动阻力的扁平形状的堆芯设计，以减少风机的耗功和增强增殖能力。20 世纪 90 年代，日本提出了两种不同的气冷快堆技术方案，其中一种方案是采用包覆颗粒燃料，另一种是利用棱柱状燃料柱形式。包覆颗粒燃料的设计方案与 GBR-2 的设计类似，在此不再赘述。

棱柱状燃料柱形式的设计与其他国家的气冷快堆设计完全不同，具有鲜明的技术特点。如图 3-20 所示，它将包覆颗粒弥散在 TiN、SiC 或 ZrC 的基体材料。冷却剂沿燃料柱的高度方向流过冷却剂孔道，将热量带出堆芯。这类反应堆设计的总热功率为 2400MWt；功率密度较高，达到 100MW/m³。冷却剂通常采用氦气，因而整个核动力装置可采用氦气透平直接循环以实现较高的循环效率。在第四代核能系统框架下，日本原子能研究所（JAEA）提出的气冷快堆也采用了这样的燃料柱设计，而基体材料选为 SiC。

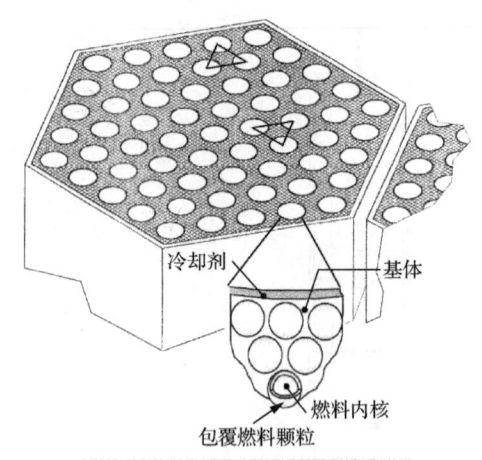

图 3-20 棱柱状燃料柱燃料组件

3.4.2 新一代反应堆及其技术特征

1. 整体技术参数

2000 年以来，随着第四代核能系统的提出，气冷快堆作为第四代核能系统的候选堆型之一得到了重新关注与进一步研究。新一代气冷快堆设计和研究主要集中在欧洲，而日本和美国也有少量的关注。本节以欧洲气冷快堆的设计为主线介绍新一代气冷快堆设计及其特征，其主要技术参数如表 3-4 所示。

表 3-4 满足第四代核能系统设计目标的新一代气冷快堆及其技术参数

参数	GFR600	GFR600	GFR 2400	GFR 2400	JAEA GFR
热功率/MWt	600	600	2400	2400	2400
循环方式	直接循环	间接循环	间接循环	直接循环	直接循环
冷却剂	He	He/SCO$_2$	He	He	He
功率密度/[MW/m^3]	103	103	100	100	90
比功率/[MW/gHM]	45	45	—	42	36
反应堆入口温度/℃	480	400	400	480	460
反应堆出口温度/℃	850	625	850	850	850
堆芯高度/直径/m	1.95/1.95	1.95/1.95	1.55/4.44	1.34/4.77	0.9/5.9
一回路压力/MPa	7.0	7.0	7.0	7.0	7.0
燃料类型	板状	板状	板状	棒状	柱状
燃料材料	UPuC	UPuC	UPuC	UPuC	UPuN
结构材料	SiC	SiC	SiC	SiC	SiC
反射层材料	Zr$_3$Si$_2$	Zr$_3$Si$_2$	Zr$_3$Si$_2$	Zr$_3$Si$_2$	SiC
冷却剂/结构材料/燃料占比/%	55/20/25	55/20/25	40/38/22	55/23/22	25/55/20
增殖比	−0.05	−0.05	−0.05	0	0.03（无增殖层）/0.11（有增殖层）

由表 3-4 中的数据可知，新一代气冷快堆的热功率分为 600MWt 和 2400MWt 两个不同的水平。600MWt 是中等功率水平的参考设计，主要参考了棱柱状模块式高温气冷堆的研究体系，目标是采用氦气透平直接循环技术；2400MWt 是大型气冷快堆的参考功率水平；更高的功率水平可以改善气冷快堆的整体经济性。

从热力循环的角度来说，无论 600MWt 还是 2400MWt 的气冷快堆均建议采用直接循环或间接循环方式。直接循环是氦气透平循环，即布雷顿循环。间接循环方式时，600MWt 的气冷快堆推荐采用超临界二氧化碳循环，而 2400MWt 的气冷快堆推荐采用联合循环，即布雷顿循环与朗肯循环联合循环。

新一代气冷快堆的反应堆堆芯在整体布置上依然采用扁平式的布置方案。对于 600MWt 的气冷快堆，反应堆堆芯的高度与直径相同，均为 1.95m。对于 2400MWt 的气冷快堆，反应堆堆芯高度降低至 1.5m 以下，而直径通常在 4m 以上，呈现出极端的扁平化，这与早期的气冷快堆的设计思路是一样的。

新一代气冷快堆的燃料主流采用 UPuC，即碳化物燃料，而日本的气冷快堆采用氮化物燃料。气冷快堆的功率密度比较高，达到 100MW/m^3 的水平，这与大型压水堆的功率密度在同一个水平上。与模块式高温气冷堆相比，气冷快堆的功率密度远远大于前者的功率密度。这要求气冷快堆必须设置独立的余热排出系统，也无法像模块式高温气冷堆那样仅仅依靠反应堆堆芯内的导热、辐射传热和对流传热导出余热。

除了上述基本不变的特性之外，第四代核能系统的设计目标和高温气冷堆技术的不断进步对气冷快堆的设计产生了明显的影响。相比于早期的气冷快堆，新一代气冷快堆在技术参数上发生了一些变化特征，如表 3-4 所示。

首先，与早期的气冷快堆相比，所有新一代气冷快堆的反应堆进出口温度均出现了大幅度的升高。对于采用直接循环的气冷快堆来说，当反应堆出口温度设定在 850℃时，其进口温度在 460～480℃。这样的反应堆进出口温度与模块式高温气冷堆直接循环的参数几乎一致，这能使氦气透平直接循环的效率最优。对于间接循环来说，当反应堆出口温度设定在 850℃时，反应堆入口温度在 400℃时，使联合循环的效率在最优的状态下。当二回路的工质采用超临界二氧化碳时，反应堆出口温度为 600～650℃时已经足够，循环效率/代价比相对较高，没有必要将反应堆出口温度继续升高至 850℃。

其次，气冷快堆一回路系统的系统压力均设定在了 7MPa，与模块式高温气冷堆的设计压力完全相同。相比于早期气冷快堆的标准设计 GBR-4，这个系统压力实际上降低不少。这样的调整是不可避免的，因为新一代气冷快堆无一例外地放弃了早期的预应力混凝土反应堆压力容器技术，采用了钢制压力容器，那么系统的最高压力要受到钢制压力容器材料、直径等的限制。

最后，新一代气冷快堆的堆芯设计放弃了早期气冷快堆的增殖目标，除了日本的气冷快堆之外，其他设计方案仅仅是追求燃料能够自维持或者轻微的欠自维持，即可增殖核素生成的易裂变核素与维持链式裂变反应消耗的易裂变核素相当或者基本相当。这是由于受到第四代核能系统防止核扩散这一目标的影响。即使反应堆采用了快中子谱，但是不再追求增殖，防止反应堆产生大量的易裂变物质。这样的设计使在可持续发展目标与防止核扩散目标之间获得了一个新的平衡。

2. 2400MWt 气冷快堆的系统布置

图 3-21 所示的是法国 CEA 设计的 2400MWt 气冷快堆的一回路系统的布置示意图。由图 3-21（a）的布置图可知，新一代气冷快堆已经放弃了预应力混凝土反应堆压力容器技术路线，而改为更加现代的钢制压力容器。反应堆压力容器位于整个系统的中央。当系统采用间

接循环时，周围放置有 3 台主换热器（2）、3 台余热排出换热器（3）和 6 台储气罐（4）。一回路系统的风机通常放置在主换热器压力容器的底部。主换热器和余热排出换热器与反应堆压力容器之间均采用同心套管连接。同心套管通常分为内管和外管，内管流过高温的氦气，外管流过低温的氦气。反应堆连同所有这些设备及其管道被置于一个球形安全壳之中。当系统采用直接循环时，功率转换系统代替主换热器。整个球形安全壳被置于核岛厂房之中，如图 3-21（b）所示。

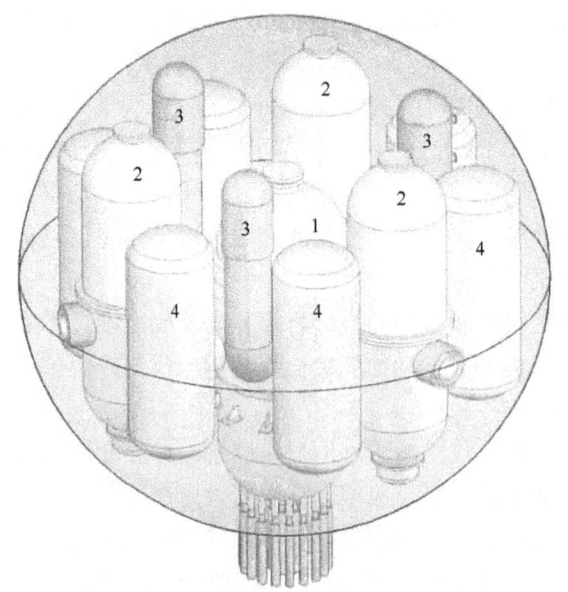

(a) 球形安全壳内的设备布置示意图
1-反应堆；2-主换热器；3-余热排出换热器；4-储气罐

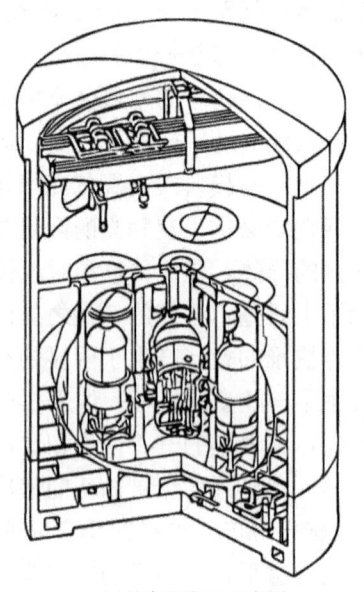

(b) 核岛厂房3D示意图

图 3-21　2400MWt 气冷快堆的一回路系统布置示意图

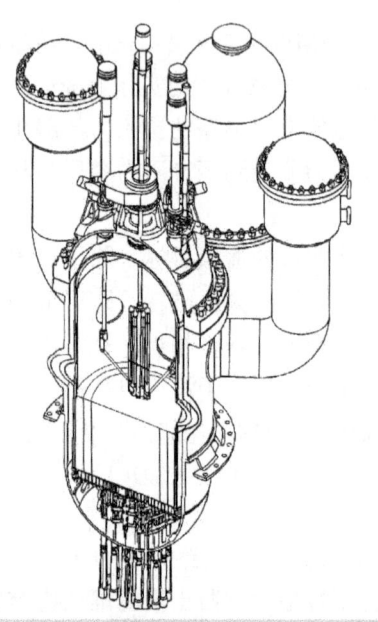

图 3-22　反应堆、主换热器和余热排出换热器（2 台）

如图 3-22 所示，反应堆堆芯位于反应堆压力容器的中下部，而压力容器的中上部是一个空腔，主要用来容纳换料装置。这样布置的主要目的是保证整个压力容器在有压力的条件下即可实现倒料过程。反应堆堆芯外设置一个带封头的围筒（吊篮），围筒与反应堆压力容器之间形成一个环形的空间。当采用间接循环时，氦气在主换热器中将热量传递给二回路侧后，通过主冷却器与压力容器之间的同心管道的外侧回到这个环形空间中。冷氦气沿着环形空间向下流动进入反应堆堆芯底部。冷氦气穿过底部支撑区、堆芯支撑板等结构后进入堆芯底部，并在堆芯中被加热至设定的温度后离开堆芯进入围筒上部。热氦气通过连接围筒与主冷却器入口的管道进入主换热器中再次得到冷却,完成一个循环。

当主冷却器不能正常工作时,余热排出换热器进入工作状态。从反应堆堆芯流出的热氦气通过同轴套管的内管进入余热排出换热器,并将热量传递给余热排出换热器的另一侧。冷却后的冷氦气再沿着同轴套管的外管回到反应堆压力容器的环形腔室。冷氦气沿着环形下腔室、压力容器底部等进入堆芯将堆芯余热带出堆芯,再次进入余热排出换热器。

3. 反应堆堆芯布置与燃料组件

气冷快堆的堆芯布置方案与燃料元件的形式有密切的关系。由于欧洲的新一代气冷快堆的设计仍然主要处于初步方案设计阶段,因而存在棒状燃料元件和板状燃料元件两种不同的设计方案。其中,2400MWt 气冷快堆的板状燃料元件、组件及堆芯布置如图 3-23(a)所示。采用板状燃料元件的气冷快堆采用六棱柱形燃料组件,而且,整个堆芯由内向外分为燃料区和反射层区。其中,燃料区又可以分为内层燃料区(黄色)和外层燃料区(紫色),两个燃料区的主要差别是易裂变物质的含量不同。整个堆芯中央的组件是一个不含燃料的燃料组件。内层燃料区占据了第 2 圈至第 9 圈的位置,共计 183 个燃料组件;外层燃料区占据了第 10 圈到第 13 圈的位置,共计 204 个燃料组件;两个燃料区域共计 387 个燃料组件。在内层燃料组件区,由内而外布置了 3 层控制棒组件,个数分别为 6、9 和 18。其中,最内层的 6 个和最外层的 18 个控制棒组件主要用于反应堆正常运行时的反应性控制,称为控制棒组件(CSD)。中间的 9 个燃料组件称为安全棒组件(DSD),主要用于事故条件下的反应性控制。600MWt 气冷快堆的堆芯分别有 112 个、3 个和 6 个燃料组件、停堆控制棒组件和调节控制棒组件。112 个燃料组件同样被布置成内层燃料组件和外层燃料组件,它们分别是 52 个和 60 个。

板状燃料组件的结构如图 3-23(b)和(c)所示。这是一种全新的气冷快堆燃料组件形式,与早期的气冷快堆的燃料及其组件结构存在明显的差异。产生这种差异的主要原因是新一代气冷快堆的功率密度大幅上升,需要具有更好传热能力的燃料组件形式。相比于棒状燃料组件,板状燃料组件的换热能力更强。如图 3-23(b)所示,每个板状燃料组件由六棱柱外壳、燃料板和支撑板组成,其中,每个燃料组件有 27 块燃料板。27 块燃料板被分为 3 组,每组 9 块燃料板。600MWt 气冷快堆的燃料组件与 2400MWt 气冷快堆的燃料组件基本相同,但是前者每个燃料组件仅有 21 块燃料棒。

燃料板及其内部的结构如图 3-23(c)所示。燃料板整体的厚度为 7mm,由 2 块盖板和 36 个圆形燃料芯块组成。燃料芯块的直径为 3.2mm,高度为 6mm;盖板的厚度为 0.5mm。燃料芯块的材料为 UPuC,而盖板等的材料为 SiC。36 个燃料芯块在盖板之间呈三角形排布,并利用蜂窝状的结构均匀地进行隔离。氦气纵向冲刷燃料板两侧的盖板,将裂变产生的热量带走。

板状燃料元件的反应堆堆芯是法国 CEA 在 2006 年前后提出概念设计方案,鉴于研发成本等因素,2009 年以后欧洲新一代气冷快堆重新改为传统的棒状燃料元件设计方案,其反应堆堆芯的布置和燃料组件的设计方案如图 3-24 所示。如图 3-24(a)所示,整个反应堆堆芯分为燃料区和反射层区。在径向上,燃料区分为内层燃料区(黄色,共计 264 个燃料组件)和外层燃料区(紫色,共计 252 个燃料组件),共计 516 个燃料组件。内外层燃料的主要差别在于其钚含量不同,外侧燃料的钚含量更高。在轴向上,堆芯上部和底部均有轴向反射层。所有反射层的材料均为 Zr_3Si_2。

(a) 堆芯燃料组件布置图

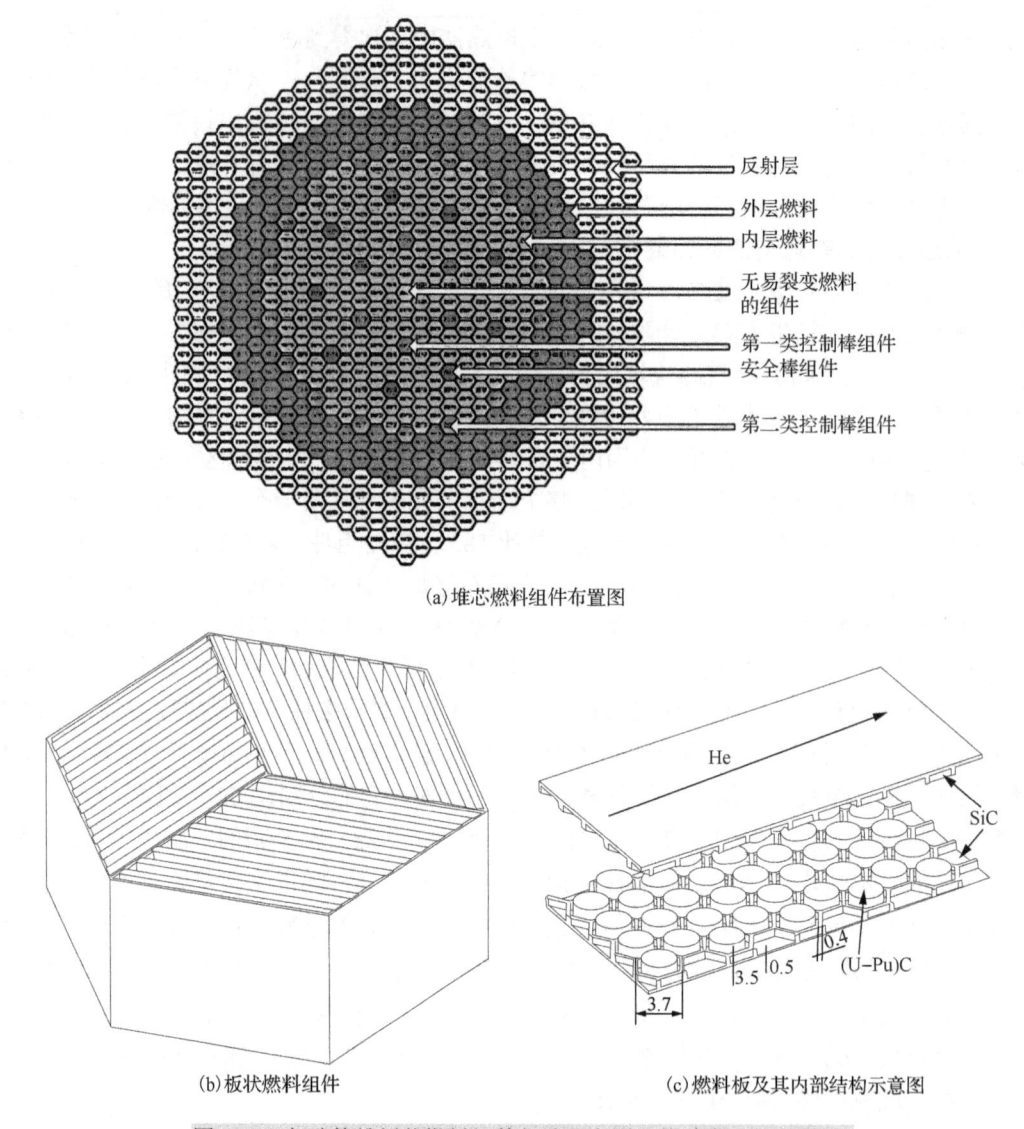

(b) 板状燃料组件

(c) 燃料板及其内部结构示意图

图 3-23 气冷快堆板状燃料组件与堆芯布置（热功率 2400MWt）

在堆芯内部比较均匀地布置了 18 个控制棒组件，分内外两圈。一圈（6 个）布置在内层燃料区的内部，一圈（12 个）布置在外层燃料区的最内一圈。除了控制棒组件，还布置有 13 个安全棒组件，用于事故条件下的反应性控制。它们位于内层燃料区内，其中一个在堆芯正中心的位置上。控制棒组件和安全棒组件均采用 B_4C 作为反应性控制材料，而包壳采用不锈钢（AIM1）。

如图 3-24（b）所示，每个棒状燃料组件共计有 217 根燃料棒。燃料棒呈三角形排布，棒间距 11.6mm，在高度方向上采用 SiC 定位格架支撑燃料棒。燃料组件外侧设置有六棱形 SiC 包壳，对边距为 175.3mm。每根燃料棒的外径为 9.16mm，从外到内分别为 SiC 外涂层（30μm）、SiCf/SiC 包壳基体（1mm）、W14Re 内涂层（10μm）、氦气气隙（145μm，1MPa）和燃料芯块，如图 3-24（c）所示。燃料芯块外径为 6.7mm，其材料是 UPuC。整个燃料棒长 3m，包括 1.65m 的燃料段、0.85m 的上气腔和 0.5m 的下气腔。

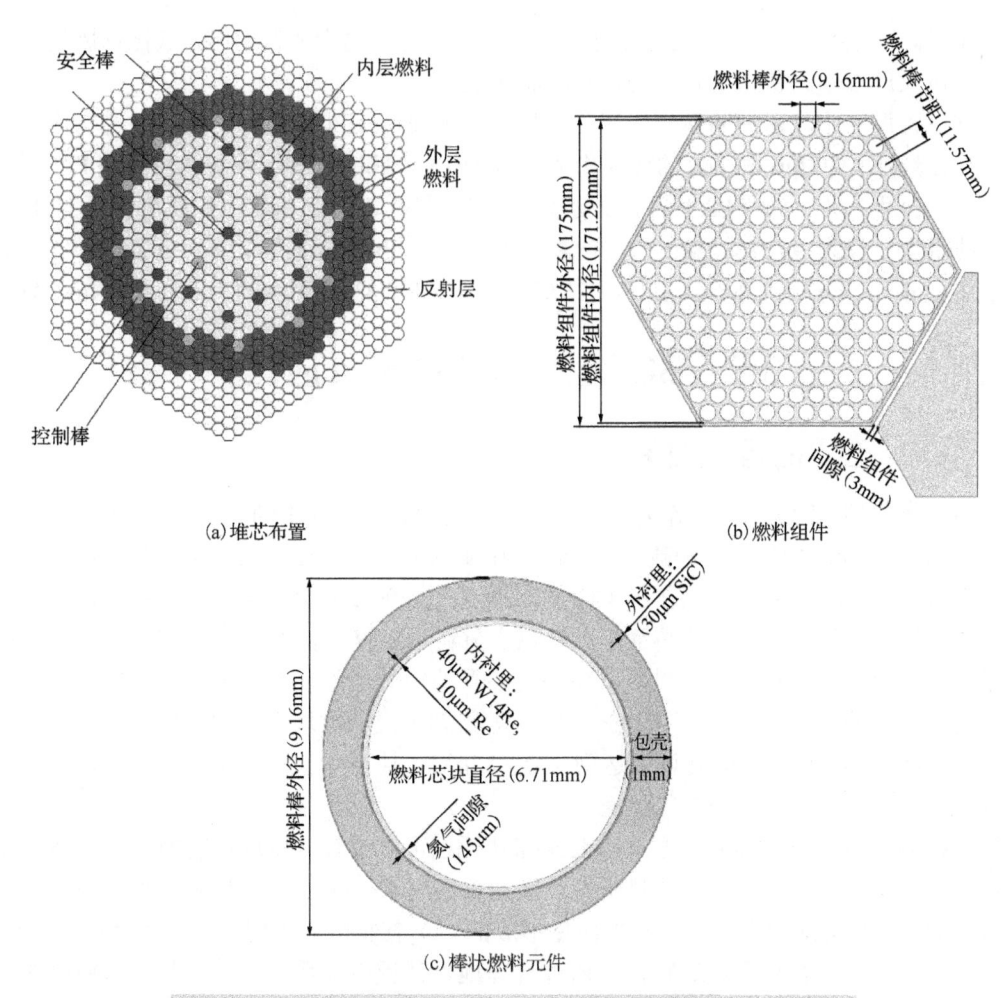

图 3-24 气冷快堆棒状燃料组件与堆芯布置（热功率为 2400MWt）

4．气冷快堆的燃料

根据反应堆运行条件和类型的不同，气冷快堆的燃料常采用 UPuO$_2$、UPuC 或 UPuN 这三类。氧化物燃料 UPuO$_2$ 是热中子反应堆和快中子反应堆均能采用的常见燃料，即 MOX 燃料。它的优点包括较高的熔点温度（2775℃）、技术成熟度和长期使用的经验。但是，相较于其他两种燃料，它的主要缺点是燃料的导热系数较低，仅在 2.9W/(m·K)的水平上。这将导致燃料内的温度变化比较大，同时也具有较高的中心温度。

碳化物燃料和氮化物燃料具有更高的密度和导热系数（约 19W/(m·K)）。更高的密度可使反应堆堆芯的尺寸做得更小，而较高的导热系数避免了氧化物燃料的不足，使燃料内部的温度更加均匀，中心温度更低。碳化物燃料的熔点温度比其他两种燃料低 300℃左右。然而，它与目前成熟的 PUREX 后处理流程并不相容，这意味着这类燃料的后处理工艺需要重新探索和建立。

对于氮化物燃料来说，它的导热系数与碳化物燃料基本一样，其密度比碳化物燃料略大，而熔点温度与氧化物燃料在一个水平上。这些特性使氮化物燃料兼具氧化物燃料和碳化物燃料的优点，而较高的燃料紧凑度、均匀的芯块温度、更低的熔化风险。但是，氮化物燃料中的 N-14 吸收中子后会嬗变成 C-14，而 C-14 的半衰期长达 5730 年。这使得氮化物燃料的后处理变得比另外两种燃料更加棘手。解决这一问题的途径是用浓缩技术将氮化物燃料中所使用的 N-14 减少至合理可行尽可能低的水平上。另外，与氧化物燃料相比，碳化物燃料和氮化物燃料在核反应堆中并常用，长期的使用经验不足。

在这三种燃料中，欧洲的新一代气冷快堆倾向于使用 UPuC 燃料。内外层燃料区的含量不同。内层燃料区中 PuC 和 UC 的体积份额分别为 14.1%和 85.9%。外层燃料区中 PuC 和 UC 的体积份额分别为 17.6%和 82.3%。内外层燃料区均采用天然铀，U-235 的质量份额为 0.72%，U-238 的质量份额为 99.28%。Pu 的同位素较多，其中 Pu-238、Pu-239、Pu-240、Pu-241 和 Pu-242 的质量份额分别为 2.7%、25%、25.9%、7.4%和 7.3%，剩余的为 0.7%的 Am-241。

3.5　SCO$_2$ 冷却快中子反应堆

3.5.1　CO$_2$ 工质的再次复兴

采用二氧化碳（CO$_2$）气体作为反应堆冷却剂的设计方案并不陌生，其在 20 世纪 50、60 年代研发的 Magnox 型气冷堆和改进型气冷堆中早有应用，但在后续高温和超高温气冷堆技术研发中逐渐被淘汰。主要原因在于 CO$_2$ 在温度超过 700℃时会加速热解，使冷却剂极具腐蚀性和氧化性，导致冷却剂与不锈钢等燃料包壳材料不相容。若采用 CO$_2$ 气体作为冷却剂，气冷堆出口温度需限制在 700℃以内，核动力装置的净效率难以继续提高，这使其难以在经济性上与同时期的压水堆竞争，因而在后续的高温/超高温气冷堆研发中改用稀有气体氦气作为冷却剂。这样反应堆出口温度可以达到 750~850℃，甚至可达到 1000℃以上，从而为气冷石墨反应堆的发展打开了一个新的渠道。

除了提高反应堆出口温度，通过降低压缩功耗也可以改善气冷堆核动力装置的净效率。对易压缩、高密度工质的需求，使科研人员重新关注到了 CO$_2$ 工质的优势，尤其是提高一回路系统压力至 CO$_2$ 的临界压力之上。加压后形成的 CO$_2$ 在拟临界点附近存在大密度、高比热、动力黏度随温度升高快速降低等特性。通过合理地设计反应堆系统结构，并让压缩机在拟临界点附近的高密度区运行，可显著降低压缩功耗，最终达到可观的经济性。

图 3-25 所示就是采用超临界二氧化碳（SCO$_2$）作为工质的气冷堆核动力装置流程示意图。对于采用 SCO$_2$ 的核动力装置，CO$_2$ 工质在整个循环系统中都处于超临界状态，仅在压缩机入口将 CO$_2$ 工质冷却至拟临界温度附近以降低压缩功耗，这是 SCO$_2$ 和超临界水能量转换系统的关键区别。由于 CO$_2$ 在整个系统中处于超临界态，工质更多偏向"气体"的物理属性，因而 SCO$_2$ 反应堆的能量转换系统通常采用布雷顿循环。

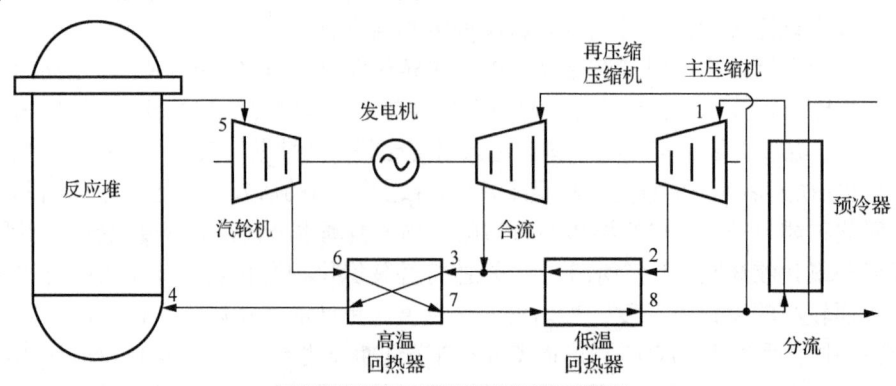

图 3-25　再压缩布雷顿循环流程图

相比于简单布雷顿循环，美国麻省理工学院（MIT）提出的布置方案采用再压缩布雷顿循环，主要由 SCO_2 透平、高温回热器、低温回热器、冷却器、主压缩机、再压缩压缩机组成，设置了高、低温回热器，并在已有的主压缩机的基础上增加了再压缩压缩机，以提高循环效率。SCO_2 经压缩后在堆芯吸收热量，之后进入汽轮机做功，做功后的乏气经高温回热器和低温回热器冷却后，一部分流体由冷却器冷却至主压缩机所需的入口温度，进入主压缩机，另一部分流体则直接分流至再压缩压缩机。气体经压缩机升压，再经高、低温回热器预热后进入反应堆热源形成闭式循环。该热力循环中，高、低温回热器以及冷却器均采用印刷电路板式换热器。当系统最高压力为20MPa、堆芯出口温度550～700℃时，装置的净效率达43%～49%，与高温气冷堆氦气透平循环在同一个水平上。

采用 SCO_2 工质和布雷顿热力循环，除能达到较为理想的热效率外，还能够显著降低热力循环设备的体积。核能领域常见的气体透平参数如图3-26所示，其中蒸汽透平的体积最大、级数最多，设备总长在数十米量级。SCO_2 的高压、高密度和高载热属性能够显著减小透平的体积，一种300MW，4级 SCO_2 透平的长度仅为1m左右。SCO_2 能量转换系统体积小，没有汽水分离再热器等辅助设备，这使得小型化设计成为 SCO_2 反应堆的又一特色。

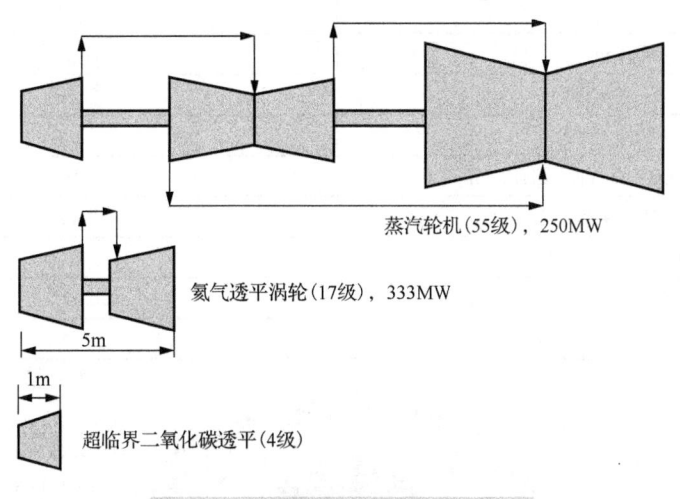

图3-26 不同汽轮机/透平体积的比较

3.5.2 SCO_2 冷却快中子反应堆

现有的超临界二氧化碳反应堆中研究中，美国麻省理工学院（MIT）提出的 SCO_2 冷却快堆（SCO_2 GFR）方案最为详细且具有代表性，其关键参数列于表3-5中。SCO_2 GFR反应堆的运行压力为20MPa，进口温度为485.5℃、出口温度为650℃，热功率为2400MWt，电功率约为1200MWe，系统热效率可达51%，净效率为47%。电厂设计寿命为60年。

SCO_2 反应堆通常设计成快中子反应堆，相关设计着重关注的是中子经济性和增殖燃料的转换比。针对这类问题，SCO_2 气冷快堆采用了"矮胖型"的大堆芯布置方案，有效堆芯（活性区）直径为4.81m、高径比为0.32，可提供2400MWt的热功率。在传统的压水反应堆中，堆芯下降环腔内的冷却水可以很好地起到中子反射和屏蔽的作用，而 SCO_2 本身对中子的慢化能力很弱，在采用其作为冷却剂反应堆设计中需关注中子的反射和屏蔽。常用的方法是在堆芯活性区的周围加设反射层组件和屏蔽层组件，同时这也会使反应堆容器的内径增大至约

8.92m。图 3-27 所示的 SCO$_2$ 气冷快堆堆芯包含有 378 个燃料组件、19 个控制棒组件、234 个反射层组件以及 288 个屏蔽层组件。其中，378 个燃料组件围成了堆芯活性区。

表 3-5　SCO$_2$ 气冷快堆主要技术参数

参数	数值
能量转换系统	布雷顿再压缩循环（4×25%）
热功率/MWt	2400
电功率/MWe	1130
系统热效率/净效率/%	51/47
冷却剂工质	SCO$_2$
冷却剂最高压力/MPa	20
反应堆入口温度/℃	485.5
反应堆出口温度/℃	650
余热排出系统	停堆冷却系统（4×50%）
核电厂寿期/年	60
燃料组件数	378
控制棒组件数	19
反射层组件数	234
屏蔽层组件数	288
堆芯活性区体积（含控制组件）/m^3	28.0
堆芯活性区有效直径/m	4.81
堆芯活性区高径比	0.32
堆芯活性区面积（含控制棒组件）/m^2	18.2
堆芯活性区面积（不含控制棒组件）/m^2	17.3

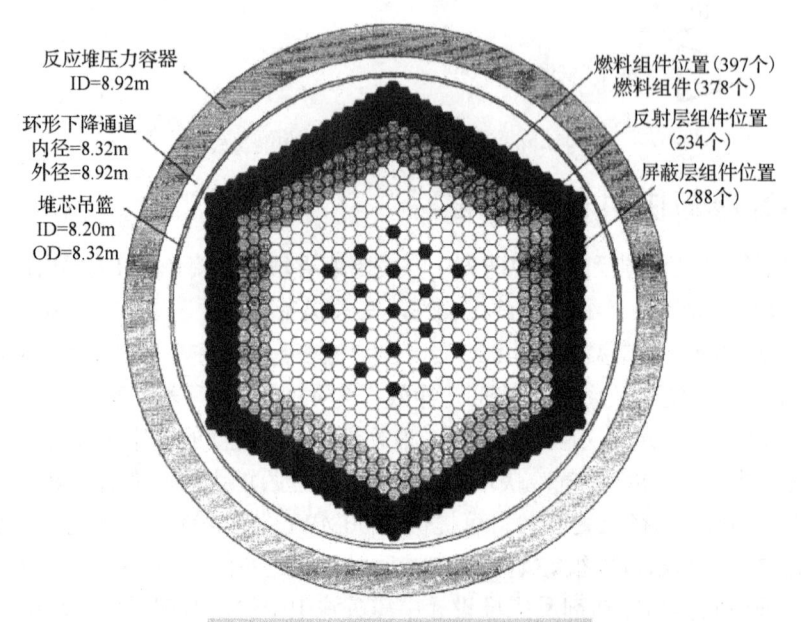

图 3-27　SCO$_2$ 气冷快堆堆芯横截面图

SCO$_2$ 气冷快堆堆芯纵剖面如图 3-28 所示，其在径向分为堆芯活性区、高压 SCO$_2$ 反射层区，以及 B$_4$C 屏蔽层区；在轴向分为堆芯活性区、钛反射层和 B$_4$C 屏蔽层。其中径向的高压 SCO$_2$ 反射层区仍是以钛为基体，其中留有 10%体积份额的 SCO$_2$ 流动通道。SCO$_2$ 以入口温度流入反射层，并以低于出口的温度流出反射层。这样可以使 SCO$_2$ 的密度足够高，以提供所需的反应性反馈。堆芯活性区内部可基于实际应用条件对燃料组件进行分区。对于如图 3-29 所示的 2 区装载方案，活性区内可进一步分为内部燃料区和外部燃料区；对于 3 区装载方案，分为内部燃料区、中部燃料区和外部燃料区。这一堆芯方案不仅能够能实现大功率输出，还可有效减少中子泄漏，能够在不设置增殖区的条件下使转换比接近于 1。

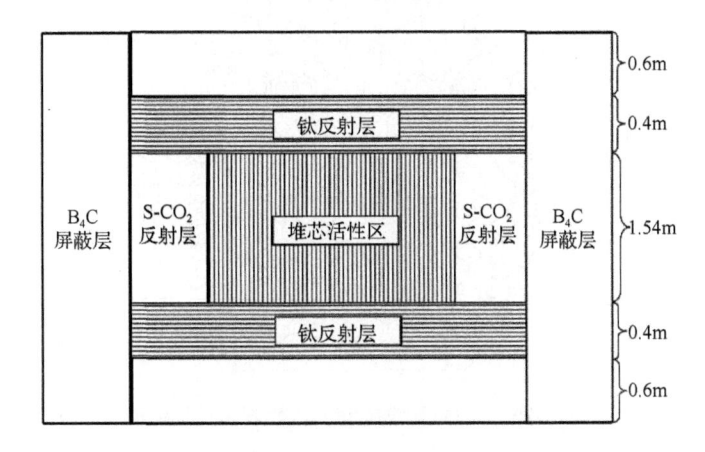

图 3-28 MIT 气冷快堆堆芯纵剖面图

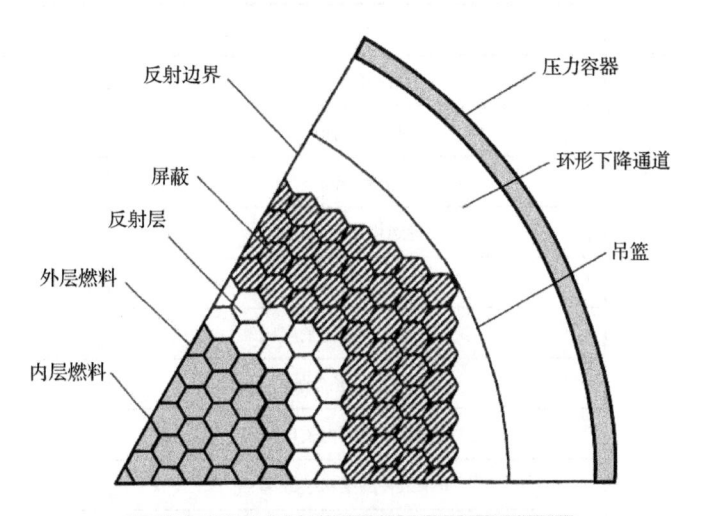

图 3-29 MIT 气冷快堆堆芯的 2 区装载方案

对于 SCO$_2$ 反应堆堆芯，若不专门设置增殖区，应使燃料具有足够的燃耗深度，这要求堆芯应具有较高的燃料体积份额（60%以上）。在较高的燃料体积份额条件下，采用柱状元件的堆芯流动阻力要明显低于棒状燃料元件。因此，堆芯燃料元件多采用六棱柱形，详见图 3-30 上部所示的柱状元件。由图 3-30 所示可知，以传统气冷快堆燃料组件结构为基础，设计了一种六边形/菱形 TID（tube in duct）燃料组件，详细参数见表 3-6。主要设计理念包括：①实现较大的裂变燃料体积份额；②确保材料不被高温 SCO_2 严重腐蚀；③在设计燃耗条件下能够保证燃料结构的完整性。这种菱形燃料组件设计方案可近似看成是将传统棒状燃料组件的燃料棒区和冷却剂区互换，形成所谓的 TID 燃料组件。

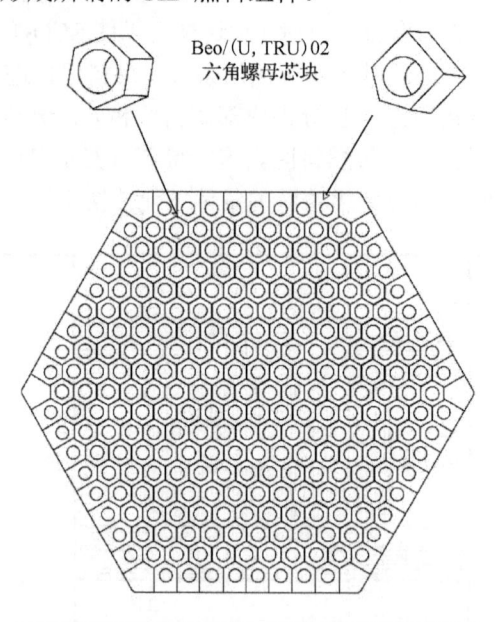

图 3-30　SCO_2 气冷快堆 TID 燃料组件横截面

表 3-6　TID 燃料组件与堆芯主要参数

	参数	值
冷却剂通道	内径/mm	7.0
	包壳厚度/mm	0.7
	外径/mm	8.4
	通道中心距/mm	13.3
	通道粗糙度/m	1×10^{-5}
	下部非活性区内长度/m	1.1
	活性区内长度/m	1.54
	上部非活性区内长度/m	1.0
燃料组件	每个组件的燃料装载区	265
	每个组件的非燃料装载区	6
	组件平行壁面间距（内表面）/cm	22.3
	组件壁面厚度/mm	2
	组件平行壁面间距（外表面）/cm	22.7

TID 燃料元件以六边形为主，为了与燃料组件边缘相适应，四周燃料元件采用五边形结构。每个燃料元件内部开有直径为 7mm 圆形孔洞作为 SCO_2 冷却剂的流动通道，冷却剂通道周围的固体区域内填充有二氧化铀与氧化铍的混合燃料，固体燃料和冷却剂流动通道之间为壁厚为 0.7mm 的燃料包壳管。由于反应堆的出口温度为 650℃（低于 700℃），包壳材料的选取无须特别关注抗氧化性，而主要关注的是与中子相互作用的特性，通过计算分析最终选用 ODS MA956 作为包壳材料。

TID 组件的核燃料采用 UO_2 与 BeO 的混合物，而并没有直接采用 UO_2 作为核燃料。原因在于单一成分的 UO_2 将使堆芯具有较高的冷却剂正空泡系数（超过\$1），并且在反应堆循环周期内，径向功率分布将发生剧烈变化，这对堆内反应性的安全带来不利影响。为缓解这些影响，在 SCO_2 反应堆设计中通常会加入适量的慢化剂。常见的耐高温慢化剂材料中，石墨和铍是可选方案。不过，石墨的慢化能力相对较弱，若将能谱充分软化堆芯内需要较大的体积。虽然铍的中子慢化能力很强，但纯金属铍的熔点低，这将限制堆芯的输热能力。一种可行的方案是采用氧化铍作为慢化剂与二氧化铀燃料进行混合，这样可以有效降低燃料的空泡反应性，并在长循环周期内展平反应堆功率分布。此外，氧化铍较高的导热系数有助于提高燃料的导热性能。已有研究表明，在 UO_2 中添加 10%体积份额的 BeO，燃料的导热系数可以提高 50%。在 MIT 气冷快堆最终设计方案中，265 个燃料元件和 6 个角部构件交叉排列组成一个 TID 燃料组件，378 个 TID 燃料组件和 19 个控制棒组件构成堆芯活性区。堆芯燃料体积份额为 75%，冷却剂体积份额为 25%。

第4章 液态金属冷却反应堆

液态金属冷却反应堆是指采用熔点较低的金属材料作为反应堆冷却剂的堆型。目前世界上正在设计和运行的液态金属冷却反应堆主要有钠冷堆和铅基材料冷却的反应堆。铅基材料冷却的反应堆包括铅冷堆和铅铋合金冷却的反应堆。金属钠、铅和铋的原子质量较大，慢化中子的能力弱，因此液态金属冷却的反应堆都是快堆。钠、铅和铋的中子吸收截面较低，反应堆的增殖比较高，用这些材料作为冷却剂的反应堆都可以做成增殖堆，达到燃料转换和增殖的目的。由于这些原因，20世纪40年代开始，美国、苏联等发达国家就开始研究用液态金属冷却的反应堆，将不易裂变的U-238转换成易裂变核素Pu-239，使燃料的利用率大幅度增加。液态金属钠、铅及铅铋合金的流动性好，这些液态金属作为冷却剂具有传热和输热能力强的优点，这样利用较少的冷却剂就可以携带出堆芯较多的热量，因此用液态金属冷却的反应堆体积可以大大缩小，对于船用和特殊用途的小型核动力有特殊的优势。液态金属冷却的快堆不但能使燃料增殖，还能将长寿期、高放射性的锕系元素进行嬗变，使其变成短寿期、低放射性元素，大大减轻高放射性元素的处置负担。近年来随着科学技术的快速发展，有关材料腐蚀以及反应堆安全技术不断进步，过去难以解决的问题现在大部分都得到了解决，所以近年来世界上很多国家都提出了液态金属冷却反应堆的发展计划，第四代核能系统国际论坛（GIF）把钠冷堆和铅冷堆都列在了第四代反应堆的重点发展堆型中。

4.1 快中子反应堆概述

原子核的裂变截面和吸收截面与中子的能量有关，对于易裂变核，快中子的裂变截面比热中子的裂变截面低，因此快中子堆与热中子堆的一个主要差别是燃料的组成不同，在快堆中易裂变材料的富集度约为20%，而热中子堆中易裂变材料的富集度约为0.7%～4%。由于快堆的燃料富集度高和没有慢化剂这两个因素，意味着在同样的功率下快堆的堆芯会更小，且功率密度更高。在快堆中热中子几乎是不存在的，因此，在快堆中热中子吸收截面高的材料并不那么重要。像Xe和Sm那样的裂变产物没有热堆那么关注，因为这些核素的快中子吸收截面并不太高，因此快堆中没有氙震荡和氙中毒的问题，中子物理特性更加稳定。在快堆中随着反应堆燃耗的加深，裂变产物的积累所引起的反应性下降比热堆要慢得多。

因为快堆中没有中子的慢化过程，减少了慢化过程中子被其他材料吸收的概率，堆内材料的快中子吸收截面较热中子吸收截面低很多；还有易裂变原子核在快中子轰击下裂变产生的中子数比热中子轰击裂变产生的中子数多，在核裂变链式反应过程中，除了维持裂变的中子外，能够用于燃料增殖的中子数多，因此快堆更容易做成增殖堆。这种增殖堆可以把不易裂变的核燃料转换成易裂变的核燃料，在整个燃料循环过程中起到至关重要的作用，可以解决核燃料长期供给的问题。

从反应堆物理方面分析,快中子反应堆与热中子反应堆的区别主要有以下几方面。

(1) 快中子反应堆中引起易裂变材料裂变的中子的能量在 0.1MeV 以上,而热中子反应堆内引起易裂变材料裂变的中子的能量一般小于 1eV。因此,在快中子反应堆内,热中子通量密度低到可以忽略。很多材料的热中子俘获截面大但是快中子俘获截面却很小,因此快堆对结构材料的选择就比较宽松,例如快堆中可以选择不锈钢这种热中子俘获截面比较大的材料作为燃料包壳材料,但在热中子反应堆内就受到限制。

(2) 反应堆中有些裂变产物俘获热中子的截面较大,但是其快中子俘获截面都较小,在快中子反应堆中,由于热中子几乎不存在,因此,裂变产物氙和钐这些堆芯内的毒物对反应性的影响就不那么重要了,快堆不存在氙振荡和碘坑这些现象。

(3) 与热中子反应堆相比,快中子反应堆的燃料富集度不同,快堆中易裂变材料的富集度高,而热中子反应堆中的易裂变材料的富集度相对较低。由于这些区别,快中子反应堆的堆芯尺寸比热中子反应堆要小。快堆的堆芯尺寸高度为 lm 量级,压水堆为 3m 量级,石墨或重水堆为 5～10m 量级,故快堆的功率密度更高。

在快堆的燃耗计算中,把很多裂变产物归并成一组裂变产物进行计算。其裂变产物的积累导致的反应性下降比热堆小,因为像氙和钐这些热中子吸收截面很大的材料,其吸收快中子的能力并不强。快中子的平均自由程比热中子大,中子平均自由程一般为 10cm 或更长。虽然燃料、冷却剂和结构材料的核特性差别很大,但由于单个燃料元件和结构部件的尺寸通常为几毫米,故把反应堆内与中子平均自由程相当的区域看成是均匀的,不会出现局部中子通量密度"下沉",也不会出现局部中子通量密度峰,因此可以应用扩散理论。由于快中子反应堆的扩散平均自由程要比压水堆的大一个数量级,因此,相比压水堆,快堆相互耦合得更紧密,产生功率振荡的概率更小。

4.1.1 快中子反应堆的增殖特性

一般定义的核燃料包括易裂变原子核和可裂变原子核,易裂变原子核(^{235}U、^{239}Pu 和 ^{233}U)在任何能量的中子轰击下都能产生裂变反应。而可裂变核(如 ^{238}U 和 ^{232}Th)诱发裂变的阈值较高,因此只有和某些能量高于一定值的中子发生碰撞,才能发生裂变反应。易裂变核中只有 ^{235}U 是在自然界中天然存在的。然而,在天然铀中 ^{235}U 的储量仅约占 0.72%,99.2%以上的是 ^{238}U。因此,单纯以 ^{235}U 作为燃料的核能,将会使天然铀资源很快耗尽。再考虑到铀矿开采经济价值的限制,^{235}U 将无法长期满足核能发展的需要。自然界中还有一种同位素钍(^{232}Th)是可裂变燃料,但是它的裂变阈值高、裂变截面低,不能直接作为反应堆的燃料。如果把天然铀中的 ^{238}U 或 ^{232}Th 转换为易裂变同位素 ^{239}Pu 或 ^{233}U,就能将核能资源扩大很多倍,从而满足人类对能源的需要。

为了达到增殖,可转换同位素或称可裂变同位素 ^{238}U、^{232}Th 必须通过中子俘获 (n,γ) 反应转换为易裂变同位素。这种转换可通过以下过程完成:

$$^{238}_{92}\text{U} \xrightarrow{(n,\gamma)} {}^{239}_{92}\text{U} \xrightarrow[23.5\text{分}]{\beta^-} {}^{239}_{93}\text{Np} \xrightarrow[23.5\text{天}]{\beta^-} {}^{239}_{94}\text{Pu}$$

$$^{232}_{90}\text{Th} \xrightarrow{(n,\gamma)} {}^{239}_{92}\text{Th} \xrightarrow[23.4\text{分}]{\beta^-} {}^{233}_{91}\text{Pa} \xrightarrow[27\text{天}]{\beta^-} {}^{233}_{92}\text{U}$$

这种转换过程是在反应堆内完成的，无论是水冷堆和钠冷堆内都可以完成这样的转换。水冷反应堆使用热中子引发核裂变，而钠冷快堆使用快中子引发核裂变。水冷堆中的慢化剂和结构材料在中子的慢化过程会吸收较多的中子，水冷堆中裂变产物 ^{135}Xe 和 ^{147}Sm 这些毒和渣也会大量吸收热中子。在快堆中没有慢化剂，热中子几乎是不存在的，因此，热中子吸收截面高的材料在快堆中并不显得那么重要。所以快堆不存在氙中毒问题，而且随着燃耗的加深，由于裂变产物的积累所引起的反应性下降比热堆要慢得多。因为大多数材料的快中子截面是相似的，所以在快堆堆芯材料的选择中，核因素的限制就不那么苛刻。

压水堆一般使用 3%~5%的浓缩铀（^{235}U）作为燃料，而快堆主要用 ^{239}Pu 作为燃料，同时在 ^{239}Pu 的外围再生区里放置铀 ^{238}U。^{239}Pu 产生裂变反应时放出来的快中子被外围再生区的 ^{238}U 吸收，经过几次衰变后转化为 ^{239}Pu。这样，在 ^{239}Pu 裂变产生能量的同时，又不断地将 ^{238}U 变成易裂变燃料 ^{239}Pu，如果再生速度高于消耗速度，易裂变核素将越烧越多，实现快速增殖，所以这种反应堆又称为增殖堆。

快堆具有把可转换同位素转变成易裂变同位素的能力，从而使增殖新的易裂变同位素成为可能，但这只能在有足够的中子可以利用的情况下才能实现。人们通常用转换比 CR 来描述转换的过程，其定义是：反应堆中每消耗一个易裂变同位素原子所产生新的易裂变同位素原子数，即

$$CR = \frac{易裂变核的生成率}{易裂变核的消耗率} = \frac{堆内可转换核的辐射俘获率}{堆内所有易裂变核的吸收率}$$

根据以上转换比的定义，我们可以得到压水堆和快增殖堆的转换比：考虑一个压水堆，假设唯一的易裂变燃料是 ^{235}U，设有 100 个 ^{235}U 裂变产生 240 个中子，根据中子平衡原理，有 100 个中子引起 100 个新的裂变维持链式反应；有 70 个中子被可增殖燃料（^{238}U）俘获，转换成易裂变核（^{239}Pu）；有 65 个中子被非增殖材料俘获，其中有 17 个被易裂变核俘获没有裂变；还有 5 个中子泄漏出堆芯。根据这一简化的中子平衡过程可得到压水堆的转换比为 CR=70/（100+17）≈0.6，见图 4-1。如果再考虑一个快中子增殖堆，假设装载的易裂变燃料全部是 Pu，设有 100 个 ^{239}Pu 裂变产生 295 个中子，根据中子平衡原理，有 100 个中子引起 100 个新的裂变维持链式反应；有 90 个中子被可增殖燃料（^{238}U）俘获，转换成易裂变核（^{239}Pu）；有 45 个中子被非增殖材料俘获，其中有 25 个被易裂变核俘获没有产生裂变；还有 60 个中子泄漏出堆芯，进入转换区，在转换区其中大部分中子被可增殖材料（^{238}U）俘获，转换成易裂变核（^{239}Pu）。根据这一简化的中子平衡过程可得到快增殖堆堆芯的转换比为 CR_{int}=90/（100+25）≈0.72，堆芯和转换区的总的转换比为 CR_{tot}=（90+50）/（100+25）≈1.12。见图 4-1。

从以上的简单分析可以看出，即使不考虑转换区，在堆芯内快堆的转换比也大于压水堆，但是转换比还是小于 1，加了外围转换区后快堆的转换比可以大于 1，从而达到燃料增殖的目的。对于压水堆，由于泄漏出堆芯的中子量少（水本身有慢化中子和屏蔽中子的作用），即使增加转换区也达不到转换比大于 1。

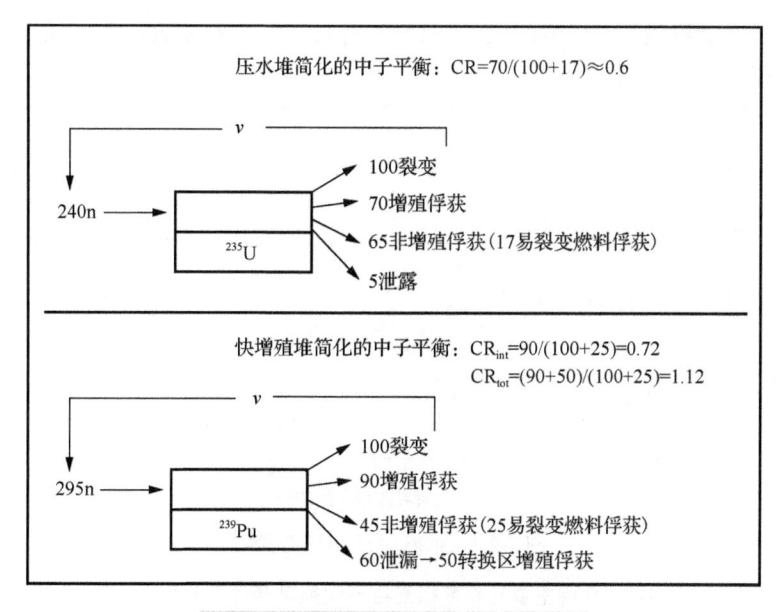

```
压水堆简化的中子平衡：CR=70/(100+17)≈0.6

                    ν
              ┌──────────→ 100裂变
              │      ┌───→ 70增殖俘获
  240n ──────→│ ²³⁵U │
              │      └───→ 65非增殖俘获（17易裂变燃料俘获）
              └──────────→ 5泄露

快增殖堆简化的中子平衡：CR_int=90/(100+25)=0.72
                      CR_tot=(90+50)/(100+25)=1.12

                    ν
              ┌──────────→ 100裂变
              │      ┌───→ 90增殖俘获
  295n ──────→│ ²³⁹Pu│
              │      └───→ 45非增殖俘获（25易裂变燃料俘获）
              └──────────→ 60泄漏→50转换区增殖俘获
```

图 4-1　压水堆与快堆的中子平衡比较

对于增殖堆 CR>1，则反应堆内产生的易裂变核比消耗的易裂变核要多，此时的转换比也称增殖比（BR），与之相对应的反应堆则称为增殖堆。从燃料增殖的角度看，燃料核每吸收一个中子产生的平均次级中子数是一个很重要的参数，它将影响增殖的可能性和转换比的大小，其量值可用以下关系表示：

$$\eta = \frac{\nu\sigma_f}{\sigma_f + \sigma_c} = \frac{\nu}{1+\sigma_c/\sigma_f} = \frac{\nu}{1+\alpha}$$

式中，η 为燃料核每吸收一个中子产生的平均次级中子数；ν 为燃料核每次裂变时产生的平均次级中子数；σ_f 为裂变截面；σ_c 为俘获截面；α 为俘获裂变截面比（σ_c/σ_f）。其中，参数 ν 和 α 为测量量，η 为导出量。

对于每种主要的易裂变同位素，在各种中子能量（直至达到约 1MeV）下，ν 值变化不大，但它随中子能量的增加而缓慢上升。另外，α 值随同位素和中子能量的不同而有明显的变化。对于 ^{239}Pu 和 ^{235}U，在 1～10eV 的中等能量范围，α 值随中子能量的增加而迅速增加，而在高能区又降了下来；对 ^{233}U，α 值没有明显的变化，ν 和 α 的这种性质决定了 η 值随中子能量的变化如图 4-2 所示。

在燃料增殖的过程中，假设一个中子被吸收平均生成 η 个次级中子，这 η 个次级中子中有 1 个中子必定被易裂变核吸收，以维持链式反应；还有 L 个中子在反应堆内被非燃料的材料吸收或从反应堆泄漏。根据中子平衡，可转换材料核可以俘获的中子数为 $\eta-(1+L)$。因此增殖比定义为

$$BR = \eta - (1+L)$$

很明显，增值比与 η 值有很大关系，表 4-1 列举了几种主要易裂变核素在不同能谱条件下的平均 η 值。可以看出，快中子反应堆的 η 值大于热中子反应堆的 η 值，这就是快中子反应堆能增殖的原因。此外，Pu 的 η 值比 U 的大，因此，要充分发挥快中子反应堆的增殖作用，MOX

燃料是最佳选择。能量越高，η 值越大，^{233}U 的 η 值比 ^{235}U 的要大，^{239}Pu 的 η 值更高，因此快增殖堆一般都要用 ^{239}Pu 作为燃料。

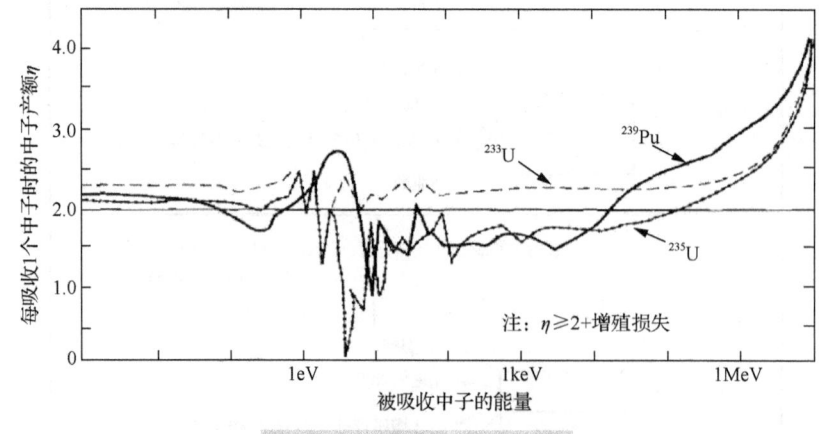

图 4-2　η 值随中子能量的变化

表 4-1　几种主要易裂变核素在不同能谱条件下的平均 η 值

能谱	^{239}Pu	^{235}U	^{233}U
LWR 谱平均（≈0.025eV）	2.04	2.06	2.26
典型的氧化物燃料的 LMFBR 谱平均	2.45	2.10	2.31
金属燃料或碳化物（UC-PuC）的 LMFBR 谱平均（≈1MeV）	2.90	2.35	2.45

4.1.2　快中子反应堆的嬗变特性

　　光子及亚原子粒子轰击靶原子核可引起核反应，将一种原子核转变为另一种原子核，这一转变称为嬗变。中子在物质中的穿透能力强，与原子核反应无须克服库仑势垒，因此各种能量的中子都可引起核反应。对于同一类核反应，不同核素、不同的中子能量，反应截面（概率）相差很大，这就为选择性嬗变提供了有利条件。中子可通过裂变反应堆实现工程规模嬗变，将反应堆产生的一些长寿命的高放射性元素转变成短寿命的低放射性元素。

　　第四代先进核能系统有明确的目标是：对核资源实现有效利用；能有效处理核废物，并使核废物最小化，特别是减少核废物长期管理的负担。核废物（放射性废物）的安全处理和处置不仅关系人类健康、社会与环境安全，而且也是影响核能未来发展的重大问题。核废物中比较难以处理的是高放射性废物，主要指乏燃料后处理产生的高放废液及其固化体，也包括乏燃料。高放废物的体积虽然不足核燃料循环所产生的放射性废物体积的百分之一，但其放射性活度却占核燃料循环总放射性活度的 99% 以上。由于高放废物具有放射性强、释热率高、半衰期长和毒性大等特点，所以应采取措施减少其存量。

　　为解决高放废物的长期放射性影响，早在 20 世纪 70 年代科学家就提出了分离-嬗变概念，即通过化学分离把高放废物中的次锕系元素和长寿命裂变产物分离出来，再制成燃料元件或靶件送往反应堆或加速器中，通过核反应使之嬗变成短寿命核素或稳定元素。这使来自后处理设施的放射性废物在相对短时间内衰变到较低的放射性毒性水平。高放废物的分离-嬗变是实现高放废物最小化工程技术的可行和有效途径。通过分离-嬗变可以极大地减少高放废物中锕系元素和长寿命裂变产物的含量，降低高放废物的毒性和危害。

高放废物的长期放射性毒性主要是钚 Pu、次锕系元素（minor actinides，MA，主要包括 Np、Am、Cm 等）、长寿命裂变碎片核素（long-lived fission products，LLFP，主要包括 ^{99}Tc、^{129}I 等）的贡献。分离和嬗变是相互衔接的两个环节。乏燃料后处理时，在后处理流程中进行长寿命核素的分离，并且要求去污因子达到一定水平，分离出的长寿命核素需再进行嬗变。

次锕系元素 MA 大部分是在 U-Pu 的转换链上产生的，见图 4-3。

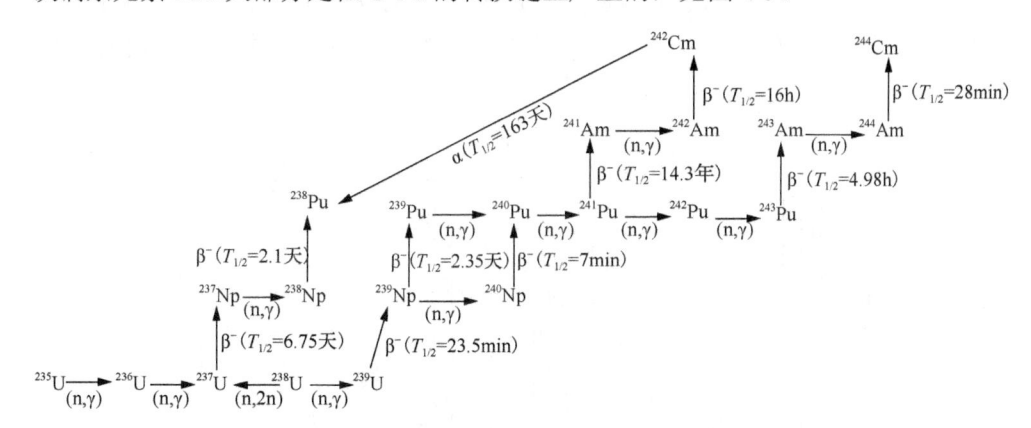

图 4-3 U-Pu 转换链

这一转换链可以简单地描述成如下形式：

$$Np-237 \xrightarrow{(n,\gamma)} Np-238 \xrightarrow{\beta^-,2.12\text{天}} Pu-238$$

$$Am-241 \xrightarrow{(n,\gamma)} Am-242 \xrightarrow{\beta^-,16h} Cm-242 \xrightarrow{\alpha,163\text{天}} Pu-238$$

$$Am-243 \xrightarrow{(n,\gamma)} Am-244 \xrightarrow{\beta^-,26\text{min}} Cm-244 \xrightarrow{(n,\gamma)} Cm-245$$

从这一转换链可以看出，主要核素发生俘获反应的产物都是 Pu-238，因此添加 MA 后堆芯相应区域的 Pu-238 的产额将会有显著的增加，尤其是能谱比较软的区域，这也是 MA 在堆中嬗变的主要焚毁途径，Pu-238 的裂变能力要比主要的 MA 核素强。Pu-238 的半衰期约为 87.4 年，衰变类型为 α 衰变，由于 α 衰变时有比较强的衰变热释出，因此 Pu-238 是制作同位素电池的重要原料。国际上也有研究人员提出在增殖快堆的转换中添加适量 MA，使得转换区中生产的 Pu 中 Pu-238 的比例增加，利用 Pu-238 的衰变热和较高的自发中子发射率，来加强增殖快堆转换区中所生产的 Pu 的防扩散能力。

进行嬗变的目的是希望减小一些长半衰期、对环境影响较大核素的量。MA 核素吸收中子后，可能发生俘获反应，也可能发生裂变反应。然而，MA 核素发生俘获反应的产物仍旧是锕系核素，因此希望避免俘获反应的发生，而直接将 MA 核素裂变掉。裂变的好处是，一方面在于 MA 裂变后其裂变产物半衰期较短，相比 MA 长期的放射性毒性会减小；另一方面，裂变反应会放出中子，有利于维持链式反应的进行。

在将 MA 核素裂变方面，快堆的能力明显高于热中子堆。图 4-4 给出了快堆和压水堆中几个重要核素的裂变与吸收的比值。从该图可以看出，对于易裂变燃料 ^{239}Pu 和 ^{241}Pu 吸收的中子有 80% 以上都会产生裂变，快堆这个值高于压水堆；对于几个非易裂变核素，吸收中子后产生的裂变数快堆更是远高于压水堆。其中的原理是快堆的堆芯内中子能谱较压水堆高很多，一些非易裂变核素的裂变阈值较高，只有能量较高的中子才能引起裂变，低能中子不易引起裂变。这些现象表明，利用快堆消耗这些超铀元素会带来两方面的好处，一个是大幅度减少了长寿期高放射性物质的排放，另一个是提高了燃料的利用率。对于主要的MA核素，其裂变反应几乎都为高能阈反应，能谱越硬越有利于裂变的发生。而且由于裂变概率大，快谱下MA嬗变链往往较热谱下的短，高序数锕系核素的生成较少。实际上，MA在硬能谱下也是一种裂变资源，计算表明，在一定硬度的中子能谱下，1kg MA核素的作用相当于0.6kg的 ^{235}U。

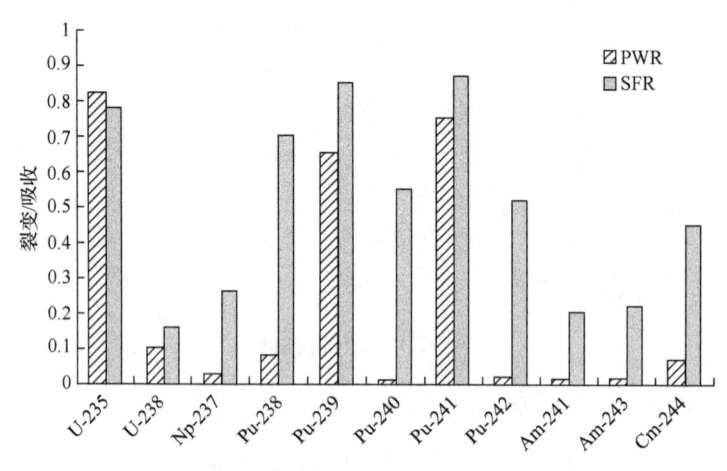

图4-4 铀和次锕系元素的裂变与吸收比

MA核素吸收中子后，发生俘获或是裂变反应的概率用截面来表示，发生裂变反应概率的大小与（俘获/裂变）截面比有关，（俘获/裂变）截面比越小，裂变反应发生的概率就越大。在快中子谱下MA有着较小的（俘获/裂变）截面比，说明快中子谱更有利于MA核素的裂变。

在快中子能谱下MA元素的中子吸收截面和裂变截面都比压水堆能谱下的低，而平均俘获截面与裂变截面的比值也小，而后面这个比值对于处理长寿期高放射性元素是十分有利的。同时对燃料的增殖也会带来好处，因为在快堆的增殖区内铀-238吸收中子后转变成钚-239，而在快中子能谱下裂变率低和俘获截面与裂变截面比值低这两个因素都会使转换区的钚-239含量高，因此达到更高的增殖比。

在快堆中嬗变MA对堆芯特性有比较大的影响，有许多堆芯特性参数需要计算分析。MA的中子俘获截面很大，是一种中子吸收剂，但俘获反应产物（或俘获反应后的衰变产物）的裂变/俘获截面比值比其母核要大，这在一定程度上可以恢复后备反应性，甚至可以增加反应性。这种滞后反应性的增加可以降低燃耗反应性损失，从而降低反应堆的后备反应性和减少后备反应性控制棒，加深燃料的燃耗深度，延长元件的"燃烧"时间。

另外需要注意的是，MA加入快堆堆芯后会增加冷却剂密度效应正反馈，减小多普勒负反馈，并且堆芯的有效缓发中子份额和平均瞬发中子代时间都会有所减小，给堆芯的控制及安全运行带来一定影响，需要在设计中加以关注。

快堆的中子能谱比热堆硬,中子通量较高,是当前可用于 Pu 和 MA 嬗变处置的最现实的技术。快中子可以裂变所有的锕系核素,但裂变截面比较小。MA 加入快堆后,燃料在循环期间的 MA 含量不会积累到放射性不可容忍的程度。在快堆中嬗变 MA 时,高原子序数锕系核素的积累比在热堆中嬗变时慢。MA 的裂变与俘获截面之比随中子平均能量增加而增加,在很硬的中子场中,MA 可作为燃料使用,甚至全由 MA 组成的堆也可达到临界。在快堆中MA 是额外的可裂变资源,而不像在热堆中那样是废物。

4.2 钠冷快中子反应堆

钠冷快堆是以液态钠为冷却剂,由快中子引起核裂变并维持链式反应的反应堆。钠冷快堆是第 4 代核反应堆中研发进展最快、最接近满足商业核电厂需要的堆型。在这种反应堆内核燃料裂变主要由能量为 100keV 以上的快中子引起,所以堆内不需要慢化剂,从而使堆芯内有害中子吸收减少,能有更多的中子用于转换新的核燃料,转换比较大。

美国是世界上最早研发快堆的国家,于 20 世纪 50 年代就研究了用液态金属作为快堆冷却剂的快堆。在这一时期美国为其海狼级核潜艇设计了钠冷快堆,但是由于当时技术条件的限制,材料腐蚀等问题没有解决好,最终没有成功使用。

苏联在 20 世纪 50 年代也设计运行了 BR-5 型钠冷堆,该堆于 1958 年 7 月开始零功率运行,1959 年 7 月达到满功率,反应堆热功率为 5MWt,反应堆冷却剂为钠,二次系统的工质为钠钾合金。1972 年俄罗斯建造的世界上第一个原型快堆核电站 BN-350 达到临界,该堆热功率为 1000MWt,电功率为 350MWe,是回路式钠冷快中子反应堆。

法国是研究钠冷快堆较早的国家,法国的快中子反应堆计划开始于 1953 年,"狂想曲"(rapsedie)快中子反应堆是法国第一个钠冷快中子堆,整个运行期间状态良好,平均负荷因子在 81%以上,最大燃耗深度为 74000MW·d/t。法国的凤凰(phenix)原型快堆于 1973 年 8 月 31 日达到临界,1974 年 3 月满功率运行。凤凰堆的热功率为 563MWt,电功率为 250MWe。超凤凰(super phenix)堆商用核电站于 1977 年开始建造,计划 1983 年达到临界,实际推迟至 1985 年 9 月才达到临界。它的热功率为 3000MWt,电功率为 1200MWe。

我国自 1968 年开始就开展了钠冷快堆的基础研究工作,1988 年后进行了应用技术方面的研究。1995 年立项建设中国钠冷实验快堆,该堆热功率为 65MWt,电功率为 20MWe,实验快堆已于 2011 年 7 月 21 日成功实现并网发电。在此基础上,目前正在福建霞浦建设示范快堆核电站,该项目单机容量为 600MWe,图 4-5 所示为我国设计的池式钠冷快堆 CFR-600及其回路系统示意图。整个堆芯连同一回路钠泵/中间热交换器以及一回路的其他设备一起浸泡在一个大型液态钠池中,构成一体化结构。该系统采用三个回路,一、二回路的工质是钠,三回路的工质是水和蒸汽,二回路的功能是把堆芯产生的热量从中间热交换器输送至三回路的蒸汽过热器和蒸汽发生器,三回路类似于压水堆的二回路,完成热能至机械能的转换。

钠冷堆的另一种是回路式,回路式将中间热交换器和泵放在反应堆容器外由管路与反应堆相连。由于钠流过堆芯后会被中子强烈活化,而且钠和水会发生剧烈的化学反应,因此要用中间回路把带有放射性钠和水隔开。这样,即使发生钠泄漏或钠-水反应,也会保证一回路系统不受影响。一回路内的液态钠自下而上流经堆芯时吸收裂变释热,在中间热交换器中又把热量传递给二回路的液态钠，二回路的液态钠进入蒸汽发生器，将蒸汽发生器中的水加热成蒸汽，蒸汽驱动汽轮机做功。回路式的优点是布局比较灵活，设备维修方便，但事故时安全性稍差。

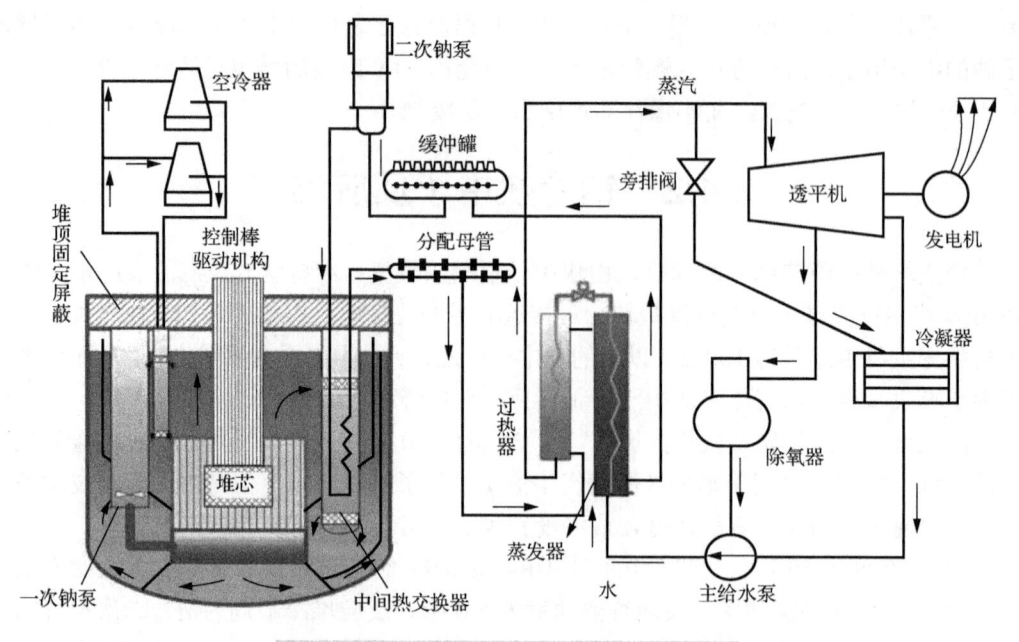

图 4-5 池式钠冷快堆 CFR-600 及其回路系统

快堆在核燃料产业链中占有重要地位，它既能将压水堆乏燃料中分离出来的燃料再利用，也能将铀浓缩生产剩下的贫铀再利用，实现核燃料的闭式循环，提高经济性。快堆和水冷堆配合使用，可实现核能的大规模、可持续发展。

4.2.1 钠的物理和化学性质

1. 钠的物理性质

金属钠具有良好的热物理性质，例如有高的热导率，高的沸点，在高温情况下可以在较低的压力下实现热量传递。用液态金属钠作为冷却剂的反应堆，可在低压下构成冷却剂的高温回路。

单质金属钠呈银白色，质软而有延展性。其晶体结构是由钠原子通过金属键结合起来的体心立方晶格。由于每个钠原子只有一个价电子，使其固体-摩尔原子体积较大（23.68cm^3/mol），因而使它的晶体中金属键结合力较弱，这就使得金属钠与其他金属相比有很低的密度、硬度和熔点。

固体金属钠在 371K 时熔融成为银白色的液体，其黏度约为 293K 水的 70%，在 $1.0132×10^5$Pa 压力下熔融时体积增加 2.7%左右。钠的沸点是 1154K，钠蒸气在低温时呈浅蓝色，在高温下呈黄色。在钠的饱和蒸汽中单原子分子与双原子分子处于平衡状态，随着温度升高，双原子分子数增加，但在过热蒸汽中双原子分子数则随着温度升高而减少。钠在常温下的主要物理性质及数据列于表 4-2 中。

表 4-2　常温下钠的主要物理性质

晶格结构	体心立方
密度/ (kg·m^{-3})	970 (293K)
熔点/K	370.98
沸点/K	1154.55
硬度 (金刚石=10)	0.07
熔化时体积膨胀	2.7%
熔化热/ (kJ·mol^{-1})	2.6
汽化热/ (kJ·mol^{-1})	101
摩尔热容/ (J·mol^{-1}·K^{-1}, 293K)	28.23
熔化熵/ (J·mol^{-1}·K^{-1})	7.0
比热容/ (kJ·kg^{-1}·K^{-1}, 293K)	1.23
导热系数/ (W·m^{-1}·K^{-1}, 293K)	142
热膨胀系数/ (×10^{-4}K^{-1}, 293K)	0.706
表面张力/ (×10^{-3}N·m, 371K 液体钠)	198 (Ar)

钠的主要热工参数随着温度的变化如表 4-3 所示，从这些参数可以看出，钠是较满意的快中子反应堆的冷却剂，但钠在常温下是固体状态，为停堆和启动带来很大困难，需要用电或蒸汽进行加热。在没有氧存在且温度低于 873K 时，液态钠与结构材料有较好的相容性。但钠具有从奥氏体不锈钢表层除去镍和铬的作用，铬形成铬化物，而镍溶解在钠中。镍浓度可能被降低到 1%左右，而铬降到 5%～8%，其结果形成约 5μm 厚的铁素体表层。然后，铁素体被溶解，其速率取决于钠中的氧浓度，表面层的溶解使表面变得粗糙。氧的浓度越大，产生的粗糙度也就越大。对于 316 不锈钢，若钠中含氧为 10ppm，粗糙度约为 2μm，若含氧量 25ppm，则粗糙度约为 6μm。对表面腐蚀的程度基本与钠的流速和雷诺数无关。

表 4-3　钠的主要热工参数随着温度的变化

温度 T /℃	密度 ρ / (kg/m^3)	导热系数 K / (W·m^{-1}·K^{-1})	比热容 c_p / (kJ·kg^{-1}·K^{-1})	黏度 μ / (10^{-8}m^2·s^{-1})	普朗特数 Pr /10^{-2}
100	928	86.05	1.386	77.0	1.15
150	916	84.07	1.356	59.4	0.88
200	903	81.63	1.327	50.6	0.74
250	891	78.72	1.302	44.2	0.65
300	875	75.47	1.281	39.4	0.59
350	866	71.86	1.273	35.4	0.54
400	854	68.72	1.273	33.0	0.52
450	842	66.05	1.273	30.8	0.50
500	829	63.84	1.273	28.9	0.48
550	817	61.98	1.273	27.2	0.46
600	805	60.58	1.277	25.7	0.44
650	792	59.65	1.277	24.4	0.41
700	780	59.07	1.277	23.2	0.39

钠在高温或有氧存在时腐蚀速率会增大，因此在钠中一定要严格限制氧的含量。腐蚀机理主要是质量迁移，即在系统的高温部位熔解，然后在低温部位沉淀。沉淀可能会造成管道堵塞。在核反应堆中，钠受到中子的辐照，在热中子辐照时主要是（n,γ）反应。在快中子谱中，如（n,p）、（n,α）、（n,2n）和（n,n）等一些反应也变得重要了。

2. 钠的化学性质

钠是元素周期表中最活泼的金属元素之一，具有很强的反应性。它能与电负性较大的非金属元素（如氧、硫、氮、氢）以及卤素等直接作用，一般形成离子型化合物。钠的标准电极电位为-2.714V。可见，它是一种很强的还原剂。在空气中，它很快失去光泽，表面形成的一层薄膜可部分地防止其继续氧化。为防止被氧化，应将金属钠贮存在稀有气体中。钠遇水发生强烈的反应，生成氢氧化钠和氢气；它能从非氧化性的酸中置换出氢气生成盐；在高温下能夺取一些氧化物中的氧或氯化物中的氯，将金属还原。它能与醇、醚等多种有机试剂反应，生成钠的有机化合物。下面对钠与一些主要单质和化合物的化学反应加以简单介绍。

1）钠与氧的反应

钠与氧的反应可生成氧化钠（Na_2O），含有O^{2-}；过氧化钠（Na_2O_2），有O_2^{2-}；超氧化钠（NaO_2），含有O_2^-。

在钠过量的熔融钠中，过氧化钠和超氧化钠是不稳定的，只有氧化钠是稳定的。氧化钠是强碱性的白色粉末。它吸水性很强，金属钠表面的氧化钠在吸收空气中的水汽后生成氢氧化钠，氢氧化钠也是吸水性很强的物质，进而在钠表面生成氢氧化钠水溶液。当氢氧化钠水溶液稀释到一定的浓度时，钠与它会发生爆炸性反应。氧化钠的密度为 $2.3×10^3 kg/m^3$，熔点为 1275℃。

2）钠与水的反应

在低温下（≤273K），钠与水也能反应；在室温下，钠与水反应剧烈。大量的钠与水接触时会发生爆炸。

3）钠与空气的反应

室温下钠与空气中的氧、水和二氧化碳反应生成氧化钠、氢氧化钠和碳酸钠的覆盖薄膜。当温度高于388K时钠可能会引起燃烧。

钠的化学性质很活泼，很容易被空气或水氧化。在空气中钠会燃烧而生成氧化物，它与水发生激烈反应产生氢氧化钠和氢气。因此，在设计时应注意设备和容器的密封性，以防发生这种反应。使用钠作为冷却剂的另一缺点是钠-23俘获中子后生成钠-24，钠-24是放射性同位素，半衰期为15h，衰变时除放出β粒子外，还放出γ射线，因此冷却剂系统必需屏蔽，这样一来给维修也带来一定问题。

4.2.2 钠冷反应堆结构与材料

1. 钠冷反应堆本体结构

图4-6表示一个池式钠冷堆内各部件的布置情况。在该布置中，堆芯和中子屏蔽由堆芯支撑构件支撑，堆芯支撑构件链接在容器的下封头上，而其他部件，如冷却剂泵和中间换热器等由反应堆顶盖支撑。有的布置将堆芯和中子屏蔽也挂在反应堆顶盖上，这种布置的优点是容器只承受钠本身的重量，热膨胀等对反应堆容器所产生的应力可以减为最小。

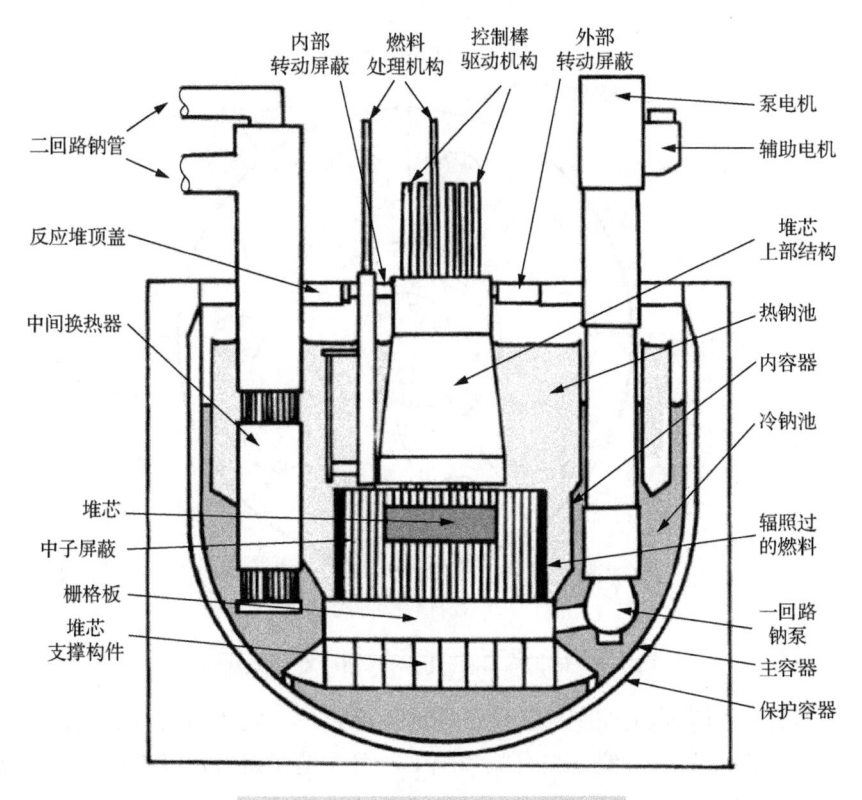

图 4-6 池式钠冷堆的主回路系统布置

池式钠冷堆冷却剂系统流动压降小，反应堆容器没有外部接管，结构简单，因此目前设计的钠冷堆大多采用池式。反应堆冷却剂系统可以采用优化布置，使热的冷却剂不接触反应堆容器表面，而让从中间换热器出来的温度较低的钠接触容器表面。另外，池式堆的容器足够大，辐照过的燃料可以临时储存在堆内，一般是放置在中子屏蔽周围。辐照过的燃料从堆芯移动到临时储存的位置不需要提出到冷却剂之外，因此移动过程不需要冷却等特殊处理。这些辐照过的燃料放在堆内经过一段较长时间的衰减，裂变产物的衰变功率降低到一定程度再移出反应堆，这样会使乏燃料处理更加容易。

一个典型的池式钠冷堆的容器直径可达大约 17m，深度为 16m，可容纳 2000 吨的钠，由大约 20mm 厚的不锈钢制成。反应堆主容器由外面的保护容器所包围，这样即使出现主容器泄漏，也能保证容器内的钠不会低于堆芯顶部。主容器与保护容器之间的间隔还要允许主容器能够被检查。内部容器将冷却剂系统热的和冷的部分分开，使所有与主容器接触的钠都是堆芯入口温度较低的钠。在有些情况下内部容器是双层壁，以减少冷-热钠之间的热传递。

图 4-7 表示一个有 3 条二回路系统的池式钠冷堆顶部视图。与压水反应堆不同，池式钠冷反应堆顶盖是一个比较复杂的结构。它的下表面与热的钠相接触，必须有热绝缘保护。通过顶盖进入堆芯是通过两个转动的盖板，两个转动盖板是不同心的。当反应堆运行时，盖板正常定位，控制棒驱动机构安装在内转动盖板上，内转动盖板正好在堆芯上方，控制棒驱动机构与下方的堆芯相对应。当反应堆停堆换料时，控制棒驱动机构与控制棒脱离，将控制棒中子吸收体留在堆芯内保证堆芯处于次临界。换料时内盖板转动一定角度，燃料处理机构安装在堆芯上方位置进行装卸料操作。

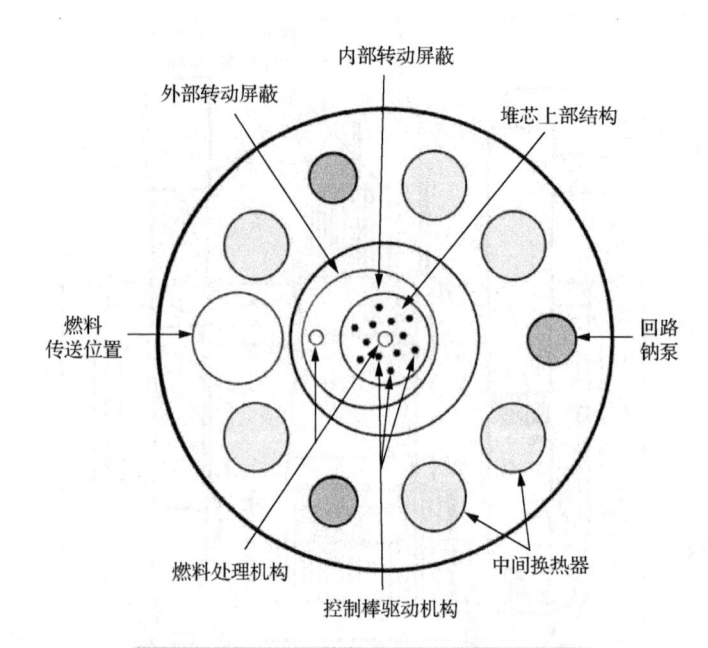

图 4-7 有 3 条二回路的池式钠冷堆顶部视图

堆芯的上部结构用来确定控制棒驱动机构的准确定位。它也带有堆芯出口的测量仪器，例如测量堆芯出口温度的热电偶，在有些情况下，可在这里进行冷却剂取样，用来确定燃料元件是否出现破损。

反应堆冷却剂泵是钠冷堆中的一个重要部件，它要保证在任何运行条件下驱动钠流体带走堆芯产生的热量，因此需要它具有高可靠性，并且要长期在高温下工作。一些早期的钠冷堆使用电磁泵驱动冷却剂循环流动，其优点是没有转动部件穿入钠池，故障率很低，然而这种电磁泵流量较小（<1000kg/s）、压头较低，很难满足大功率反应堆的需要。因此，目前广泛采用机械泵驱动冷却剂循环流动。穿入钠池的问题可以靠采用壳式电机的方式，允许电机轴在钠液位上方通过钠池。这种循环泵的驱动电机在钠池顶盖上，通过一个长轴与泵体相连，长轴是大直径的管型轴以避免涡流。采用可变速电机，还配有辅助电机，保证在反应堆停堆后堆芯能得到适当的冷却。当出现断电事故时，可通过备用的柴油发电机进行供电，以保证事故状态下的堆芯冷却。

对于池式钠冷堆，选用较多数量的循环泵，每个泵的流量不大是有益的。离心式冷却剂循环泵的工作特点是容积流量大，压头较小。一个典型的 3600MWe 的反应堆有 3 台冷却剂循环泵，每台泵的流量是 8m^3/s，压头为 500kPa。

图 4-8 表示了一个在钠冷堆内的主冷却剂循环泵。该泵采用单级离心式泵的设计结构，泵体的外侧是一个竖直的套筒，套筒的下端与冷池相联通，保证泵的吸入口吸入冷池的钠，吸入口引导钠向下进入泵的叶轮，叶轮驱动钠流体进入轴向扩散器然后进入出口接管。钠从出口接管进入一个球形联箱，在通过球形联箱后钠进入燃料组件的栅格板。泵轴和泵壳都安装在外套管内，外套管穿入冷钠池。泵轴和泵壳是在上部由推力轴承和径向轴承相连，由于泵驱动冷却剂向下流动，泵的壳体设计成能够承受轴向推力。

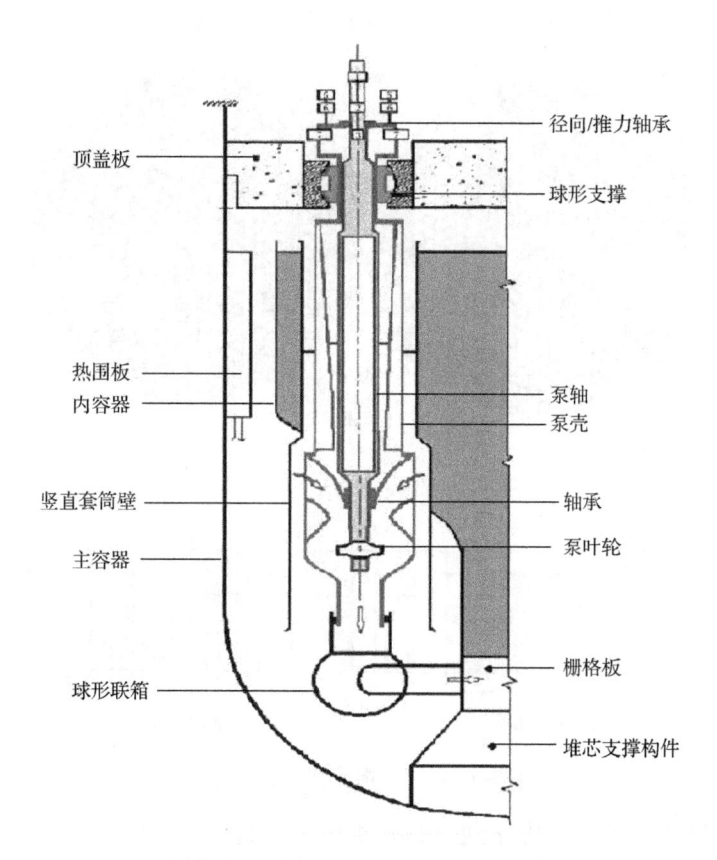

图 4-8 在钠冷堆内的主冷却剂循环泵

钠冷却剂从循环泵出来后通过主管道进入栅格板段（图 4-6），钠冷堆的栅格板段是一个特殊的结构，它由上下两块平板加中间多个立筒组成，两板之间的距离大约为 680mm。栅格板段的下板固定在堆芯下支撑结构上，上板支撑堆芯的燃料组件。钠冷却剂进入栅格板段的两板与立筒构成的空间内进行流量分配。圆形立筒周边开有钠冷却剂流入孔，钠冷却剂通过这些孔进入立筒内再通过燃料组件的管脚结构（图 4-11）向上流过燃料组件，进行燃料组件的冷却。

2．堆芯布置及燃料组件结构

1）堆芯布置

快中子反应堆燃料富集度高，要求增殖比大是其主要的特征。为了达到这一要求，快堆的堆芯要设计有燃料区（活性区）和转换区（增殖区），因此有燃料组件和转换区组件，燃料组件和转换区组件的布置有均匀堆芯和非均匀堆芯两种设计，图 4-9 是一个典型的钠冷快堆堆芯的两种布置图。其中图 4-9（a）是均匀堆芯布置，中心区域是含有最初装载的易裂变材料和可转换材料的堆芯燃料组件（燃料组件中有上下转换材料，又称轴向转换区），而外区为典型的径向转换区。径向转换区外有若干排屏蔽组件。图 4-9（b）是非均匀堆芯布置，在中心区域内除了布置燃料组件外，还布置转换区组件。其外围依次为转换区组件和屏蔽组件。不管是均匀堆芯，还是非均匀堆芯，控制棒组件都是分散布置在堆芯区。

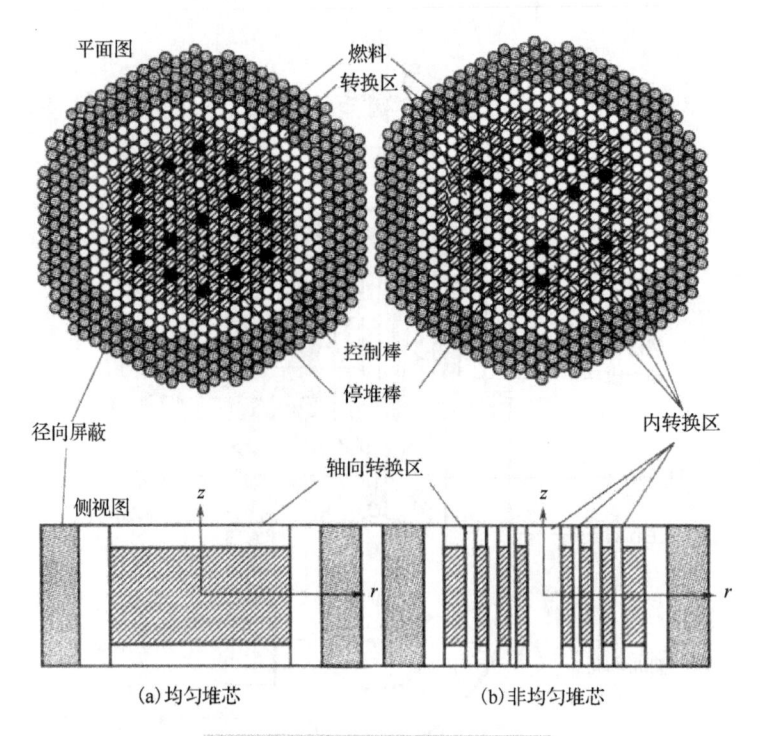

图 4-9　钠冷快堆堆芯/转换区布置

非均匀堆芯设计可使堆芯中子通量分布更均匀，具有更高的增殖比，并减小钠空泡系数，不过这种设计要求有较高的易裂变材料总装量。早期的原型堆，都是采用均匀堆芯设计。有的快中子增殖堆的设计，在径向转换区和屏蔽组件之间布置不锈钢反射组件，一般为 2～3 排组件，它的目的是将逃出堆芯区的部分中子经不锈钢反射回堆芯或转换区内，从而提高中子的利用率，并对反应堆容器内的设备起到一定的屏蔽作用。在不锈钢反射组件外有数排屏蔽组件，屏蔽材料通常是碳化硼（B_4C），出于经济上的考虑，其中的硼一般采用天然硼，屏蔽组件将逸出不锈钢反射层的部分中子吸收，使堆芯周围的构件避免受过量的中子辐射。

2）燃料组件

钠冷快堆的燃料组件形式与压水堆有较大差别，典型的钠冷快增殖反应堆堆芯燃料组件如图 4-10 所示。燃料棒在组件内以正三角形排列，因此棒束组件外形呈六角形。燃料组件由燃料棒束、一个六角组件盒、上操作头和管脚结构组成。燃料组件的结构提供了冷却剂出、入口以及组件在堆芯定位和操作。燃料组件是燃料装换料及堆内操作的单元，结构设计上要保证有足够的强度，并适应冷却剂的流动和换热。

典型的钠冷堆燃料棒束由 9 圈或 10 圈燃料棒组成，这样排列的燃料组件中的燃料棒的总数分别为 217 根和 271 根。燃料组件大小或组件内的燃料棒数与反应堆功率大小有关。燃料组件的长度主要取决于燃料棒，典型的钠冷堆燃料棒长约为 3m，加上燃料组件的屏蔽件，操作机构以及组件的管脚，燃料组件总长在 5～6m 之间范围内。

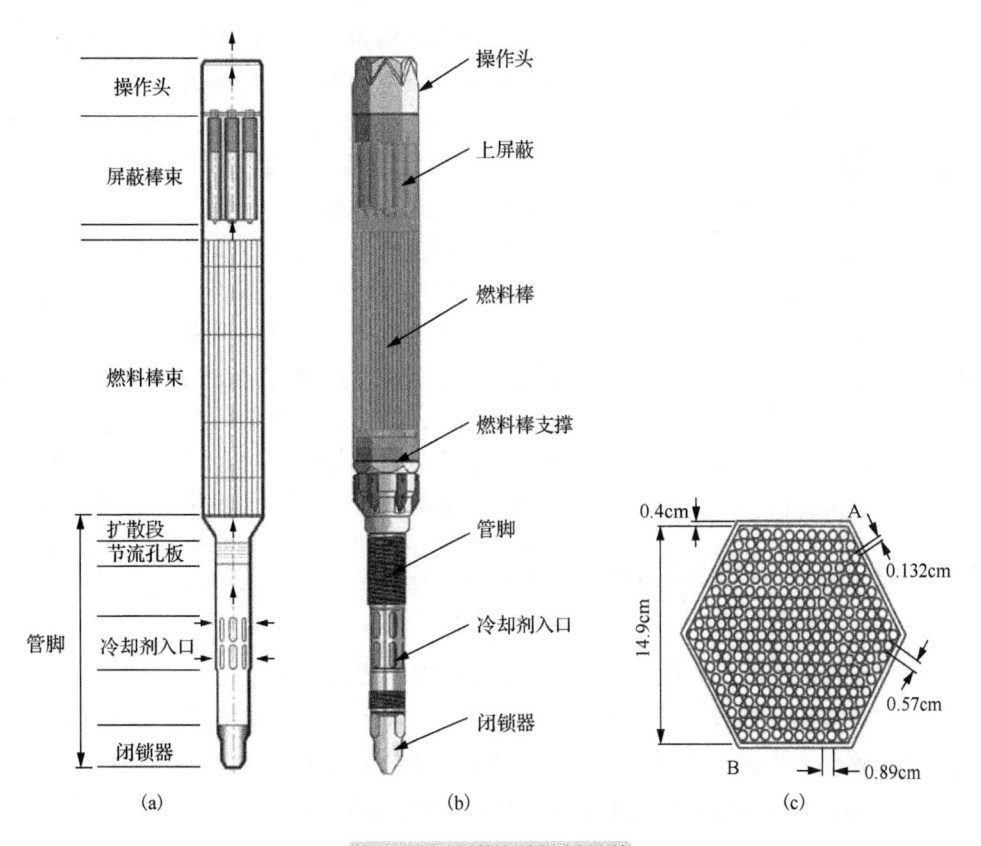

图 4-10 钠冷快堆燃料组件

燃料组件是反应堆堆芯中的关键部件,在燃料组件区依靠易裂变燃料产生裂变链式反应,链式反应产生能量和中子,燃料组件区内插有控制棒,通过控制棒组件实现可控的裂变反应。快中子增殖反应堆的大部分功率是在燃料组件内产生的。一座典型的均匀堆芯布置的钠冷快堆,85%～95%的功率来自燃料区,3%～6%的功率产生在燃料组件内的轴向转换区,3%～8%的功率产生在径向转换区内。从理论上来讲,反应堆由于裂变产生的能量释放率是没有上限的,关键的问题取决于能量载出的速度,即冷却剂的输热能力。实际上一个反应堆的最高功率决定于冷却剂通过燃料组件载出热量的能力,所以一个燃料组件的结构必须具有恰当的冷却剂子通道,保证由燃料向冷却剂可靠地传热,并由冷却剂带出堆芯,保证燃料组件的各部件不超过允许温度。快堆燃料组件的功率密度很高,一般为压水堆的 3～4 倍,因此普遍选择具有很好热物理性能的钠作为冷却剂。快中子增殖堆燃料组件要保证燃料棒内产生的裂变能转换成热能,并能有效地传递到燃料棒外面,另一个重要功能是将可转换的核素转换为易裂变的核素。一个典型的快增殖堆中转换区的燃料几乎全是可转换核素 ^{238}U,在燃料区(活性区)中也有 60%以上的可转换核素 ^{238}U。快堆增殖燃料组件的结构必须确保在工作寿期内具有承受各种载荷的能力,如在中子辐照、温度和水力载荷以及地震载荷条件下保持结构完整。此外,燃料组件结构应可方便装卸料、运输、贮存和后处理。

燃料组件的下部结构是管脚,图 4-11 给出了一种典型的钠冷快堆燃料组件的管脚结构插入堆芯下联箱栅格板内的情况。下管脚具有如下功能。

(1)从堆芯下联箱栅格板段引入的冷却剂钠通过组件管脚上的入口孔流入组件,冷却剂由管脚流入燃料棒束区带走燃料产生的热量。冷却剂的入口孔是条形的槽口或是小圆形孔，防止冷却剂中的大于入口孔的杂质颗粒进入组件棒束区而发生堵流现象，燃料组件可以通过入口孔大小和数量的不同，调节流过堆内组件的流量。

（2）通过管脚上的密封装置和栅板段内立筒的配合，合理控制组件管脚外围的上下漏流量，往上的漏流量用于冷却组件外套管的外表面，它是借助管脚上部的球形密封和松枝状密封或其他形式的密封结构控制漏流量；往下的漏流量用于冷却主容器和不在栅板"高压"联箱取钠的周边区组件，如不锈钢反射层组件、碳化硼屏蔽组件和贮存井中的乏燃料组件。上、下漏流量要控制恰当，过多的漏流量会影响燃料组件内的冷却剂流量，太少的漏流量不能满足其他部件的冷却需要。

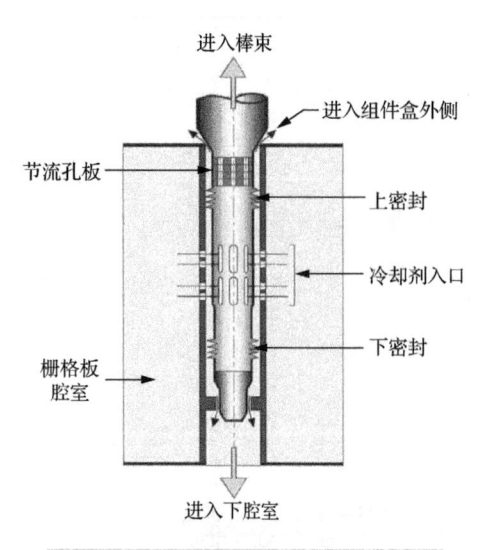

图 4-11 钠冷快堆燃料组件的管脚结构

（3）燃料组件的管脚插入栅板内，确定了组件在堆芯的位置。

（4）通过合理的结构设计使组件管脚的上下密封面不等而存在压差，实现燃料组件水力学液力自紧，流动产生的向上推举力小于组件在冷却剂中净重力，并且保证在任何工作条件下组件不得浮起，并具有足够的安全系数。燃料组件管脚的材料一般为奥氏体不锈钢。

3）燃料棒

组件内的燃料棒采用正三角形矩阵排列，螺旋形金属绕丝或格架将燃料棒相互隔开，形成冷却剂流道。燃料棒组成的棒束置于六角形的组件盒内。燃料芯块形成堆芯活性区域，在活性区上下有转换区芯块。转换区芯块中的 U-238 除了可吸收中子转换成 Pu-239 外，还可以起到屏蔽中子的作用。

钠冷堆燃料棒是由一根无缝的不锈钢包壳管和圆柱形混合氧化物燃料芯块构成。燃料柱位于棒内的中央段，它是由许多短的芯块堆垛而成，燃料柱的上下通常是贫化的 UO_2 芯块组成轴向转换区。在上转换区芯块的上方是压紧弹簧，裂变气体贮存腔布置在下轴向转换区的下方，也有布置在上轴向转换区的上方，也有上、下都有气腔。棒的两端是端塞，端塞与包壳管焊接构成封闭的燃料棒，在燃料棒外表面上有一根金属绕丝，金属丝两端固定在上、下端塞上。两种典型的钠冷堆燃料棒结构如图 4-12 所示。

由于快中子反应堆要求高功率密度和高比功率，它的燃料棒直径比压水堆的燃料棒细，钠冷快堆的燃料棒外径一般在 6~8mm。快中子增殖堆的燃料是铀-钚混合氧化物（Pu,U）O_2，且有高的 Pu 含量，例如，法国的凤凰堆、超凤凰堆和欧洲快堆堆芯燃料中的 Pu 含量为 15%~30%。燃料（Pu,U）O_2 芯块有实心的和中心孔的两种结构。在燃料芯块的上下方布置有可转换材料，这部分又称轴向转换区，燃料棒中裂变气体贮存气腔的长度与设计的芯块高度和燃耗有关。由于快堆燃耗深，氧化物燃料裂变产生的气体大部分释放，气腔内的压力较高（>5MPa），气腔的长度也比压水堆的长。

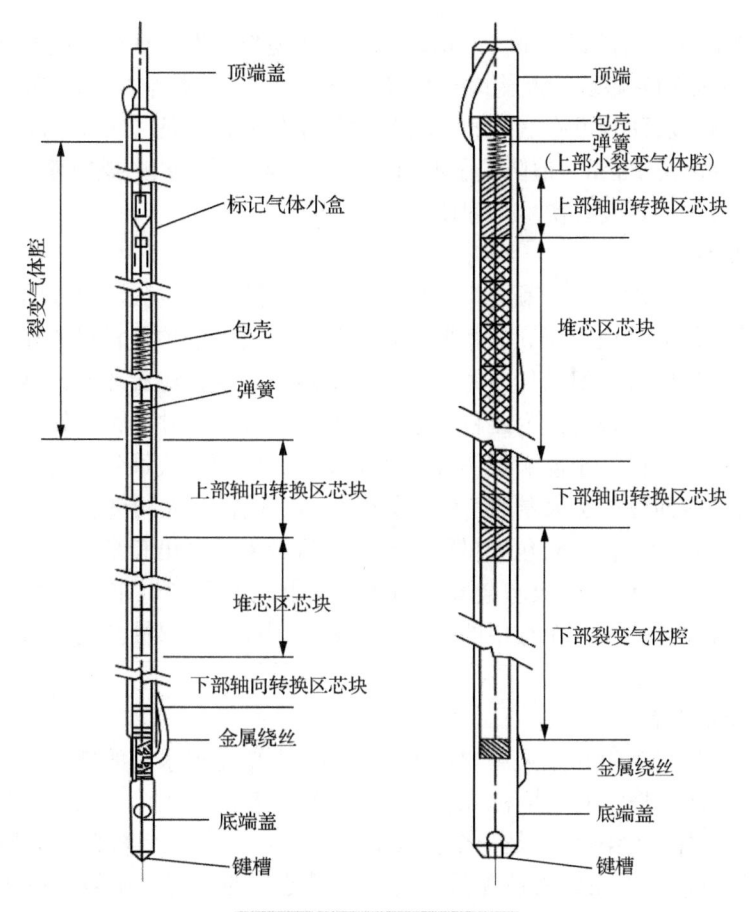

图 4-12 钠冷堆燃料棒结构

相邻燃料棒之间用金属绕丝维持间隙，使钠冷却剂在间隙内流过，由于燃料棒按正三角矩阵排列构成正六角形的棒束，放置在六角形组件盒内，保证燃料棒得到冷却剂有效的冷却。燃料组件结构材料（包壳管和外套管）使用具有一定的冷变形量的奥氏体不锈钢，例如 316 不锈钢。

作为快中子增殖堆冷却剂的液态金属钠的熔点为 98℃、沸点为 883℃，燃料棒工作在常压冷却系统下，系统只需维持冷却剂循环的压力。用液态金属钠作为冷却剂，既能使堆芯具有较硬的快中子能谱，又具有较好的输热能力。燃料棒正常运行条件下最高中子注量率处的线功率密度约为 450W/cm。燃料的最高温度接近它的熔点。燃料芯块的温度梯度可达 10^4℃/cm。包壳最高温度达 700℃，这样能获得较高的堆芯出口温度。燃料元件受到的快中子注量率约为 $(2\sim4)\times10^{15}$n·cm^{-2}·s^{-1}（$E>0.1$MeV），为了获得较好的燃料循环经济性，商用堆追求目标燃耗为 150GW·d·t^{-1}（最高中子注量率处）。相应的结构材料包壳管受到的中子辐照损伤剂量大于 100dpa（displacements per atom）。高燃耗和结构材料的高损伤剂量带来燃料和结构材料的肿胀，在燃料元件设计时应给予充分考虑，例如加大包壳与燃料芯块之间的间隙或者采用带中心孔的燃料芯块。

上面所介绍的是典型的钠冷堆燃料棒结构，燃料芯块在棒内沿轴向是均匀布置的，它的两端有贫化的 UO_2 轴向转换区。有关燃料棒内芯块的布置目前还在做优化研究，提出两种新型的结构：一种结构是燃料芯块轴向非均匀布置，在易裂变燃料柱的中间段插入一段贫化的 UO_2 芯块，与（U,Pu）O_2 芯块一起构成一个整体的燃料柱，这种结构可以减缓包壳内壁腐蚀；另一个结构是燃料芯块两端没有贫化的 UO_2 轴向转换材料，全是（U,Pu）O_2 芯块，这种结构可以提高燃料组件的烧 Pu 量，但降低了增殖比。不过这两种结构的燃料棒只有少数国家（如法国）处于研究阶段，还没有快堆工程使用。

3. 钠冷堆材料

由于钠冷快堆中高能中子产额大，对材料造成的辐照损伤也大，面临的材料问题主要是辐照肿胀和热蠕变问题。快堆研究的初期，材料问题主要考虑的是材料的高温性能问题，选材倾向于选择高温性能好的奥氏体不锈钢。但在实践中发现，奥氏体不锈钢在中子注量率为 $10^{22}\text{n}\cdot\text{cm}^{-2}\cdot\text{s}^{-1}$ 时达到肿胀阈值。为此科学家又转而启用抗辐照肿胀性能好的铁素体钢，但是铁素体钢的高温蠕变性能又不能满足快堆的使用要求。因此，快堆包壳材料的研究围绕着抗辐照肿胀和高温性能问题做了大量的工作。另外，由于燃料研究的进步，应用 MOX 燃料和加深燃耗成为下一步的目标，对包壳材料的研究显得越来越突出和紧迫。此外，快堆使用液态钠作为冷却剂，结构材料在液态金属中的腐蚀问题也必须加以重视，而乏燃料的储存和后处理又要求包壳材料在水和硝酸中的腐蚀性能好，因此对材料性能的要求是非常复杂和苛刻的。

1）钠冷快堆的燃料

钠冷快增殖反应堆建造初期采用的是金属燃料，主要是追求高的增殖比，用来生产更多的易裂变燃料钚。随着技术的进步和需求的变化，人们逐渐认识到，建造一个快中子增殖堆，除了追求高增殖比外，经济性也是一个重要的指标。考虑易裂变材料的原始成本，燃料元件的加工费以及燃料元件在堆内被辐照之后进行后处理的费用，希望燃料元件在堆内停留的有效时间长，尽可能多地消耗易裂变材料，以达到较高的燃耗。早期的快中子增殖堆运行经验表明，金属型燃料抗肿胀性差，它的燃耗不超过 $10\text{MW}\cdot\text{d}\cdot\text{kg}^{-1}$。此外，金属型燃料还有一个缺点，就是不能在高温下运行，金属燃料的晶格结构在高温下会发生变化，燃料元件会变形。

由于 20 世纪 60 年代后氧化物燃料在热中子反应堆中广泛使用并积累了丰富的经验，所以在 20 世纪 60 年代以后，建造的快堆中多数采用铀-钚混合氧化物（UO_2 加 PuO_2），这种燃料一般称为 MOX 燃料。

在快中子堆中 MOX 燃料要承受较高的热负荷，中子注量率、包壳工作温度和功率密度都比热中子堆高。与压水堆用的 MOX 燃料相比，快堆用的燃料具有以下特点：

（1）PuO_2 含量高达 25%（PWR 的 MOX 燃料中 PuO_2 含量一般为 5%），具有高能量中子谱。

（2）采用低密度实心圆柱体燃料芯块（≤90%TD），或高密度（95%T）中空环形圆柱体燃料芯块，可降低燃料中心温度及减轻芯块-包壳相互作用，抑制高燃耗下燃料肿胀而导致的燃料棒外径增大。

（3）轴向转换区采用贫化的 UO_2 芯块，以实现钚的增殖。燃料棒设计了与燃料活性高度相当的气腔（0.4～1m），以容纳更多在高燃耗和高温下产生的裂变气体。

（4）为了保证燃料中心温度低于熔点以及获得更高的能量密度，燃料棒必须设计得很细，燃料芯块外径为 5～7mm，有直径为 1.6mm 的中心孔；芯块表面不需加工和干燥（PWR 的

MOX 燃料芯块为实心圆柱体，外径为 8.43mm，需研磨加工，并在 350℃以上温度进行真空干燥，以防止包壳产生氢脆）。

MOX 燃料是含有剧毒、强放射性钚的燃料，它发射 γ 射线和 α 粒子。烧结的 MOX 芯块如果长期放置在空气中，由于 α 粒子的反冲作用，表面会产生含钚微粒和气溶胶，存在被人体吸入的危险。因此，从安全防护考虑，要求 MOX 燃料芯块、单棒和组件的制造过程全部在带屏蔽的厚重密封手套箱或热室内进行，有些制造工艺和性能检测必须实现自动化或远距离操作，这给 MOX 燃料组件制造、厂房设计施工、工艺设备研制和维修、燃料运送、堆内辐照考验和辐照后检验带来很多困难。MOX 燃料生产对辐射屏蔽防护和设备可靠性提出了非常严格的要求。在 MOX 燃料芯块和单棒的制造过程中，由于存在操作人员接触强放射性钚，有吸入钚粉尘的风险，以及专用装置被沾污后难清洗、部件损坏后难维修的问题，所以从 MOX 芯块到元件棒的加工均是污染最严重的工序。芯块和单棒的加工制造对厂房建筑设计、设备的可靠性、可维修性，以及工人的辐射剂量监控和屏蔽防护都提出了非常严格的要求。

2）包壳材料

包壳材料作为反应堆安全的第一道屏障，具有包容裂变产物和阻止裂变产物外泄的功能；同时也是燃料和冷却剂之间的隔离屏障，避免燃料和冷却剂发生反应。此外，包壳材料也给芯块提供了强度和刚度，是燃料棒几何形状的保持者。快堆燃料组件的包壳材料要承受钠冷却剂的高温腐蚀、热力学负荷以及高于 $10^{15}\text{n·cm}^{-2}\text{s}^{-1}$ 快中子通量照射而发生的损伤，并且由于经济上的原因，要求达到高燃耗并承受高的辐照损伤计量，因此工作环境特别恶劣。辐照会产生两种现象：几何变化，牵涉到肿胀和辐照蠕变，造成直径和长度以及弯曲变形；力学性能变化，材料脆化，产生微观结构变化等。

包壳材料的选择大部分与它们的抗肿胀性能有关，最早选择的材料是 304 和 316 不锈钢。但这些材料在 50dpa 时便达到了极限，通过加入合金元素或稳定化元素、改变微结构、精细加工、热处理以及冷加工等方法可以得到一定改进，现在可以达到 143dpa。

第二类材料是镍基合金，它们的抗肿胀性能比不锈钢好，有较高的抗肿胀性能，但辐照后变脆，易造成包壳破损。最后一类材料是铁素体-马氏体钢，现已用作元件盒材料。这类材料抗肿胀性能很高，可以达到 200dpa。但这类材料大部分在高于 550℃时抗蠕变性能下降很快，因而不能作为包壳材料，一般作为元件盒材料，因为元件盒的温度相对比较低。目前的研究集中在增加其抗蠕变性能上，将来有可能用作包壳材料。

4.2.3 钠冷反应堆安全性

钠冷反应堆的安全问题与水冷堆的安全问题有很多类似之处，但是也有一些差异。在两种反应堆系统中同样的初始事件，但是综合后果可能是不同的。例如，导致三哩岛事故的初因事件在钠冷快堆系统中也可能发生，即并行出现蒸汽发生器给水泵故障合并辅助给水系统阀门关闭，都会使蒸汽发生器失去给水供应。但接下来，在钠冷快堆系统中的事故序列与在三哩岛核电站系统出现的事故序列相比，就基本上没有什么相似之处了。因为钠冷反应堆的冷却剂沸点很高，在这样的事件中不会出现反应堆冷却剂沸腾和升压的问题。因此，同样的事件在钠冷快堆系统中导致燃料破损是不太可能的。但是可以有其他多重故障，从而导致堆芯部分损伤的情况。

表 4-4 给出了美国核协会（ANS）的钠冷快堆与水冷堆的事故分类工况对比。表中水冷

堆的事故规定了四个等级，而钠冷快堆只有三个等级，其中水冷堆的第Ⅱ类和第Ⅲ类大致相当于钠冷快堆的第Ⅱ类。需要注意的是，表中分类的更大意义在于反应堆的设计，而不是在于事故的后果。从表4-4所示的事故分类可以看出，对同一类事故，水冷堆和钠冷快堆系统的事故后果是类似的。但在严重事故的范围内，水冷堆和钠冷快堆系统之间的安全特性的差别是十分明显的。因此，在吸收水冷堆系统的安全经验时，要十分注意这种差别。对比两类系统之间的差异，也许能更有助于理解钠冷快堆系统的安全特性。

表4-4　钠冷快堆与水冷堆的事故分类工况对比

PWR 和 BWR		LMFBR	
类别	范围	类别	范围
Ⅰ.正常运行	启动，停堆，备用，功率变化，换料，规范内的包壳破损	Ⅰ.正常运行	启动，停堆，备用，功率变化，换料，规范内的包壳破损
Ⅱ.中等频率事故（一年内可能出现一次）	控制棒以外提升，堆芯冷却剂部分丧失，失去厂外电源，运行人员单一故障	Ⅱ.预期的运行事件（在电站寿期内可能出现一次或几次）	钠泵停运，控制棒以外提升，失去厂外电源，汽轮机停运
Ⅲ.稀有事故（寿期内可能出现）	二次侧管道破裂，燃料组件错装，堆芯流量完全丧失（泵卡轴除外）	Ⅲ.假想事件（设计时依然要考虑，对公众安全提供附加安全裕度）	大型钠火，大钠水反应，主泵卡轴
Ⅳ.极限事故（预期不会出现）	一回路主管道破裂，弹棒，二回路主管道破裂		

水冷堆的运行压力较高，反应堆冷堆剂系统的任何破裂都会直接导致冷却剂的喷放。而这类事件在钠冷快堆系统中是不存在的，因其在额定工况下冷却剂钠在不加压或稍许加压（为了防止氧气漏入）的情况下运行，其欠热度也高达约750℃。钠冷快堆冷却剂系统的破裂不会导致冷却剂沸腾，其事故的主要后果在于化学反应方面。

钠冷快堆系统安全方面的弱点在于冷却剂钠的化学性质非常活泼，与空气和水都会发生剧烈的化学反应。在某些严重事故条件下，钠对混凝土的作用也是一种值得关注的事件。在反应性反馈方面，大型的钠冷堆在堆芯中的钠减少时，会引入正的反应性反馈。而在水冷堆系统中，类似的冷却剂丧失事故引入的则是负反馈。

1. 钠冷堆的固有安全性

钠冷快堆通常有三道安全包容边界，即燃料元件包壳、一次冷却剂边界和反应堆厂房。燃料和裂变产物被三道边界所包容，包括 ^{24}Na 在内的活化产物被后两道边界包容。裂变产物的绝大部分都被滞留在燃料芯块的基体内，所以有时燃料芯块也被称为第一道包容边界。在裂变产物中，^{131}I 在事故情况下向环境的释放是决定事故后果严重程度的重要因素，在钠冷快堆中，由于作为冷却剂的钠具有很强的化学活性，所以很容易与碘化合形成碘化钠，从而减轻了放射性向环境的释放。对采用氧化物燃料的钠冷堆元件，包壳一般采用 316 不锈钢，在设计时一般都留有较大的裕度，使得燃料元件即使在燃耗末期也极少有破损。

如果包壳破损范围很大，则气体裂变产物会释放到冷却剂的覆盖气体中去，此时堆容器及堆顶盖将起到包容作用。但很可能还有一小部分裂变气体经过泵轴、控制棒驱动机构和旋转屏蔽塞的密封处泄漏出来，这些地方的密封设计应使这些泄漏和 ^{24}Na 的泄漏都保持在很低的水平上。除了这些微小的泄漏外，堆容器也必须设计得能够防止产生大的破口，即能够承受意外载荷的作用，这些载荷可能是从外部强加的（如重的设备部件的跌落），或者是由堆芯事故从内部产生的。

2. 钠冷堆专设安全设施

1）余热排出系统

中国实验快堆设计有非能动余热导出系统，该系统采用在排气烟囱内设置空冷器的方案，通过自然循环将衰变余热排往大气，其特点是：①除了空冷器的风门外，整个系统都采用了自然循环的非能动设计。为了及时有效地打开风门，在其驱动机构上除正常电源外还接了可靠电源，同时还保留了可以用破坏的方式打开空冷器风门的可能性；②在任何情况下风门均保持有一个最小开度，一方面可以保证回路内随时都建立有自然循环，另一方面保证即使在空冷器风门没有打开的工况下，由于余热作用，堆内温度的升高也不会超过设备的温度限值。

事故余热排出系统有两个独立的环路，每个环路由一个位于堆容器内的独立热交换器、一个带闸门的空气热交换器和中间回路管道组成。采用一回路冷却剂自然循环、中间回路钠自然循环、空气自然对流的非能动方式排出反应堆衰变热。

余热排出系统有两种运行状态：备用状态和事故冷却状态。在事故冷却状态下，空气热交换器的闸门打开。一回路钠自上而下地流经独立热交换器管外部空间，将热量传给中间回路管内自下而上流动的钠。被冷却的一回路钠从独立热交换器流出后分成两部分，一部分经指定流道流向组件盒之间的间隙，用来冷却堆内组件；另一部分与堆容器中的热钠混合，经过中间热交换器流入堆容器下部空间，再经反应堆冷却剂泵和栅板联箱流向堆芯。事故余热排出系统中间回路的钠流到空气热交换器中，将热量传给空气，排往最终热阱大气。在备用状态下，空气热交换器的闸门微开，空气的流量约为额定流量的 10%。保持空气热交换器闸门微开的目的是，保证无论在功率运行还是换料时都有一定强度的自然对流。

2）安全壳系统

与压水反应堆类似，钠冷快堆一般也都有安全壳系统，该系统的功能是：对内部放射性的包容和对外部事件的防御。对于类似于中国实验快堆的小型钠冷快堆，由于其低压特性以及极低的大量放射性释放的可能性，所以一般都设计成不承压的包容形式。

该系统的设计应满足放射性氢气的包容，放射性钠气溶胶的包容与净化，外来飞射物或冲击波的防范等功能。与压水堆不同，钠冷快堆的安全壳一般分为两个层次：作为一次安全壳的内部包容小室和作为二次安全壳的反应堆主厂房，同时有正常通风系统和事故通风系统保持着两道屏障维持负压状态。二次安全壳的主要作用是防御外部事件，如飞机坠落、爆炸冲击波或恶劣天气等，但同时对密封性有一定要求。一次安全壳可以分为两类：一类是有较高密封要求的，由于其负担包容自堆内事故排出的放射性氢气的任务，所以密封性要求较为严格，同时房间内还有相应的放射性和压力监测等装置；另一类是有较高通风要求的，如堆顶防护罩和钠设备房间等，要求在有放射性释放时能够保持负压，以限制放射性污染区域以及对放射性物质进行有效过滤。

3）反应堆容器超压保护及紧急卸压系统

反应堆容器超压保护系统的功能是用来保护反应堆主容器和保护容器，防止其中的保护气体超压，并可在过渡工况中自动调节反应堆，保护气体的压力以及在事故缓解需要时紧急降低堆内的压力。系统包括主容器和保护容器的气腔、主容器和保护容器的保护装置（液封装置）、补偿容器、紧急卸压支路及电动阀、连接管道、保温层电加热器及支吊架等。

主容器超压保护系统同样遵循了非能动的设计理念，整个系统没有任何调节阀和截止阀，具有很高的可靠性。当主容器内的压力超过限值时，通过该系统的液封器可以将堆内压力卸掉，以免反应堆冷却剂系统压力边界出现不可控的破坏。但在事故缓解需要时，可以通过操纵员的干预打开电动卸压阀，主动释放堆内压力。

4.3 铅基材料冷却的反应堆

铅或铅合金统称铅基材料，目前使用铅基材料作为冷却剂的反应堆主要有铅冷堆和铅铋合金冷却的反应堆，这两种反应堆统称为铅基堆。铅基材料对中子的吸收和慢化能力弱，在反应堆内中子经济性好，使用铅基材料作为冷却剂的反应堆系统具有较高的核废料嬗变和核燃料增殖能力。铅基材料的熔点低、沸点高，反应堆可以在低压运行时获得高出口温度，从而获得高的热效率。铅基材料的化学稳定性好，与空气和水反应性弱，与钠冷反应堆相比，铅基材料冷却的反应堆避免了起火及爆炸等安全问题。铅基材料的载热能力及自然循环能力强，可依靠自然循环排出堆芯余热，大大提高了反应堆的非能动安全性。

目前快中子反应堆使用的液态金属冷却剂主要有钠、铅及铅铋共晶合金，这几种材料的热物理性能列于表 4-5 中。从表中的数据可以看出，液态金属钠具有最优异的热物理及流体力学性能，最适合用于快堆高体积比功率堆芯的稠密栅格，实现核燃料的快速增殖，其增殖比可达 1.2~1.4，所以在早期的快堆发展中液态金属钠载热剂便成了首选。但是钠的化学性质活泼，容易与水和空气发生反应，加之堆芯内燃料布置稠密、钠的体积份额小、自然循环能力较铅差，存在一些难以解决的安全问题，所以铅基堆也成为一个好的选择。

表 4-5 钠、铅及铅铋合金材料的热物理性能

冷却剂	钠	铅	铅铋合金
熔点/℃	97.7	327.5	123.5
沸点/℃	883	1740	1670
密度/(kg·m^{-3})	968.4	11343.7	10734.4
定压比热容/(kJ·kg^{-1}·K^{-1})	1.28	0.14	0.152
热导率/(W·m^{-1}·K^{-1})	75.4	34.81	7.488

国际铅基反应堆的研究可追溯到 20 世纪 50 年代。苏联于 1957 年首次建造了铅铋冷却快中子试验堆；1971 年第一艘装备铅铋冷却中能中子动力反应堆的 APL-705 核潜艇下水试运行，随后共有 7 艘 APL-705 核潜艇在 1976~1996 年服役。铅铋堆体积小，有良好的机动性能，可从满负荷运行瞬时转入超静音运行工况。

早期的铅铋反应堆没有考虑到铅铋合金的提纯净化和氧浓度控制问题，反应堆在运行了几年后，发生了蒸汽发生器管道堵塞事故。苏联专家经过针对性研究，掌握了氧控和纯化技术，有效解决了反应堆冷却剂管道堵塞问题。随着苏联的解体，俄罗斯由于各种原因停止了对铅铋核潜艇的运行。但铅基反应堆技术的发展一直没有停止，并积极推进铅铋核潜艇技术的民用开发。目前，铅基反应堆是第四代核能系统国际论坛选出的第四代核能系统推荐堆型，目前其研发工作取得了良好的进展。

4.3.1 铅和铅铋合金

铅原子核内质子数是 82、中子数 126，这种原子核在核物理中称为幻核，幻核是最稳定的一种核素，因此铅不会与空气和水发生化学反应。铅的中子吸收截面非常小，故铅冷堆一回路的放射性比钠冷堆的小得多，所以铅冷堆既可不设置中间回路，又可省去昂贵的钠水反应探测系统。此外，铅（^{208}Pb）的质量数远大于钠（^{23}Na），它对中子的慢化能力比钠更低，因此铅冷快堆的栅距可设计得比钠冷堆大，同时保持较硬的中子能谱和较大的增殖比。大的栅距还可以大大地减少流道堵塞的可能性；加上铅的沸点高达 1740℃（为铅的正常工作温度的 3 倍，钠的沸点仅为其正常工作温度的 1.6 倍），使得铅冷堆中发生沸腾的可能性极小，空泡系数不再是一个严重问题，在整个堆芯燃耗期间，完全可将反应性空泡系数设计成负值。

由于铅的熔点较高，为防止液态铅在蒸汽发生器一次侧凝固，蒸发器二次侧的水温应大于铅的熔点值。铅的熔点高也存在一定的益处，当低压铅回路系统中出现小破口时，破口处的铅容易形成自密封，从而阻止了冷却剂的进一步泄漏。堆芯处于冷态时，铅的凝固可作为一个附加的放射性屏蔽层，从而减少了放射性物质的泄漏，增加了运输的安全性。

1．铅的主要物理性质

铅是一种蓝灰色的重金属，质地柔软，其表面易形成氧化膜，但不易被腐蚀，是最稳定的金属之一，与水和空气都不发生剧烈反应，自然界中存在的有 ^{204}Pb、^{205}Pb、^{207}Pb 和 ^{208}Pb 四种同位素，但铅的同位素 ^{182}Pb～^{214}Pb 可通过人工的方法获得。

铅的熔点为 327.5℃，沸点高达 1740℃，熔解时体积增大 4.01%，熔解热为 23.236kJ·kg^{-1}。熔解时其密度由 11101kg·m^{-3} 下降到 10686kg·m^{-3}。固态铅的比热容较小，仅为钠的 1/10 左右。其热导率比钠低，约为钠的 1/2，但比水的导热率相应值高几十倍，因此，其传热性能也是很好的。铅的黏度较大，比钠约大 10 倍。其 Pr 与钠处在同一数量级，液态铅的 Pr 比 1.0 小很多，属于小 Pr 数流体。

如果设反应堆回路的摩擦阻力系数与 $Re^{-0.2}$ 成正比，则可推导出下列摩擦压降与物性及流速的关系式：

$$\Delta p_\text{r} = c\frac{L\rho^{0.8}v^{1.8}\mu^{0.2}}{D_\text{e}^{1.2}} \tag{4-1}$$

式中，Δp_r 为摩擦压降，Pa；c 为常数（无量纲量）；L、D_e 分别为回路通道长度和当量直径，m；ρ、μ 和 v 分别为流体的密度（kg/m^3）、黏度（Pa·s）和流速（m/s）。从上式可看出，摩擦压降 Δp_r 与 ρ 的 0.8 次方成正比。铅的密度比钠的大一个量级，从表面看，铅冷堆回路的摩擦压降将大于钠冷堆回路的摩擦压降，铅泵的耗功也将因此而增大。但是研究分析表明，由于铅的质量数大，慢化中子的能力又弱，故铅冷堆燃料元件栅距较大，堆芯内铅流速比钠小很多，流速最大值只有 2m·s^{-1}。较大的栅距导致较大的当量直径，由上式可以看出，铅的 $v^{1.8}/D_\text{e}^{1.2}$ 比钠的要小许多。因此，铅冷堆回路的摩擦压降实际上并不比钠冷堆的大。例如，BREST-300 型铅冷堆堆芯总压降只有 0.1MPa 左右，铅泵的驱动压头也只需要 2m 铅柱高（约为 0.2MPa）。

铅的上述特性对反应堆的安全有极大的好处，在出现全厂停电事故的初期，可利用预先造成的泵出入口处铅的液位高度差，在重力作用下自动维持堆芯冷却剂流量，载出堆内余热。另外，由于铅冷堆回路冷段与热段间冷却剂的密度差比钠冷堆的高好几倍，例如，当热段温度为550℃，冷端温度为400℃时，铅的密度差达173kg·m^{-3}，为钠的相应值（36kg/m^3）的4.8倍。因此，停堆后铅冷堆的自然循环流量较大，自然循环功率很高，这对事故工况下的反应堆安全是很有利的。

铅的熔点比钠的高，因此，铅冷堆需要较大的回路电加热器功率。另外，蒸汽发生器二次侧水温应取大于铅熔点的值，以防止铅凝固。

2. 高温下液态铅的热物理特性

由于铅冷堆中的铅主要以液态形式存在，表4-6给出了铅在熔点温度327.5℃与900℃之间液态铅的热力学性质。表中的数据是在综合调研国内外大量有关文献的基础上，经过整理加工而得。

表4-6 液态铅的热力学性质

温度 T /℃	压力 P /Pa	密度 ρ /(kg·m^{-3})	比热容 c_p /(kJ·kg^{-1}·K^{-1})	焓 h /(kJ·kg^{-1})
327.5	4.21×10^{-7}	10688	0.1478	63.94
4000	2.48×10^{-5}	10592	0.1465	74.59
450	2.54×10^{-4}	10536	0.1457	81.90
500	1.91×10^{-3}	10476	0.1449	89.21
550	1.12×10^{-3}	10419	0.1444	96.43
600	5.37×10^{-2}	10360	0.1436	103.66
650	2.16×10^{-2}	10300	0.1428	110.81
700	7.51×10^{-1}	10242	0.1419	117.96
800	6.37×10^{0}	10108	0.1405	132.13
900	3.72×10	9947	0.1390	146.30

3. 铅铋合金

铋在自然界存在的稳定同位素是铋-209，在元素周期表中它是与铅-208相邻的金属元素。铅的熔点为327.5℃，由于熔点温度高，防止其凝固是铅冷反应堆需要解决的一个麻烦问题，为克服铅作为冷却剂的熔点高所带来的困难，美国、俄国、日本等国家将铅-铋合金作为快中子反应堆冷却剂的候选材料之一。铅铋合金的熔点为125℃，沸点为1670℃，相对铅冷却剂，由于凝固所带来的工程问题要小得多。铅铋合金在堆运行状况下，与空气和水呈化学惰性，不会产生剧烈的反应，可减少因冷却剂泄漏所带来的不必要的危害。但铋属于稀有金属，资源有限，价格昂贵，且在运行过程中会产生挥发性的钋-210。

铅铋合金作为冷却剂有着诸多优势，但与铅铋合金相关的一些科学问题还有待解决，如铅铋合金与结构材料的相容性、液态合金的流动与传热特性，以及铅铋合金的成分控制等问题。

4.3.2 铅冷反应堆

铅冷快堆是第四代反应堆选定的一种堆型，采用闭式锕系回收燃料循环，功率有 50～150MWe 级、300～400MWe 级和 1200MWe 级。液态铅具有很好的输热能力，铅本身有很好的中子和 γ 屏蔽能力，因此可以做成小型化的铅冷堆，50～150MWe 级的铅冷堆是小容量交钥匙机组，可在工厂建造，以闭式燃料循环运行，配备有换料周期很长（15～20 年）的盒式堆芯或可更换的反应堆模块。其特性符合小电网的电力生产需求，也适用于那些受国际核不扩散条约限制的或不准备在本土建立燃料循环体系来支持其核能系统的国家和平利用核能。这种系统可作为小型分散电源，也可用于其他能源生产，包括氢和饮用水的生产。铅冷堆也可以作为千万兆瓦级大型中心电站的反应堆。

铅冷堆通常的燃料是包含增殖铀或超铀元素在内的重金属或氮化物。铅冷堆可采用自然循环冷却，反应堆出口冷却剂温度为 550℃，采用先进材料则可达 800℃。在这种温度下，可用热化学过程来制氢。目前中国、美国、欧盟、俄罗斯等多国和地区都提出了铅冷堆的设计方案，比较有代表性的如欧盟设计的 ELSY（European lead-cooled system）铅冷堆（图 4-13（a））和俄罗斯设计的 BREST-300 铅冷堆（图 4-13（b））。

(a) ELSY 铅冷堆剖面图

(b) BREST-300 铅冷堆示意图

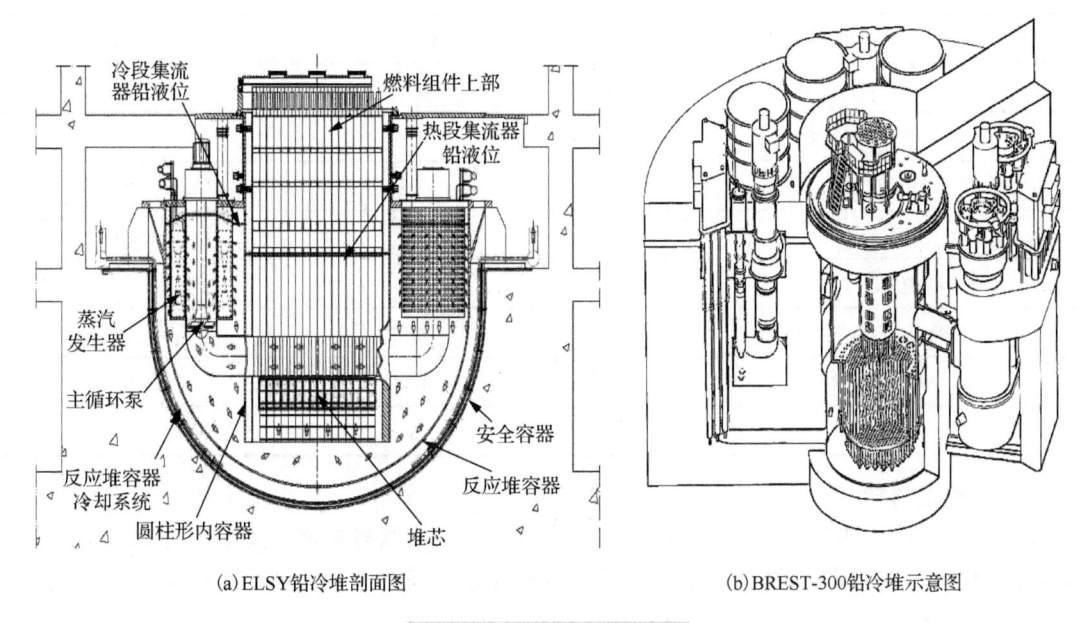

图 4-13 铅冷快堆及其系统

俄罗斯在铅冷堆方面开展的研究和对铅冷堆的使用处于国际领先水平，俄罗斯电力工程研究设计院现已完成了 BREST-300 铅冷快堆的工程设计，超过 25 个部门以及 35 家核工业组织和公司参与了这一原型堆技术设计项目。该项目后续发展堆型为 BREST-1200。BREST-300 及 BREST-1200 的主要技术性能参数见表 4-7。

表 4-7 BREST-300 和 BREST-1200 反应堆的主要技术参数

技术性能参数	单位	BREST-300	BREST-1200
热功率	MW	700	2800
净电功率	MW	300	1200
堆芯内燃料组件数	组	185	332
堆芯直径	mm	2300	4755
堆芯燃料高度	mm	1100	1100
燃料棒间距	mm	13.6	13.6
燃料棒直径	mm	9.1, 9.6, 10.4	9.1, 9.6, 10.4
堆芯燃料		UN+PuN	UN+PuN
堆芯燃料装量	t	16	63.9
Pu/(^{239}Pu+^{241}Pu）装量	t	2.1/1.5	8.56/6.06
燃料寿命	年	5	5~6
堆芯换料周期	年	1	1
堆芯入口/出口温度	℃	420/540	420/540
给水/供汽温度	℃	340/520	340/520
燃料包壳最高温度	℃	650	650
液铅最大流速	m/s	1.8	1.7
液铅流量	t/s	40	158.4
堆芯增值比（CBR）		1	1
功率反应性系数 $\Delta k/k$	%	0.16	0.15
最大功率反应性储备 $\Delta k/k$	%	0.35	0.31
反应堆寿命	年	60	60

1. 铅冷堆材料

俄罗斯的 BREST-300 铅冷堆选择液态铅为反应堆一回路载热剂，铀及钚的氮化物为堆芯燃料芯块材料，以铁素体-马氏体钢为燃料组件包壳及一回路设备的主要结构材料。

1）氮化物燃料

表 4-8 给出了反应堆中使用的各种燃料的特性，最早期发展快堆主要侧重于堆芯的高能量密度和核燃料的快速增殖，因而早期选用金属燃料。但金属燃料在升温过程中会伴随有金相的变化，金属铀与包壳及载热剂之间有冶金化学反应，当温度升高时抗击事故能力差，所以稍后选用在轻水堆中获得了广泛运行经验的氧化物燃料。在铅冷堆中氧化物燃料显现的缺点是导热能力低，因而燃料芯块内的温差很大，由于冷却剂温度高，燃料芯块中心温度在事故条件下可达到其熔点。另外，利用氧化物燃料时堆芯内的增殖比小，因而不得不在堆芯周围加设增殖层。

表 4-8 反应堆中使用的各种燃料的特性

物理性质参数	单位	U	Pu	UO$_2$	PuO$_2$	UC	PuC	UN	PuN
理论密度	g·cm^{-3}	19	19.8	10.97	11.46	13.63	13.49	14.32	14.23
重金属含量	g·cm^{-3}	19	19.8	9.68	10.1	13.0	12.9	13.5	13.47
熔点	K	1 408	913	3 113	2 665	2 795	1 925	3 220	3 070
导热系数	W·m^{-1}·K^{-1}	31.8	8.8	12	13.6	12	13	10	12.5

在铅冷快堆的设计中虽然不要求核燃料的高速增殖，但仍要求堆芯的增殖比大于1，因而后来选择碳化物和氮化物作为燃料。但碳化物燃料的氧化率高，可能发生自燃，这给辐照过元件的化学后处理及元件再制过程造成一定的困难。从表 4-7 中可以看出，氮化物燃料在其密度、抗辐照肿胀、容纳气态裂变产物、导热性能等方面均具有明显的优越性，在工作温度范围内分解速率低，在事故工况条件下不失效，对包壳材料及液态金属铅均呈化学稳定状态，有利于发挥其自然安全功能。另外，在燃料后处理及元件再制造过程中，适于采用简便高效及更为安全的电冶金及电解法，有利于减少整个燃料循环过程的成本，所以氮化物燃料的综合性能更适合于发展铅冷快堆的需要。

2）结构材料

液态金属铅对合金钢中的某些合金元素（如镍Ni、铬Cr）具有溶解性腐蚀能力，Ni、Cr合金钢在 500～550℃条件下每年腐蚀量达 1～10mm。珠光体钢的耐蚀性较好，但每年的腐蚀量也达 0.04～0.25mm，说明现有各钢种如不进行表面处理都不能满足铅冷快堆的要求。

表面处理工艺主要有两种，一是表面氧化，二是对表面施以保护涂层。俄罗斯已有的经验主要是加金属表面氧化层及在液态金属铅中保持一定的含氧量。这样，如在运行过程中金属表面的氧化层产生裂纹或局部脱落，则溶于铅中的氧能对新裸露的钢表面进行氧化，自动修复构件金属表面受损的保护性氧化膜。在长时间运行过程中，铅能够逐渐浸入氧化层，但不再腐蚀氧化层下面的金属基体。此氧化层随时间增厚，但其速度随时间迅速减缓，使氧化层的厚度趋向于某一稳定值。如在 t_{max}=550℃，Δt=150℃，铅流速为 1.7m/s 的腐蚀实验台架上，试件经 6000h 后氧化膜厚度为 20～30μm；按壳体用钢 60 年使用寿命计，经 5×10^5h 后氧化膜厚度将达 150μm。所以钢材表面上的保护性氧化膜及其自修复能力，开辟了钢材在液铅中的应用前景。

为了发展 BREST 型大功率商用铅冷却快堆，针对其反应堆压力容器、堆内构件、燃料组件包壳、轴流泵叶轮、蒸汽发生器换热管及管板的具体工作条件和工艺要求，对各种不锈钢以及液铅中保持一定氧含量的运行工艺制度都进行了广泛的研究，其成果可为铅冷快堆的设计和建造提供基础依据。

2. BREST-300 铅冷堆堆芯

图 4-14 表示了 BREST-300 的堆芯横截面，堆芯由 185 个无核燃料组件构成，每个组件内有 11×11=121 个棒位，其中有 114 个燃料棒，7 个导向杆定位棒，棒间距为 13.6mm。整个堆芯按横截面分为三个区，燃料组件在中心区内有 57 个，中间区 72 个，而外区有 56 个。为达到功率密度及堆芯出口温度展平目的，在三区采取不同的棒径，其中心区元件棒包壳外径为

9.1mm，壁厚为 0.5mm；中间区包壳外径为 9.6mm，壁厚为 0.5mm；外区包壳为 10.4mm，壁厚为 0.55mm。这样的组合加大了中心区冷却剂流通面积，有助于降低中心区冷却剂温度峰值并强化这一区的冷却能力。

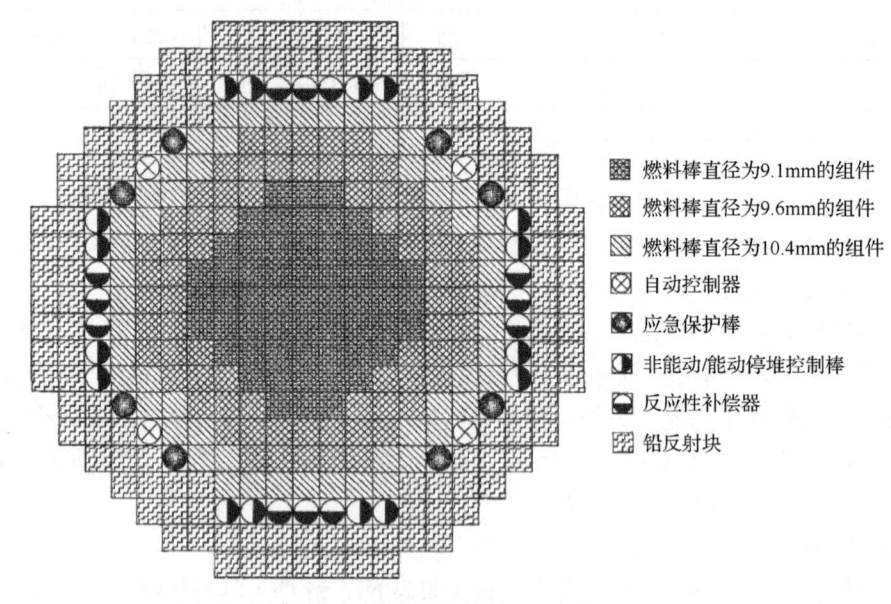

图 4-14 BREST-300 的堆芯横截面

燃料棒的结构形式如图 4-15 所示，采用氮化物燃料芯块，密度为 13.5g/cm³，钢制元件包壳，在其内外表面上均制备氧化膜。包壳内表面与芯块之间有 0.25mm 间隙充铅，用以强化棒内传热以降低燃料芯块温度，燃料棒内留有较大的气腔，降低了长期工作后裂变气体对包壳形成的内压力。

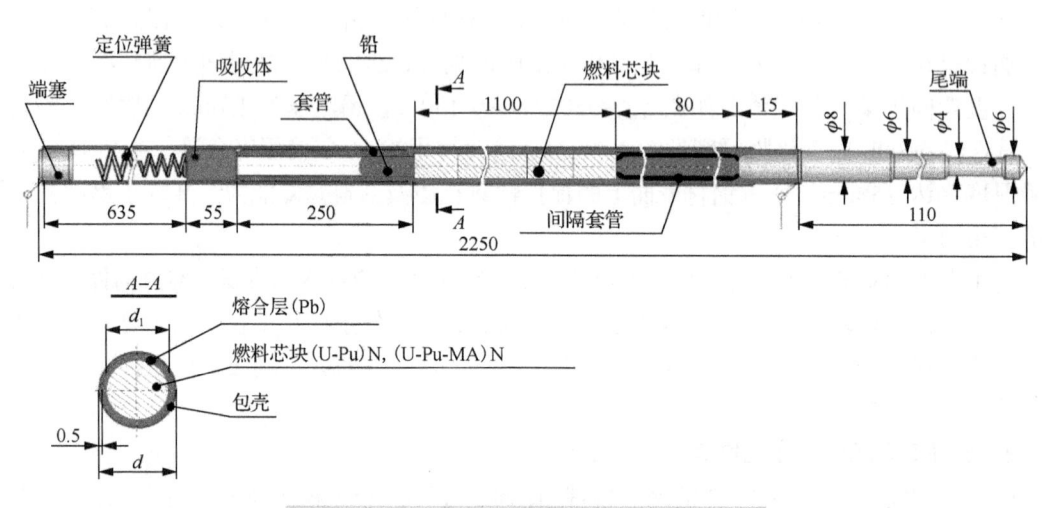

图 4-15 BREST-300 的燃料元件（单位：mm）

BREST-300 堆芯不设外围增殖层，借助于铅对中子的反射可减少堆芯的中子泄漏，适当提高堆芯边缘区域的燃料功率密度。同时，在堆芯外围不设增殖层还有利于防止核武扩散。

采用这些展平措施后,最大功率的燃料组件仍然位于堆芯的中心位置,最大组件功率为4.7MW,最大功率密度为225MW/m³,元件棒最大线功率密度为44kW/m。

BREST-300 的堆芯功率相对较小,堆芯的反应性总储备量也较小,因而所有自动控制棒、事故保护棒、非能动及能动停堆棒、反应性补偿棒及内部液位可调的铅反射层单元等都布置在堆芯外围空间,堆芯内部不必设置任何控制机构。为了达到堆芯增殖比 CR>1 的目的,堆芯热功率不能小于 700MW。在 BREST-300 铅冷快堆中,燃料组件的寿命主要不是由允许燃耗深度限定,而是由元件包壳材料的耐腐蚀及抗辐照能力所决定。燃料的最大燃耗深度可大于 10%,燃料组件在堆芯内工作 5 年,每年更换 1/5。从堆芯倒换出的燃料组件还将在反应堆容器内继续放置 2 年,以便衰变热释放。

3. BREST-300 铅冷堆结构

BREST-300 铅冷堆为池式一体化布置,结构布置见图 4-16。反应堆容器总高度为 19m,通过中间平底圆环板分成上、下两部分。上部堆壳直径为 11.5m,下部堆壳直径为 5.5m。在壳体的中央为一分隔筒,堆芯位于其下端。此分隔筒将堆壳内的冷、热铅流分开。

反应堆容器的上端由上顶盖封顶。有 8 台蒸汽发生器、4 台液铅轴流泵、大旋转塞、小旋转塞、控制棒驱动机构及各辅助系统的管道等贯穿上顶盖。蒸汽发生器及液铅轴流泵位于反应堆压力容器上部分隔筒与反应堆容器之间的圆环形空间内。每台蒸汽发生器的热功率为 87.5MW。液铅的流量为 16950t/h,流动阻力为 0.05MPa;入口给水温度为 340℃,出口过热蒸汽温度为 520℃,产汽量为 186t/h,水侧压力为 24.5MPa,管内流动阻力为 1.16MPa。换热管径为 $\phi16\times3$。每台液铅轴流泵流量为 10m³/s,扬程为 2.5m,电机功率为 350kW,转速为 500r·min⁻¹,效率为 80%。泵入口气蚀裕量为 3m,工作温度为 420℃。

反应堆容器上顶盖为金属焊接框架结构,由外环板、内环板及主立筋、上板、下板等部件构成。外径为 $\phi11750$,高为 2m,内充含重 493 吨的水泥。在上盖板的内部留有自然对流空冷的空气流道。顶盖的下表面敷以由金属箔制成的保温层,总厚度为 150mm。在上顶盖与堆容器内铅液面之间约有 300m³ 的空间,充以压力为 0.096MPa 的保护气体。在此空间的反应堆容器侧壁上开 4 个 $\phi1000$ 孔道,作为在蒸汽发生器泄漏事故工况下将蒸汽引向事故冷凝系统的蒸汽引出管道。从图 4-16 所示的 BREST-300 反应堆的纵剖面图及以上的结构描述中可以看出,液铅流出堆芯后依次经过三次上升流动和三次下降流动之后才重新进入堆芯,每次上升流动都达到相应的液铅自由液面,因而在蒸汽发生泄漏事故工况下,所产生的蒸汽首先从蒸汽发生器内上方的液铅自由表面排出。如果在蒸汽发生器内向下流动的液铅夹带部分蒸汽,在其进入堆芯之前,还有另外两次进入上升通道排出蒸汽的机会,而且所有上升与下降通道的共同特点都是流道长而流速低,有利于排出蒸汽,使其不进入堆芯。

BREST 堆的蒸汽发生器和轴流泵外壳都是双层结构,其间隙即为自然对流空气的事故冷却通道;在反应堆容器的水泥层内也布有供自然对流空冷用的钢制冷却管。因铅的温度高,对空气的传热温差大,所以依靠这些自然对流空气的冷却能力,即自然确保了 BREST 铅冷快堆永不失冷的可靠条件。

反应堆容器总重为 1075 吨,材料为 08Cr16HillM3,工作温度为 420℃,最大承压能力为 1.7MPa,工作寿命为 60 年以上。整个反应堆置于钢筋混凝土的堆舱内,全部重量由堆壳中间平底圆环板下的支撑机构承受。

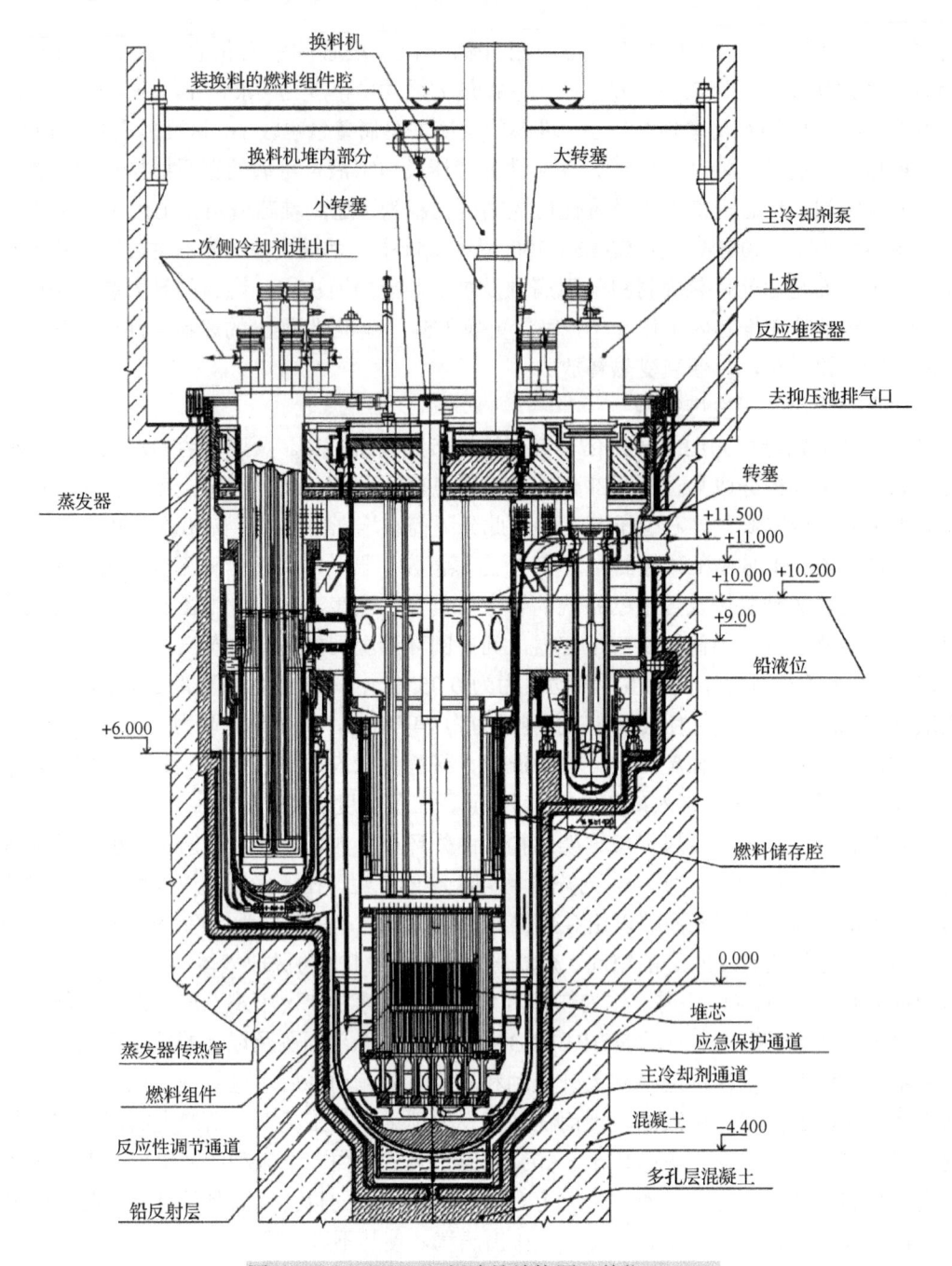

图 4-16 BREST-300 铅冷堆结构图（单位：mm）

由于反应堆容器与混凝土结构内的堆舱之间的空间很小，所以当反应堆容器的任何部位发生破裂泄漏时，堆容器内的铅液位仍能保持液铅轴流泵的正常工作条件，确保对堆芯的安全冷却能力。

4．BREST 铅冷快堆的自然安全

因核反应堆在工作过程中产生大量的放射性裂变产物，在正常运行及各种可能的事故条件下都必须可靠地将其封闭在燃料组件之内，不向环境释放大量放射性物质。为此，依靠自

然力、自然规律及系统设备内在的固有安全性能等自然因素来保证全部安全冷却功能，确保避免堆芯余热烧毁堆芯。

以前在文献中经常出现的"内在安全"或"固有安全"等的概念，主要是针对某个系统或单一设备的某种功能，这里所说的"反应堆自然安全原则"，其目的在于力求彻底排除核电厂的严重事故风险。安全源于自然，实际上它是核电厂安全设计"纵深防御"原则的最高境界。因而必须强调其完整性：全覆盖、全方位、全过程。

全覆盖：自然安全原则必须落实到反应堆的全部安全冷却系统，如铅冷快堆的堆芯余热冷却、蒸汽事故紧急排放及安全容器冷却等各安全冷却系统。

全方位：自然安全原则必须落实到建造及运营核电厂反应堆的全过程，从选材、系统设计到建造与运行管理。

全过程：各安全冷却系统从启动到后续运行都只依靠自然因素的作用来发挥其全部功能，因而当发生某种事故时相应的安全冷却系统便自然启动投入运行，立即缓解事故后果，将事故发生后一回路释放的能量自然地排入最终热阱，并在全过程中始终都保持对堆芯余热无时限的完全非能动安全冷却能力。

BREST 铅冷快堆通过材料体系的选择及对堆芯、各系统设备的合理设计，由其内在的固有性能就决定了不存在载热剂大量流失、堆芯失冷或堆功率失控飞升等的可能性，在任何可能的事故条件下都可确保堆芯完整，使固体放射性物质可靠地固锁于燃料芯块内，并由燃料包壳滞留全部放射性气体。在 BREST 反应堆上实现这一切，依靠的只有自然因素，它的固有安全性不存在失误概率。

5. BREST 铅冷快堆的燃料循环

BREST 铅冷快堆的初装料来源于从压水堆乏燃料后处理中所提取的 U、Pu 及全部超铀元素，运行后即可保持 CR=1 的自持核燃料循环，在组件再制造过程中只需补充加入与 Pu 消耗量相当的贫化铀即可。从堆芯三区卸出的乏燃料组件混合在一起进行化学后处理，经组件再制后，三区新燃料组件的成分是完全相同的。因堆芯增殖比只略大于 1，因而新组件及乏组件内的可裂变燃料成分变化不大。在化学后处理过程中只提取一般裂变产物，而留下的钚及全部次锕系元素补充与 Pu 燃耗量相当的贫铀后，即可进行组件再制。目前氮化物燃料是利用天然氮生产燃料芯块，其中包含的 ^{14}N 吸收中子后由 ^{14}N（n,p）^{14}C 反应生成的 ^{14}C，不仅增加了中子的寄生俘获损失，而且也不利于环保。在铅冷快堆实现大规模利用后，可使用对 ^{15}N 浓缩的氮。分析认为，当 ^{15}N 浓缩度达到 80%时，用以生产的氮化物燃料芯块可使堆芯 k_{eff} 增加约 2.5%，燃料装载量可减少约 10%，足以补偿浓缩 ^{15}N 的经济付出。

BREST 铅冷快堆乏燃料组件的后处理采用熔盐电化学工艺，用电解法去除大部分一般裂变产物，最终产品为金属态的 U、Pu 及次锕系元素的整体混合物。这种金属混合物很适合下一步制备混合氮化物燃料的低温合成过程，然后再进行组件再制。因一般裂变产物在快中子能谱下中子吸收能力不强，所以用电解法只要能去除 80%裂变产物即能满足要求。

在电化学及电解工艺处理过程中，不产生放射性有机废液，放射性气体排放量也少，只有 Cl 和 ^{85}Kr 排入氩气覆盖气体，不包括在水法后处理过程中所排出的 ^{14}C 和 ^{129}I，只产生少量固体废物，对周围环境影响小，化学后处理及元件再制设备体积小，适合于在核电厂范围内与核电设备并列建造，这样可以避免放射性燃料组件的长距离运输。

4.3.3 铅铋反应堆

早在 20 世纪 50 年代,美国和苏联两个核大国就开始研究将铅铋合金作为冷却剂的反应堆。由于无法解决材料腐蚀问题,美国后来转向了钠冷堆,而苏联对铅铋合金反应堆出现的问题做了进一步的研究,建立了铅铋冷却反应堆,用在其α级核潜艇上。从 1995 年以后,俄罗斯开始把铅铋合金冷却快堆工作从军用转向民用,并开展了先进的铅铋反应堆技术研究。目前日本、韩国、美国和欧盟都提出了自己的铅铋冷却快堆的概念设计;随着我国核反应堆技术的发展,相关研究单位也广泛地开展了铅铋反应堆的研究,并取得了一定的研究成果。

铅铋反应堆的优点是:铅铋合金的化学性质不活泼,与水和空气不会发生剧烈的反应,反应堆可以省掉中间回路,简化了冷却剂泄漏事故的处理。铅铋合金的熔点低、沸点高,堆内不大可能发生沸腾,为反应堆的运行提供了更大的安全裕量,扩大了其运行范围,增加了安全性。

铅铋反应堆的缺点是:铅合金对材料的腐蚀和侵蚀严重。由于铅合金能溶解结构材料中的 Cr、Ni 和 Fe,因此对于结构材料的要求很高,为了保证低的腐蚀性,对于运行中反应堆的氧浓度的控制要求很高,同时也限制了包壳材料的使用温度,目前使用的包壳材料大多限制在 650℃以下。

铅和铅铋在物理性能上相差不大,但是由于铅铋的熔点比铅低很多,而沸点却相差不大,因此使用铅铋作为冷却剂可以降低运行温度,增加反应堆运行范围。铅铋堆可以作为优秀的小型化高功率能源供应系统,配合微电网或独立实现偏远地区供电。微电网由多个分布式电源及其相关负载组成,可通过静态开关关联至大电网,也可孤立运行,非常适合作为偏远地区民用和军事基地供电方案。铅铋堆较高的固有安全水平能够将其同时用于供电和产热,消除了在出现人员失误、设备故障或遭遇恐怖袭击时发生严重事故的可能性。

1. 俄罗斯 SVBR-755/l00 反应堆

俄罗斯设计了 SVBR-75/100 型铅铋快堆,并以此模块为基础完成了电功率为 1600MW 机组的核电厂概念设计。该项技术来自俄罗斯 50 多年的核潜艇铅铋反应堆研发经验和实际运行经验,以及重金属冷却剂在核潜艇和地面台架上的工艺和运行经验。铅铋合金是最适合当前世界多数国家工业技术基础的新型冷却剂,未来有希望在发达国家和发展中国家得到大规模的实践运用。

SVBR-75/100 反应堆是在核潜艇的铅铋冷反应堆基础上发展而来的,同时在可靠性和安全性上有进一步提高。SVBR-75/100 反应堆设计中采用了以下主要方法和技术方案:一回路设备一体化布置,池式结构,取消了阀门和铅铋冷却管道;正常运行系统和安全系统的集成最大化;冷却剂在输热回路中的自然循环足够用于冷却反应堆,不会产生堆芯危险过热;机组主要部件采用模块结构,单个模块具有可更换和可维修能力;机组的小尺寸特性允许完全在工厂制造好运送到核电厂厂址,或者从核电厂厂址上移出。

图 4-17 中给出了 SVBR-75/100 反应堆装置的原理图。SVBR-75/100 反应堆的主要系统有:一回路系统,包括堆芯、蒸汽发生器模块、主泵和堆内辐射屏蔽,这些设备都位于反应堆容器中;二回路系统,包括蒸汽发生器模块、给水和蒸汽管道、汽水分离器和独立冷却器;保护气体系统,包括气体系统冷凝器、膜保险装置、卸压装置和管道;蒸汽加热系统,用于反

应堆中充入冷却剂前的预热，并可维持反应堆单体机组在热状态，该系统主要指位于反应堆主容器和保护容器之间的通道，沿该通道输送热蒸汽；冷却剂工艺系统，包括铅铋合金的充排系统、净化系统和在线监测系统，运行中主要用于维持堆芯中铅铋冷却剂的质量，避免结构材料腐蚀；安全系统，包括反应堆事故保护系统、蒸汽发生器泄漏抑制系统、独立冷却系统和非能动余热排放系统。除反应堆事故停堆系统外，其他系统如蒸汽发生器泄漏抑制系统、独立冷却系统和非能动余热排放系统都包含有正常运行和事故预防功能。

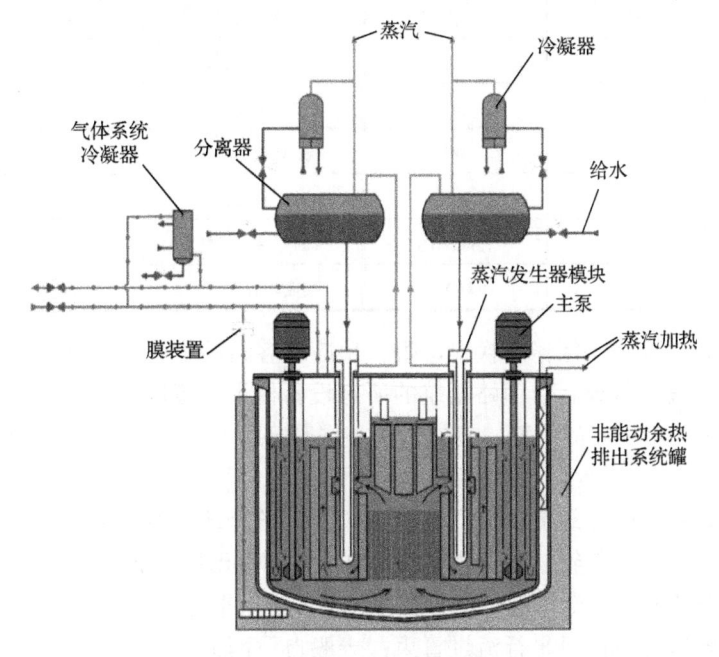

图 4-17 SVBR-75/100 反应堆装置

此外，SVBR-75/100 反应堆装置还包括燃料处理系统，包括将乏燃料运至含有铅的密封盒和安装带新燃料的堆芯吊篮的成套设备。

SVBR-75/100 反应堆装置的主要设备位于高 11.5m 的密封包容小室内（图 4-18），该小室下部形成一个混凝土堆坑，坑内放置非能动余热排出系统水箱。反应堆本体安装在小室中并固定在罐顶盖的支撑环上。非能动余热排出系统水箱内布置有 12 个竖直布置的热交换器，用于完成从非能动余热排出系统水箱的水中向中间回路水的热传递。

汽水分离器以及相连的冷凝器在结构上不属于反应堆本体，汽水分离器选择高于反应堆标高布置，是为了保证二回路工质在反应堆装置所有运行工况下必要的自然循环。SVBR-75/100 反应堆装置的主要技术特性参数见表 4-9。

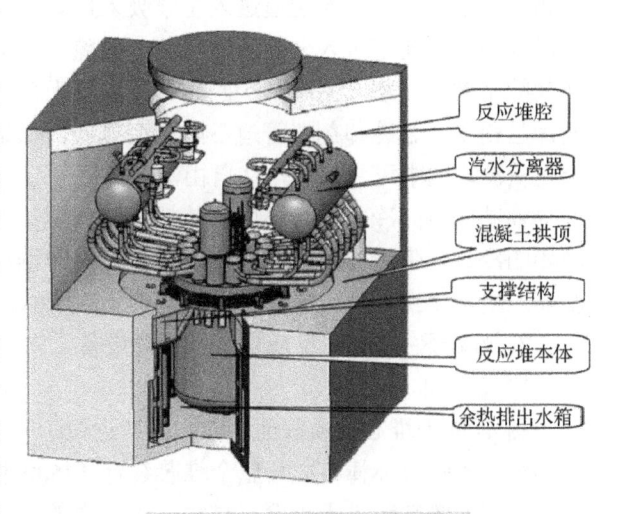

图 4-18 SVBR-75/100 设备布置

表 4-9 SVBR-75/100 反应堆装置的主要技术特性参数

参数	单位	数值	参数	单位	数值
热功率	MWt	280	U-235 装入量	kg	1470
电功率	MWe	101.5	U-235 平均富集度	%	16.1
产汽量	t·h^{-1}	580	堆芯寿命	千小时	53
蒸汽压力	MPa	9.5	换料间隔	年	8
蒸汽温度	℃	307	蒸发器模块数量		2×6
给水温度	℃	241	主泵数量		2
堆芯出口温度	℃	482	主泵电机功率	kW	450
堆芯入口温度	℃	320	主泵扬程	MPa	0.55
堆芯尺寸 $D×H$	m	1.645×0.9	一回路冷却剂体积	m^3	18
燃料类型		UO$_2$	反应堆容器尺寸	m	ϕ4.53×6.92

为了进行安装、维修、保养和换料，每个反应堆容器的上面设置有人孔，人孔的设计要考虑自身能承受的最大负载。一回路系统的所有设备位于反应堆容器内，中央部分是堆芯，布置有可抽取部分（带堆芯的吊篮、控制机构和屏蔽塞），堆芯外围是堆内辐射屏蔽、蒸汽发生器模块和主泵。

一回路系统设备之间冷却剂的流动分配形成了两条冷却剂循环路，即主冷却剂环路和辅助冷却剂环路，流动分配完全在反应堆容器内由堆内部件形成，整个系统不使用管道和阀门。

主冷却剂回路流程是：冷却剂在堆芯内被加热，进入平行接入的 12 个蒸汽发生器模块的管外空间，然后转向分成两股平行流过管束：一股自下而上流动，进入具有"冷的"冷却剂自由液面的外围缓冲腔；另一股自上而下流入出口腔室，从出口腔室进入堆内辐射屏蔽通道，当这股冷却剂向上流动时被冷却，然后也进入外围缓冲腔。主冷却剂从外围缓冲腔流出进入反应堆容器的下降环形通道，经过进口腔室流向主泵吸入口。另一部分冷却剂沿着由主泵围筒和主泵轴形成的环形通道进入主泵吸入口。冷却剂从主泵出口沿着堆内辐射屏蔽下部区域中形成的两个通道进入分配腔室，从分配腔室冷却剂进入反应堆入口腔室，这样就构成了冷却剂的主循环回路。主冷却剂回路在反应堆上部和蒸汽发生器模块通道内具有冷却剂自由液面，且铅铋合金冷却剂在管道下降段流速低，保证了在蒸汽发生器管道系统失密封时汽水混合物从冷却剂中可靠分离，从自由液面逸出。

辅助回路的冷却剂循环由安装控制棒外套管形成的通道构成，辅助回路的作用是保证控制棒的冷却，带走控制棒吸收体的发热，同时维持中间缓冲腔室和质量交换器通道中要求的温度，质量交换器是用来控制冷却剂中氧浓度的。

2．SVBR-75/100 反应堆及其主要设备

1）反应堆堆芯

图 4-19 为堆芯的横截面，堆芯形状近似于一个圆柱体，$D_{eqv}×H_{core}$=1645mm×900mm，由燃料组件和吸收体棒组成，整个堆芯装有 12500 根燃料棒。在反应堆寿期内堆芯不采用部分换料，因此燃料组件无外盒。这样，堆芯内的子通道都比较规则，边角和周边不规则通道的比例很小，在堆芯外围有 240mm 的钢反射层。

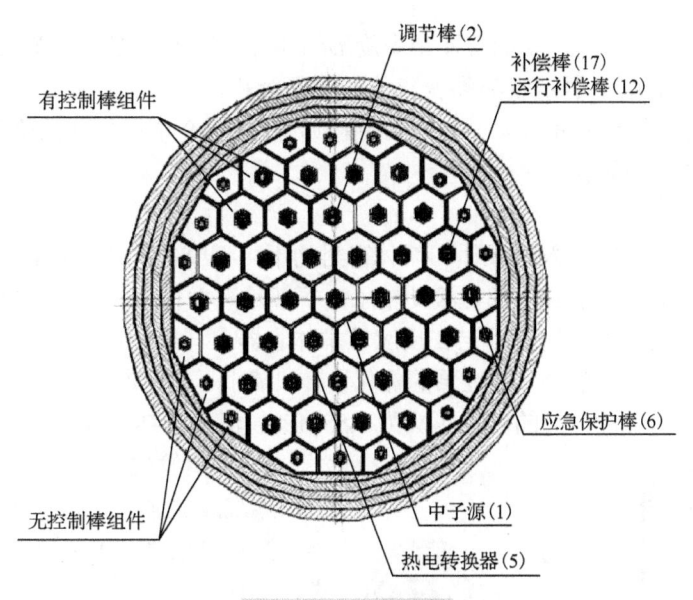

图 4-19 堆芯横截面

如图 4-19 所示，在堆芯中心的燃料组件中布置有中子源，有 37 个组件中布置有控制棒，周边不规则的组件中没有布置控制棒。控制棒包括有 2 个功率调节棒、17 根补偿棒和 12 根运行补偿棒，在基准事故和超基准事故工况下这些补偿棒保证堆芯处于次临界；还有 6 个应急保护棒，控制棒的中子吸收材料是碳化硼。

反应堆保护停堆系统用于反应堆从任何运行工况转向安全可靠的次临界状态。系统配置 6 根应急保护控制棒（也称安全棒），安全棒不由控制棒驱动机构控制，它固定在堆内，配备有电磁锁和熔断器，安全棒在保护信号触发时或在停电及事故过热时，通过熔化熔断器后在重力作用下插入堆芯，实现紧急停堆。此外，12 根反应性补偿棒也配备有弹簧和电磁锁。补偿棒在保护信号触发或在断电时也可自动落入堆芯，这些控制棒内装有钨或铀加重剂以克服棒本身在铅铋冷却剂中的浮力。堆芯内还有 5 个热电转换器。

2）燃料组件

燃料组件结构见图 4-20，燃料组件中的燃料棒以 13.6mm 的节距布置在等边三角形栅架中，燃料棒的外径为 12mm，包壳是壁厚

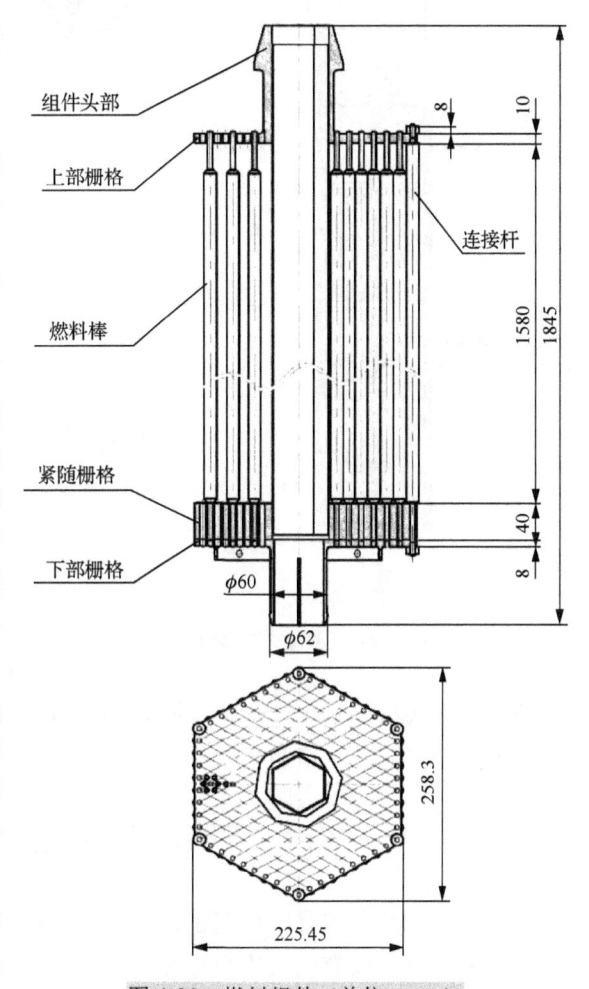

图 4-20 燃料组件（单位：mm）

为0.4mm的EP-830钢管，外表面有4个螺旋形的肋片，管内是UO_2燃料芯块，燃料芯块下面是钢反射层，反射层下面是收集裂变气体的补偿容积。

控制棒通道在燃料组件的中心，每个控制棒通道占用19个燃料棒的位置，这些通道也作为燃料装换料时的导向管。

1）主循环泵

主循环泵由一个轴向潜入式泵体和气体密封的不可调节的异步电机组成。在泵轴和电机之间有一个挠性联轴器，泵的上部是滚动轴承、下部是液力轴承。循环泵安装在一个600mm直径的圆柱筒内，圆筒的上法兰固定在反应堆本体容器上，底部固定在一个壳体内，壳体是反应堆容器堆内构件的一部分。通过泵的优化设计，减小了作用在叶轮和上轴承的轴向推力，增加了液力轴承的适用性。泵的驱动压头为0.55MPa、流量为2050m³/h、转速为750rot/min。

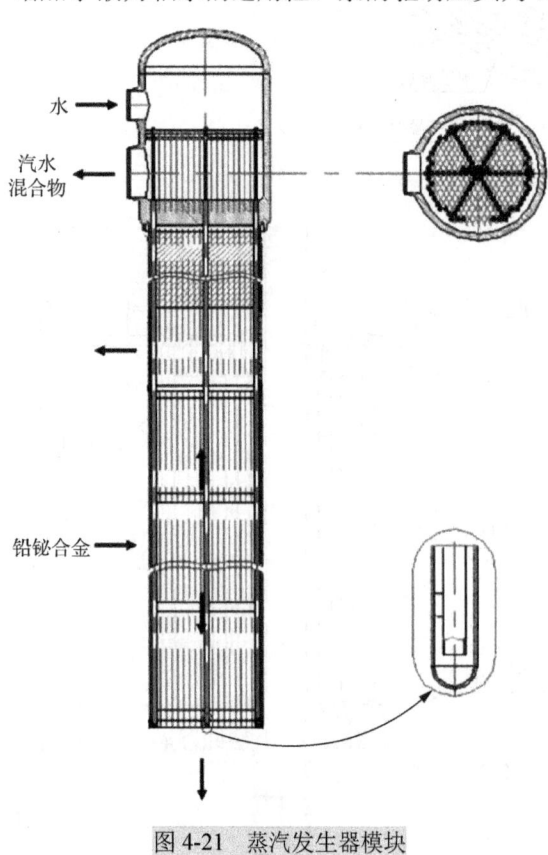

2）蒸汽发生器

蒸汽发生器模块是一个嵌入式管壳换热器。换热管束由301个同心套管换热元件组成，换热元件的外套管为26mm×1.5mm，外套管的外侧介质是铅铋合金，内侧是汽水混合物。外套管是两种材料的复合管，与铅铋合金接触的外表面层是掺硅的奥氏体钢，对高温下的铅铋合金有很好的抗腐蚀性能；与汽水混合物接触的内表面层是高镍合金，有很高的抗水腐蚀性能。套管换热元件的内管是12mm×1.0mm，内管的上端开口与蒸发器的进水腔室相通，见图4-21，下端在套管的底部敞口。蒸发器的进水由上部进入后沿中心管向下流动，由于套管外侧是高温的铅铋合金，进水在向下流动过程中被不断加热，在下端内管出口折返向上，在内外管之间的环形通道不断被加热变成汽水两相流动，汽水混合物在蒸发器上部引出进入汽水分离器。这些套管换热元件以30mm的节距布置在三角形栅格架中，每个换热元件的有效高度约为3.7m。

图4-21 蒸汽发生器模块

为了对蒸汽发生器模块的管子进行诊断和维修，该模块结构中考虑了换热管的可拆卸性，并且可以检查个别管的密封性，必要时还可以对个别管进行封堵和替换。

4.4 快中子反应堆特点的比较分析

在前面的章节中已经说明了快堆的诸多优点，如增值比高、嬗变特性好、热效率高等。但是客观地分析现有的快堆也存在一些缺点，目前关于快堆的研发和使用还存在一些争议，有不同的观点，概括起来主要有如下几个方面。

（1）快堆的开发利用是否迫切的问题。一种观点认为：如果核动力的大规模使用，高品位（开采费用较低的）铀资源很快就会用完，铀-235 资源很快会枯竭。但是另外一种观点通过数据说明世界上的铀资源很丰富，随着时间的推移还不断地有新的铀资源被发现，目前国际市场上铀的价格并不高，利用快堆增殖核燃料并不迫切。

（2）快堆的经济性问题。一种观点认为快堆在经济上的竞争力很快就会超过水冷反应堆。而另一种观点根据现有的数据对比认为快堆核电站的基本投资比水冷堆高 10%～20%，快堆核电站的电价高于水冷堆的电价，这种现状短期内不会改变。

（3）快堆的安全性问题。一种观点认为快堆的安全性和可靠性与水冷堆相当。而另一种观点依据反应堆研制和发展过程中的分析总结认为快堆的安全性不如水冷堆；其理由是快堆的负温度反馈系数小、钠冷堆容易引起火灾、铅基材料冷却的快堆存在材料腐蚀和冷却剂经辐照产生毒性的问题。

（4）快堆的开发和利用会否引起核扩散的问题。因为快堆通过增殖可以产生大量的钚，从乏燃料中分离钚的技术要比从天然铀中分离铀-235 的技术简单。一种观点认为快堆通过闭式燃料循环可以解决核扩散的问题。而另一种观点认为核扩散问题很难杜绝，一些没有掌握铀分离技术的国家可以从快堆的乏燃料中分离出钚制成原子弹。其给出的例子是印度建造的原型快堆（PFBR）每年可产生 90～140kg 的钚，而投放到日本长崎的原子弹只用了 6kg 的武器级钚，可见用快堆生产钚制成原子弹并不是很难的事。

以上观点的争论在不同程度上影响着快堆的发展，我们看待事物应该根据辩证法的观点客观地去看，任何事物都有两个方面。尽管快堆的优点很多，但是纵观目前世界上反应堆的商业应用领域，快堆的使用并不多，这不得不引起我们的思考，这其中的原因是什么？要回答这样的问题必须详细地了解和研究快堆的一些基本特性，要客观公正地综合比较快堆与目前占市场主导地位的水冷堆在一些基本特性上的差异，同时还要分清楚哪些问题是堆型本身固有的，哪些问题是能够通过科技进步解决的。

目前世界上设计和建造的快堆主要有三种：即钠冷快堆、铅基材料冷却的快堆和气冷快堆。这三种快堆的冷却剂都不具有慢化中子的作用，堆芯内也不存在石墨等慢化材料，满足快中子裂变链式反应的条件。但是由于这三种快堆的冷却剂特性不同，反应堆的物理特点、热工特点、结构特点和运行特点都有差异，因此这三种快堆都有各自的优缺点；另外，由于这三种快堆的特点不同，其技术成熟度、发展进度和应用情况有很大差别。下面就比较分析一下这三种快堆各自的特点。

4.4.1 钠冷快中子反应堆的特点

1. 钠冷快中子反应堆的热工特点

钠在常压下熔点为 97.7℃，沸点约为 883℃，熔点和沸点之间的温差很大，保证了钠冷快堆可以在低压下运行。钠冷堆堆芯进口冷却剂温度在 400～430℃范围内，流过堆芯的温升为约 160℃，这保证了金属钠在堆芯中始终处于液态，且具有较高的过冷度。由于温升远大于以水作为冷却剂的压水反应堆，所以钠冷堆的冷却剂流量不需要太大。钠的导热率很高、流动性好，是良好的导热介质，不必设置强迫循环驱动的余热排出系统，单纯依靠自然对流即可导出堆芯衰变热。钠的电阻率很低，可以采用电磁泵输送。钠与不锈钢材料具有良好的相容性，虽然存在一定的质量迁移，但钠对金属包壳的腐蚀量不大。

与同样以液态金属作为冷却剂的铅相比，金属钠的流动特性好，主要体现在钠的密度较低（$\rho_{钠}$=0.87g·cm^{-3}），液体状态下其黏度比水还小，因此反应堆堆芯内流速较高，可以达到10m·s^{-1}。钠的比热容较大，因此其输热能力强，所以钠冷堆的冷却剂流道小，燃料布置紧密（用绕丝确定燃料棒间距），堆芯结构材料装量少。这样紧密的堆芯布置使堆芯内非裂变吸收少，有效裂变中子损失少，因此钠冷快堆可以产生较高的增殖比。

钠冷快堆的一个十分重要的优点是冷却剂压力低，由于系统压力低，池式钠冷堆的反应堆容器体积可以做得较大，在堆容器中盛有大量的钠冷却剂，具有非常大的钠装量-功率比，只要借助泵或自然对流使之循环，即使根本没有二次冷却，堆内温升也很慢。以中国实验快堆为例，由于在堆容器内有260吨钠，在反应堆停堆且没有二次冷却的情况下，若不考虑任何热损失，在绝热工况下堆内温升速率为：24h内温度升高约65℃，72h温度升高1320℃。也就是说，池内大量的钠及钢结构部件提供了一个非常大的中间热阱，可以将其作为堆芯热量的临时存储点。

2. 钠冷快中子反应堆的物理特点

反应堆运行过程中的反应性反馈是反应堆设计所必须关注的问题。影响反应性反馈的主要因素是冷却剂温度反应性系数和燃料的多普勒系数。水冷反应堆中的水温度升高后慢化中子能力降低，产生负温度系数和负空泡系数，对保证反应堆的安全运行起到了至关重要的作用，这也是水冷堆得到广泛应用的一个主要原因。而切尔诺贝利核电站严重事故的发生和发展与其石墨慢化、水冷堆所具有的正温度系数和正空泡系数有很大关系。钠冷快堆的反应性系数构成相对比较复杂，现简要分析如下。

对于冷却剂来讲，当钠的温度增加使其密度减小时，燃料和包壳的温度增加使燃料棒产生径向膨胀，从而使堆芯内钠的装量减少，这些将造成三方面的影响。

（1）冷却剂钠密度的降低造成中子泄漏，对反应性的影响是负的（减小 k_{eff}），这一影响主要是在堆芯的外围，并与堆芯的大小和尺寸有关，堆芯较小的反应堆其影响较大。

（2）温度升高时，钠密度降低使中子慢化能力有所降低，中子能谱有所提高，从而增加了转换比 η 值，也增加了U-238的裂变，造成的结果是正的反应性（增加 k_{eff}），这一影响与堆芯内燃料Pu的富集度有关，Pu的富集度越高，这一影响越大，还与高Pu（比Pu-239质量数还大的Pu）含量有关。

（3）钠的密度减小使中子的吸收减少，会产生少量的正反应性（增加 k_{eff}）。

综合以上几个影响因素，对于一个两区装载1200MWe的钠冷快堆，总的钠冷却剂温度反应性系数大约是+5×10^{-6}℃$^{-1}$。

钠作为冷却剂时，若温度升高或产生局部沸腾，由于钚-239的俘获-裂变比降低，高能中子增多引起的铀-238裂变增加，且钠对中子的俘获降低而引入一个正的反应性，钠的空泡系数为正值，影响堆芯稳定性，因此冷却剂系统设计时要求防止堆芯内出现大量汽化。

堆芯内温度变化影响钠冷快堆反应性系数的一个重要因素是多普勒效应，称为燃料的多普勒温度系数，当燃料温度增加时，U-238的共振俘获带会展宽，U-238会俘获更多的中子，减少了中子数量，从而产生较大的负反应性系数，这一效应是在燃料温度升高瞬时就产生的，其影响速度快于冷却剂温度变化对反应性的影响。多普勒反馈是固有的、可靠的负瞬发反应性反馈。另外，多普勒效应对反应性的影响价值要大于冷却剂温度变化的影响价值，因此堆芯总的温度反应性系数是负值，即随着温度升高反应性会下降。几种反应堆内温度对反应性的影响列于表4-10，从表中可以看出液态金属冷却的反应堆多普勒系数为负值，且绝对值大于慢化剂的温度系数，保证了钠冷快堆总的反应性温度反馈为负值。从表中也可以看到水冷堆中冷却剂和多普勒温度系数都具有较大的负值，这对保证反应堆的安全是非常重要的，这也是水冷堆固有安全性高的一个主要原因。

表 4-10 几种反应堆的典型反应性温度系数

温度系数$\Delta k/k$	压水堆	沸水堆	高温气冷堆	液态金属堆
慢化剂或冷却剂（新燃料）	-9×10^{-5}	-10×10^{-5}	$(+0.5\sim1.7)\times10^{-5}$	$+5\times10^{-6}$
多普勒系数（500~2800℃）	$(-1.7\sim-2.7)\times10^{-5}$	$(-2.5\sim-1.3)\times10^{-5}$	$(-4\sim-2)\times10^{-5}$	-1.1×10^{-5} $\sim-2.8\times10^{-6}$

除了反应性温度系数以外，下面的中子特性也会影响快堆堆芯的反应性变化：①缓发中子的有效份额，β_{eff}；②缓发中子先驱核的平均衰变常数，λ；③瞬发中子的寿命，l_{eff}。快堆与压水堆这几个参数的比较如表 4-15 所示。从这个表中可以看出，缓发中子先驱核的平均衰变常数λ对于压水堆和快中子增殖堆两者差别不大；装 Pu-239 燃料的快堆缓发中子的有效份额β_{eff}比压水堆小近 1 倍；两者相比瞬发中子的寿命 l_{eff} 也有较大差别。

与以钚为燃料的钠冷堆相比，以铀为燃料的水冷堆的核物理方面的性能对反应性控制更有利一些。因为水冷堆中缓发中子份额大约为钠冷堆中缓发中子份额的两倍，而且其瞬发中子的寿命 l_{eff} 相应大 2~3 个数量级，这些差别在严重事故情况下会起到较大作用。钠冷堆的热启动时间常数比水冷堆的短，主要是由于燃料棒尺寸较小以及每根燃料棒的冷却剂流通面积也较小的缘故。对于大小类似的反应堆，就现场的放射性总量而言，两类系统的总裂变产物水平基本相当，但钠冷堆的钚含量要高一些，该差别一方面是钠冷堆钚的初装量要比水冷堆大，另一方面是由于 ^{238}U 在两个系统中的转换不同造成的。

从反应堆中子动力学分析可知，反应堆的临界可以分为缓发临界和瞬发临界，当反应堆的反应性$\rho<0$ 时为次临界状态；当 $0<\rho<\beta_{eff}$ 时为缓发临界；当$\rho=\beta_{eff}$ 时为瞬发临界；当$\rho>\beta_{eff}$时为超临界。对于反应堆运行来讲，反应堆功率波动引起的正反应性变化应该在 $0<\rho<\beta_{eff}$ 区间内；当$\rho<\beta_{eff}$时，反应堆内中子动力学特性主要受缓发中子先驱核的平均衰变常数λ的支配，而这一值对于装 U-235 燃料的热堆和装 Pu-239 燃料的快堆比较近似，因此在缓发临界条件下控制系统和停堆系统的设计比较接近，这一点由表 4-11 可以看出。

表 4-11 快增殖堆与压水堆设计特性参数比较

参数	单位	压水堆（燃料（U-235））（1300MWe）	快增殖堆（燃料 Pu-239）（SNR 300）
缓发中子寿命，l_{eff}	s	2.5×10^{-5}	4.5×10^{-7}
缓发中子有效份额，β_{eff}		0.005~0.0065	0.0035
缓发中子先驱核的平均衰变常熟，λ	s^{-1}	0.077	0.065
控制棒移动速度	$mm\cdot s^{-1}$	1	1.2
控制棒移动产生的反应性变化	$10^{-2}\$\cdot s^{-1}$	2.5	≤4
停堆棒移动速度	$cm\cdot s^{-1}$	156	85~190
停堆系统反应的滞后时间	s	0.2	0.2
停堆棒全部插入堆芯的时间	s	2.5	2.5
停堆系统的反应性，Δk	\$	11	10
补偿棒的反应性，Δk	\$	19	8

3. 钠冷快中子反应堆的发展和面临的挑战

钠冷堆的堆芯结构紧凑，中子特性优良，通过钠冷快堆的增殖可以生产出更多的易裂变燃料，因此早期的快堆使用钠作为冷却剂的比较多。钠冷堆不但增殖特性好，嬗变特性也比较好，安全性较高。从 20 世纪 50 年代开始，为了给核武器提供更多的易裂变燃料 Pu，同时利用钠冷堆嬗变长寿期锕系元素，世界很多国家加入了钠冷快堆的研究行列。在这一过程中，积累了大量成功的经验，但是也有一些失败的教训。

表 4-12 给出了自 20 世纪 50 年代初以来世界上钠冷快堆的建造和运行情况，从该表可以看出钠冷快堆的研发已经有 70 年的研究历史，积累了 400 多堆年的运行经验，与铅基材料冷却的快堆和气冷快堆相比，钠冷堆是快堆中建造数量最多、运行经验最丰富的一种堆型。

表 4-12 世界上钠冷快堆和运行时间

反应堆（国家）	热功率/MWt	开启/年份	停堆/年份	运行时长/年
ERB-Ⅰ（美国）	1.4	1951	1963	12
BR-5/BR-10（俄罗斯）	8	1958	2002	44
DFR（英国）	60	1959	1977	18
EBR-Ⅱ（美国）	62.5	1961	1944	33
FERMI 1（美国）	200	1963	1972	9
RAPSODIE（法国）	40	1967	1983	16
SEFORR（美国）	20	1969	1972	3
BN-350（哈萨克斯坦）	750	1972	1999	27
PHENIX（法国）	563	1973	2009	36
PFR（英国）	650	1974	1994	20
KNK-Ⅱ（德国）	58	1977	1991	14
FFTF（美国）	400	1980	1993	13
SUPERPHENIX（法国）	3000	1985	1997	12
JOYO（日本）	50～75/100/140	1977	2007	10
MOUJU（日本）	714	1994	1995	1
BOR-60（俄罗斯）	55	1968		52
BN-600（俄罗斯）	1470	1980		40
FBTR（印度）	40	1985		45
CEFR（中国）	65	2010		11
BN-800（俄罗斯）	2100	2015		6
总数				422

但是由于钠冷快堆技术复杂，在运行经验和安全性等方面还不如压水堆成熟。从表 4-12 中也可以看出，虽然钠冷快堆建造的数量不少，但是目前还在运行的并不多，而且有的还是断续在运行，其中有技术方面的原因也有经济方面的原因。但是从长远的能源需求来看，地球上的铀-235 资源是有限的，要想核能长期地可持续发展和利用，就必须开发利用占铀资源 99%以上的铀-238，这就必须利用快堆将铀-238 转换成可用的易裂变燃料。利用快堆也可以开发利用钍资源，从而解决世界能源长期供应的问题。

从核能发展战略的角度看，钠冷快堆在核能可持续发展过程中扮演着非常重要的角色，需要积极地大力发展。但是钠冷快堆的技术比较复杂，技术难点多，发展过程中遇到了很多方面的挑战，使钠冷快堆商业应用推进比较缓慢，其中除了经济上的原因、核扩散问题等，安全方面存在的问题也不容忽视。钠冷快堆在安全方面存在的问题主要有：钠的化学性质活泼，与空气和水都会发生化学反应。钠与空气直接接触时会燃烧，生成氧化钠烟雾，运输和操作过程中需要注意钠与空气的隔离。

还有，一回路的钠经过反应堆 Na-23 吸收中子变成 Na-24，Na-24 使放射性同位素具有γ放射性，半衰期为 15h，如果一回路钠泄漏就会伴随有放射性的释放。钠冷快堆二回路的钠在蒸汽发生器的传热管外流动，将热量传递给传热管中的水及蒸汽，使之产生过热蒸汽而进入汽轮机发电。蒸汽发生器中的传热管如有泄漏，水蒸气进入钠中将会发生钠水反应。但是二回路钠几乎无放射性，二回路泄漏产生的钠火同样属于工业事故，不会造成放射性物质释放。

因为钠冷堆的管路系统和相关容器设备众多，钠的泄漏是一个比较难以防止的事故，在钠冷快堆运行过程中曾出现过多起钠泄漏事故，例如俄罗斯的 BN-600 钠冷快堆在 1980～1997 年就发生过 27 次钠泄漏，有 14 次产生了钠火。日本的 Monju 反应堆也发生过严重的钠火事故；法国的凤凰（Phénix）堆和超凤凰（SuprPhénix）堆，英国的 DFR 和 PFR 都曾发生过钠泄漏和钠火事故。

从安全角度看，除了前面提到的之外，钠冷快堆还有一些特点是对安全不利的，其中包括：功率密度高和较大的反应性引入的可能性等。功率密度高意味着，如果燃料失去冷却，其温度上升相对要快。在假想燃料元件完全失去冷却的极端情况下，元件的温度将以 $600℃·s^{-1}$ 左右的速度上升，并将在 3～4s 内熔化。

反应堆运行过程中需注意对钠纯度的管理，主要技术方法包括：在生产厂房和反应堆内建立在线监测和分析仪器，用于分析钠和覆盖气体中的杂质；在反应堆旁建立钠净化装置，以便对超标的回路钠进行必要的净化处理。

4.4.2 铅基快中子反应堆的特点

1. 铅基快堆的热工特点

铅基快堆包括铅冷堆和铅铋堆，铅基堆的热工特点主要受铅基材料冷却剂特性的影响。铅的熔点为 327.5℃，沸点高达 1740℃，铅铋合金的熔点为 125℃，沸点为 1670℃。与钠相比，铅基材料的沸点高，铅基反应堆的冷却剂可以在一个比较宽的温度范围内工作。

铅和铅铋两种材料的密度大致相同，比钠的密度大 10 多倍，由摩擦压降与冷却剂流速及物性的关系式（4-1）可知，摩擦压降与冷却剂密度成正比，因此在其他条件相同的情况下，铅基材料的流动阻力远大于钠。由于这一原因，铅基材料冷却的反应堆堆芯内冷却剂流道尺寸不能太小，燃料棒的间距比钠冷堆大，否则流动阻力将不可接受。

燃料元件栅距变大使铅基材料冷却剂/燃料的体积比增大，这可以大大减少流道堵塞的可能性。一个典型铅基快堆方案设计中燃料元件栅距与外径之比 $p=1.4$，铅基材料冷却剂/燃料的体积比为 2.143，而我国原子能科学院所设计的 25MWe 实验钠冷快堆的燃料元件栅距与

外径之比为 p=1.17，钠冷却剂/燃料的体积比为 1.321。为了减少流动阻力，铅基快堆内铅基材料的流速比钠冷却快堆内钠的流速小得多。

在铅冷快堆中拉大堆芯内的棒间距之后，虽然在物理方面失去了高效增殖核燃料的优越性，但在反应堆安全方面却获得了巨大的收益。由于增加了堆芯内载热剂的流通面积，所以减少了堆芯流动阻力，增加了铅基材料载热剂在一回路内的自然循环能力。在小功率铅基快堆核电装置中甚至可以实现满功率条件下的自然循环，极大地简化核电厂的传热系统。在大功率铅基快堆中，也可依靠一回路自然循环安全载出大于 10%的额定功率，这明显超过停堆后的堆芯剩余发热量。更为突出的是在反应堆突然失去冷却及全场断电事故条件下，由于堆芯内载热剂热容量的增加及自然循环冷却能力的增强，堆芯出口温度仅增加了 250K，离铅的沸点尚留有 1000K 的巨大安全裕度，这对事故工况下的反应堆安全是极为有利的。

铅基材料的传热特性好、自然循环能力强，有希望设计成完全依靠非能动的自然循环进行热量输出和传递的反应堆，即使由于反应堆的功率和体积限制，在满功率运行时利用自然循环达不到输热要求，也可以设计成在事故状态下完全依靠自然循环实现非能动余热排出，大大增加了反应堆的安全性；由于基材料的热力学和输运特性良好，铅基快堆具有自然安全性，当反应堆出现异常工况时，依靠反应堆的自然安全性和非能动安全性，能保证反应堆安全运行和正常停闭。

2. 铅基堆的物理特点

铅原子的质量数比钠原子的大得多，且铅原子核为幻核，它对中子的慢化能力和吸收能力比钠还低，铅的化学性质不活泼，与空气和水都不会发生化学反应，是快堆比较理想的冷却剂材料。铅铋合金材料熔点比铅低，其他方面的物理特性与铅比较接近。在相同的堆芯几何条件下，铅基堆的中子能谱较硬，可获得略优于钠冷快堆的中子物理性能，但铅基堆的燃料棒截距与直径比 P/D 比钠冷堆大得多，堆芯内冷却剂装量与燃料装量比也大幅度增加，相关计算表明，其中子物理性能明显下降，失去了核燃料高效增殖的优点，但仍可保留堆芯增殖比略大于 1，可实现核燃料自持循环。

铅基快堆堆芯内的核燃料增殖一般在 1.02~1.05 范围内，产生少量过盈的核裂变材料，仅用以补偿由于裂变产物积累和少部分 ^{238}U 裂变所造成的中子消耗。因而在运行过程中反应性变化很小，不需要很大的初始反应性储备，在运行过程中堆芯内的燃料成分及功率密度分布稳定，这些特点都有利于反应堆安全及长期稳定运行。铅基快堆满负荷运行时，堆芯反应性储备小于缓发中子有效份额 β_{eff}，所以即使在 10s 之内将堆芯内的控制棒全部提升至堆芯以外也不会对堆芯造成损伤。在非正常的正反应性引入情况下，依靠自动控制系统的补偿棒控制，可保证反应堆不会出现瞬发中子的快速增长。在反应堆正常功率运行时，运行人员需要控制的反应性余量远小于 1\$（\$反应性单位，×10^{-5}）。然而，每个控制棒的效率也远低于 1\$，吸收棒抽出的速度从技术上是受到限制的，系统引入的正反应性有充足的时间被负的反馈补偿，不会出现堆芯温度快速升高的危险。对于小功率铅基快堆可以设计长达 20~30 年的换料周期，负荷自动跟踪，甚至不需要移动控制棒，极大地简化了运行管理，可为边远地区建立独立的能源体系提供理想的核能装置。

与热中子堆相比，虽然快堆的中子寿命短且缓发中子份额小，但仍有足够的负温度反应性系数，可保障快堆的安全稳定运行能力。虽然在按堆芯径向分区的每个区域内冷却剂的温度反应性系数有的为正值，但其绝对值明显小于负值的燃料的多普勒系数，而且在堆芯功率上升的过程中，按时间顺序燃料的升温在前，载热剂的升温在后，所以铅基快堆能保持总体的负温度反应性系数，是其具有固有安全、自调节及堆功率自然跟踪负荷变化能力的重要内在依据。

铅基堆内反应性的温度反馈与钠冷堆相似，主要由燃料的多普勒系数提供反应性的负反馈。对于给定的燃料装量，反应堆总的空泡反应性影响是负值，局部正的空泡反应性影响小于 1$。而且由于冷却剂较高的沸点和大量气泡进入的可能性基本不存在，局部正反应性不大可能会出现。

3. 铅基堆的发展与挑战

铅基材料的化学性质不活泼，因此铅基材料与水和空气不会发生剧烈的反应，与钠冷堆相比不需要防止钠火等安全措施，反应堆可以省掉中间回路，简化了冷却剂泄漏事故的处理，提高了经济性和安全性。铅基堆在国民经济与国家能源战略方面很有发展前景：由于铅基堆运行在较高的温度，较适宜于热化学制氢。氢作为一种清洁能源，具有热值高、无污染等特点，当前国际市场上氢的用量很大，以每年以大于 8% 的速度增长，未来还将可能得到更大规模的应用。核能与氢能的结合将使能源生产和利用的全过程基本实现清洁化。美国、俄罗斯等国都已经开展了铅冷快堆制氢技术研究。

另外铅基堆可以作为大规模生产氚的装置。氚是未来聚变堆的启动燃料，而氚在自然界中含量极少，无法直接利用。铅基次临界堆在产氚方面具有明显优势。一方面，铅锂材料既是氚增殖剂，也可作为冷却剂，能够简化产氚反应堆的设计；另一方面，次临界堆具有固有安全性，能够在保证大规模产氚的前提下不影响反应堆的安全性。

铅基材料的中子屏蔽性好，铅基堆适合做成可移动的小型反应堆装置，例如可作为舰船/潜艇的动力。俄罗斯的成功经验证明了铅铋反应堆作为潜艇的动力具有很多优良的特性，反应堆的体积小，潜艇具有很高的航速和灵活的机动性。由于铅铋反应堆自然循环能力强，在潜艇巡航时可以直接采用自然循环而不依赖泵的驱动，降低机械噪声，提高隐蔽性。另外，铅基反应堆可以实现海洋开发／小型电网供电等其他方面的应用。海洋开发一般远离大陆，能源供给较为不便，而铅基反应堆能量密度高且适合小型化，是海洋开发的理想能源供给平台。一些电力需求较小的国家或地区，不适合开发大型反应堆，小型反应堆在这些国家有很好的应用前景。

苏联和美国是最早研究铅基堆的国家。美国在材料腐蚀方面遇到难题而放弃了铅基堆的研究，俄罗斯是目前世界上唯一有铅冷快堆运行经验的国家，除了在其潜艇上使用了铅铋堆以外，还建造了包括 BREST-300 和 SVBR 等铅基堆，其设计的铅铋冷却快堆原型堆已成功运行 80 堆年，其他一些国家也开展了铅基堆的概念设计和专门技术研究，但是还都没有建造和运行铅基快堆的经验。

铅基快堆与钠冷快堆同时研究和开发，但是发展速度和规模不如钠冷快堆好，有经济和技术方面的多种原因，从技术层面分析，铅冷堆存在如下一些问题。

1）铅合金对材料的腐蚀和侵蚀严重

由于铅合金能溶解金属结构材料中的 Cr、Ni 和 Fe，因此对于结构材料的要求很高，为了保证低的腐蚀性，对于运行中的反应堆，其氧浓度的控制要求很高，同时也限制了包壳材料的使用温度，目前使用的包壳材料大多限制在 650℃甚至 550℃以下；由于铅合金密度比较大，而且对材料的腐蚀性强，堆芯内如果流速过高会对燃料元件表面产生较严重的冲刷，因此铅铋的流速一般限制在 $2m\cdot s^{-1}$ 以下。在铅基堆的研究和运行使用过程中发生过多起材料腐蚀造成冷却剂泄漏事故，例如俄罗斯铅基材料冷却的核潜艇用快堆，就是因为严重的腐蚀问题而停止使用，因此腐蚀问题的解决还需要进一步的努力。

2）铅基材料在运行过程中会产生放射性毒素

铅基材料在运行过程会产生半衰期为 138.4 天的钋-210，钋-210 的产生极大地增加了铅铋快堆的运行和维修难度。控制钋-210 生成主要通过保持辐照后的铅铋冷却剂的密封、避免与空气接触以及采用吸附剂对钋进行吸附的方法来实现。

在铅铋冷却的反应堆中冷却剂吸收中子后产生的放射性核素钋-210，其反应链如下：

$$^{209}Bi_{83} + n \longrightarrow \begin{matrix} ^{210m}Bi_{83} + \gamma \\ ^{210}Bi_{83} + \gamma \end{matrix}$$

$$^{209}Bi_{83} \xrightarrow[5.012天]{\beta^-} {}^{210}Po_{84}$$

$^{210m}Bi_{83}$ 是铋元素的同质异能素（具有相同的质量数和质子数，而核能态有差别的核素），它的半衰期为 3.3×10^6 年。$^{210m}Bi_{83}$ 经过 α 衰变产生 ^{206}Tl，^{206}Tl 经过 β^- 衰变形成稳定核素 ^{206}Pb。如图 4-22 所示，当反应堆长期运行后 ^{208}Pb 吸收中子，通过（n,γ）反应，在纯铅冷却的反应堆中也会产生 ^{210}Po，其反应链如下：

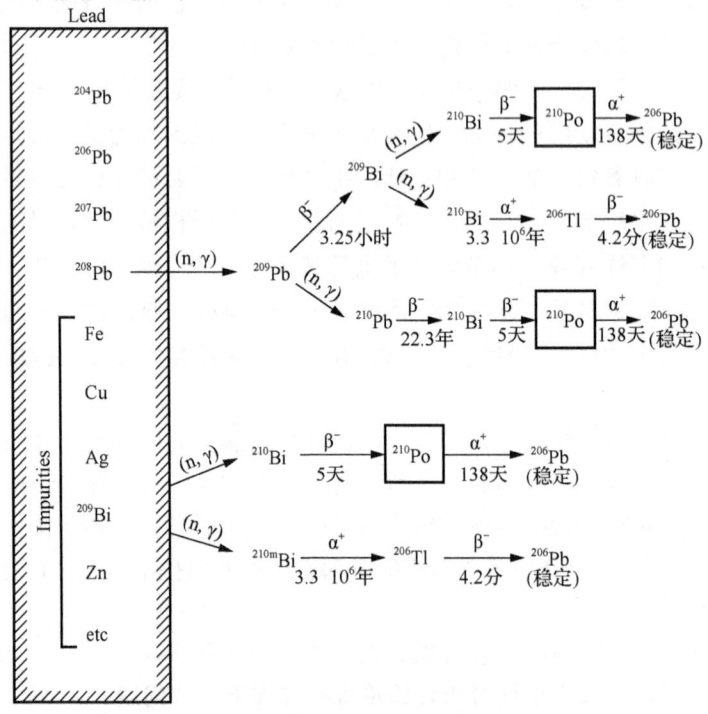

图 4-22 铅中钋形成的示意图

$$^{208}\text{Pb}_{82} + n \longrightarrow {}^{209}\text{Pb}_{82} + \gamma$$

$$^{209}\text{Pb}_{82} \xrightarrow[3.25\text{h}]{\beta^-} {}^{209}\text{Bi}_{83}$$

在这种情况下，从 $^{209}\text{Bi}_{83}$ 可产生 $^{210}\text{Bi}_{83}$ 和 $^{210\text{m}}\text{Po}_{84}$。

钋（^{210}Po）是一种剧毒的放射性核素，具有很强的放射性，其放射性比镭大 5000 倍。钋在衰变过程发射α粒子，射程很短对人体不构成外照射的危害，但是它的电离能力很强，如果食入、吸入或者通过伤口进入体内可引起急性放射性病。如果短时间体内吸收剂量达到 4Gy 就可以致命。在以铅铋合金作为冷却剂的反应堆中，通过前述的反应产生 ^{210}Po 是一个比较麻烦的问题，因为金属钋具有较强的挥发性，特别是在高温下更容易挥发，它与空气中的灰尘、颗粒物或液滴相吸附构成气溶胶，被人员吸入或者沾染在设备表面，就会造成危害和污染。在正常运行情况下，如果反应堆冷却剂系统严格密封，就产生不了 ^{210}Po 的危害，危害主要来自系统的维修、换料和出现冷却剂泄漏时。目前也有一些研究单位进行钋的防护方面的研究，给出了一些防护方法和建议，例如在工作人员工作的地点加装隔板进行隔离、在受污染区尽量不用电气焊、在受污染的表面涂聚合材料涂层、在通风系统加装特殊的过滤器等。

4.4.3 气冷快中子反应堆的特点

气冷快堆是快堆家族的一个重要成员，气冷快堆与液态金属冷却的快堆的其冷却剂的差别巨大，因此与液态金属冷却的快堆相比，气冷快堆的特点比较突出。一般来讲，在相同功率下气冷快堆的体积较大，这主要是作为冷却剂的气体密度低、热容量小、输热能力差，需要较大气体体积流量和较大的通流面积带出燃料释出的热量。气冷快堆的堆芯功率密度一般不超过 $100\text{MWt}\cdot\text{m}^{-3}$，堆芯内氦气冷却剂的体积份额为 40%～50%。与液态金属冷却的快堆相比，气冷快堆有如下优点。

（1）由于气冷快堆的堆芯中没有慢化剂，气体对于中子几乎是透明的，中子能谱比钠冷堆和铅基材料冷却堆都硬。由前面的图 4-2 可知，中子能量越高每吸收一个中子产生的平均中子数 η 越多，气冷快堆的燃料增殖比高、燃料倍增时间越短，更利于燃料的快速转换和增殖。由于裂变产物吸收中子的能力与中子能量有关，中子能谱越硬，运行过程中产生的裂变产物对反应性影响越小，因此气冷快堆随着燃耗的加深，反应性波动较小，反应性控制要求较低。

（2）氦气是一种稀有气体，氦气流过堆芯不会带有放射性，因此不需要像钠冷堆和铅基堆的中间回路，这样可以减少投资费用。因为冷却剂无放射性、无相变且透明，所以能够大大简化检测和维修等操作。

（3）氦的中子吸收截面很小，作为反应堆冷却剂中子的散射截面也很小，这一特性允许燃料棒的布置间隔更大，为冷却剂的流动提供更大的通流面积。这样可以缓解燃料棒高温肿胀所造成的影响。由于冷却剂与中子的相互作用小，因而冷却剂温度升高引起的正反应性相对较小。

（4）氦气冷却剂透明且化学性质不活泼，不存在冷却剂与结构材料和燃料材料不相容的问题，堆芯可以在高温下工作。它能够克服金属钠因化学性质活泼而带来的不足（如钠火、钠水反应），即使发生冷却剂泄漏也不会出现放射性大量逸出的问题。

（5）氦气作为冷却剂不会发生相变，因此不可能出现冷却剂特性的突然变化，与钠冷堆相比，既不会出现冷却剂的着火，也不存在严重事故时熔化的燃料与冷却剂的相互作用的风险。由于氦气作为冷却剂不发生相变，并且经过堆芯后不携带放射性，可以采用直接循环做功（氦气直接进入燃气轮机做功），这样热效率可以大幅度提高，因为节省了中间换热器，所以投资成本也有大幅度降低。

（6）当燃料包壳出现破裂产生裂变气体泄漏时，不会造成冷却剂传热能力的降低。在液态金属冷却的反应堆内，泄漏出的气体覆盖燃料元件表面可能会造成燃料元件表面局部传热恶化，烧毁燃料元件。

气冷快堆与其他类型的反应堆一样，既有很多优点也存在很多缺点，在分析和评价这些反应堆时一定要综合考虑和分析其优点和缺点。气冷快堆目前技术上存在的缺点如下。

（1）前面提到氦气与中子相互作用小，吸收和散射中子的能力低对燃料增殖是一个优点，但是，这一特性会造成堆芯的中子泄漏率增加，特别是功率较小的反应堆（例如功率小于300MWe 的堆），由于堆芯尺寸小，中子的泄漏率可能比同类型的液态金属冷却的反应堆大得多，可能会造成屏蔽和中子损失等问题。因此，气冷快堆做成大型堆比较有利，如功率在1000MWe 以上的气冷快堆中子泄漏率就会大大减少。

（2）氦气冷却剂的传热系数低，为了有效导出燃料的释热量，需要在燃料包壳表面采取强化传热措施，一般是采取粗糙表面或者加翅片来增加传热面积，这样造成堆芯冷却剂流动阻力增加，增加了风机的功率需求，降低了冷却剂自然循环能力。

（3）因为氦气的密度低、热容量（ρC_p）小，为了达到堆芯的高功率密度，需要燃料元件得到有效冷却，这就需要冷却剂在比较高的压力（7~10MPa）下运行（液态金属堆都在常压下运行）。在气冷快堆运行时要十分关注冷却剂系统的突然失压，突然失压后冷却剂的输热能力降低，会造成燃料元件冷却不足，引发较严重的安全问题。

（4）在冷却剂系统失压情况下，由于气体的传热系数降低、冷热段的密度差小，系统的输热能力降低，依靠自然循环不足以导出衰变热，必须备有可靠的强迫循环系统，在事故条件下依靠强迫循环进行堆芯冷却。相比液态金属冷却的反应堆，气冷快堆依靠自然循环输出热量的能力弱，固有安全性不高。

（5）气冷快堆的中子能谱硬，在两代裂变之间的中子几乎没有经过任何慢化和散射，与液态金属冷却的快堆相比，落入多普勒共振吸收区（中子能量在 10~1000eV 区间）的中子数量较少，因此多普勒效应产生的负反应性效应减小，使反应性对温度的负反馈变慢。因为多普勒反馈是保证快堆负温度反馈的一个重要因素，气冷快堆多普勒负温度系数的减小降低了其固有安全性。

在目前三种类型的快堆中，钠冷快堆技术成熟度相对较高，因为目前世界上已经建成了很多实验用和商业用的钠冷快堆，并且已经有了 400 多堆年的运行经验，这些经验为钠冷快堆的推广应用奠定了较好的基础。铅基材料冷却的快堆也有较高的安全性，有很好的应用前景，但是建造的数量和运行经验还不如钠冷快堆。在这三种快堆中成熟度较低的是气冷快堆，虽然一些国家很早就研究和设计了气冷快堆，但是到目前为止还没有见到气冷快堆建成和运行的报道。

如前所述，虽然气冷快堆有很明显的优点，但是也存在一些不容忽视的问题。如上面缺点中第（4）条和第（5）条提到的两个因素，气冷快堆相比液体金属冷却的快堆，其自然循环能力低、多普勒温度负反馈小，两个因素都使反应堆的固有安全性降低，这是反应堆比较致命的缺点，它大大影响了气冷快堆运行的安全性，这应该是气冷快堆目前还没有实际应用的主要原因。

第 5 章 液体燃料反应堆

除目前商用反应堆广泛采用的固体燃料外,在第四代核反应堆、空间反应堆、聚变-裂变反应堆等新型堆中还采用了基于液体燃料的反应堆方案。所谓液体燃料指的是将核燃料溶解于液体溶剂而制成的燃料。早期的熔盐实验反应堆就采用 LiF-BeF$_2$(FLiBe)盐作为溶剂,^{233}UF$_4$ 作为溶质制成了液体燃料盐。根据应用场景的不同,液体燃料可具有多种形式,包括熔盐燃料、铀酰盐水溶液燃料、液态金属/金属合金燃料。其中,铀酰盐水溶液燃料通过向水中溶解硫酸铀酰或其他铀盐制作而成,多用于均质水溶液反应堆以生产医用放射性同位素。液态金属/合金燃料采用液态金属共晶合金(如 U-Cr 或 U-Fe)制成,在一些早期的双流反应堆方案中有所应用。相比而言,目前研究最为广泛的为熔盐燃料及以此为基础设计的熔盐反应堆,其在固有安全性、燃料循环、防止核扩散、系统热效率等方面展现出的优异特性,使其成为 6 种第四代核反应堆中具有广泛研发潜力的堆型之一,也是我国核能发展战略的重要组成部分。

5.1 液 体 燃 料

5.1.1 液体燃料特点

与传统的固体燃料相比,液体燃料在反应堆的运行方面具有诸多优势,主要体现在两方面:一是液体燃料的高沸点(约 1400℃)属性在实质上消除了传统固体燃料堆的熔堆事故;二是采用液体燃料的反应堆具有较高的负温度系数,使其具有良好的自调节能力,这有利于实现核电厂的自动负荷追踪,以更好地与末端发电和工业热应用相匹配。在反应堆事故条件下,燃料盐可在重力作用下排放至卸料罐中,实现反应性的次临界、放射性的包容和衰变热的长期非能动导出。

液体燃料反应堆在燃料利用和裂变产物处理上同样具有优势。对于固体燃料反应堆,其在运行过程中产生的氙将居留在燃料包壳内,一方面会吸收中子降低反应堆内中子的经济性,另一方面在引入反应性时容易造成氙振荡,不利于反应性控制。对于类似问题,在熔盐液体燃料反应堆中,通过在线燃料后处理,向燃料盐中鼓入稀有气体能够提取氙等放射性物质,让反应堆内的放射性裂片产物维持在较低水平。此外,在固体燃料反应堆中,燃料元件在长时间辐照作用下容易造成辐照肿胀变形,严重的还会导致流道阻塞,进而引发严重事故。这导致不得不更换固体燃料组件,换掉的燃料元件中甚至有超过 98%核燃料尚未使用。带来的后果是燃料利用率很低,再者燃料中的长寿期锕系元素将对燃料的后处理带来巨大挑战。

相较于固体燃料反应堆,液体燃料反应堆可以实现燃料在反应堆内的长期居留,一方面可以在很大程度上提高燃料的利用率;另一方面可以实现裂变产物的在线处理和长寿期锕系元素的嬗变，减少放射性废物的产量。当然，液体燃料也存在一系列有待解决的问题，包括强腐蚀性、毒性等，对反应堆结构材料的选取以及停堆检修工作带来严峻的挑战。

5.1.2 熔盐分类及其主要热物性

熔盐是由阴离子和阳离子组成的在高温下成液态的盐类化合物（如 LiF）。通常而言，熔盐与结构材料的兼容性往往取决于所选取的阴离子，如氟化物、氯化物等；而阳离子通常决定了熔盐燃料的物理性质、成本等，典型的熔盐化合物包括 BeF_2、$NaNO_3$、KNO_3、Na_2CO_3 等。熔盐在核能领域应用过程中还需考虑其与核相关的若干属性，比如，较小的中子俘获截面、较强的辐照稳定性等。常用于反应堆设计的熔盐溶剂包括 $LiF-BeF_2$、LiF-NaF-KF 等。图 5-1 给出了熔融后的 FLiBe，其为透明态的流体，其黏性和水相似。20 世纪 60 年代，美国橡树岭国家实验室率先以氟化锂、氟化铍和氟化锆的混合物作为溶剂，通过溶解氟化铀制成了适用于熔盐实验反应堆（MSRE）的 $LiF-BeF_2-ZrF_4-UF_4$（65-29-5-1mol%）燃料盐，为熔盐在核能领域的应用奠定了基础。

图 5-1 熔融态的 $LiF-BeF_2$（FLiBe）

无论是常见的传蓄热熔盐还是应用于熔盐反应堆的燃料盐，均采用混合盐，即多种盐的混合物。这主要是因为单一种类盐的熔点都很高，如 NaF 的熔点为 995℃，难以用作冷却剂。一种可行的方法是将不同成分的盐混合在一起形成二元/三元混合盐，这样可显著降低盐的熔点。混合盐中各种类型的盐应按需求配比成一定的比例。比如，$LiF-BeF_2$ 的最佳共熔比为 33%～67%。混合盐的不同成分和配比具有不同的物理和化学性质，应根据实际的应用条件加以权衡。熔盐之所以受到众多领域的青睐，得益于其作为传热工质的优异性质。熔盐与水、液态金属、氦气等常见工质的物性对比列于表 5-1 中，其作为传热工质的优势如下。

表 5-1 熔盐与其他传热工质物性对比

	物质种类	熔点	沸点（1atm）	蒸气压	比容量（ρC_p）	密度	导热系数	运动黏度	动力黏度
	单位	℃	℃	mmHg	kJ·m^{-3}·℃$^{-1}$	g·m^{-3}	W·m·℃$^{-1}$	10^{-2} cm^2·s^{-1}	mPa·s
熔盐	HTS	142	<600		2777	1.787	0.59	2.26	2.2（300℃）
	NaBF$_4$·NaF	384	694	2（627℃）	2823	1.87	0.35	0.8	0.9（700℃）
	(LiNaK)$_2$CO$_3$	399			3489	2.017	0.55	11.8	<5（500℃）
	KF-ZrF$_4$	420	1450	1.2（900℃）	3444	2.8	0.45	1.82	5.1
	KCl-MgCl$_2$	426	>1418	2（900℃）	1610	1.66	0.4	0.8	1.4
	FLiNaK	454	1570	0.7（900℃）	4070	2.165	0.8	4.2	2.9（700℃）
液态金属	Na	98	883	<1（440℃）	1045	0.83	66	0.29	0.25
	Li	179	1317		2016	0.48	53	0.74	0.3
	Hg（300℃）	-39	356	3（323℃）	1677	12.9	13.8	0.074	0.8
	LBE	123	1670		1590	10.6	11.08	<0.2	1.53（300℃）
其他	CO$_2$（500℃）（6MPa）	-566	-78.5	—	479	0.041	0.06	19	0.034
	H$_2$O（300℃）（15MPa）	0	100	8.59MPa	4065	0.726	0.56	0.12	0.09
	He（500℃）（6MPa）	—	—	—	4.4	0.037	0.29	10.27	0.038

注：LBE 为铅铋合金。

（1）熔盐具有很宽的工作温度区间。常见的熔盐材料的沸点均很高，多在 1400℃左右，甚至更高。在熔盐的液态温度范围内，其饱和蒸汽压普遍很低，意味着熔盐难以汽化和挥发，系统可以在很低的压力条件下运行。若熔盐在远低于沸点的温度下工作，则有助于显著提高系统安全裕度，并消除潜在压力边界超压失效等问题。同时，熔盐的高沸点可以使系统在很高的温度条件下运行，这时制约反应堆热效率的并不是工质温度的问题，而是材料耐高温和辐照的能力。混合物盐可以使熔点显著降低的特性能保证了熔盐的宽范围工作温度区间，为 500～1400℃。这使熔盐在传热能力上较水、二氧化碳等工质更具有优势。

（2）熔盐流动性好，并具有较大的体积热容量。传热工质的输热能力主要取决于两方面因素：一是黏性小，易于流动，能降低泵的功耗，像氯盐、氟盐、硝酸盐，其运动黏度零点几到几 mPa·s，与常温下水的动力黏度相当，具有较低的黏度和良好的流动性；二是单位体积的工质能携带尽可能多的热量。这一过程可以通过体积热容量来衡量，其为密度与定压比容的乘积，代表着单位体积工质的蓄热能力。熔盐的体积热容量整体优于液态金属工质，比气体工质高出 1~3 个数量级。

（3）熔盐具有良好的化学性和经济性。在常用的熔盐材料中，除碳酸盐和硝酸盐在高温下容易分解外，氯化物和氟化物在高温下难以分解，具有良好的热稳定性。同时，这些熔盐具有良好的溶解能力，可用于溶解氟化铀等核燃料，形成燃料盐。相较于 Pb-Bi 等液态金属冷却工质，熔盐还具有较好的经济性。资料显示，Pb-Bi 合金的价格约为 7.45 美元/kg，而 NaF-KF-ZrF4 熔盐价格为 4.6 美元/kg，还有一些熔盐的价格低于 1 美元/kg。

基于上述优异的物理化学特性，熔盐成为多个领域内的最佳备选传热工质。在核能领域，具体可用于制作燃料熔盐反应堆（MSR）/熔盐快中子反应堆（MSFR）的燃料盐和冷却盐，也可作为先进高温反应堆（AHTR）、超高温反应堆（VHTR）等高温反应堆的冷却剂。这些反应堆中常见的熔盐材料汇总于表 5-2。熔盐反应堆中，熔盐既是核燃料的载体又作为冷却剂使用，目前相关研究较多。本章将主要讨论熔盐在熔盐反应堆中的应用。

表 5-2 应用于不同类型反应堆的熔盐

反应堆类型	中子能谱	熔盐用途	典型燃料盐
熔盐堆（MSR）	热中子	燃料	^{7}LiF-BeF$_2$-AnF$_4$
	快中子	燃料	^{7}LiF-AnF$_4$
		冷却剂	NaF-NaBF$_4$
熔盐堆（MSR）	快中子	燃料	LiF-NaF-BeF$_2$-AnF$_3$
熔盐快堆（MSFR）	快中子	冷却剂	LiCl-NaCl-MgCl$_2$
先进高温堆（AHTR）	热中子	冷却剂	^{7}LiF-BeF$_2$
超高温堆（VHTR）	热中子	冷却剂	LiF-NaF-KF
钠冷快堆（SFR）	快中子	冷却剂	NaNO$_3$-KNO$_3$

5.2 液体燃料熔盐反应堆技术特征

5.2.1 熔盐燃料

1. 燃料成分

液体燃料熔盐反应堆采用熔融混合盐作为溶剂，向其中溶解裂变核素盐，最终形成用于发生裂变反应的熔盐燃料，简称燃料盐。为兼顾反应堆运行时的高温高辐照环境，溶剂通常采用氟盐或氯盐，其很好地解决了碳酸盐和硝酸盐在高温下易分解的问题。20 世纪 50~60 年代，美国橡树岭国家实验室就以氟化锂、氟化铍和氟化锆的混合物作为溶剂，通过溶解氟化铀制成了适用于熔盐实验反应堆（MSRE）的 LiF-BeF$_2$-ZrF$_4$-UF$_4$（65-29-5-1mol%）燃料盐。燃料盐中对反应堆的设计和运行特性起到至关重要作用的是溶质，即裂变核素盐，其决定了熔盐反应堆的核裂变释热、燃料增殖等一系列性能。

裂变核素盐成分的确定取决于反应堆的类型。按照中子能谱的不同，熔盐反应堆可分为热中子谱反应堆和快中子谱反应堆。在热中子谱反应堆中采用 ^{233}U、^{235}U 等易裂变核素制成溶质，如 UF$_4$。由于燃料盐对中子的慢化能力很弱，热中子谱熔盐堆中需布置慢化剂以维持图 5-2 所示的链式裂变反应（以 ^{235}U 为例）。在常见的慢化剂中，石墨因与熔盐具有较好的兼容性并能耐高温，常制成慢化剂组件布置于反应堆堆芯，详见图 5-3（a）。

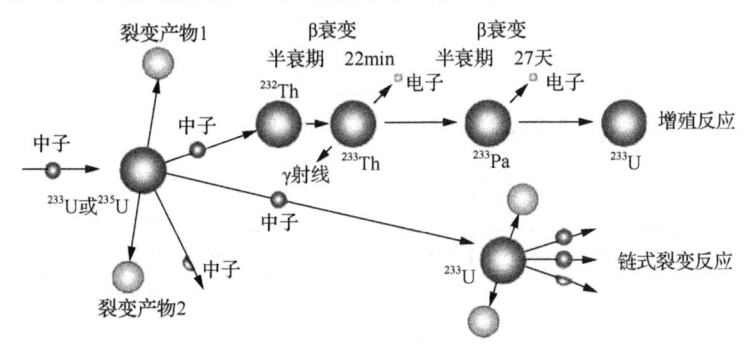

图 5-2　^{235}U 的链式裂变反应和 ^{232}Th 的增殖反应

熔盐反应堆的早期设计方案普遍采用热中子谱，随着核能应用的不断发展，铀资源短缺等问题日益突出，这导致 20 世纪末以来快中子谱反应堆越发受到各研究机构的青睐。在 GIF 论坛上法国提出的熔盐堆方案中就取消了反应堆内石墨慢化剂，形成了快中子谱方案以实现燃料增殖。类似地，俄罗斯提出了如图 5-3（b）所示的快中子谱反应堆设计方案。快中子谱反应堆的设计面临的首要问题是采用何种燃料增殖方案，即采用 ^{232}Th 还是 ^{238}U 作为增殖盐的溶质。现有的快中子增殖反应堆中，主要包括 U-Pu 循环和 Th-U 循环两类方案，转换链见图 5-4。理论上两种增殖方案都可应用于液体燃料熔盐反应堆，但从反应堆运行、核扩散风险、核燃料储量等多方面评价，Th-U 循环更具有优势。

(a) 热中子谱熔盐反应堆石墨慢化剂组件 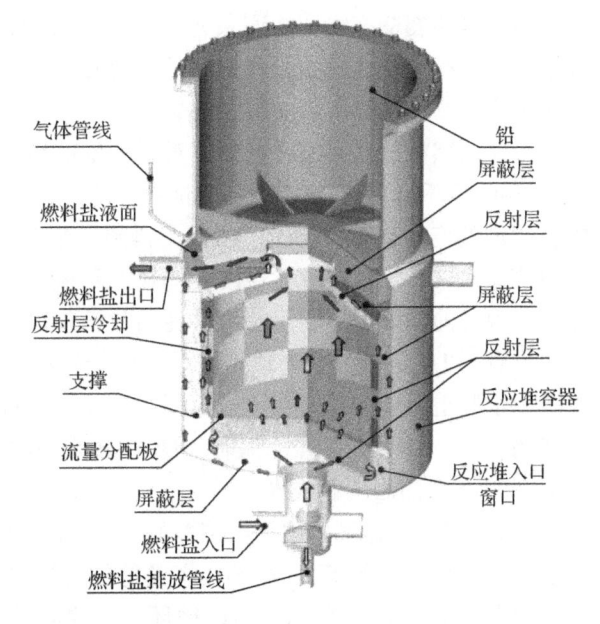　　(b) 快中子谱熔盐反应堆内部结构

图 5-3　熔盐反应堆结构

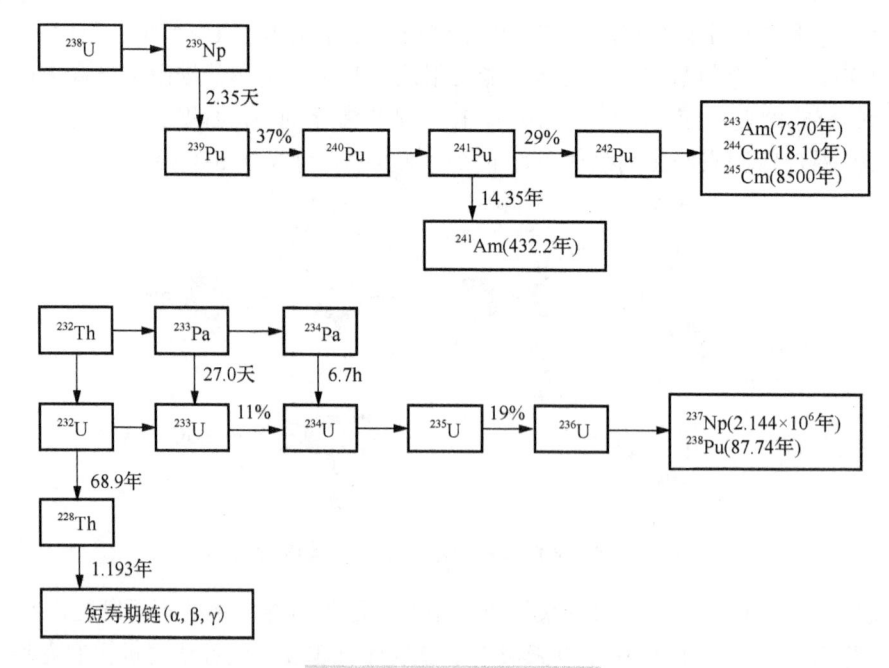

图 5-4　U-Pu 和 Th-U 转换链

2. 燃料循环方案

采用 U-Pu 循环的优势在于能够更有效地利用现有的铀资源，但主要存在以下两方面的不足。①U-Pu 燃料循环过程中，^{238}U 吸收中子后会生成能用于制造核武器的 ^{239}Pu。将乏燃料溶解后，通过有机溶剂磷酸三丁酯萃取（普雷克斯过程水法后处理，Purex Process）即可实现铀、钚的分离。这种方法技术成熟、费用低，会潜在增加核扩散的风险。②U-Pu 燃料循环将产生大量的长寿期裂变产物和次锕系元素（如 Np、Am、Cm），具有强放射性和毒性，半衰期在万年以上量级。在传统的固体燃料反应堆设计中，由于燃料芯块和包壳这一道屏障的存在，高放裂变产物和毒物可以实现在燃料元件中有效居留。而在液体燃料熔盐反应堆中，高放射性和毒性的燃料盐在回路中循环将对反应堆的运行、维护和后处理带来巨大的挑战。

Th-U 循环较 U-Pu 具有诸多的优势，尤其是在液体燃料熔盐反应堆中的应用得到了国内外核能领域的广泛认可。首先，在核燃料的存量上，自然界中钍资源的存储量大约为铀资源的 3~4 倍，可以很好地缓解日益发展的核能系统对铀燃料的需求。尤其我国具有丰富的钍资源，若能实现钍的完全循环利用，可供使用数千年以上。其次，由图 5-4 可以看出，Th-U 循环过程中没有 ^{238}U，所以几乎无法生产 ^{239}Pu，能够有效防止核扩散。理论上 Th-U 循环生成的 ^{233}U 也能用于制造原子弹，但 ^{232}Th 产生核燃料 ^{233}U 的同时还伴随生成杂质 ^{232}U，Th-U 转换的中间产物 ^{208}Tl（铊）具有强 γ 辐射，Th-U 转换中间产物的 β 半衰期达 27 天，这些因素显著增加了 ^{233}U 分离的难度和成本。

另外，Th-U 循环的中子经济性好。^{232}Th 在热中子和快中子谱范围内的中子俘获截面均高于 ^{238}U，这意味着 Th-U 循环具有更佳的转换比。同时，^{232}Th 转换生成的 ^{233}U 的平均裂变中子数要高于 ^{235}U。最后，Th-U 循环产物的放射性和毒性小，一方面 Th 的原子序数和质量数较 U 低，需要吸收更多的中子才会变成具有高放射毒性的超铀元素，这使 Th-U 燃料循环过程中超铀元素的产生量显著小于传统的 U-Pu 循环；另一方面采用快中子谱的钍基熔盐反应堆可以实现反应堆内嬗变,在削减核废物方面存在优势,可以将长寿期核裂变废物的半衰期削减至数百年以内。

3. 钍基熔盐反应堆

钍作为一种优质的增殖材料,除能够应用于液体燃料反应堆外,在固体燃料反应堆中有过诸多尝试。作为钍资源最丰富的国家,印度长期关注钍在核能领域的应用,并在早期的 Indian Point 压水反应堆 1 号机组中应用了 ThO_2 陶瓷芯块燃料(直径为 6.6mm,长为 19mm)。美国希平港核电站在退役之前也采用过 ThO_2 陶瓷芯块燃料。

然而钍基陶瓷燃料未能在压水反应堆核电厂中得到推广应用,除钍基陶瓷燃料应用不成熟外,还存在反应堆布置、经济性等一系列问题,主要包括:①天然钍中只有 ^{232}Th,不含有任何易裂变核素,若要维持反应堆的运行,需要较高浓度的易裂变核素(如浓缩 ^{235}U)作为驱动燃料以维持反应堆临界,这增大了陶瓷芯块燃料加工难度,并提高了核电厂的运行成本;②目前设计的 Th-U 核燃料多采用一次通过式核燃料循环,即核电厂乏燃料组件不进行后处理回收利用而直接进行深埋储存,这将降低核燃料的利用率;③若采用 UO_2 和 ThO_2 分离布置方案,需针对 ThO_2 设置结构复杂、体积庞大的增殖区,限制了反应堆的大功率输出,一些方案甚至对轴向和径向都进行了分区,这将显著增加长期燃料循环的难度;④为尽可能缩小反应堆体积,燃料棒之间的间隙需设计得很小,这对燃料棒的抗肿胀和弯曲能力提出了更高的要求;⑤增殖产生的 ^{233}U 中总是掺杂有 ^{232}U,该核素衰变生产的 ^{228}Th 具有强 α 和 γ 辐射,半衰期长达 1.9 年,这对反应堆的换料提出了苛刻的要求,需要进行远程控制。针对上述问题,一些新的方案将固体燃料多制成 TRISO 燃料颗粒,采用球床快中子反应堆的布置方案,以提高钍在固体燃料中的适用性。

钍基核燃料在液态熔盐反应堆中使用更为理想,相较于固体燃料具有以下几方面优势:①反应堆运行采用的低压液态燃料,在设计上避免了熔堆和边界超压破坏等事故;②无须加工制造固体燃料芯块和组件,降低了核燃料成本;③具有优异的负温度反馈系数和空泡系数,有助于降低反应堆的控制难度,并提高反应堆的安全性;④能够实现在线装料,便于在线调节燃料的比例成分,通过在线燃料后处理,能够提取 ^{135}Xe、^{85}Kr 等高中子吸收截面毒物,进而增加中子经济性;⑤熔盐燃料在反应堆中的长期循环,有利于实现锕系元素等长寿期核素的嬗变。

5.2.2 反应堆系统结构

填充在反应堆中的燃料盐,若要发生自持链式裂变反应,不仅需要达到临界体积,还要维持合适的中子通量密度。这要求设计合理的堆芯几何尺寸,并设置控制棒、慢化剂、中子反射层等结构(图 5-3),以实现反应堆的长期安全运行。对于采用快中子谱的液体燃料熔盐反应堆,因不需要慢化且具有较高的反应性负温度系数和自我调节能力,可不设置控制棒。熔盐反应堆的上述特性意味着,经泵推动循环的燃料盐仅在流经堆芯时达临界状态,发生核裂变反应并释放热量。当熔盐离开堆芯后主要起到冷却剂的输热功能,在一次侧热交换器中将热量传递给中间回路,之后再由二次侧热交换器传递给能量转换回路(也称三回路)的氦气进行发电或进行热电联产。能量转换回路可根据实际需求灵活配置,一些熔盐反应堆的设计在能量转换回路配置了超临界水循环。液体燃料熔盐反应堆中的燃料盐兼顾了燃料和冷却剂的功能,燃料盐(沸点约为 1400℃)出口温度可达 700~800℃,易于实现 40% 以上的热效率。

熔盐中的裂变核素包括各类易裂变核素和用于增殖的可裂变核素。按反应堆运行和裂变产物后处理的需求，这些核素的盐类可以是一种或多种混合物在同一燃料盐回路中循环，形成单流熔盐反应堆；亦可以将用于增殖的可裂变核素和易裂变核素分开按两个回路单独循环，形成双流熔盐反应堆。这两种类型熔盐反应堆的系统结构分别如图5-5和图5-6所示。

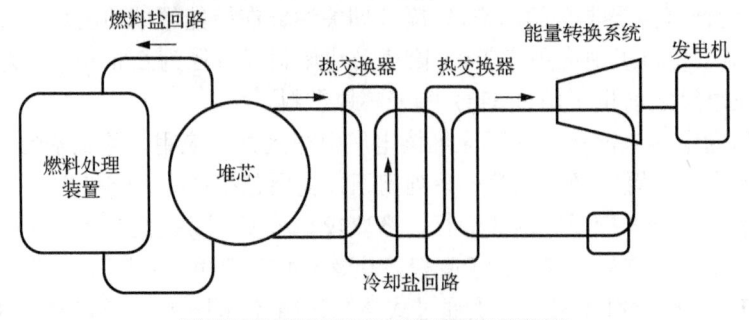

图 5-5　单流熔盐反应堆系统结构简图

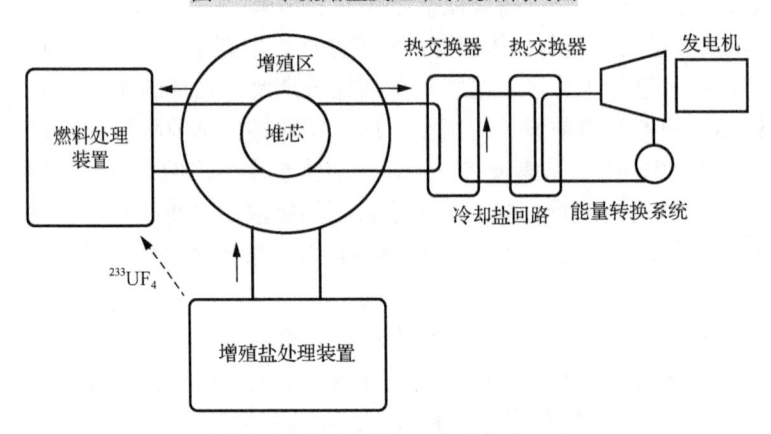

图 5-6　双流熔盐反应堆系统结构简图

单流熔盐反应堆主要由反应堆堆芯、燃料盐处理系统、燃料盐回路、冷却盐回路、热交换器、能量转化系统以及发电机组成。堆芯熔盐同时包含易裂变核素和可裂变核素。回路中并联的燃料盐处理系统可以实现在线装料、提取裂变产物、控制氧化还原电位（防止腐蚀）等功能。

双流熔盐反应堆的主要系统组成与单流熔盐反应堆相近，主要的区别在于反应堆的堆芯被增殖区包围。堆芯内走易裂变核素燃料盐循环，增殖区走增殖盐循环，这样构成了所谓的"双流"循环。反应堆堆芯燃料盐中装有的易裂变核素用于维持链式裂变反应。堆芯产生的中子中将有一部分泄漏出反应堆堆芯进入增殖区被增殖燃料所捕获，生成更多的易裂变燃料，并提取输出到燃料盐处理装置中。典型双流熔盐反应堆设计中，堆内燃料盐的溶剂为FLiBe，溶质为易裂变燃料 $^{233}UF_4$。堆芯周围的增殖区内为溶解有 ThF_4 增殖材料的FLiBe盐。

5.3　典型熔盐反应堆

熔盐反应堆最早于1947年由美国橡树岭国家实验室（oak ridge national laboratory, ORNL）提出，用以支持美国空军提出的飞行器核动力计划（aircraft nuclear propulsion, ANP）。1954

年，ORNL建成了世界上第一座熔盐反应堆—ARE（aircraft reactor experiment）飞行器实验反应堆，以测试液体燃料、高温、高能量密度反应堆在超音速飞行器中的适用性。该反应堆的燃料为熔融氟盐NaF-ZrF$_4$-UF$_4$（53% NaF-41% ZrF$_4$-61% UF$_4$），慢化剂为氧化铍（BeO），冷却剂采用液态钠。反应堆于1954年首次达到临界，产生的860℃峰值温度创造了当时的高温运行纪录。1960s，随着洲际导弹技术的发展，ANP计划逐步被美国政府取消，熔盐反应堆在军事领域的应用逐渐退出历史舞台。

依托ARE的技术基础，美国ORNL于20世纪60年代再次引领了陆用熔盐反应堆的发展，启动了熔盐实验反应堆（molten salt reactor experiment, MSRE）研究计划。反应堆熔盐燃料为LiF-BeF$_2$-ZrF$_4$-UF$_4$（65%LiF-29%BeF$_2$-5%ZrF$_4$-1%UF$_4$），慢化剂采用热解碳，堆内构件及管路的材质选用哈氏合金（Hastelloy-N），运行过程中的热功率从ANP的2MWt提升至8MWt。MSRE于1965~1969年的运行测试了熔盐燃料与相关结构材料的适用性与运行稳定性，论证了熔盐反应堆的安全性和可靠性，为建造商业堆奠定了基础。

1970~1976年，ORNL在熔盐反应堆方向的研究达到了顶峰，设计了电功率1000MWe的 ^{232}Th-^{233}U 燃料循环熔盐增殖反应堆（molten salt breeder reactor, MSBR）。MSBR中燃料盐选用LiF-BeF$_2$-UF$_4$（62.7% LiF-37% BeF$_2$-0.3% UF$_4$），慢化剂为石墨，二次侧冷却剂为NaF-NaBF$_4$，运行温度可达705℃，反应堆热效率为45%。MSBR研究报告提交后，美国ORNL几乎结束了所有的熔盐反应堆研发项目。

1974年，印度从乏燃料中再加工生产了钚，并完成了核爆实验。如何推进核不扩散政策成为当时美国政府的一项重要议题。在此背景下，借助熔盐反应堆很好地防核扩散特性，ORNL启动了改性熔盐反应堆（denatured molten salt reactor, DMSR）的研发工作。该反应堆摒弃了之前熔盐反应堆的燃料在线处理方案，提出了一次性通过燃料循环方案。DMSR的低功率密度堆芯可显著降低对石墨慢化剂的辐照损伤，使石墨慢化剂的使用寿命延长至30年。而在之前的MSBR反应堆设计中，石墨慢化剂则需要每4年更换一次。基于此特性，DMSR设计方案也被称为"30年一次性通过设计方案"。

之后，美国对熔盐反应堆的研发主要用于防止核扩散和处理核武器拆解所得的Pu，为此提出了先进熔盐反应堆（advanced molten salt reactor, AMSR）、棱柱型熔盐反应堆（prism molten salt reactor, PR-MSR）和先进高温反应堆（advanced high temperature reactor, AHTR）三种新型概念反应堆。由于当时的熔盐反应堆尚有一些技术上的难题，同时业界更倾向于发展液态金属快中子增殖反应堆（liquid metal fast breeder reactor, LMFBR），熔盐研究计划最终被美国政府终止。截至2011年，ARE和MSRE仍是仅有的运行过的熔盐反应堆。

20世纪80年代以来，液体燃料熔盐反应堆的研发充分借鉴了以往实验研究的基础，目标转向实现Th-U循环和锕系元素的嬗变。在技术路线上，不同国家和地区各具特色。我国中国科学院和日本钍基能源联盟倾向于研发热中子谱熔盐反应堆；欧盟、法国、俄罗斯倾向于研发快中子谱熔盐堆；美国重点关注的是熔盐冷却高温堆（fluoride-salt-cooled high-temperature reactors, FHR），表5-3汇总对比了各国液体燃料熔盐反应堆的研发情况。根据熔盐反应堆自身的特色和研究历程，本章将以MSRE、MSR-FUJI、MSFR这3个反应堆为代表，详细讨论早期实验反应堆、热中子谱熔盐反应堆、快中子谱熔盐反应堆的系统组成、结构特征和安全功能。对其他熔盐反应堆的特征类似，本书不做赘述。

表 5-3 液体燃料熔盐反应堆发展简史

研发时间/年	反应堆名称	类型	用途	研究机构
1954~1957	ARE	热谱反应堆	实验研究（军用）	美国 ORNL
1962~1969	MSRE	热谱反应堆	实验研究（民用）	美国 ORNL
1970~1973	MSRE	热谱增殖反应堆	发电、钍增殖	美国 ORNL
1973~2002	AMSTER	热谱增殖反应堆	锕系元素嬗变	法国电力集团
20 世纪 70 年代	DMSR	热谱增殖反应堆	核不扩散研究	美国 ORNL
1980~1983	AMSB	次临界反应堆	锕系元素嬗变	日本钍基能源联盟
1985~2008	FUJI	热谱增殖反应堆	钍增殖	日本钍基能源联盟
1999 至今	TIER	次临界反应堆	锕系元素嬗变	美国洛斯阿拉莫斯实验室 法国国家科学研究中心
2003~2007	MOSART	快谱反应堆	锕系元素嬗变	俄罗斯研究中心 欧盟 MOST 计划
2004~2008	SPHINX	快谱增殖反应堆	钍增殖	捷克
2005~	CSMSR	次临界反应堆	锕系元素嬗变	俄罗斯研究中心
2007 至今	TMSR/MSFR	快谱增殖反应堆	钍增殖	法国国家科学研究中心 欧盟液体燃料快速反应堆系统评估和研究计划
2011 至今	TMSR-LF	热谱增殖反应堆	商用发电、制氢、钍增殖等	中国科学院上海应用物理研究所

5.3.1 熔盐实验反应堆

1. 熔盐燃料与冷却剂循环

熔盐实验反应堆（MSRE）采用熔盐循环燃料、石墨慢化剂、单区反应堆设计，热功率设计值为 10MWt。MSRE 采用氟化锂、氟化铍和氟化锆的混合物作为溶剂，溶解铀或钍的氟化物，最终形成熔盐燃料，如 LiF-BeF$_2$-ZrF$_4$-UF$_4$（65% LiF-29% BeF$_2$-5% ZrF$_4$-1% UF$_4$）。在熔盐泵的驱动下，燃料流过石墨堆芯（直径为 1.37m，高为 1.68m）的 1140 个流动通道。在流动通道中，燃料盐中的易裂变核素发生裂变反应将燃料温度加热至约 663℃。熔盐燃料中携带的热量通过中间热交换器传递至二回路中由氟化锂和氟化铍制成的熔盐冷却剂（简称冷却盐）。MSRE 项目不关心能量转换系统的运行特性，因此实验过程中没有设置动力循环系统，而是将熔盐反应堆产生的热量通过风冷式散热器排放至外界环境。

图 5-7 所示的反应堆一次侧燃料盐回路包含反应堆容器、热交换器、离心泵以及连接这些设备的管道和阀门。反应堆容器用以容纳石墨堆芯，热交换器用来实现一次侧燃料盐和二次侧冷却盐间的热传递，离心泵用以驱动一次侧燃料盐循环。反应堆二次侧冷却盐回路主要包含冷却盐泵、风冷式散热器以及相关管路。管路连接冷却盐泵、风冷式散热器和热交换器，形成闭合回路。冷却盐回路中的热量通过风冷式散热器传递至外部大气环境。一次侧和二次侧系统均有管路连接至卸料系统，以储存燃料盐、冷却盐以及冲洗盐。

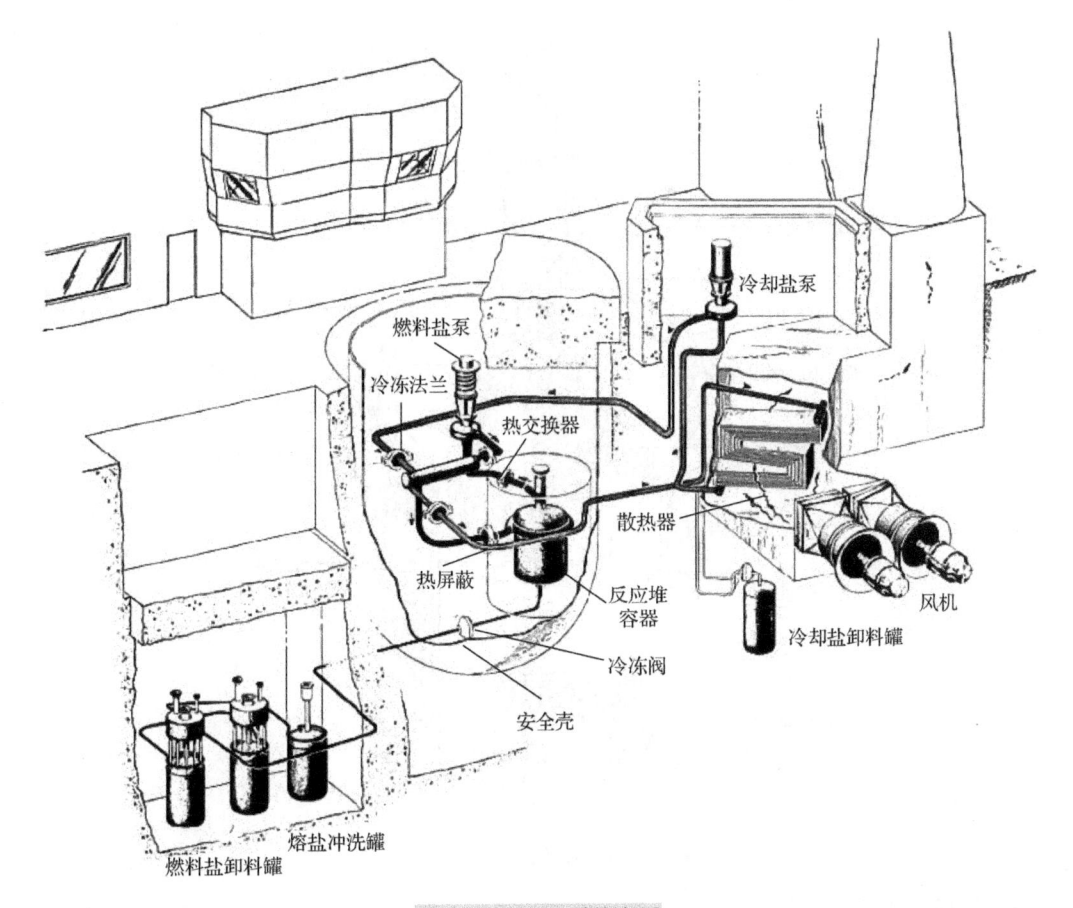

图 5-7 MSRE 系统布置

2. 反应堆容器与内部构件

MSRE 反应堆容器直径为 1.47m，高约 2.39m，在 704℃条件下的设计压力为 0.34MPa，结构简图见图 5-8。压力容器上下是两个内径为 1.47m 的蝶形法兰封头，壁厚为 25.4mm。柱状容器主体壁厚为 14.29mm，由于容器侧壁面上部区域需要开 84 个 19.05mm 的流量分配孔以促使入口的燃料盐的周向分布均匀，该区域的容器壁面增厚为 25.4mm。燃料盐入口管与流量分配器的切向相连，管径为 152.4mm，分配器的横截面为半环形，内径约为 101.6mm。燃料盐通过流量分配器流至流量分配孔，并在分配孔内沿 30°角度通入反应堆容器，之后在堆芯外沿与反应堆容器内壁围成的 25.4mm 环形下降段内形成旋流。上述结构设计可以使燃料盐在下降段形成旺盛的湍流流动，有助于实现对反应堆容器壁面的冷却。

反应堆容器下封头入口处安装有 48 个厚为 3.18mm 的防涡流叶片，向容器轴线方向伸展 279.4mm。通过叶片消除涡流可有效降低下封头处的径向压降，提高堆芯流量分配均匀性。燃料盐流过堆芯后通过上封头通往开口 254mm 的接管，再转向开口 127mm 的燃料盐出口接管，通往一次侧燃料盐泵。

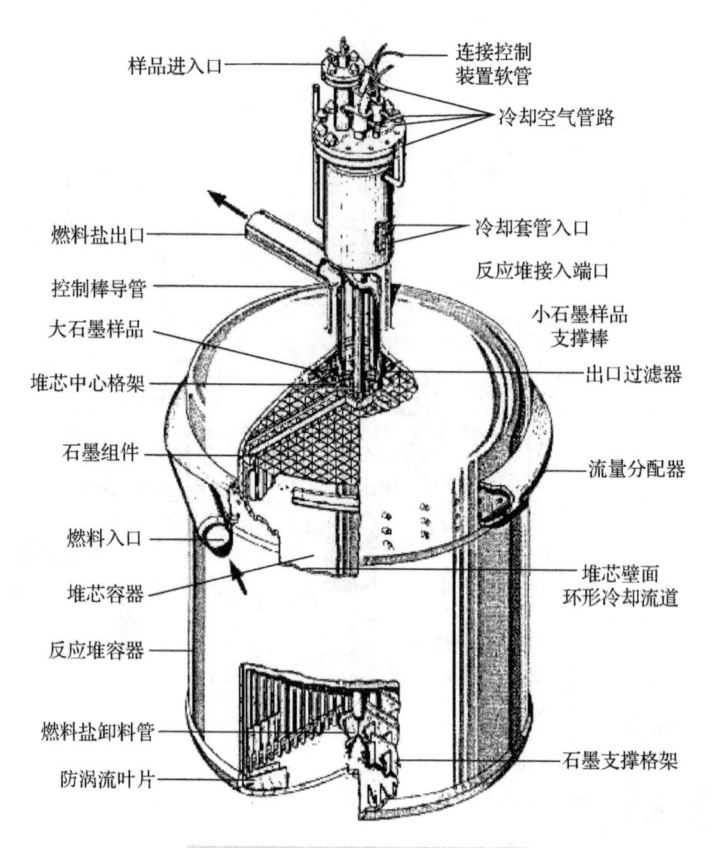

图 5-8　SMRE 反应堆容器结构图

3. 反应堆堆芯与石墨组件

熔盐堆在慢化剂方面的需求主要在于能够实现良好的中子经济性，并能够降低核燃料的存量。尤其是在没有包壳的条件下能够实现高的增殖比或转化比。在常用的慢化剂材料中，石墨和熔盐具有很好的相容性。因此，在 MSRE 反应堆中构建了非均质型堆芯，并采用无包壳的石墨作为慢化剂。

MSRE 反应堆堆芯由 513 个石墨块组成，见图 5-9 和图 5-10。石墨块横截面为边长 50.8mm 的正方形，总高 1701.8mm，按密集阵列式排布，固定于石墨块支撑隔架。每个石墨块的四个侧壁面沿轴向加工形成燃料盐的半流动通道，每个石墨块和四周的石墨块贴合在一起形成完整流道，如图 5-11 和图 5-12 所示。整个石墨堆芯石墨块分为两类，一类是全尺寸石墨块，另一类是小尺寸石墨块。后者共计 104 块，布置于反应堆周向，使堆芯横截面近似成圆形。堆芯内部共有 1108 个全尺寸燃料盐流动通道，若计入周向小尺寸石墨块的流动通道，可等效为 1140 个全尺寸通道。在设计通道尺寸的过程中，一方面考虑了使熔盐燃料与石墨慢化剂达到最优比值，另一方面使通道不易被细小的石墨块堵塞。

石墨块沿特定角度固定于两层水平石墨隔架之间。石墨隔架由 12.7mm 厚的竖直哈氏合金栅格板支撑。这些栅格支撑板固定在堆芯容器底部并留有向下伸长的空间，用于弥补堆芯容器因温度的升高产生的轴向膨胀。

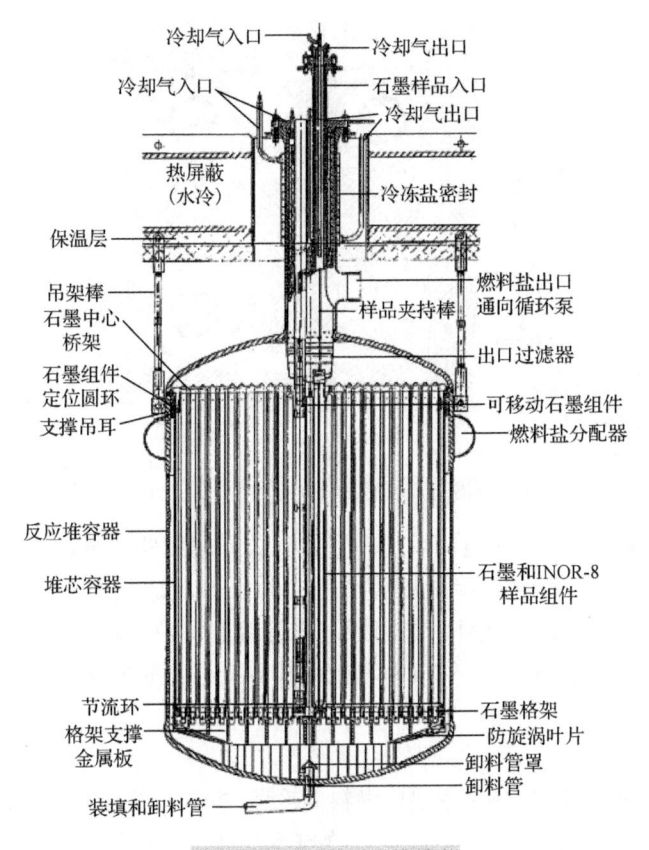

图 5-9　MSRE 反应堆堆芯

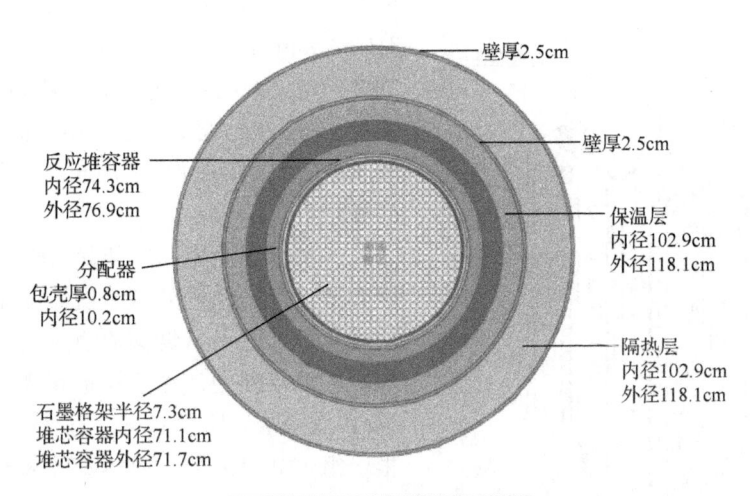

图 5-10　MSRE 反应堆横截面

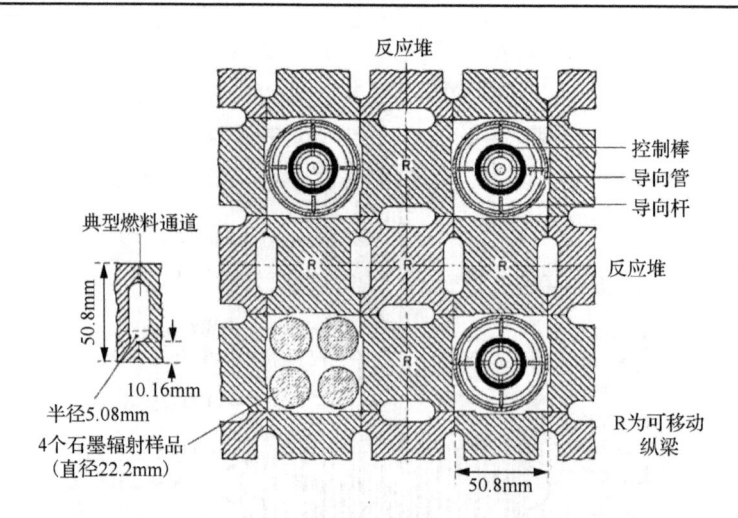

图 5-11　MSRE 石墨组件围成的燃料通道与控制棒

堆芯的中心区域留有 4 个通道，用于布置控制棒和辐照实验件，其中的 3 个通道用来容纳三氧化二钆控制棒，1 个通道用来放置小型实验样件。这些样件封装于三个独立的夹套（baskets）内，可以单独取出。此外，还可通过内窥镜监测位于堆芯中心区的全尺寸石墨块。需要时，可以通过移出反应堆容器管口塞和控制棒导向管组件将堆芯中心处的石墨块取出，进行热室检测。

4. 热交换器

MSRE 堆芯产生的 10MW 热量主要由燃料盐输运，并在一次侧热交换器中将热量传递到二次侧冷却盐。热交换器中壳侧走一次侧燃料盐，入口温度为 663℃，出口温度为 635℃，流量约为 $4.54m^3 \cdot min^{-1}$；管侧走二次侧冷却盐，入口温度为 552℃，出口温度为 593℃，流量约为 $3.22m^3 \cdot min^{-1}$。图 5-13 展示了 MSRE 热交换器的详细结构与关键尺寸。换热器长约为 2438mm，直径约为 406mm，内部安装有 169 根传热管，每根管长 4267mm，直径为 12.7mm，有效传热面积约为 $24m^2$。

二次侧回路中，冷却盐所吸收的热量通过风冷式散热器传递到外侧金属烟囱流道内，在风机的推动下，热量从烟囱流道排向外部大气环境。风冷式散热器中，冷却盐走管侧，每根管的直径为 19.05mm，长 9.14m。传热管呈 S 形，每 10 根一组，共 10 组。散热器外部的空气由两个轴流式风机驱动，总供气量约为 $5663m^3 \cdot min^{-1}$。散热器中安装有电加热器，为反应堆的启动提供热量，并在熔盐不循环的条件下维持盐的熔融状态。同时，通过热电偶监测每根传热管的温度。

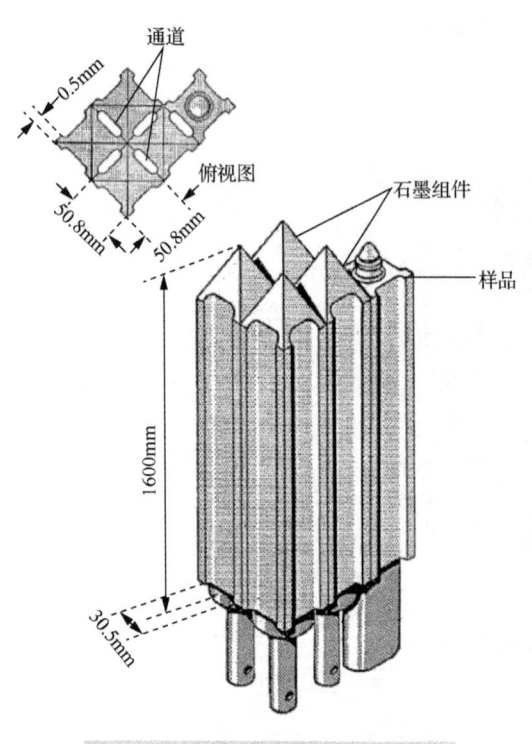

图 5-12　MSRE 石墨组件与燃料通道

5. 燃料盐泵

MSRE 燃料盐泵组件总高约为 2621mm，其运行由 55kW 电机驱动，运行转速为 1160r·min^{-1}，可以提供 4.54m^3·min^{-1} 的燃料盐循环流量，对流体的扬程约为 15m。燃料盐在泵体内维持有 0.25m^3·min^{-1} 的旁流，用于去除燃料盐中的挥发性裂变产物。电机和泵体的连接处采用密封结构，以防止裂变气体泄漏至外部隔间。燃料盐泵在设计过程中考虑了长期使用和后期维修的问题，如电机和旋转部件应能够实现远程更换。

图 5-14 所示的燃料盐泵体直径约为 914mm，正常运行过程中内部装有 0.15m^3 的燃料盐，并在燃料盐上部维持 0.06m^3 的气腔。泵体内装有螺旋管，内部为 0.25m^3·min^{-1} 的旁流燃料盐，用于去除挥发性裂变产物。这些裂变气体被氦气吹扫进碳室被吸收材料吸收，持续通入的氦气经过滤器过滤后排入废气处理系统。

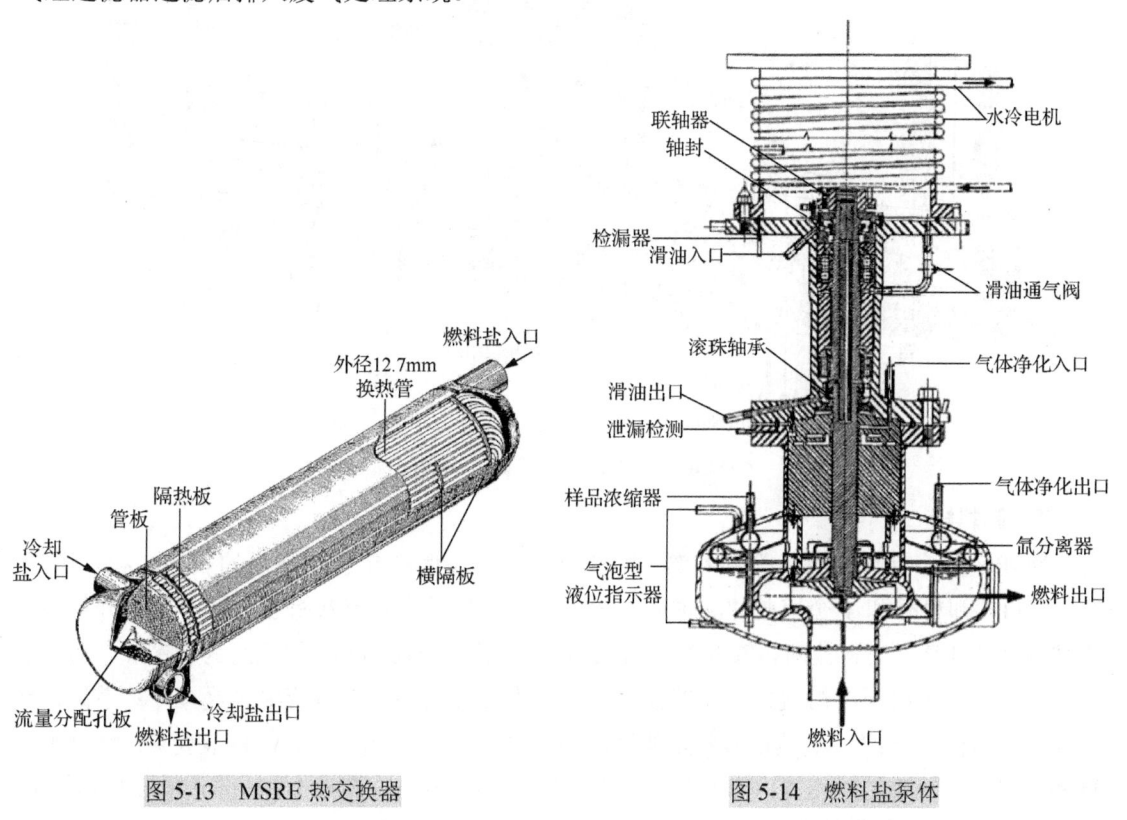

图 5-13　MSRE 热交换器

图 5-14　燃料盐泵体

6. 冷冻阀

MSRE 卸料系统、充料系统、后处理系统中盐的流动状态通过凝固/融化直径为 38.1mm 平滑管内的一小段盐塞来控制，相关设备称为冷冻阀。MSRE 采用冷冻阀的主要原因在于传统的机械阀门在熔盐环境下的耐用性尚未得到充分验证。传统机械阀门在响应特性和流量调节能力上固然有显著优势，不过冷冻阀的设计更加安全可靠，且阀门内盐的冷冻/融化时间及其在流量控制方面完全适用于熔盐反应堆的应用场景，不会引入额外问题。MSRE 共设置有 12 个冷冻阀，其中 6 个连接于直径为 38.1mm 的管路，另外 6 个连接于直径为 12.7mm 的管路。在空间位置上，1 个位于反应堆容器的充/排盐系统，6 个位于卸料箱储存隔间，3 个位于燃料后处理隔间，2 个位于冷却系统隔间。

冷冻阀的内部结构如图 5-15 所示，阀体的核心部分为 50.8mm 长的扁平管段，周围布置有电加热器，用于融化管内盐塞以实现阀门的开启。在事故条件下，高温的燃料盐可自行融化盐塞使阀门开启。阀体的周围布置有冷流体通道，可通入气体（如空气）来凝固阀内熔盐，进而阻碍熔盐的流动。在 $0.42 \sim 0.99 \text{m}^3 \cdot \text{min}^{-1}$ 的气体流量下，可在 $15 \sim 30 \text{min}$ 将初始温度 648.9℃的熔盐固化。长期工况下，$0.085 \sim 0.198 \text{m}^3 \cdot \text{min}^{-1}$ 的气体流量可维持阀内熔盐的凝固状态（如低于 454.4℃）。MSRE 中采用的冷冻阀经受了 200 次以上的凝固/融化测试，并没有出现应力超限和产生裂纹的问题。

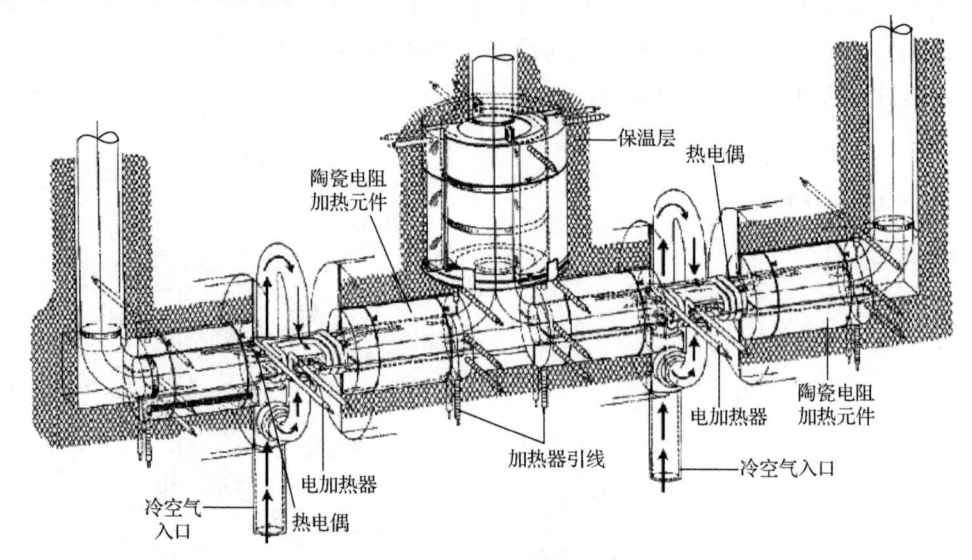

图 5-15 MSRE 冷冻阀结构简图

7. 卸料罐

MSRE 反应堆设置有 4 个卸料罐（图 5-16）以实现燃料盐和冷却盐的安全储存。其中，2 个燃料盐卸料罐和 1 个熔盐冲洗罐通过充排泄管线与反应堆容器相连，另外 1 个卸料罐与冷却盐回路相连。燃料盐卸料罐的直径为 1270mm，高为 2184mm，体积约为 2.26m^3，可以容纳燃料盐回路中的所有熔盐，且能够使燃料保持次临界状态。卸料罐中布置有冷却系统，包括 32 根套管式换热管，管内的冷却水通过流动沸腾传热可以导出 100kW 的衰变热。熔盐冲洗罐和燃料盐卸料罐结构相似，尺寸略有差异，直径为 1016mm，高为 1981mm，容积为 1.42m^3。

8. 熔盐制备与后处理

MSRE 反应堆在满载条件下使用 5.11 吨的燃料盐（锂、铍、锆和铀的氟盐混合物）和 6.94 吨的冷却盐（锂和铍的氟化物）。MSRE 使用的盐有毒，操作人员需在与外部隔离的装料室中操作，并穿戴有效的防护套装。在熔盐制作过程中，原材料通过振动输送器添加至熔炉。氟盐融化后，将熔融的氟盐混合物与氢气和氦气共同进行高速喷雾，目的是用夹带的方式去除不溶性的碳。为了防止硫酸盐杂质转化为硫化物，还需向熔融炉料中添加铍金属的车削料。在后续的材料后处理过程中，不溶的杂质将通过倾析法去除。熔盐制作完成后，将纯净的氟盐混合物装入储存罐中进行冷却，之后运输到核电厂，并在使用前进行溶化，添加至 MSRE 卸料罐中。

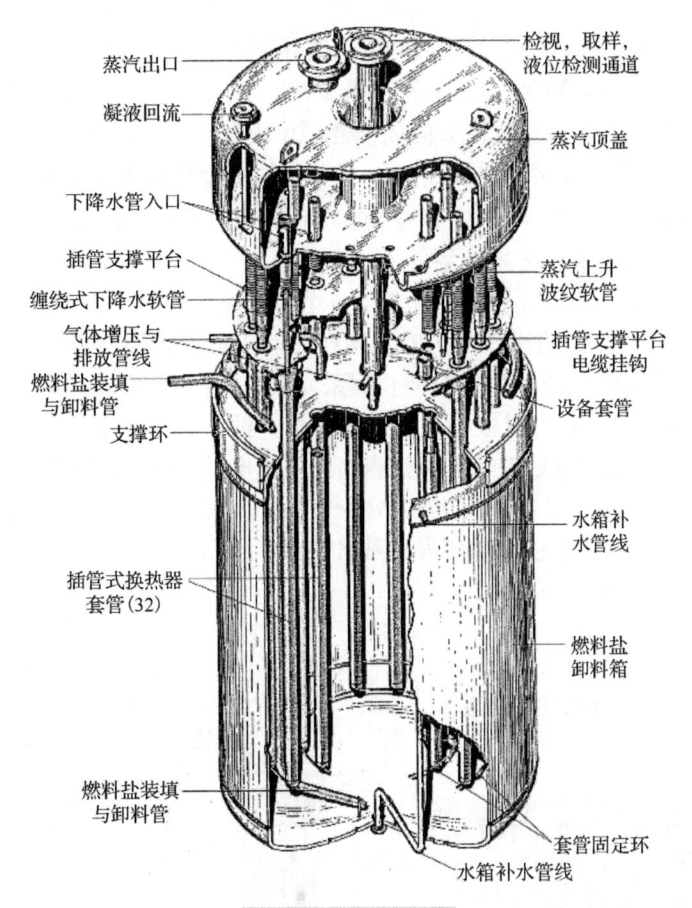

图 5-16 熔盐卸料罐

MSRE 的燃料盐在线处理系统位于卸料罐隔间附近,通过位于卸料罐隔间上方的独立操作台进行控制。燃料盐在线处理系统主要起到两个功能:一是向熔盐中鼓入氟化氢气泡以去除氧化污染物;二是通过向盐中通入氟气以回收铀燃料。该系统每天可以处理 2.12m³ 的盐。

9. 反应堆运行控制

当燃料盐温度低于 449℃时将发生凝固,而熔盐过热时又会气化。因此,MSRE 测控系统的关键目标之一是将反应堆系统回路中的温度维持在预期的范围内。MSRE 的燃料盐和冷却盐回路中安装有 1000 多支热电偶。其中,3/4 的热电偶起指示、报警和控制的功能。通过合理的控制加热与冷却系统,可使系统的温度维持在指定的范围内。

MSRE 堆芯中心处设置有三根控制棒用以吸收中子。这些控制棒的主要功能是用来消除温度分布的不均匀性,否则将影响功率的均匀分布以及氙毒水平。此外,这些控制棒能够使反应堆温度在低于正常运行温度 93~149℃时,仍能保证反应堆的次临界状态。MSRE 采用了数字计算机和数据处理设备,以实现过程数据的快速处理。这些设备不承担控制的功能,主要用来实时提供重要信息以及对非正常的运行状态进行报警。

5.3.2 日本 FUJI 熔盐反应堆

基于美国 ORNL 的研究基础,日本的 ITMSF(international thorium molten-salt forum)研究团队于 1980s 启动了 MSR-FUJI 反应堆研发工作。反应堆采用液态熔盐燃料,在高温条件下具有很好的惰性和稳定性，并能在很低的压力条件下运行。由于熔盐反应堆不会像其他反应堆那样发生堆芯熔毁、蒸汽/氢气爆炸等严重事故，该类反应堆可以实现较高的安全性。MSR-FUJI 反应堆的功率大小具有很大的灵活性，可根据需求设计成 100～1000MWe 的反应堆。FUJI-U3 反应堆的设计功率为 200MWe，为典型的小型模块化反应堆设计。FUJI-U3 反应堆的热功率为 450MWt，热效率可达 44%。除较高的热效率外，通过简化堆芯结构和提高燃料利用率同样很好地提高了反应堆的经济性。

MSR-FUJI 的结构示意图如图 5-17 所示。该熔盐反应堆采用 ^{232}Th 作为增殖材料，用 ^{233}U 作为裂变材料。在 FUJI-U3 的设计中可实现转换比为 1 的自持燃料循环。FUJI-U3 采用钍循环，其相比于轻水反应堆仅产生少量的钚和锕系元素。这使 FUJI-U3 反应堆很好地弥补了轻水反应堆会产生 Pu 的不足，可以很好地用于防止核扩散。同时，可以将长半衰期的锕系元素嬗变为短半衰期元素。MSR-FUJI 反应堆除能够用于发电外，还可进行钚和长寿期锕系元素的嬗变。除上述功能外，还可以借助反应堆出口产生的 704℃ 的高温热源进行海水淡化或制氢。MSR-FUJI 反应堆概念自提出以来的研发路线如表 5-4 所示。

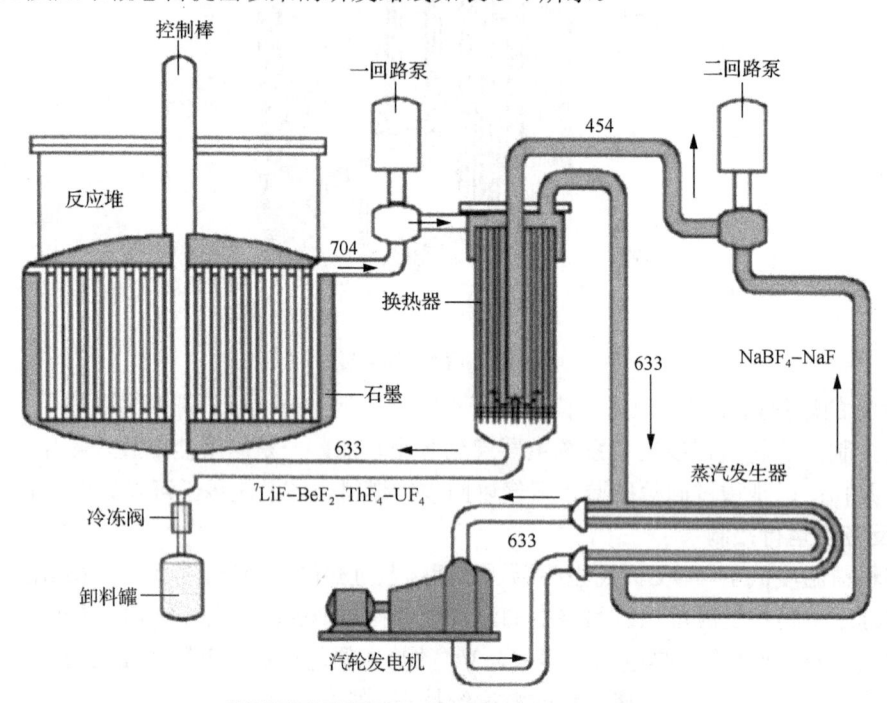

图 5-17 MSR-FUJI 熔盐反应堆系统布置图

表 5-4 MSR-FUJI 研发路线

时间	研发任务
20 世纪 80 年代	启动 MSR-FUJI 概念设计
20 世纪 80 年代	设计加速器驱动熔盐增殖反应堆（accelerator molten-salt breeder，AMSB）
至 2008 年	设计了若干堆型，如小型核电厂 mini-FUJI，大型核电厂 super-FUJI，燃烧钚燃料的 FUJI-PU
至今	近期的小型模块化反应堆 FUJI-U3，MSR-FUJI 指的是 200MWe 的 FUJI-U3 设计

1. 反应堆设计理念

MSR-FUJI 的设计理念在于实现反应堆较高的安全性、经济性，助力核不扩散政策，并实现灵活的燃料循环。总体而言，ITMSF 继承了 ORNL 的研发成果，以此为基础改进设计形成小型模块化 MSR-FUJI 核电厂，通过省去燃料盐在线处理系统将反应堆系统进一步简化。基于 ORNL 对 3 个 MSR 实验装置的运行经验，可以认为 MSR-FUJI 在技术上具备可行性。MSR-FUJI 的关键设备中，蒸汽发生器尚未进行工程实验验证，不过该设备的研发可借鉴快中子增殖反应堆（fast breeder reactor，FBR）的研发经验和超临界水冷反应堆的相关技术。

为提高反应堆的安全性，MSR-FUJI 采用了经济、可靠的非能动安全系统。在事故条件下，燃料盐通过融化冷冻阀排放到卸料罐，并维持次临界状态。在反应堆运行过程中，气态裂变产物可以及时从熔盐中移除，这大大降低了事故风险。此外，与传统轻水反应堆相比，MSR-FUJI 可以在很低的压力（0.5MPa）条件下运行，这大大降低了对压力容器和管道壁厚的要求。反应堆堆芯内部只有石墨慢化剂，没有燃料组件和复杂的堆内构件，反应堆内唯一的构件为石墨慢化剂。这大大减少了在工厂内生产加工的环节。

2. 核蒸汽供应系统

核蒸汽供应系统包括反应堆堆芯、主泵、热交换器和蒸汽发生器，如图 5-17 所示。图中给出的是单回路的布置方案，在实际应用中可根据电厂的大小灵活增设额外回路。MSR-FUJI 堆芯出口燃料盐温度的设计值为 704℃，所携带的热量通过热交换器传递至二回路冷却盐（运行温度为 633℃）。之后，在管壳式蒸汽发生器内产生 252 kg·s^{-1}、538℃的过热蒸汽，并在超临界汽轮机组中做功产生 200MW 的电功率。MSR-FUJI 反应堆可以产生较高的出口温度，热效率可达 44%，主要技术参数见表 5-5。

表 5-5 MSR-FUJI 主要技术参数

参数	数值
技术开发者	International Thorium Molten-Salt Forum，ITMSF
起源国家	日本
反应堆类型	熔盐反应堆
电功率/MWe	200
热功率/MWt	450
设计寿期/年	30
装置占地面积/m^2	<5000（反应堆+蒸发器+汽轮机）
冷却剂/慢化剂	熔融氟化物/石墨
一回路	泵驱动的强迫循环
系统压力/MPa	0.5（泵压头）
堆芯入口/出口温度/℃	565/704
反应性控制的主要机制	控制棒，泵流速，燃料浓度

续表

参数	数值
反应堆容器高度/m	5.4（内部）
反应堆容器直径/m	5.34（内径）
反应堆容器质量/吨	60（由哈氏合金制成）
反应堆冷却剂系统	一回路、二回路
能量转换过程	朗肯循环
热电联产/工业用热能力	可实现/利用其高出口温度
非能动安全特征	通过冷冻阀至应急卸料罐
能动安全特征	控制棒停堆，不需要应急堆芯冷却系统（ECCS）
燃料类型	钍铀熔盐
燃料富集度	等价于 2.0%（0.24% ^{233}U+12% Th），也可用钚或者低富集铀
燃料循环/月	可实现连续运行
工程安全设施	非能动安全
安全设施的数量	无须 ECCS/CCS/ADS
应急安全措施	无
余热排出系统	非能动冷却（安装于卸料罐）
换料停堆/天	<30（无须换料停堆）
显著特点	安全性高，经济性好，利于核不扩散，燃料循环灵活
抗震设计	与轻水反应堆设计相当
堆芯损坏频率/每堆年	不会发生堆芯熔毁
研发状态	3 个熔盐实验反应堆正在建设，还未进行详细设计

MSR-FUJI 方案中，若管道发生破口事故，泄漏的熔盐可不经过冷冻阀直接排放至应急卸料罐中。与传统轻水反应堆破口事故不同的是，MSR-FUJI 反应堆在破口事故条件下，随着盐泵的关闭，回路中的压力会很快降至常压。因此，在安全壳内不需要布置应急堆芯冷却系统、安全壳冷却系统、安注系统、自动泄压系统等安全系统。在正常运行条件下，一回路中的燃料盐在离心泵的推动下形成强迫循环。在紧急条件下，系统同样具备自然循环的能力。

3. 反应堆容器与堆芯

反应堆容器用哈氏合金（Hastelloy-N）制作而成。由于 MSR-FUJI 系统的运行压力仅为 0.5MPa，因此不需要传统轻水反应堆那样的高压容器，这显著减低了反应堆容器壁厚的要求，反应堆容器的壁厚约为 5cm。反应堆的堆芯内部构件得到了极大简化。

图 5-18 给出的 MSR-FUJI 反应堆堆芯由六边形石墨慢化剂块堆叠形成。慢化剂块上开有孔洞形成冷却剂流动通道。燃料盐在主冷却泵的推动下流过堆芯发生裂变反应，所产生的热量通过热交换器传递至二回路冷却盐。一回路燃料盐的成分通过燃料浓度调节系统实时控制。

堆芯中没有燃料组件，可以实现连续运行，无须像传统轻水反应堆那样进行停堆换料。为实现反应堆的转换因子大于 1，建议每 7 年更新一次燃料。和传统轻水反应堆一样，MSR-FUJI 运行过程中系统管路和设备将受到辐照的影响，因此反应堆需要定期停堆维修。

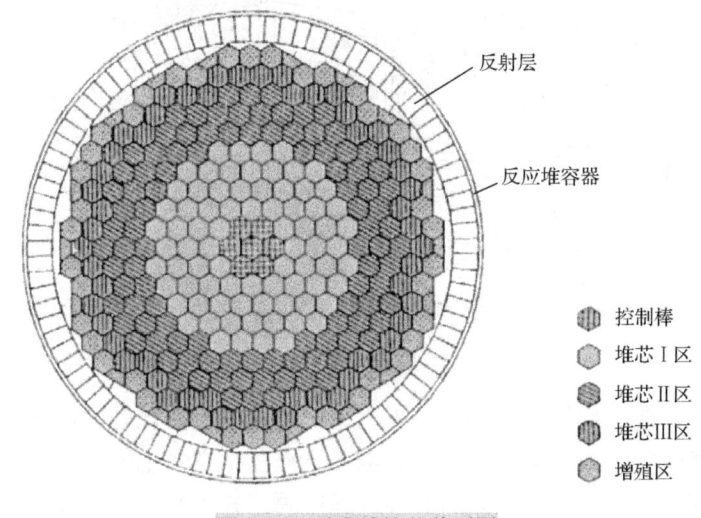

图 5-18 反应堆堆芯截面图

4．燃料盐与冷却盐回路

MSR-FUJI 的燃料盐为液态氟盐（LiF-BeF$_2$），内部溶解有 ThF$_4$ 和少量的 ^{233}UF$_4$，一种典型的燃料盐成分为 LiF-BeF$_2$-ThF$_4$-^{233}UF$_4$(71.76-16-12-0.24mol%)。上述燃料盐的熔点为 499℃，可溶解铀（U）或钚（Pu），便于采用低富集度铀或钚作为裂变材料。MSR-FUJI 燃料盐的液态属性使该类反应堆不需要配置固体燃料组件，也就不存在燃料组件的辐照损伤和包壳破损的问题。

在日常运行过程中，反应堆的功率可以通过控制堆芯燃料盐流量和堆芯温度实现，即在不使用控制棒的条件下也可以很好地实现负荷追踪。在长期运行过程中，可通过燃料浓度调节系统实时调节反应性。在正常运行条件下，控制棒拔出堆芯，而在需要紧急停堆的条件下，控制棒在重力的作用下插入堆芯。

反应堆二次侧采用 NaBF$_4$-NaF 冷却盐，在离心泵的驱动下形成强迫循环，在热交换器内将一次侧产生的热量导出，并将热量输送到蒸汽发生器产生过热蒸汽。由于一回路和二回路的运行压力很低，可以预期破口事故所产生的危害很小。在管道破口事故条件下，熔盐将排放至卸料罐中进行安全存放。

5．核电厂布置

MSR-FUJI 的主要厂房包括如图 5-19 所示的反应堆厂房、带有主控室的蒸汽发生器厂房、汽轮发电机厂房及辅助厂房。反应堆厂房包括高温安全壳、卸料罐、放射性物质储存室，以及其他所需反应堆设施。反应堆厂房为圆筒形，具有半球形封头。其由混凝土制成，内表面覆有钢制内衬。反应堆厂房和其他厂房共同坐落于同一块基底（base-mat）。MSR-FUJI 的主控室（MCR）位于蒸汽发生器厂房，临近反应堆厂房。主控室是反应堆正常运行和紧急状况下最为关键的设施之一，主要功能在于让操作人员依据恰当的步骤完成相应的任务。

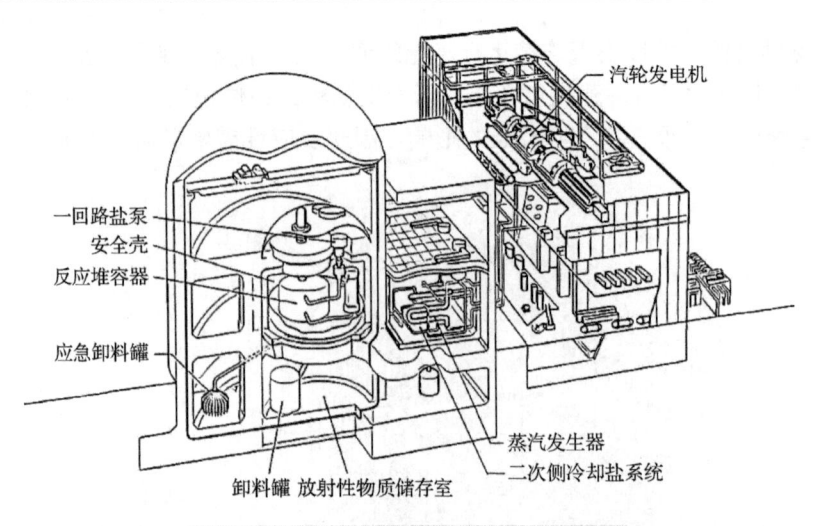

图 5-19 MSR-FUJI 熔盐反应堆电厂布置图

汽轮发电机厂房包括用于发电的超临界汽轮机和发电机，此外，还包括用于冷凝蒸汽的冷凝器，其采用海水等外部水源进行冷却。电力系统包括主发电机、变压器、应急柴油发电机（EDG）和蓄电池。MSR-FUJI 采用两套外部电源，并备有应急柴油发电机。在全厂断电事故条件下（SBO：失去所有的 AC 电源），其可在不需要电力的条件下进行停堆冷却。

6. 核电厂当前设计状态及其经济性

MSR-FUJI 由于出口温度较高，因而可以达到较高的热效率。由于其不需要停堆换料，因而具有较高的可利用系数。同时，该反应堆可以实现自持燃料循环，并不需要生产燃料元件，这使 MSR-FUJI 具有优异的燃料循环优势并可以节省成本。对于 1000MWe 的 MSR-FUJI（super-FUJI），其建造成本小于 2000 美元/kWe，发电成本约为 3 美分/（kW·h）。总体上小型核电厂的经济性要差于大型核电厂。

7. MSR-FUJI 安全特性

MSR-FUJI 的设计依托于 MSRE 等实验反应堆的研发经验，除对系统布置和热力循环进行了全面评估外，还对反应堆的安全性进行了进一步考量，并像传统轻水反应堆那样设置了多道安全屏障。反应堆的安全性体现在正常停堆过程中的余热导出，反应堆设计时就考虑了的固有安全性，以及反应堆事故条件下安全策略，如反应性控制、堆芯冷却和放射性物质的包容。

在正常停堆工况下，燃料盐的衰变热通过能动的冷却工质循环从一回路传递到二回路，之后达到蒸汽回路，最终排放至热阱（如海水）。当主回路或二次侧回路中泵停止运行时，燃料盐温度上升并熔穿冷冻阀中的盐塞，在重力作用下排放至卸料罐。罐体内燃料盐长期的衰变热通过非能动空气冷却系统排放到外界环境。

MSR-FUJI 燃料盐的熔融液态和低压高沸点属性使该类型反应堆事故的定义、响应过程以及缓解措施显著区别于固态燃料反应堆和水冷反应堆。通过前序章节对压水反应堆等堆型的介绍可知，这类反应堆中通常设置有应急堆芯冷却系统、安注系统、自动泄压系统等安全系统，目的是实现反应堆堆芯的有效冷却，进而防止发生反应堆熔毁这类严重事故。这些安全系统的冗余设置不仅会使系统布置变得复杂，还会增加核电厂建造的成本。此外，水冷反应堆内冷却水的高压运行环境对 LOCA 事故条件下安全壳这一最后一道安全屏障的防护带来挑战。

相比之下，MSR-FUJI 具有显著的固有安全性，反应堆采用液态燃料，燃料本身即为液态，不存在固态燃料反应堆堆芯熔毁的问题。燃料盐的沸点很高（约为 1400℃），远高于其运行温度（约为 700℃），这使燃料盐所在的主回路的压力几乎不可能升高。主冷却剂回路和二次侧回路在非常低的压力下运行，这能够在实质上消除由高压引起的系统边界破裂等事故。MSR 的反应性具有很大的负温度系数，其可抑制反应堆功率的异常波动。虽然石墨的温度系数为正，但由于石墨的比热容足够大，所以不会影响到反应堆的安全性。此外，通过设置合适的慢化条件，燃料盐仅在石墨堆芯处达到临界状态。事故条件下燃料盐将排放至卸料罐进行安全冷却，燃料不会重返临界。

MSR-FUJI 的设计方案还对反应性的运行控制提供了安全保障。相较于固态反应堆的停堆换料，液态燃料盐中的燃料成分更易于进行在线调节，这使控制棒需调节的剩余反应性很小，进而大大降低了对控制棒调节能力的要求。此外，通过合理地控制熔盐的化学性质可使哈氏合金的腐蚀达到最小化，这有利于反应堆的长期安全运行。

由于 MSR-FUJI 的安全壳不存在超压风险，安全壳的尺寸可以设计得很小。为在事故条件下实现放射性物质的包容，MSR-FUJI 设计了如图 5-20 所示的三道安全屏障。第一道屏障为由哈氏合金制成的反应堆容器和与之相连的主回路管道；第二道屏障为高温安全壳；第三道屏障为具有双层结构的安全壳厂房。与固态燃料反应堆相比，MSR-FUJI 不存在燃料芯块和包壳这两个实体屏障。

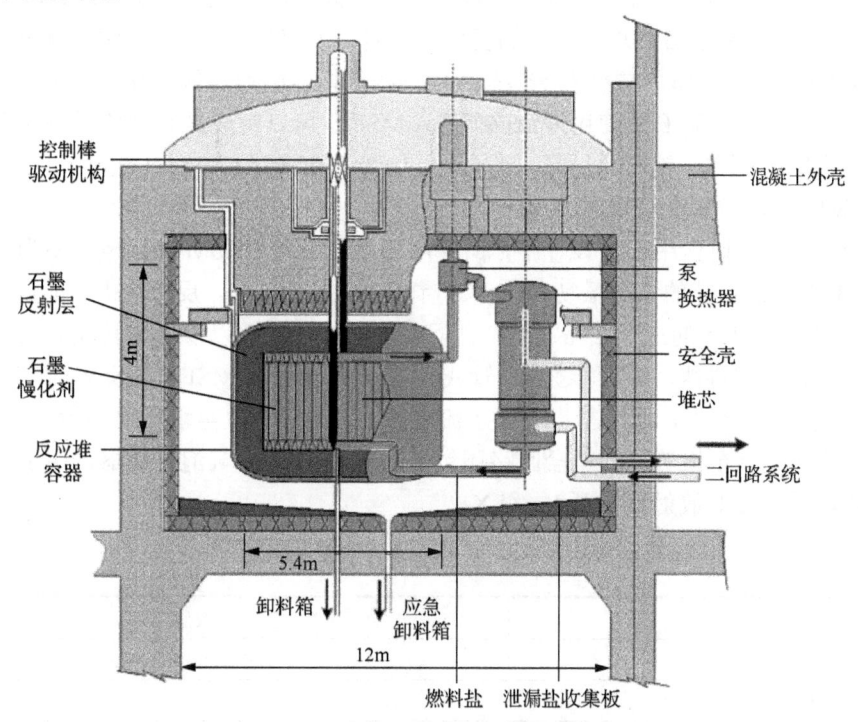

图 5-20 MSR-FUJI 主回路纵剖面图

在主回路破口事故条件下，泄漏的燃料盐在安全壳内收集板的引流下直接排放到应急卸料罐。燃料盐排至卸料罐后，由于堆芯内部没有空气和热源，也就不会发生自持式石墨氧化反应。即便发生了破口事故，一方面，MSR-FUJI 的安全壳内没有水，也就不会因产生大量蒸汽而发生安全壳超压破坏；另一方面，安全壳内没有氢气产生的源项，这保证了在任何条件下安全壳内不会发生氢气爆炸事故；再者，熔盐具有良好的化学惰性，不与空气和水发生反应，也不具备可燃性。这些优势大大降低了放射性物质包容的难度，同时也免于在安全壳内布置冗余的安全系统。即便事故条件下存在潜在的放射性危害，这种危害在反应堆设计和运行过程中也已被控制到最小化。在潜在的反应堆事故中，具有较高危害性的是易挥发的放射性气体，如氙气。这类物质在反应堆运行过程中可以通过燃料在线处理提取气态裂变产物而达到浓度最小化。

在事故条件下，MSR-FUJI 同样也存在一系列需要重点关注的问题。由于熔盐的熔点多在 500℃以上，LOCA 事故条件下熔盐释放到安全壳内后容易导致熔盐的凝固、滞留和管路阻塞，不利于燃料盐的集中收集和安全冷却。针对这一问题，安全壳内需设置加热器进行温度控制，形成所谓的高温安全壳。此外，即便泄漏的熔盐不可燃，安全壳内仍充满氮气（N_2），目的是在 LOCA 等事故条件下保证熔盐的纯度。

MSR-FUJI 可以在没有电力供应的条件下实现停堆和安全冷却。反应堆在设计上消除了堆芯熔毁和蒸汽/氢气爆炸事故，并且不需要应急堆芯冷却。MSR-FUJI 这些优异的安全性能使核电厂布置得到大大简化，且无须考虑安全系统失效的问题。

5.3.3 熔盐快中子反应堆

2004 年起，法国国家科学研究中心在欧洲原子能共同体（evaluation and viability of liquid fuel fast reactor system，EVOL）项目的资助下，启动了熔盐快中子反应堆（molten salt fast reactor，MSFR）研发工作。与热中子熔盐反应堆在结构上的典型区别在于，MSFR 不采用任何固体慢化剂，也就没有石墨使用寿命的问题。MSFR 可以制成具有大负反应性系数的快中子谱增殖反应堆，进行钍-铀燃料循环。基于这些优势，2008 年 GIF（generation IV international forum）将 MSFR 选为六大第四代核反应堆之一。

在法国国家科学研究中心的设计中，MSFR 的热功率为 3000MWt，电功率为 1300MWe，热效率达 43.3%，燃料盐的最高温度为 750℃，详细参数见表 5-6。反应堆中的能量从产生到转换需经过如图 5-21 所示的三个回路：燃料盐回路，中间回路，以及能量转换回路。其中，燃料盐回路主要包括燃料盐、堆芯、进出口管线、泵、热交换器。MSFR 的反应堆本体如图 5-22 所示。反应堆运行过程中，燃料盐自下而上流过堆芯，之后分流至堆芯周向 16 组泵和热交换器，释放热量后返回至堆芯。燃料盐回路还包括注气系统和盐-气泡分离器，用于在线燃料后处理，以提取易挥发的放射性核素 Kr 和 Xe。

表 5-6 MSFR 性能参数表

参数	数值
热功率/电功率	3000MWt/1300MWe
堆芯燃料盐温升/℃	100
燃料熔盐的初始组分	Li-ThF$_4$-(^{233}U 或 ^{enr}U) F$_4$ 或 LiF-ThF$_4$-(Pu-MA) F$_3$，其中有 77.5mol% LiF
燃料盐的熔点/℃	565
燃料盐的平均温度/℃	700
燃料盐的密度/(g·cm^{-3})	4.1

续表

热功率/电功率	3000MWt/1300MWe
燃料盐膨胀系数/(g·cm^{-3}·℃$^{-1}$)	8.80×10^{-4}
增殖盐的初始组分/mol%	LiF-ThF$_4$（22.5%~77.5%）
增殖比（稳态）	1.1
总反馈系数/(pcm·℃$^{-1}$)	−5
堆芯尺寸/m	半径：1.1275 高度：2.255
燃料盐体积/m^3	18
燃料循环中的总燃料盐循环周期/s	3.9

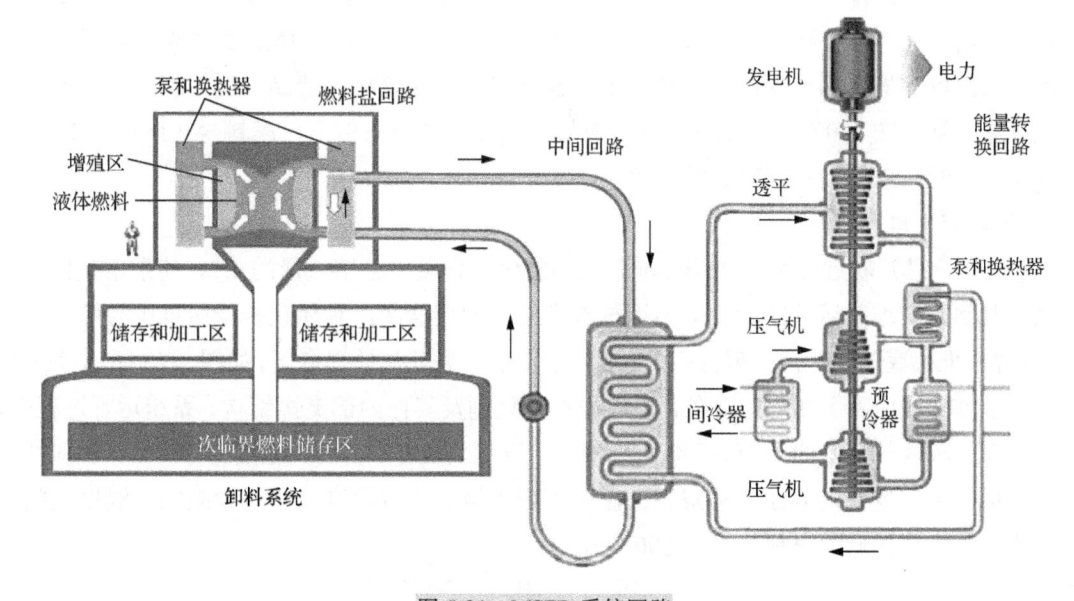

图 5-21 MSFR 系统回路

上述燃料盐回路的燃料盐循环由 16 台泵提供动力，16 个燃料盐回路各配置 1 台，给反应堆提供约 0.28m^3·s^{-1} 燃料盐的流量，以确保当前堆芯设计功率水平下燃料盐具有合适的温升。MSFR 的 16 台热交换器每台需导出 187MW 的热量。在 MSFR 安全设计中，应尽可能减小堆芯外部的燃料盐体积，以便于事故条件下燃料盐的收集和长期非能动排热。这对换热设备紧凑性设计上带来严峻的挑战。热交换器的极限紧凑程度受可接受压降和最大流速（考虑腐蚀的影响）的限制，针对这些问题，EVOL 项目提出了板状换热器初步设计方案，其在紧凑性和流动阻力方面进行了折中。连接堆芯、泵、热交换器的管路设计中也应考虑类似的限制因素：一是尽可能减小堆芯外部燃料盐的体积；二是管内流速的选取应避免对管道产生明显的腐蚀。

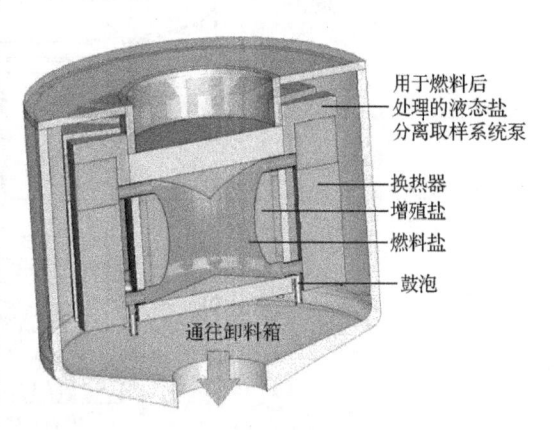

图 5-22 MSFR 反应堆本体

为更好地实现放射性的包容并避免燃料盐与能量转换工质的直接接触，在燃料盐回路与能量转换回路之间设置了中间回路。该回路通过熔融氟盐冷却剂的循环流动将热量从燃料盐回路传递到能量转换回路。为使反应堆实现较高的热效率，一种可行的能量转换系统方案为采用氦气作为冷却工质的布雷顿循环回路，包括换热器、汽轮发电机、压缩机、泵、散热器等设备。也有研究分析超临界水循环在 MSFR 反应堆中的应用特性。

1．反应堆容器与堆芯

1）反应堆容器

反应堆容器内主要包含反应堆堆芯和主回路系统。堆芯区内为液态熔盐，没有石墨慢化剂。主回路系统由管路、泵、热交换器等设备组成，系统内燃料盐的总装量为 $18m^3$。反应堆容器内充满稀有气体（氩气），主要具有两方面功能：一是通过将气体温度维持在 400℃ 左右，以冷却反应堆容器内部构件；二是通过取样检测尽早发现燃料盐泄漏情况。值得指出的是，将气体温度维持在 400℃ 还可以确保在少量燃料盐泄漏事故条件下，燃料盐（熔点为 565℃）能够发生凝固，进而抑制燃料盐的泄漏。

2）反应堆堆芯

MSFR 堆芯形状近似为圆筒形，堆芯内部的熔盐含量占总熔盐量的 1/2，其余熔盐位于外部燃料盐回路。堆芯活性区为绝大多数核裂变发生的熔盐区，具体包括反应堆中心腔室内流动的熔盐，堆芯底部的气泡注射区，以及堆芯顶部的后处理气体提取区，如图 5-23 所示。MSFR 的反应堆堆芯区内除了四周壁面外，没有固体慢化剂及其他内部支撑结构。系统运行过程中，燃料盐在堆芯内的温升约为 100℃。反应堆入口温度为 650℃，出口温度为 750℃。燃料盐的运行温度范围主要受两方面因素限制：温度下限受熔盐熔点温度 565℃ 的限制，温度上限受反应堆结构材料性能的限制（约为 800℃）。

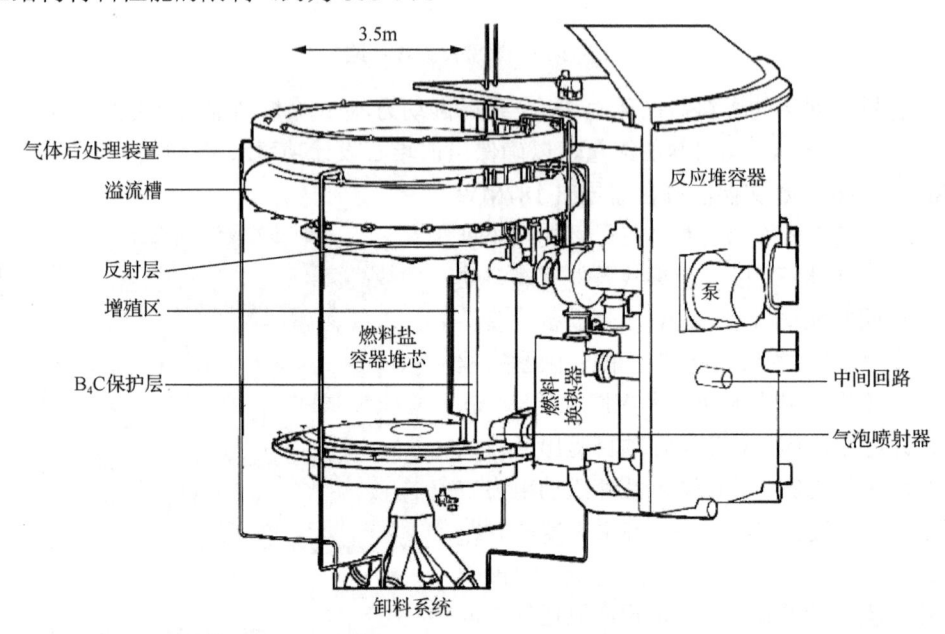

图 5-23 MSFR 主回路结构图

MSFR 堆芯的主要构件包括：位于轴向的上、下中子反射层和位于径向的增殖区。上、下中子反射层同时也是堆芯的上、下壁面。该反射层及堆内其他与燃料盐直接接触的结构材料采用 NiCrW 哈氏合金。因堆芯上、下部分的温度分布不同，反射层受到熔盐的影响程度不尽相同。上反射层受化学、高温和辐照的共同作用，而其中高温和高辐射的耦合对结构材料的危害最为显著。因此，上反射层表面需要进行热屏蔽。由于堆芯入口的温度明显低于出口，因而下反射层受到的热应力较小，其需要特殊考虑的是与卸料系统的连接问题。

反应堆增殖区内装有 LiF-ThF$_4$ 增殖盐（^{232}ThF$_4$ 的初始摩尔份额为 22.5%），主要用于提高反应堆的增殖能力。增殖盐中的钍在堆芯中子通量的作用下会产生 ^{233}U 裂变核素。即使增殖区生成少量的 ^{233}U 也会发生裂变反应，因此需及时提取增殖区内生成的裂变产物。此外，^{233}U 裂变（13MW）和钍俘获中子（24MW）产生的热量将加热增殖区内的增殖盐。分析表明，增殖区内产生的热量无法全部以增殖盐自然对流方式从增殖区壁面导出，需对增殖区设置专门的外部冷却系统。

增殖区除起到增殖作用外，还承担径向反射层和中子屏蔽的功能，以保护燃料盐回路和外部构件。增殖区的吊篮容器由抗腐蚀性能优异的镍基合金制成，并在外部表面涂覆 B$_4$C 层，可进一步加强中子屏蔽。增殖区中熔盐类型与堆芯区相同，只不过钍的含量为 22.5%且不含任何易裂变核素。

2．燃料盐

1）燃料盐特性

熔盐反应堆设计过程中至关重要的一个环节是确定燃料盐的成分。MSFR 燃料盐成分的确定综合了一系列参数分析的结果，包括化学与中子特性、燃耗特性、安全系数等。设计得到最优成分为熔融态的二元氟盐，具体包含在 ^{7}Li 中浓缩到 99.995%的 LiF，以及含有可增殖钍和易裂变物质的重核元素混合物，其物理化学性质见表 5-7。其中，77.5%为氟化锂，其余的 22.5%为重核氟化物的混合物。MSFR 熔融态的燃料盐同时实现了燃料和冷却剂的功能。考虑到燃料盐的熔化温度为 565℃，所以反应堆的平均运行温度定为 700℃。此外，由于 MSFR 采用的燃料盐对中子慢化能力较弱，这可以使堆芯在快中子谱条件下运行。

表 5-7 燃料盐的物理化学性质

参数	计算式	数值（700℃下）	有效范围/℃
密度 ρ /（kg·m^{-3}）	$4094-0.882(T_K-1008)$	4125	617~847
运动黏度 ν /（m^2·s^{-1}）	$5.54\times10^{-8}e^{[3689/T_K]}$	2046×10^{-6}	625~847
动力黏度 μ /（Pa·s）	$\rho_{(g\cdot m^{-3})}5.54\times10^{-5}e^{3689/T_{(K)}}$	10.1×10^{-3}	625~847
热导率 λ /（W·m^{-1}·℃$^{-1}$）	$0.928+8.397\times10^{-5}\times T_K$	1.0097	625~847
定压比热 C_p /（J·kg^{-1}·℃$^{-1}$）	$-1.111+0.00278\times10^3 T_K$	1594	595~634

2）燃料盐处理

在固体燃料反应堆中，核裂变产生的绝大多数裂变产物被包容在燃料芯块和包壳内，并在反应堆停堆换料后进行处理。对于 MSFR 这类熔盐反应堆，反应堆运行过程产生的裂变产物无法像固态燃料反应堆那样有明确的边界进行包容，核反应生成的裂变产物中有部分难溶于熔盐，但也有部分易溶于熔盐，裂变产物的长期积累将改变熔盐的物理化学特性和中子经济性。这就需要通过及时提取裂变产物等措施对熔盐进行净化。MSFR 采用的是快中子谱，裂变产物对中子经济性的影响相对较小，进行后处理的主要目的是确保在燃料盐数十年的长期运行条件下保证熔盐的物理化学特性。MSFR 采用快中子谱的另外一个优势在于后处理装置只须提取堆芯的一小部分燃料盐（一天几升的量级）进行裂变产物的去除，并将净化后的燃料盐送回反应堆。

在后处理方法层面，MSFR 对燃料盐的处理包括两类：第一类为在线稀有气体鼓泡法；第二类为定时小批量后处理法。向反应堆鼓泡具有两个目的：一是通过毛细作用去除金属离子；二是在气态裂变产物在燃料盐中衰变之前将其从反应堆中提出。熔盐燃料的定时小批量后处理可以很好地防止大量镧系元素和 Zr 在燃料盐中聚集。反应堆中这些元素的存在会影响 Pu 的溶解度和盐的挥发性等。通过这两种方法可以在不停堆的条件下去除绝大多数的裂变产物，同时可以确保 MSFR 较当前的轻水反应堆具有相当小的易裂变燃料存量。

这两种燃料盐处理方法的流程如图 5-24 所示，分别对应于图中的两个回路。其中，在线稀有气体鼓泡法对应左侧回路，通过向堆芯连续鼓气体泡以提取气态裂变产物和熔盐中的金属颗粒（金属裂变产物和腐蚀产物）。经气-液分离器后，液体回流至反应堆堆芯，气流通往临时储存场所，将绝大多数的 Kr 和 Xe 衰变成 Rb 和 Cs，以防止这些核素在燃料盐中聚集。处理后的气体重新通往鼓泡管线进行再循环。

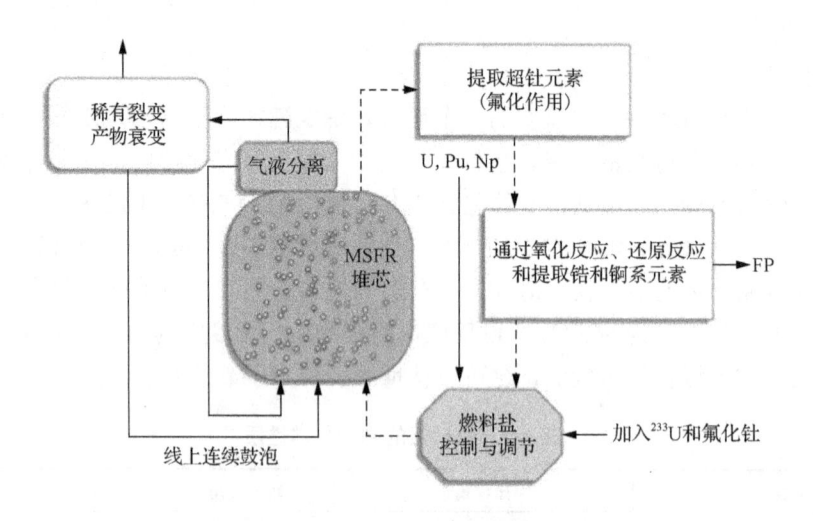

图 5-24 燃料盐双回路处理方案原理图

定时小批量后处理方法对应于图中右侧回路，为半连续的燃料盐后处理过程，处理速度约为每天 10L，目的是限制燃料中镧系元素和 Zr 的含量。燃料盐完成净化后通过添加 ^{233}U 和 Th 调节燃料成分，并通过控制 U^{4+} 与 U^{3+} 之比来调整燃料盐的氧化还原电势，之后样品盐回流至反应堆堆芯。

与热中子熔盐反应堆相比，MSFR 燃料后处理过程并不会对快中子反应堆的运行产生显著影响。即便这些后处理过程停止数月或数年，MSFR 也不会停止运行，不过反应堆的增殖比会变差，同时热交换器可能会有局部阻塞导致换热效率变差。熔盐燃料的高温后处理频率对增殖比的影响如图 5-25 所示。可以看出，若长时间不进行燃料的后处理，无论堆芯区还是增殖区的增殖比都将显著降低。

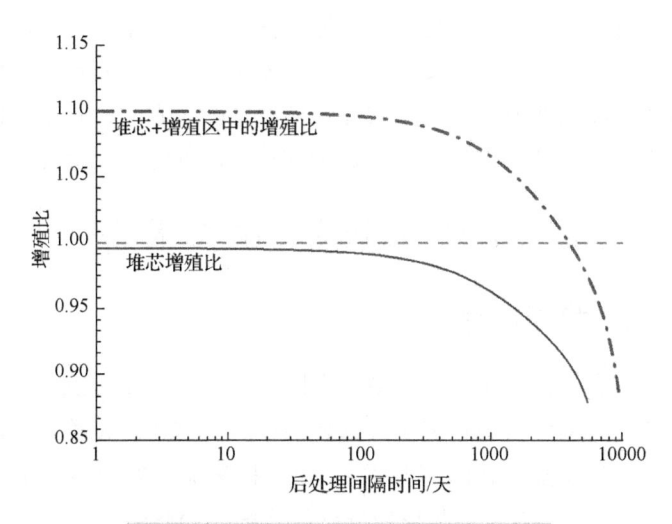

图 5-25 批量后处理频率对增殖比的影响

3. MSFR 反应堆发展前景

MSFR 概念具有一些极具吸引力的特征，也正因如此受到世界各国的广泛关注，并有望在未来成为固态燃料反应堆的替代方案之一。MSFR 采用快中子引发裂变反应，不用进行中子慢化，可以免于像 MSRE 和 MSR-FUJI 反应堆那样在堆芯布置慢化剂，也就无须考虑定期更换石墨组件、冷却剂流动通道阻塞等问题。反应堆主回路液态燃料盐组成可根据实际需求进行灵活控制，包括溶剂盐、裂变燃料盐、增殖盐的成分及比例。这种控制可以达到准连续的水平，带来的直接好处在于不用像固态燃料那样具有较高的过余反应性，并有助于实现反应堆的连续取样检测和长期连续运行。此外，反应堆在不停堆的条件下可以实现准连续的燃料后处理，例如，通过向堆芯鼓入稀有气体泡来提取易挥发性的裂变产物。MSFR 同样具备传统热中子谱熔盐堆的相关优势，包括反应性负温度系数、系统回路不需要承压、事故条件下熔盐能够集中收集并非能动冷却等。

MSFR 反应堆从目前的概念阶段到实际工程应用还有很长的路要走，也需要世界各国协同合作，贡献各自的智慧和力量。早在 MSFR 概念提出时，各组织的统一观点在于该堆型从概念提出到最终应用会经历一个较为漫长的过程，在制定研发路线的时候也就偏于保守和稳健。从整个技术路线看可分为三个阶段：第一阶段为基础研究阶段，工作内容包括通过实验测得所需的基础实验数据，并开发相关的多物理场计算分析工具；第二阶段为技术论证阶段，用以评估所制定技术路线的合理性，这期间通过模拟盐代替真实盐开展一系列实验，掌握熔盐的流动传热特性；第三阶段为工程示范阶段，这期间建造了零功率小型示范堆和小功率反应堆，通过实验掌握具有真实内热源条件下熔盐的流动和传热特性。还有一些研究工作可以与这三个阶段同步开展，包括燃料元件的远程干式处理、防止核扩散等。

目前 MSFR 的研发尚处于第一阶段，自 2001 年起，欧洲原子能共同体、俄罗斯原子能机构等组织构建了合作框架，并推出了 MOST、ALISIA 等研发项目，目标在于获得与 MSFR 核安全研究相关的实验数据和分析工具。总体研究方案涵盖了实验研究、模型开发和软件集成。通过实验研究以获得安全分析所需的基础实验数据，包括燃料盐的物理化学性能、自然循环能力、冷冻阀的可靠性、燃料后处理净化能力等。以此为基础，创建先进的安全分析方法，使其既能用于液体燃料反应堆的安全评估，又能推广应用于其他第四代核反应堆。将研究得到的关键性能参数和软件成果集成于软件模拟器，在一系列的正常操作和事故始发条件下确认 MSFR 的安全性和系统可靠性，并通过最佳估计软件进行安全评估。

5.4 熔盐反应堆关键技术研究

5.4.1 熔盐反应堆发展路线

从核能资源结构来看，我国是"贫铀多钍"国家，铀资源相对匮乏，而钍资源的存量位于世界第二。充分开发利用钍资源有利于改善我国核燃料结构，也符合我国能源安全与可持续发展的需求。为攻克钍资源利用的关键问题，中国科学院于 2011 年 1 月启动了战略性先导专项"未来先进核裂变能——钍基熔盐反应堆核能系统（TMSR）"，研究目标包括生产 Th-U 核燃料实现核燃料多元化、防止发生核扩散、放射性废物/燃料的处理等，计划通过 20~30 年的科研攻关实现钍资源的有效利用和核能的综合利用，进而为防治环境污染、节能减排以及和平利用核能提供一条新途径。

TMSR 核能系统的基本特征包括三方面：一是利用钍基燃料；二是采用熔盐冷却；三是具有高温输出的核能综合利用系统。我国钍基熔盐反应堆的发展同世界各国一样采取了相对稳健的研发路线，一方面评估了技术难度与可行性，另一方面充分考虑了钍资源的利用和核能的综合应用，由此推出了固态熔盐反应堆（TMSR-SF）和液态熔盐反应堆（TMSR-LF）两种堆型并举的研发路线。这两种反应堆各具特色，关键技术参数列于表 5-8。在固态熔盐反应堆方面，我国近期的目标是建成世界上首个 10MW 固态燃料钍基熔盐反应堆。针对液态燃料反应堆，近期的目标是建成 2MW 的实验反应堆，并完成钍铀循环的实验验证。

表 5-8 TMSR - SF 与 TMSR - LF 的对比

名称	TMSR-SF	TMSR-LF
燃料	固体燃料，内部为含有三个包覆层的 TRISO 颗粒	液态燃料（$LiF-BeF_2-UF_4-ThF_4$（19.75%U-235）），无须制造固体燃料
燃料循环	一次通过	后处理与再循环（线上排气（Xe、Ke、T），线下去除固体裂变产物）
中子能谱	热中子	热中子，快中子
应用	高温应用，发电；海水淡化；制氢、制甲醇；蒸汽供应；利用钍燃料	短期来看：高温应用；利用钍燃料；消耗少量锕系元素

TMSR 核能系统采用的钍铀循环可充分利用钍资源，有助于解决我国铀资源存量短缺的问题。此外，采用高沸点的熔盐燃料有助于实现核能的综合利用，包括图 5-26 所示的甲醇制烯烃、高温电解制氢、二氧化碳加氢制甲醇、布雷顿发电、海水淡化等应用。

图 5-26 钍基熔盐堆核能系统未来情景图

5.4.2 熔盐反应堆技术探索

1. 2MW 熔盐反应堆非能动余热排出实验

我国除在熔盐堆发展上做出重大战略部署外，各大科研院所和高等院校还在熔盐反应堆的一些关键技术上做出了重要探索。关键着眼点在于如何采用非能动的手段长期带走卸料罐中燃料的余热，使温度维持在安全限值以内。针对这一问题，哈尔滨工程大学通过引入非能动安全理念，设计了基于两相自然循环原理的 2MW 熔盐反应堆非能动余热排出系统。与能动系统相比，该非能动余热排出系统依靠加热或冷却过程中流体密度变化产生的驱动力、高度差引起的重力势差等自然力，具有固有安全特性，在事故工况下更为可靠。

所建立的 2MW 熔盐反应堆非能动余热排出实验装置组成及其工作原理如图 5-27 所示。实验装置主要包括高温盐浴炉、六根套管式换热元件、汽包、冷凝水箱和与之相连接的管道阀门。高温盐浴炉具体由排盐罐和加热系统组成，最高运行温度可达 850℃。排盐罐由 310S

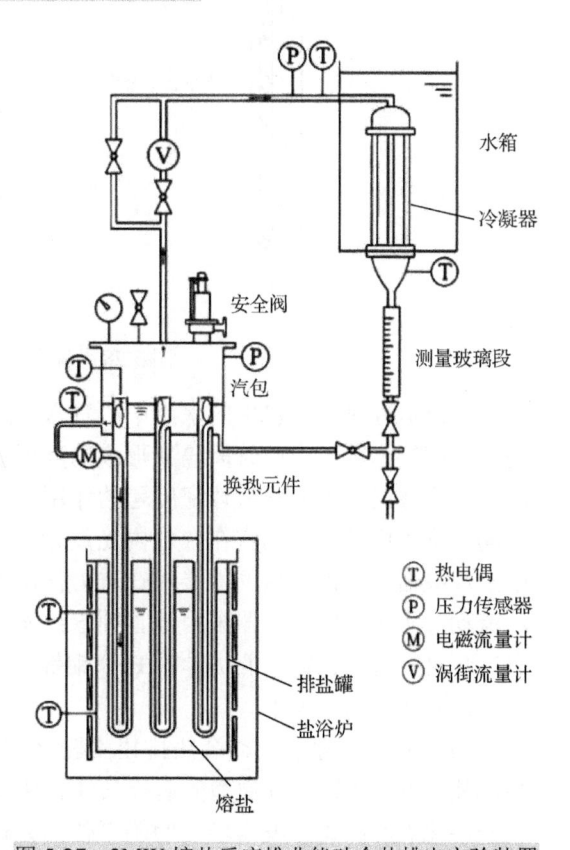

图 5-27 2MW 熔盐反应堆非能动余热排出实验装置

不锈钢制成，直径为 600mm、高为 1800mm，熔盐装量约为 450L。加热系统可根据实际需求按照温度控制和功率控制两种模式运行。

非能动余热排出系统中起到核心排热功能的是 6 根插入排盐罐的套管式换热元件，用于导出熔盐热量。这些换热元件采用了如图 5-28 所示的多层套管结构，下端封闭，均布在直径为 346mm 的圆上。每根换热元件由三根同心套管组成，包括最外层套管、中间层套管和中心管，管壁上焊接有定位键，以确保套管间的相对位置保持不变。系统采用去离子水作为冷却介质。鉴于高温熔盐与水的接触会造成水的剧烈闪蒸，并可能引起蒸汽爆炸，这也正是换热元件采用多层套管结构的关键原因。通过在熔盐和水之间设置最外层套管和中间层套管形成环形气隙隔离结构，为系统提供合适的传热热阻。这种结构的另一个优势在于即使在最外层套管或中间层套管破损引起泄漏的情况下，也可以避免熔盐和水的直接接触。

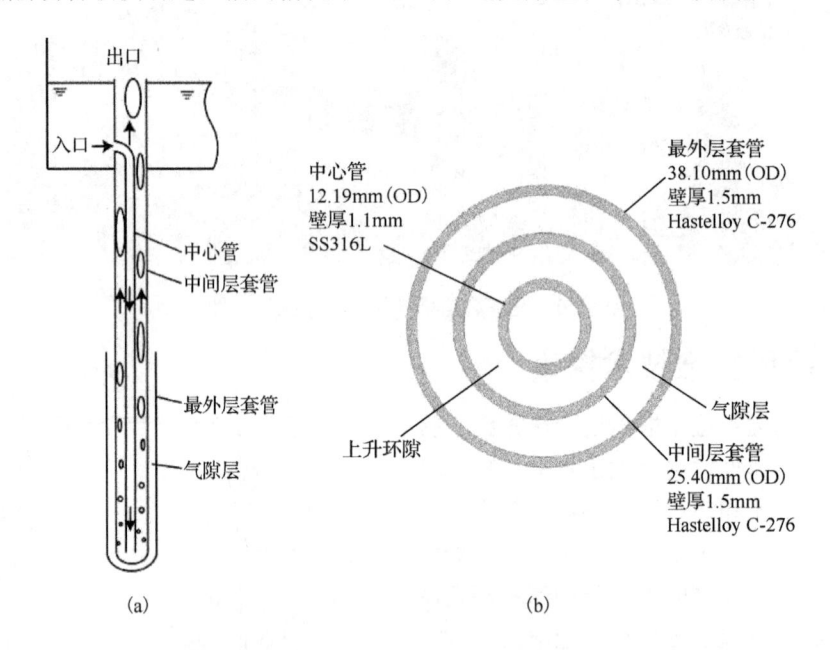

图 5-28 套管式换热元件结构示意图

系统运行时，汽包中的水由中心管入口进入换热元件，向下流动至底部封头后向上折返进入中间层套管与中心管间隔离形成的环形流道，冷却水在上升流道内受热沸腾产生蒸汽。这样在下降段与上升段流体密度差的作用下，系统形成两相自然循环流动并持续带走热量。中间层套管内产生的蒸汽在汽包内受重力作用而自动与水分离，经上方管路通往浸没于水箱中的冷凝器，经冷凝后的冷凝水在重力作用下回流至汽包，这样便形成了一个完整的闭合循环流动。水箱中的冷凝器采用竖直列管结构，为了减小冷凝器尺寸并降低系统运行压力，冷凝器管材料选用传热性能优异的 B30 铜镍合金。随着系统长期运行，水箱中的水逐渐蒸发并排放到外部大气环境中。

搭建的全尺寸非能动余热排出实验装置很好地弥补了同时期缩比低功率实验装置的不足，能更好地反映工程原型的运行条件。通过在 2MW 熔盐反应堆非能动余热排出实验装置上开展稳态和瞬态工况实验，明确了传热元件的传热原理与排热能力，找到了不同入口过冷度和加热功率下的两相自然循环的不稳定边界，论证了所设计的余热排出系统能够完全依靠非能动特性将熔盐热量安全导出,且系统排热能力能够与衰变热相适应,维持熔盐长期保持液态。

2. 新型非能动余热排出系统概念设计

除采用上文所述的两相自然循环带走卸料罐中的热量外,还可以采用热管方案。典型的热管由管壳、吸热芯和端盖组成,内部抽为负压并按需求充入所需的传热工质,其通常具有沸点低和易挥发的特性。热管通过热端(蒸发端)和冷端(冷凝端)连续的蒸发和冷凝过程实现两端的高效传热,具体过程为:蒸发端受热后传热工质迅速蒸发,在压差的驱动下流向冷凝端,释放热量后重新凝结成液态,在管壁附近吸液芯毛细力的作用下回流至蒸发端重新受热蒸发。通过上述往复循环的过程,热量连续不断地从热端传递到冷端。热管技术因具有高导热、高热流密度、可远距离传输等优良特性,被广泛应用于航天、军工等领域。将该技术应用于熔盐反应堆的非能动排热,将有助于实现反应堆小型化、模块化的设计需求。表 5-9 给出了一种典型热管的主要设计参数。

表 5-9 实验装置主要设计参数

参数			数值
系统运行压力			0.1~0.2MPa
换热元件	最外层套管	数量	6
		直径(外径/内径)	38.10mm/35.10mm
		长度	1700mm
	中间层套管	直径(外径/内径)	25.4mm/22.4mm
		长度	3485mm
	中心管	直径(外径/内径)	12.19mm/9.99mm
		长度	3320mm
汽包		直径	500mm
		高度	500mm
冷凝管		数量	9
		直径(外径/内径)	16mm/13mm
		长度	800mm

传统热管技术在熔盐反应堆中的应用面临着一系列技术挑战,熔盐的高温和高腐蚀性要求选择合适的传热工质、确定与熔盐和冷却工质相兼容的包壳材料等。一种可行方案是采用由碱金属/碱金属合金作为冷却工质,并由抗腐蚀性能强的哈氏合金作为管壳材料制成的高温热管。目前研究较多的高温冷却工质为钠和钠钾共熔合金,据此设计的热管参数列于表 5-10 中。相比于钠冷却工质,钠钾共熔合金(NaK)熔点较低(-12.6℃),为热管顺利启动提供了有利条件。高温热管的工作原理与常规热管相同(图 5-29),主要差异在于管壳材料和冷却工质。近年来,高温热管技术日渐成熟,为热管在熔盐反应堆中的应用奠定了基础。基于熔盐反应堆模块化设计和非能动排热的需求,西安交通大学提出了热管式非能动余热排出系统概念设计(HP-PRHRS)。

表 5-10 高温热管设计参数

参数	Na 热管	NaK 热管
热管壁面材料	哈氏合金（Hastelloy N）	哈式合金（Hastelloy N）
吸液芯结构材料	不锈钢	不锈钢
工质	Na	NaK-77.8 wt%K
吸液芯结构	包于丝网管芯	包于丝网管芯
热管长度/mm	600	1000
蒸发段长度/mm	360	600
冷凝段长度/mm	240	400
气空间半径/mm	4.5	4.5
吸液芯结构厚度/mm	2.0	2.0
热管壁面厚度/mm	5.5	5.5
吸液芯孔隙度	0.8	0.8
初始与环境温度/K	293	293
蒸发段热流密度/(W·m^{-2})	35000	28760
冷凝段换热系数/(W·m^{-2}·K^{-1})	100	100

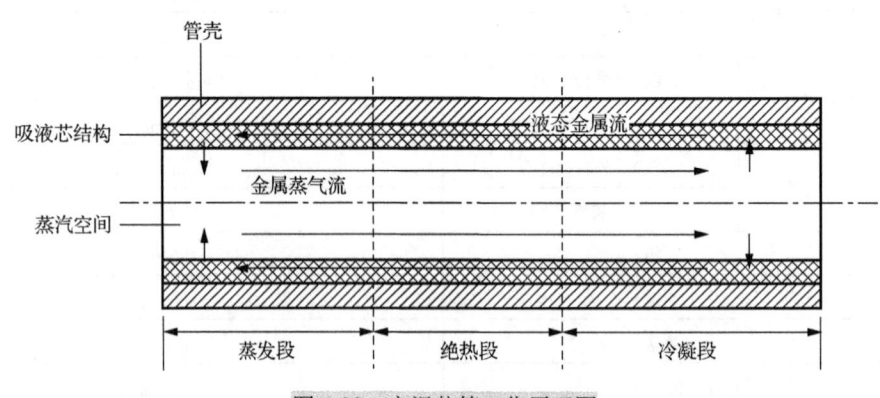

图 5-29 高温热管工作原理图

所提出的热管式非能动余热排出系统主要包括卸料罐、排热烟囱和高温热管，其结构与工作原理如图 5-30 所示。当反应堆发生主回路大破口、失流等事故时，压力容器中燃料盐温度迅速上升并熔穿冷冻阀中的盐塞，冷冻阀开启后燃料盐在重力作用下快速排泄到卸料罐中，之后穿插在卸料罐中的高温热管受热启动并长期导出燃料盐的衰变热。

热管式非能动余热排出系统通过三个传热过程将卸料罐中燃料盐的衰变热非能动地传递到外界环境：一是卸料罐中的燃料盐通过自然对流将热量传递至高温热管；二是高温热管内工质的循环蒸发与冷凝过程将热量从高温热管的热端传递到冷端；三是高温热管的冷端通过辐射和烟囱内空气的自然对流将热量排放到外界大气环境中。为验证熔盐反应堆新型非能动余热排出系统的可行性，西安交通大学设计并搭建了如图 5-31 所示的熔盐反应堆新型非能动余热排出实验系统，通过实验研究论证了热管应用于熔盐反应堆新型非能动余热排出系统的可行性。该非能动系统的应用可使熔盐反应堆具备良好的非能动安全特性，有助于大幅简化反应堆系统结构，并有效避免中间环节故障，这对未来熔盐反应堆模块化、小型化设计非常有利。

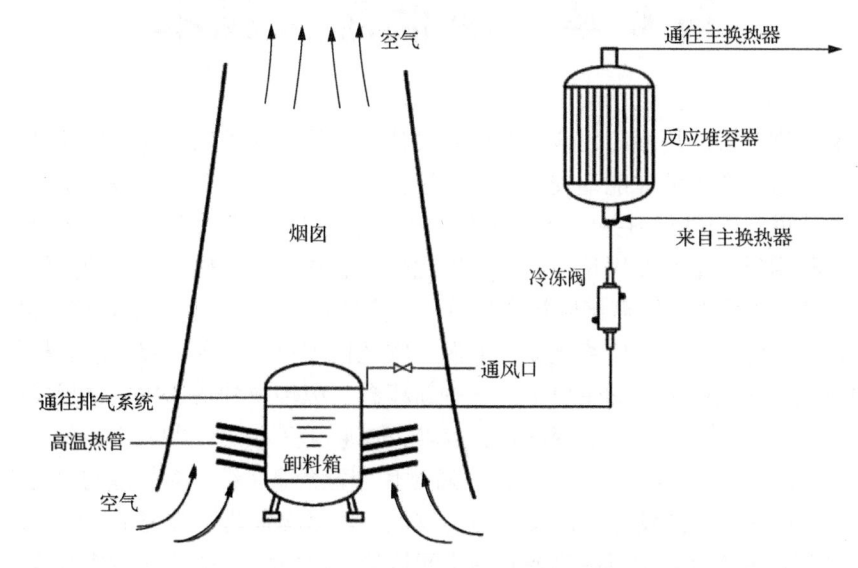

图 5-30 热管式非能动余热排出系统结构简图

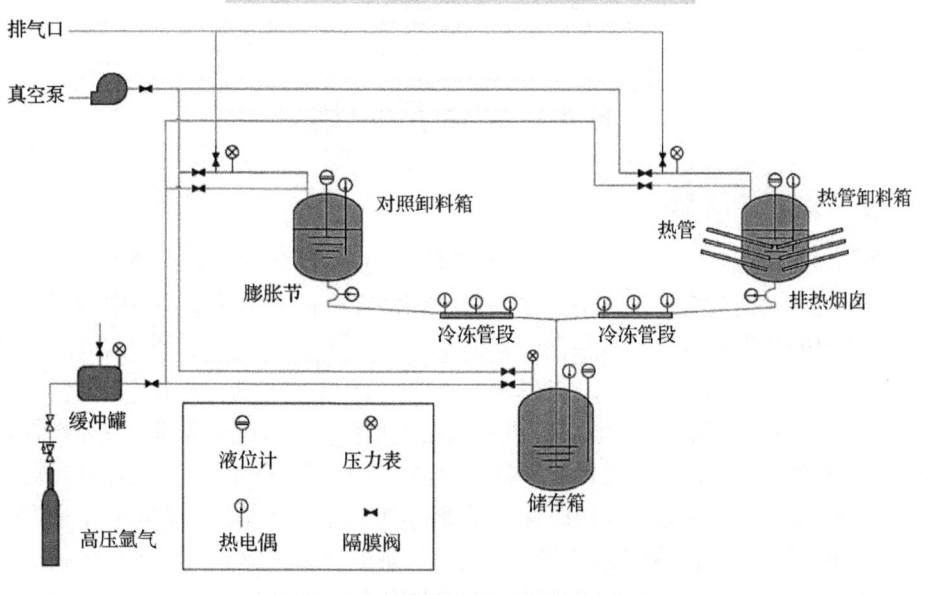

图 5-31 热管冷却 PRHRS 实验系统

第6章 新概念反应堆

纵观核反应堆的发展历程,反应堆的创新设计在持续追求更高的安全性和经济性。第三代核反应堆通过引入众多的非能动安全理念,以预防潜在的全厂断电事故;第四代核反应堆通过选用合适的堆芯/构件材料并结合先进的布置方案,以实现反应堆的固有安全性。这些设计理念不仅为陆用反应堆和船用反应堆的持续优化改进奠定了基础,也为相关堆型的长期发展提供了前瞻性技术路线。随着国际社会日益关注资源枯竭、环境污染、核废料激增等问题,如何深入探索新资源、有效获取终极清洁能源、实现核废料的妥善处置等成为核能应用领域日益关切的问题。在这些需求的牵引下,一些新概念反应堆得到快速发展并越发引人注目,包括:空间核动力反应堆、聚变-裂变混合反应堆、加速器驱动次临界反应堆等。虽然核聚变、空间核动力等概念在 20 世纪早有提出,但在新时代的背景下,综合对能源的迫切需求和技术上的可行性,这些反应堆的设计理念又有新的发展。为使读者能够系统了解新概念反应堆的不同应用场景和技术原理,本章将概要介绍空间核动力反应堆、聚变-裂变混合反应堆、加速器驱动次临界反应堆的发展状况,包括核反应堆组成、安全系统与设备,以及反应堆先进设计理念与面临的技术挑战。

6.1 空间反应堆

6.1.1 空间反应堆概述

从 1957 年苏联发射的世界上第一颗人造卫星,到 1969 年人类首次登上月球,再到未来的火星登陆计划,人类没有停止过对太空的向往和探索。在人类从事各类空间探索活动过程中,需要持续的能源供应,用以解决飞行器的动力问题和宇航员的日常生活问题。尤其是在"深空"探索计划中,对使用时间长、功率水平高的电源与动力系统提出了新的需求。在太空环境中,太阳能、化学能等常规能源难以同时满足大功率和长寿命的需求。化学能在功率水平上虽然能够涵盖到兆瓦级,但是受体积和重量的限制(火箭运载能力),运行时间尺度往往只有几个月。对于太阳能,尽管在使用时间上不受制约,但其功率水平通常在数千瓦到 100kW 之间,且需要保证能量转换系统直接受到光照。为兼顾使用时间和功率水平问题,以核能为能量源的空间核电源和核动力系统提供了潜在的解决方案,如图 6-1 所示。可以看出,核反应堆系统可在很大的功率范围内和很长的时间范围工作,且几乎不受到外界条件的影响。

在空间探索过程中,对能源的需求可大致分为三方面:①在没有太阳照射的条件下,需提供热源以确保仪器仪表和宇航员处于适宜的温度环境;②航天器中各系统设备的正常工作需要稳定的电力供应;③航天器在空间穿梭过程中需要动力推进。根据这些需求,核能在空间中的应用可总体分为空间核热源、空间核电源及空间核推进三大类。一些核动力系统的设计兼顾了供电和推进两方面功能,这类系统常称为双模式空间核动力系统。

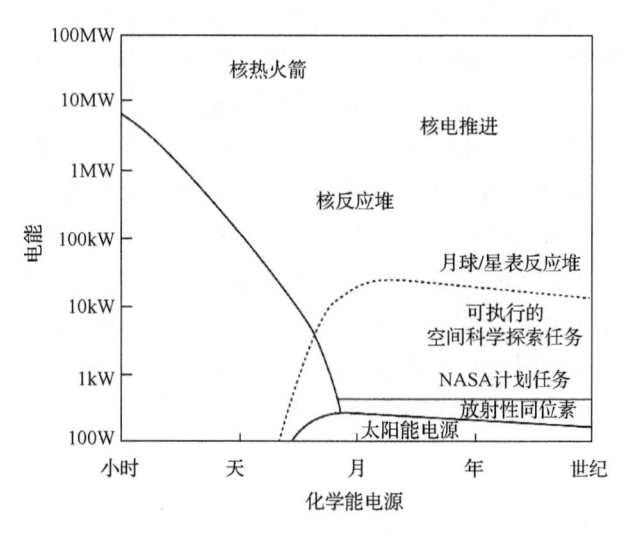

图 6-1 典型空间电源的功率水平与使用时间

飞行器在太空中飞行时，需确保系统元器件在适宜且稳定的环境下运行。在无光照的情形下，飞行器的表面温度将快速下降并影响仪表设备的工作性能，这需要配置合适的加热源以弥补热量损失。一种常用的技术是利用放射性同位素的衰变能制成热源，通称为放射性同位素热源（radioisotope heater unit，RHU）。其特点是功率密度大、运行温度高、可靠性好、使用寿命长。通过采用合适的放射性同位素，这类热源的运行时间可达数十年，甚至一个世纪以上。相较于传统的电加热方案，核加热更为简洁高效。在我国探月工程中，嫦娥三号和嫦娥四号就配备了放射性同位素热源，以保障探测器平安度过低温月夜。

放射性同位素热源的工作原理在于：放射性同位素衰变产生的粒子与原子发生碰撞，将粒子的动能转化为热能。若按衰变产生的粒子种类进行分类，放射性同位素热源可分为α热源、β热源和γ热源。相比于β热源和γ热源，α热源的功率密度高，且不需要厚重的辐射屏蔽层，这使其成为空间应用环境下的理想选择。在钋-210、钚-238、锔-242 等一系列放射性同位素中，钚-238 因具有较长的半衰期（87.1 年），适中的功率密度（约 0.42W/g）和优异的耐穿透辐射性能，更适用于在太空中长期执行任务。

除放射性同位素热源外，如果太空中存在核反应堆系统，还可以充分借助反应堆的释热为系统设备供暖，相关的反应堆结构将在后续章节介绍，这里不再赘述。

6.1.2 空间核反应堆电源

空间核反应堆电源最大的优势是在能量密度方面容易实现大功率（数千瓦到数兆瓦）供电，远高于放射性同位素电源的瓦级功率，甚至在高功率下其单位功率质量要优于太阳能电池阵-蓄电池组联合电源。其次，反应堆电源功率调节范围大，能够快速提升功率，机动性高，隐蔽性好。再者，反应堆电源不依赖外部条件，属于自主能源，可全天候连续工作。最后，反应堆电源环境适应性好，具有很强的抗空间碎片撞击的能力，可在尘暴、高温和辐射等恶劣条件下工作。

已有的核电源中，较为经典的是 20 世纪 80 年代美国为"星球大战"设计的轨道电源 SP-100，其热功率范围为 10～1000kW，寿期 10 年，用于在 2000km 高、倾角为 28°的圆形轨道上为天基太空监视系统提供能量。SP-100 飞行器的整体结构如图 6-2 所示，主要包括两大区域：一是位于前端的反应堆（核电源）区；二是位于后端的负载区，主要指的是任务舱（mission module）。这类飞行器的整体结构设计需要考虑两方面因素：①受运载条件的限制，向太空发射时的体积应尽量小；②反应堆运行后，要充分考虑对负载区的屏蔽。在 SP-100 飞行器的设计中，通过引入延展臂（separation boom）巧妙地解决了这类问题。在飞行器发射时，延展臂处于收缩状态，飞行器的尺寸限制在长 6m，直径 4m。在预定轨道运行时，延展臂伸长，使反应堆区和负载区的间距延长至 22.5m，这样可有效缓解对负载区进行屏蔽的压力。位于 SP-100 飞行器前端的核电源是本节讨论的核心内容，其为整个飞行器提供能量，标准设计功率为 100kW。

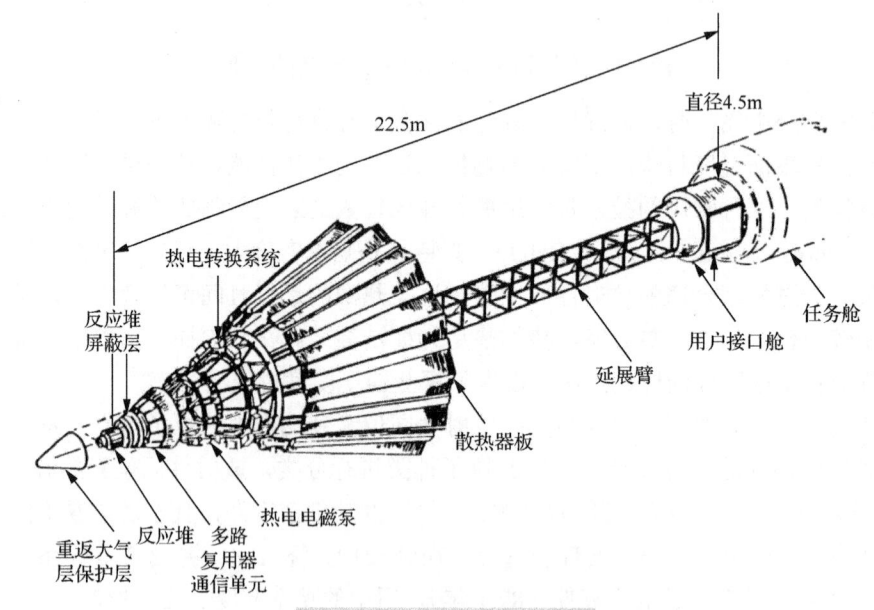

图 6-2 SP-100 飞行器结构图

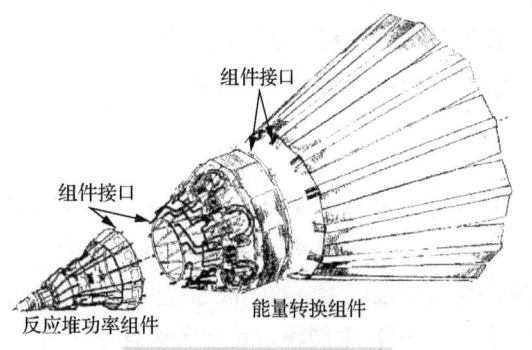

1. SP-100 核电源结构

SP-100 核电源包括两大组件：反应堆功率组件（reactor power assembly，RPA）和带有散热器的能量转换组件（energy conversion assembly，ECA）。两个组件通过组件接口（assembly joints）对接。其结构组成如图 6-3 所示，设计参数见表 6-1。

图 6-3 SP-100 核电源结构

表 6-1 SP-100 设计参数

参数	数值
热功率/kW	1500
电功率/kW	100
效率/%	6.7
热端温度/K	1355
冷端温度/K	840
散热器温度/K	800

反应堆功率组件主要包括：反应堆、反应堆仪控（I&C）设备、辐射屏蔽、主传热系统（primary heat transport system，PHTS）的前端及辅助冷却与解冻（auxiliary cooling and thaw，ACT）回路。能量转换组件包括：主传热系统的后端、整个二次侧传热系统（second heat transport system，SHTS）、热电电磁（thermoelectric electromagnetic，TEM）泵、能量转换组件（power converter assemblies，PCA）、延展散热器和延展臂。SP-100 设计中采用了目前广为流行的模块化技术，通过将反应堆功率组件和能量转换组件分离，以便于对两大组件进行单独加工和测试。

核电源系统运行时，反应堆内氮化铀（UN）燃料发生核裂变反应，产生的热量通过主传热系统传递给能量转换部件，在该位置通过热电转换元件（thermoelectric cells，TE cells）将热能转换为电能，未被利用的废热通过二次侧传热系统输运到散热器，最终以辐射传热的方式将热量排至外部环境。这些系统部件的运行原理如图 6-4 所示。

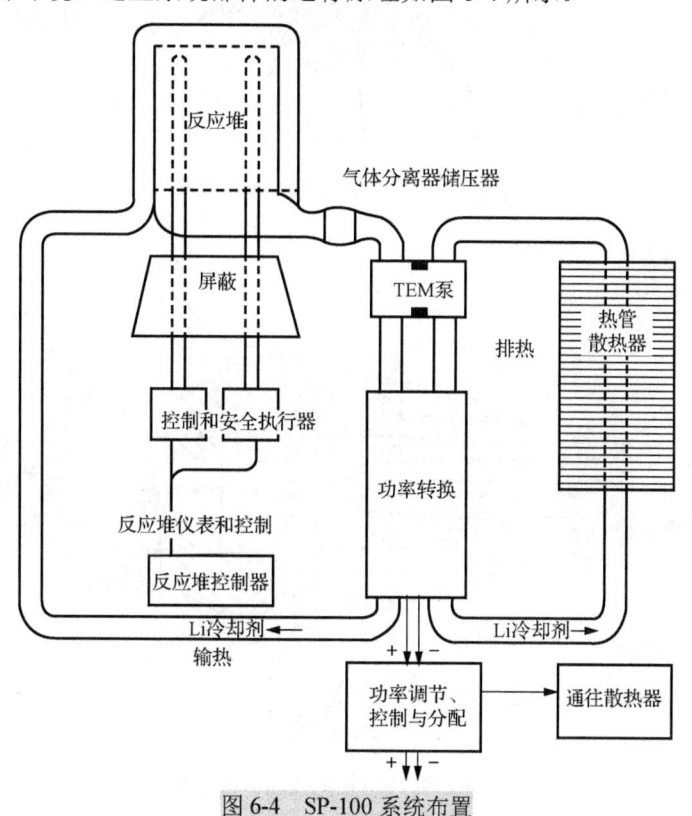

图 6-4 SP-100 系统布置

2. SP-100 核电源堆芯及其关键构件

1）堆芯

SP-100 核电源采用快中子反应堆,堆芯截面如图 6-5 和图 6-6 所示。堆芯采用棱柱形结构,横截面成蜂窝状。堆芯内包含 10 个完整的六棱柱组件和 6 个半六棱柱组件,这两种组件内部的燃料棒数分别约为 61 根和 50 根,各燃料棒的间隙为液态金属锂(Li)冷却剂的流动通道。堆芯周围采用半六棱柱组件的目的和一些柱状气冷堆的设计方案类似,就是尽可能令堆芯横截面趋于圆形,使整个堆芯结构更加紧凑。为应对潜在的冷却剂丧失、火灾、燃爆等事故,确保反应堆的安全,在堆芯区布置有三根安全棒,并配置了辅助冷却与解冻系统。安全棒采用 B_4C 中子吸收材料,三根互为冗余,其中一根插入堆芯即可使反应堆达到次临界状态。安全棒周围为 BeO 隔板(segment),在正常运行条件下起到慢化中子的作用。堆芯区还有 52 根 U 形管,其构成了辅助冷却系统冷却剂的流动通道。

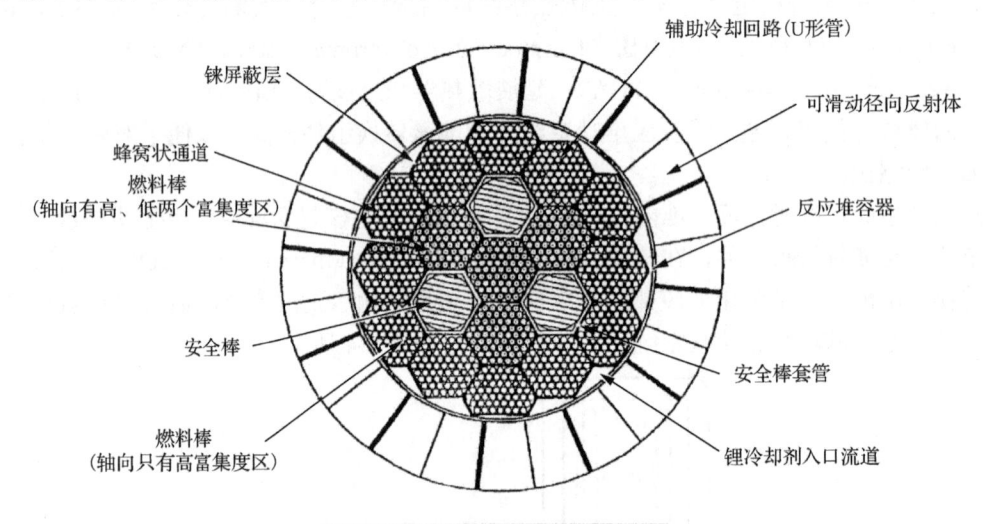

图 6-5 SP-100 核电源堆芯横截面

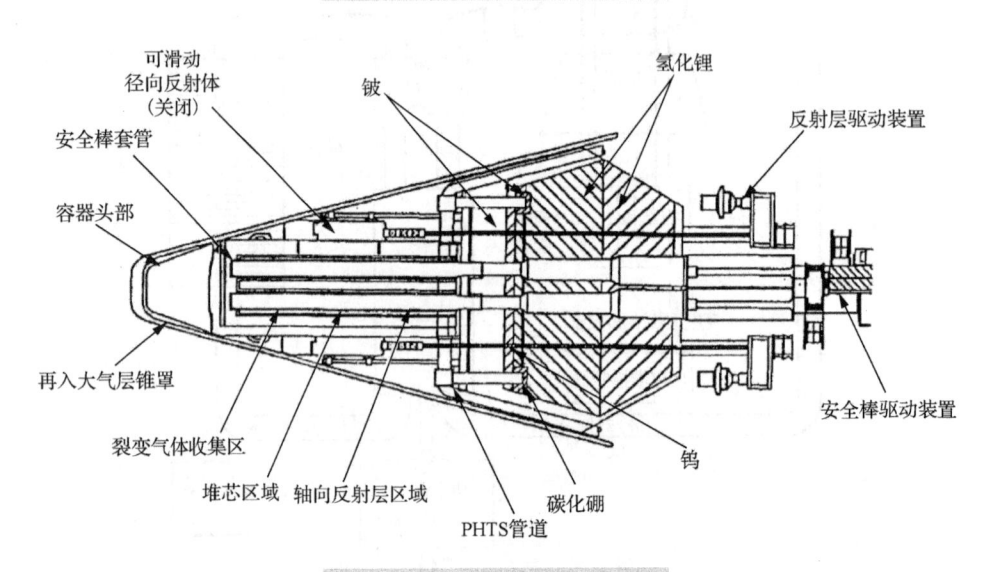

图 6-6 SP-100 核电源堆芯纵截面

反应堆功率水平的控制主要通过调节位于反应堆容器周围的 12 个径向反射体实现。这些反射体选用 BeO 作为中子反射材料，用 Nb-1%Zr 作为壳体材料。通过沿平行于反应堆轴向的方向滑动反射体，可以调节反应堆的中子泄漏率，进而实现反应堆的临界和功率控制。同时，这些反射体还可以起到补偿燃料的燃耗和肿胀的功能。

2）燃料元件

如图 6-7 所示的 SP-100 的燃料元件沿轴向分为三个区域：①位于顶部的集气区；②位于中部的燃料区；③位于尾部的轴向反射层区。其中，集气区用于容纳核反应产生的裂变气体；燃料区用于装载核燃料芯块；尾部的 BeO 轴向反射层区用于防止中子的泄漏，进而减小屏蔽层和堆芯的质量。为防止燃料芯块材料和反射层材料发生化学反应，燃料区和反射层区通过化学惰性良好的铼片隔开。

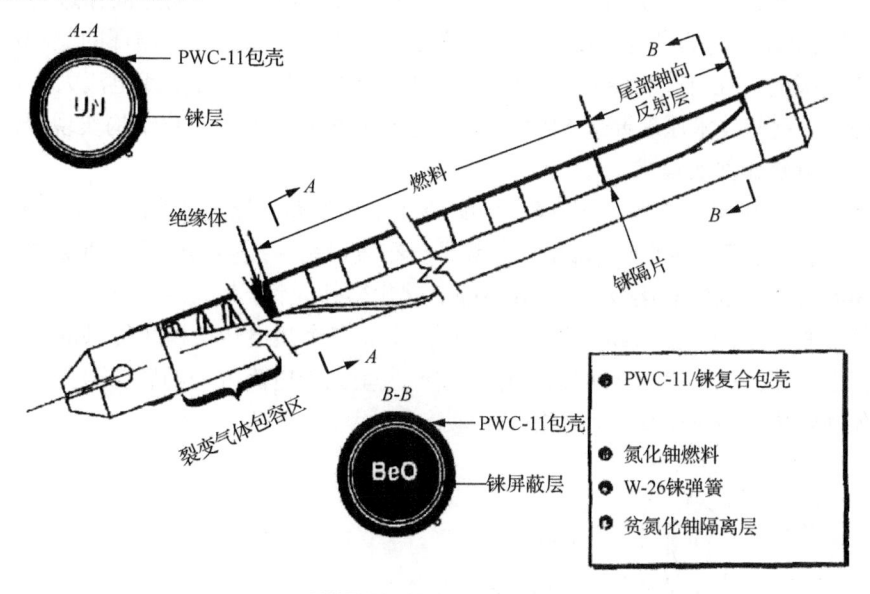

图 6-7　SP-100 燃料元件

燃料区沿径向依次为 UN 燃料芯块、气隙、铼（rhenium, Re）层和 PWC-11（Nb-1%Zr）铌合金包壳。与陆用反应堆不同的是，在确定空间反应堆的核材料时，除考虑中子经济性和化学稳定性外，材料的质量也是需要特别关注的一项指标。相比于目前压水反应堆广泛采用的 UO_2 燃料，UN 燃料质量小、铀元素占比高，采用 UN 制成的燃料芯块可以达到 94.5%的理论密度和 97%的铀富集度，更易于向太空运输并实现长期运行。对于电功率为 100kWe 的 SP-100 设计方案，需使用约 5 万个 UN 燃料芯块。反应堆运行初期，UN 芯块的最高设计温度为 1400K，寿期末 UN 芯块的最高设计温度为 1450K。

芯块周围的气隙填充有氦气，以包容裂变反应产生的放射性气体。SP-100 采用由铼层和 PWC-11 包壳层组成的复合管结构，也是综合考虑了材料的力学性能、化学稳定性和质量。两层材料中，铼层与核燃料和裂变气体具有优异的化学惰性，且结构强度高，能够有效防止裂变气体外泄。包壳层材料 Nb-1%Zr 与液态锂冷却剂的相容性更好，同时具有良好的延展性。通过合理地控制这两层材料的厚度，可以得到质量小、强度高的燃料元件。在 SP-100 项目的推动下，美国成功制造并验收了 Nb-1%Zr/Re 复合包壳，这也是同时期应用于液态金属反应堆的最高强度的包壳。

燃料元件的周围缠有绕丝格架，对各燃料元件起到支撑作用。同时，这种绕丝结构还可以通过扰动流道内的冷却剂起到强化传热的作用。

3. 能量转换系统

1）热电电磁泵

反应堆释放的热量由 6 个相互关联的液态金属锂回路输运至能量转换系统。在各类先进核反应堆系统中，冷却工质的循环流动通常由泵提供动力。对于空间核动力系统，因其特殊的应用环境，在泵的类型和设计方案上需考虑结构上紧凑性（体积和质量小）和与金属冷却工质的相容性。SP-100 提供了一种热电电磁泵方案，其具体属于一种直流传导式（DC conduction）、自给能（self-energized）电磁泵。所谓自给能是利用热电转换原理，基于冷热管路的温差产生电能，并将产生的直流电沿垂直于液态金属冷却剂流动方向穿过管路。在垂直于电流-冷却剂所在平面的稳定磁场作用下，产生电磁力以提供冷却剂循环的驱动压头。通过改变磁场或电极的极性可改变冷却剂的流动方向，通过调节磁场强度或电流大小可改变驱动循环的电磁力。这些技术原理要求 SP-100 热电电磁泵按照合理的布置结构实现冷热管路、热电转换单元和电磁元件的集成。

SP-100 的热电电磁泵结构如图 6-8 所示。其中的一回路管路（热管段）和二回路管路（冷管段）沿泵的有效长度（active length）交替平行布置，用于提供热电转换所需的温差。在冷热管段之间的夹层内安装有集成化的 SiGe-GaP 热电转换元件，其在冷热管段温差的作用下产生电能，并沿垂直于冷却剂管路的方向提供直流电。多个热电转换模块提供的电流围绕中心铁芯形成闭合回路，并在 Z 字形的磁路结构中产生垂直于电流方向的感应磁通。在电磁力的作用下，各回路中的液态金属锂产生循环流动。

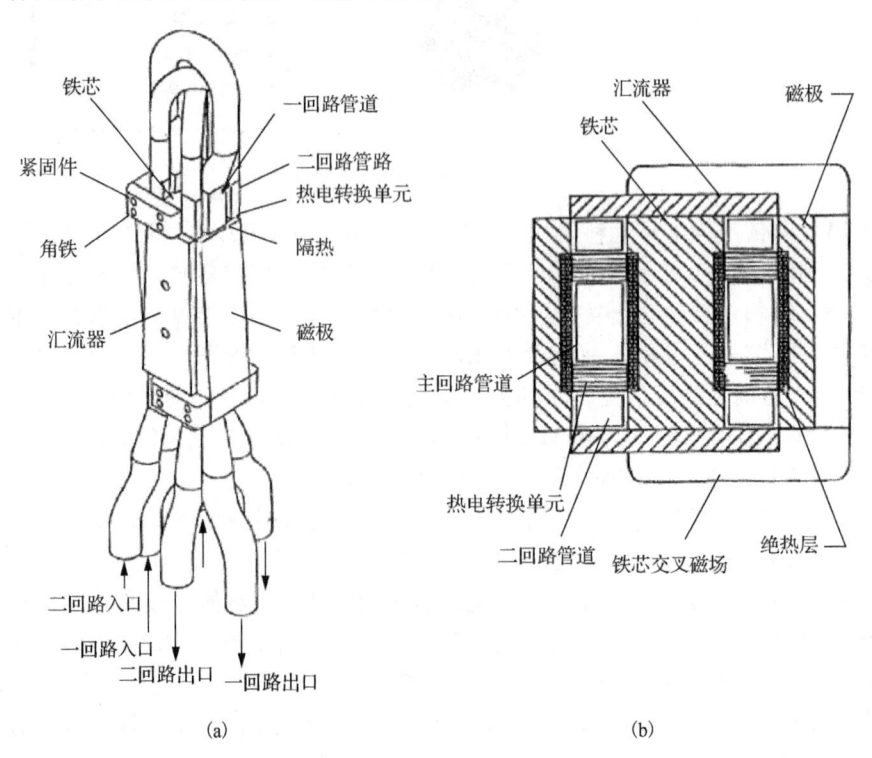

图 6-8 SP-100 TEM 泵

这类热电电磁泵结构简单、质量小、没有转动部件、不需要轴密封。其利用的是一回路和二回路管路间温度差产生的电能，实现了能量的自给。同时，依据冷却剂流速、温差、电能之间的耦合关系可以实现流量的自调节。这类泵的不足之处是效率普遍偏低。

2) 热电转换设备

能量转换系统中的热电转换设备是整个核电源的核心部件，其利用热电效应（具体指"赛贝尔效应"）将热能直接转换为电能。赛贝尔效应指出，对于两种不同金属的连线，若将连接点一端置于高温处，而另一端处于开路并置于低温处，则冷端将存在开路电压，见图6-9（a）。在冷端接入负载电阻后，回路中将产生电流。若温差一直存在，则电流将持续不断地在回路中产生。工业中常用的各种型号的热电偶就是利用赛贝尔效应得到毫伏电压，再结合分度表/公式折算得到对应的温度值。采用热电效应进行发电时，常采用 p-n 型半导体材料。其中 p 型构件指的是富空穴型构件，n 型构件指的是富电子型构件。将多个 p-n 结进行串联将形成如图 6-9（b）所示的热电转换元件。由于每个热电转换元件的功率很小，实际应用中通常将多个热电转换元件进行串联集成使用。

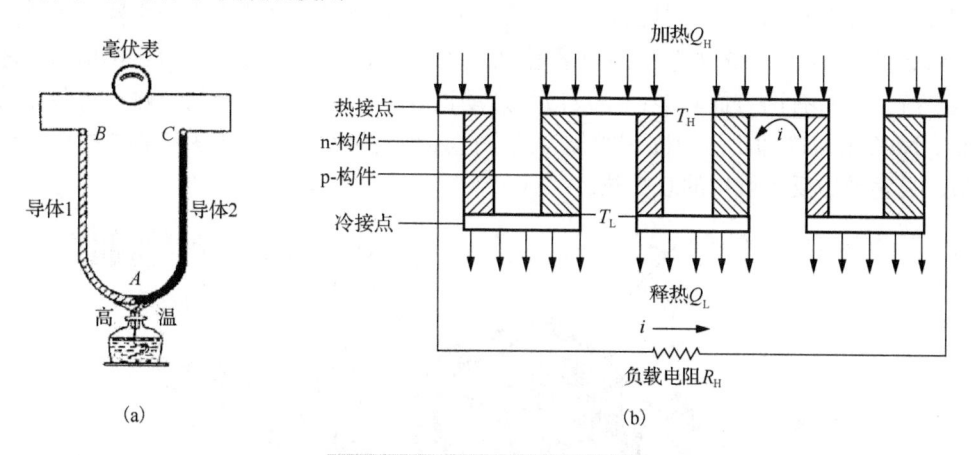

图 6-9　温差发电器原理示意图

根据工作温度的不同，可选取不同的热电转换材料。在 400℃ 以下的低温区，常用 Bi_2Te_3 材料；在 400～700℃ 的中温区，常用 PbTe 材料；在 700℃ 以上的高温区，常采用 SiGe 材料。在 SP-100 设计中，能量转换系统的工作温度范围为 840～1355K，最终选用 SiGe 作为热电转换材料。通过向 SiGe 中掺入 B 制成 p 型构件，向 SiGe 中掺入 P 制成 n 型构件，p 构件与 n 构件串联形成 p-n 结。

图 6-10 所示的 SP-100 的热电转换元件主要包括 8 个串联的 p-n 结，以及上下两侧的柔性垫片和高压绝缘垫片。2 个 6×10 的热电转换元件阵列构成热电转换组件（thermoelectric converter assembly）。为便于实现模块化和紧凑型的设计，组件中两个阵列的夹层内走热流体，两侧走冷流体，这样 6 个热电转换组件串联构成了热电转换模块，共包含有 720 个热电转换元件。对于一个 100kWe 的热电转换系统，共需要约 12 个热电转换模块，8640 个热电转换元件。基于热电转换原理制成的核电源也存在自身的局限性，那就是热电直接转换的效率普遍很低，在 SP-100 设计方案中，热电转换效率只有 6.7%。在后续的一些改进设计方案中通过添加少量的 GaP 可降低 SiGe 的导热系数，保证冷热端较大温差，进而使热电转换的效率大于 9%。不断地提高热电转换效率也是这类核电源长期研发的重点工作内容。

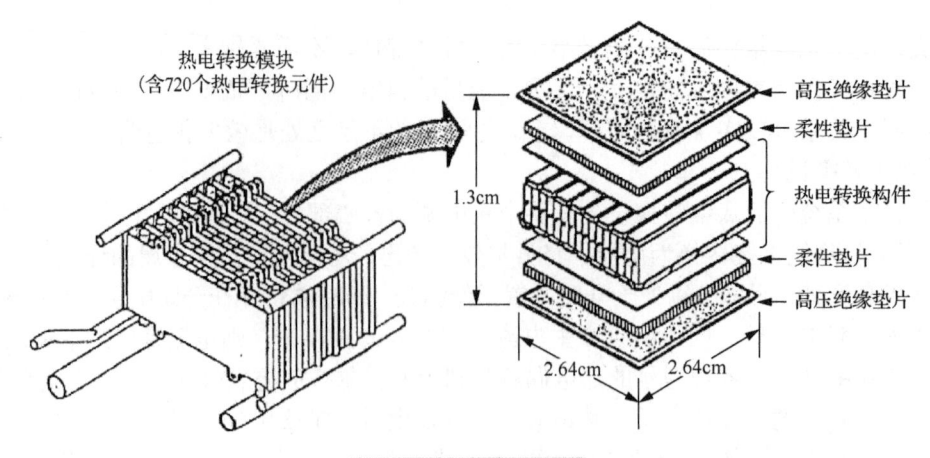

图 6-10　热电转换模块

3）辅助冷却与解冻系统

SP-100 核电源包含有 6 个辅助冷却与解冻回路，每个回路具体由 1 个主回路和 2 个二次侧回路组成（图 6-11），这 3 个回路均采用 NaK 合金冷却剂，并共用 1 台热电电磁泵驱动循环。该系统主要具有两方面功能：①反应堆启动过程中，借助反应堆的释热，将各系统回路中的 Li、NaK 金属冷却工质由固态融化为液态；②在反应堆冷却剂丧失等事故条件下进行辅助冷却，长期带走反应堆内的衰变热。

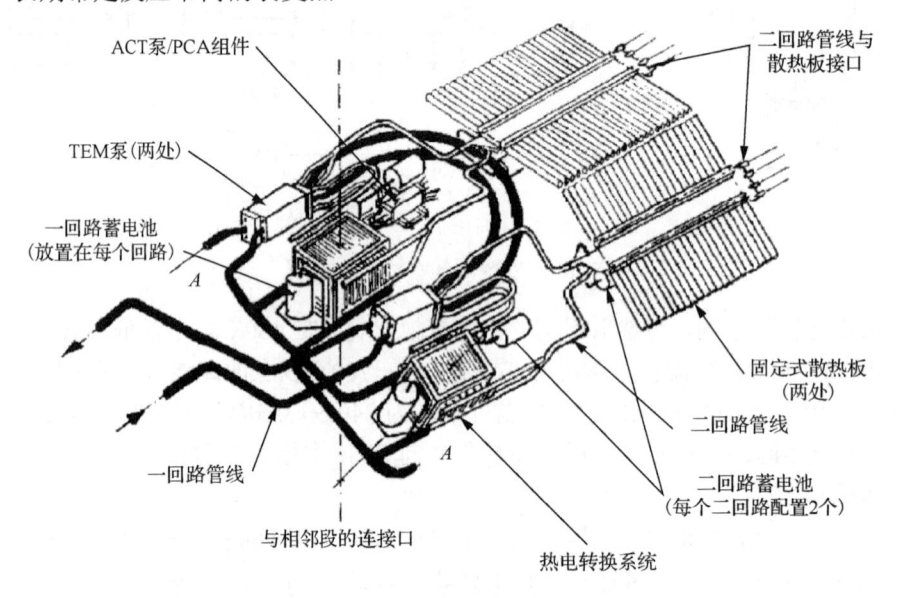

图 6-11　SP-100 能量转换系统组成

除反应堆和延展散热器外，SP-100 其余所有系统组件的解冻由辅助冷却与解冻回路实现。其中，核反应堆内核裂变的释热为各系统回路解冻的最初能量来源。反应堆内冷却剂融化后，堆内温度进一步提升至 900K，并作为后续系统解冻的热源。堆内热量通过辅助冷却与解冻系统 U 形管传递至主回路伴热管线，以实现主传热系统的解冻。同时，主回路伴热管线将加热二次侧伴热管线，以实现二次侧传热系统和固定式散热器的解冻。在二次侧传热系统升温过程中，Li 冷却剂将受热膨胀，部分高温 Li 将从散热器的溢流孔流出以对延展散热器解冻。各系统回路完全解冻后且散热器开始向外界释放能量时，在热电电磁泵的驱动下一二次侧将逐渐建立循环流动。在冷却剂丧失事故条件下，辅助冷却与解冻系统中的各回路与反应堆的主传热系统和二次侧传热系统的锂冷却剂管线进行热交换，以完成辅助冷却。

6.1.3 空间核热推进系统

1. 核热推进简介

随着空间活动规模的不断扩大，要求航天器的飞行时间不断延长、载荷不断提高。传统的化学能由于比冲小（当前比冲最高的液氢液氧火箭发动机最高比冲约为450s）、能量密度低，已很难适应未来空间活动的需要。而采用氢气作为工质的核热推进，比冲可达1000s，速度增量大于$22km·s^{-1}$，超过了第三宇宙速度，可广泛用于将来的空间任务，包括太阳系内和星际间的空间任务。由于核热推进的独特优势，美国和俄罗斯投入大量时间、人力和经费进行研究，设计了多个堆芯方案。这些堆芯方案经历了从均匀堆到非均匀堆、石墨基体燃料到金属基体燃料和三元碳化物燃料、元件简单结构设计到复杂设计的发展过程，目的在于使堆芯结构更紧凑，体积、质量更小，但性能指标更高。这些堆芯方案将是核热推进进一步研究和发展的基础。

2. 核热推进的基本工作原理

核热推进是利用核裂变产生的热能将推进剂工质加热到高温高压状态，然后通过渐缩渐扩喷管加速而产生推力。其工作原理与液体火箭类似，不同的是核热推进用能量密度很高的核反应堆取代了化学燃烧。图6-12给出了核热推进系统的原理示意图。

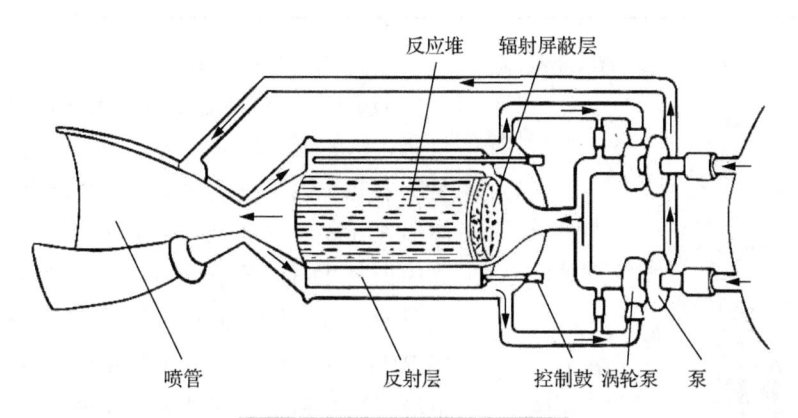

图 6-12 核热推进系统的原理图

系统运行过程中，泵将工质（氢）从贮箱中抽出，并通过管道送入喷管环腔。工质依次流过喷管环腔、反射层等，然后进入涡轮机做功，从而驱动泵。从涡轮机排出后，工质向下通过反应堆堆芯，被加热到很高的温度（约3000K），最后经喷管排出，产生推进动力。在流动过程中，工质依次冷却喷管、反射层等结构，带走堆芯产生的热量，防止这些设备因堆芯高温而损坏。在这一过程中，工质的物理状态也相应地从泵出口的液态迅速变为高温气态。火箭发动机的比冲与工质温度的平方根成正比，与工质相对分子质量的平方根成反比。氢气具有优良的导热性能，其导热性能与金属材料相当，高温下易分解为氢原子，进一步吸收热量，同时氢原子质量小。因此，为增大比冲，核热推进一般采用氢气作为工质。

3. NERVA 核反应堆设计

在不同的核热推进方案中，根据燃料的形态可分为固态反应堆、液态反应堆和气态反应堆。其中，液态反应堆运行过程中允许燃料融化。尽管液态反应堆和气态反应堆的工质温度和比冲较固态反应堆高，但是液态和气态反应堆的堆芯结构复杂，研制难度较大，目前仅进行了可行性分析。相比较而言，固态反应堆结构简单，且反应堆的设计可充分借鉴已有高温气冷反应堆的设计和运行经验，具有更高的技术成熟度。20 世纪美国和苏联设计了多种固态实验反应堆并开展了一系列实验研究，其中较为经典的是美国于 1955 年开始的 ROVER/NERVA 计划中所设计的反应堆方案。该计划的工作重点是研制出具有约 825s 比冲和 35 吨推力、持续工作时间超过 1h 的飞行样机，关键技术参数汇总于表 6-2 中。

表 6-2　NERVA 主要设计参数表

参数	数值
热功率/MW	1560
推力/kN	330
推进剂温度/K	2360
比冲/s	825
启动数	60
额定温度下总的点火时间/min	600
带屏蔽的发动机质量/kg	15700
可靠性	0.995

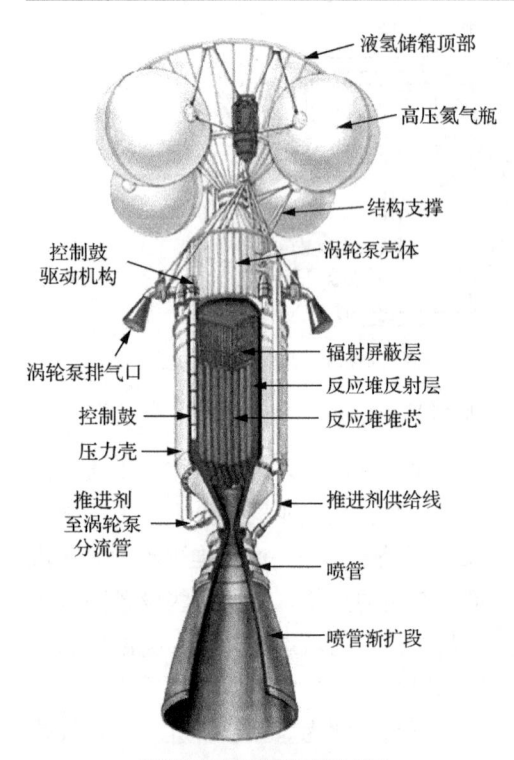

图 6-13　NERVA 核火箭

1）系统配置方案

NERVA 核热推进系统主要由液氢贮箱、高压氦气瓶、涡轮泵、反应堆堆芯、喷管等结构组成，详见图 6-13。该系统从顶部法兰到底部喷管出口的总高约 6.7m，反应堆采用柱状结构，直径约为 0.91m，高约为 1.22m。系统启动时，通过转动控制鼓使反应堆达到临界并将堆内加热至高温状态。位于 NERVA 顶部的液态氢气推进剂在高压氦气的推动下沿涡轮泵和推进剂供应管线进入环腔，并沿环形夹层向上流经反射层和屏蔽层。该过程一方面可以给堆芯以外的区域降温，防止高温导致零部件损坏；另一方面能够将液氢快速气化，使推进剂沿屏蔽层进入堆芯时完全达到气态。氢气在石墨堆芯流道内吸收核裂变释放的热量，在堆芯的出口升温至 2000~3000K，之后在渐缩渐扩喷管中加速流动形成约 330N 的推力。系统正常启动后，部分高温推进剂将沿喷管的渐缩增压区分流一部分至涡轮泵做功，以持续抽取液氢推进剂。

2）反应堆结构与材料

图 6-14 给出了 NERVA 核反应堆的燃料元件和燃料结构示意图，该反应堆采用六角形的燃料元件，元件轴向上有 19 个工质流道。在最初的设计中，燃料采用热解碳包覆的 UC_2 颗粒，直径约为 0.2mm。这些燃料颗粒均匀地弥散在石墨基体中，通过挤压和热处理制成燃料元件。石墨虽具有较高的熔点，但易与高温氢气发生化学反应，导致燃料元件被腐蚀和燃料的流失。为保护石墨基体，通常采用化学气相沉积方法在燃料元件的外表面和工质孔道内壁沉积一层 ZrC 保护层。早期设计的 NERVA 堆芯只装有燃料元件。但由于石墨的慢化能力较差，堆芯的体积和质量均较大。为提高推重比（推力与反应堆重量之比），在后期设计的 NERVA 堆芯中加入了支柱元件，其外形尺寸与燃料元件完全相同。支柱元件不但起支撑连接燃料元件的作用，其内部的氢化锆套管还提供了额外的中子慢化能力，有助于减小堆芯体积和质量。氢气在进入燃料元件前，首先流过支柱元件被预热，一方面使支柱元件保持在较低的温度，另一方面为涡轮泵提供驱动力。堆芯内元件的尺寸、数目及燃料元件与支柱元件的比例可根据核热推进所需的功率和推力水平决定。

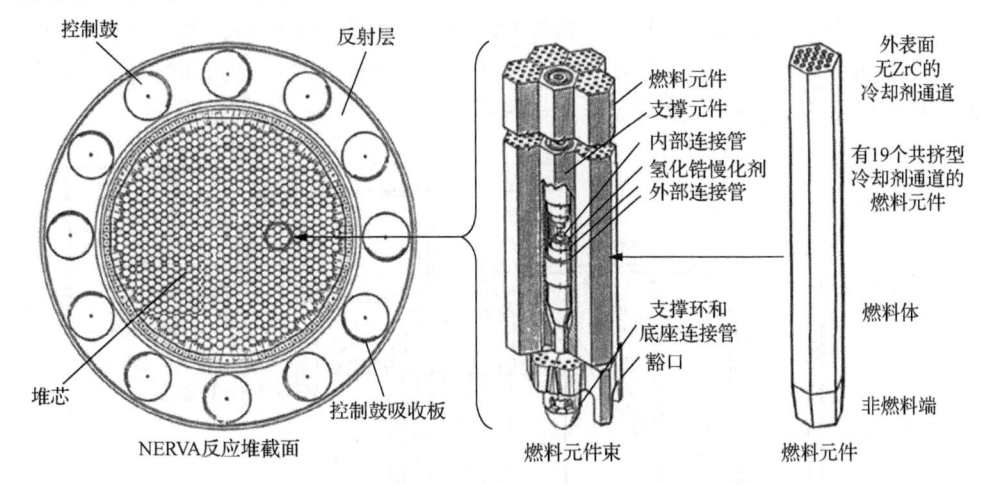

图 6-14 NERVA 反应堆的燃料元件和燃料结构示意图

NERVA 反应堆采用铍或氧化铍作为反射层，采用位于侧反射层内的转动鼓作为主要的反应性控制手段。在 ROVER/NERVA 计划中，所设计的反应堆热功率为 300-400MW，推力为 60～910kN。在 20 世纪 90 年代初的太空探索计划（space exploration initiative）中，研究人员对 NERVA 反应堆的燃料进行了改进。新型的 NERVA 反应堆的燃料不再采用包覆颗粒弥散于石墨基体的形式，而是改用熔点更高的二元碳化物（U,Zr）C 或三元碳化物（U,Nb,Zr）C 的固溶体与石墨的混合物。这种燃料一方面提高了许可工作温度，从而提高了工质温度；另一方面改善了碳化锆保护层与燃料的热膨胀系数的匹配，解决了碳化锆保护层在温度急剧变化时的破裂问题。这种改进后的 NERVA 又称为 NDR（NERVA derived reactor）。

3）双膜布置方案

对于一个典型的核热推进系统，通常情况下，它只是在飞船运行的初始阶段、最终阶段或者中间变轨的时候需要运行几分钟的时间，其在中间的大部分时间内推进装置是不工作的。因此，在每次需要工作的时候都需要将反应堆重新启动进行加热，在使用结束后还需要将反应堆停闭。多次的重启和停闭会对反应堆的结构产生很大的应力，同时反应堆内的辐照损伤在低温条件下较为严重,多次将反应堆处于低温环境中会降低反应堆的寿命。还有,在反应堆停闭的过程中,为了使反应堆的余热导出,需要一定的推进剂进入反应堆冷却剂通道进行冷却。这样把推进剂仅用作冷却剂而不去产生推力无疑是对推进剂的一种浪费。

此外,在整个任务过程中,整个太空飞船系统中有很多的设备需要供电,比如通信装置、计算机、雷达、电子推进等。为提高核能利用效率,有研究提出在推进装置上添加一个发电回路。发电回路使用布雷顿循环作为发电循环,以 He-Xe 作为冷却剂。由于推进装置堆芯内部的温度较高,可以到达 2000℃以上,因而布雷顿循环的效率也较高,有望达到 50%以上。这样的话,只需要将反应堆开启一次,当需要对系统提供推进的时候只需用涡轮泵向反应堆内部提供推进剂,当不需要推进的时候可以将反应堆切换到发电工况,在低功率条件下运行。这样在整个运行过程中只需要将反应堆启停堆一次,有效地保护了反应堆的结构完整性,保证了堆芯的使用寿命,同时避免了因需要排出反应堆的衰变热导致的推进剂的浪费。

图 6-15 所示是基于这种双模工作方式的示意图。两种反应堆燃料组件的设计具有一定的相似性,即在燃料组件中心区域出现了一个环形结构。以 MITEE-B 的燃料组件为例,在推进模式下,温度约为 40K 的 H_2 推进剂仍然从外侧径向向内流过 Mo/UO_2 和 W/UO_2 燃料区域,直至燃料中心的空心区域,被加热到 3000K 后从喷嘴中喷出产生推力。除了燃料组件内的不同之外,推进模式下的其他布置与原核热推进模式的相同。

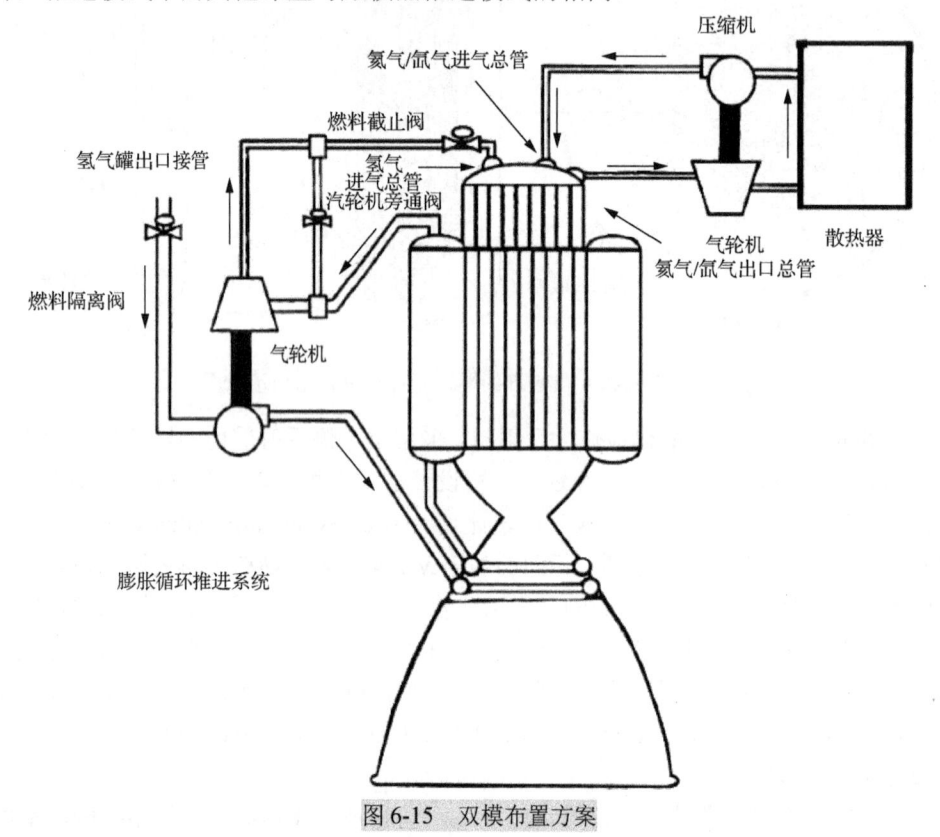

图 6-15 双模布置方案

在供电模式下,燃料组件中无 H_2 推进剂通过燃料区域,但是有 He/Xe 混合气体通过处于 ^{7}LiH 慢化剂最内侧的 8 根氦管中,被燃料发出的热量加热至 850K,利用布雷顿循环发电。在供电模式下,MITEE-B 能提供 1~20kW 的电功率。

6.2 聚变-裂变反应堆

6.2.1 聚变原理与聚变反应堆

1. 聚变简介

人类文明的进步和社会的发展从来没有离开过太阳所释放的能量（聚变能）。数亿年前，在太阳光照的作用下，地球上产生了植被，之后在地壳中形成了工业生产使用的各类化石燃料。据统计，目前人类所使用的能源中有90%最初来自太阳所释放的能量。科学家针对聚变的原理及应用进行了漫长而艰辛的探索。20世纪以前，科学家一直在试图解释为什么太阳及其他恒星能够源源不断地发出巨大能量。直到1920年，英国天体物理学家亚瑟·爱丁顿首次提出恒星的能量来自于氢聚变为氦的理论学说，为恒星的能量来源找到了答案。1934年，诺贝尔奖获得者欧内斯特·卢瑟福（1871—1937年）进行了一项著名的实验，实现了将氢的同位素（氘）聚变为氦的反应，自此打开了现代核聚变研究的大门。

第二次世界大战结束后，核聚变研究人员萌生了一个大胆的想法，那就是能否通过人工的手段制造出一个类似于太阳的装置，以持续不断地输出聚变能，也就是我们通常所说的"人造太阳"。1951年，世界上首个基于核裂变原理的发电反应堆建成后，给核聚变的研究带来了巨大的鼓舞。同年，美国物理学家莱曼·斯必泽提出了仿星器的概念，据此设计的装置一度在20世纪50~60年代成为核聚变研究的主流。直到1968年苏联科学家阿齐莫维齐在第三届等离子体物理和受控核聚变研究国际会议上公布了性能更为先进的托卡马克装置，世界各国掀起了建造大型托卡马克实验装置的热潮，其中比较著名的有美国、法国、英国和西德建造的托卡马克装置。到目前为止，托卡马克也一直是核聚变研究的主流装置。

2. 聚变的分类

按照发生聚变反应的温度，核聚变可分为热核聚变和冷核聚变。热核聚变指的是氘、氚等轻质量原子在超高温和高压下发生聚合作用，形成质量较大的原子核并释放大量能量的核反应过程。自然界中的太阳等恒星所发生的核聚变，以及各类托卡马克实验装置中发生的聚变反应都属于热核聚变。相对而言，冷核聚变指的是在接近常温差压下采用简单装置进行的核聚变。这一概念提出的目的主要是极大程度地降低发生核聚变的难度，同时使核聚变过程更为安全。不过冷核聚变至今仍处于假说阶段，没有实质性的突破。现阶段国内外研究重点关注的是如何实现受控的热核反应，为建造聚变反应堆奠定基础。聚变反应堆一旦走向技术成熟，则有望向人类提供清洁而又取之不尽的能源。

3. 聚变原理

聚变和裂变为原子核发生核反应释放能量的两种不同方式。根据比结合能随原子质量的变化规律可知，中等质量的原子（^{56}Fe）具有最高的比结合能，而轻核（如^2H）和重核（如^{235}U）的比结合能相对较低。在各类核反应中，当比结合能较低的元素转换为具有更高比结合能的元素时将释放能量，由此形成了核能利用的两大途径：一是使重核发生裂变反应以释放能量，也就是前文所述的裂变能；二是将轻核聚合以释放能量，即本节讨论的聚变能。应用裂变反应的优势在于技术成熟、易于实现，不足之处是自然界中易裂变核素的存量有限，且乏燃料处置与后处理难度较大。利用聚变能则可以很好地解决上述问题，这得益于核聚变所采用的氘在海水中存量很大（通常认为取之不尽），同时聚变反应释放的能量（平均到每个核子）要远大于裂变反应，且反应产物氦是一种稳定无害的元素。在常见的聚变反应中，生成的中子携带绝大多数的能量，导致其具有一定的放射性，不过相比于裂变反应的放射性而言要小得多。

目前聚变研究中绝大多数采用的是氘-氚反应（如式（6.1）所示），即氘和氚发生聚合反应生成氦（α粒子）和中子，同时释放约 17.6MeV 的能量（聚变产物的动能）。这部分能量中约 80%，也就是 14MeV 的能量由中子的动能携带。若要充分利用这部分聚变能，需设置合理的壁面材料以捕获中子，将中子的动能转换为热能以供工业生产和生活使用。

$$_{1}^{2}H + _{1}^{3}H \longrightarrow _{2}^{4}H + _{0}^{1}n \tag{6.1}$$

与裂变反应一样，要想维持聚变持续进行，须不断地补充聚变燃料氘和氚。其中，氘在自然界的水中广为存在，并且相对易于获得。海水中氘原子约占氢原子的 1/6700，这一比例看似很低，不过巨大的海水存量使得氘的存量可供利用数十亿年。而氚作为一种不稳定核素（半衰期为 12.3 年）在自然界中并不存在，需通过人工制造获得。一种常用的方案是在聚变反应堆中采用金属锂作为增殖材料，当聚变反应产生的中子轰击锂时将生成氦和氚，通过将氚提取分离可供聚变反应持续利用。

目前常用的氘-氚聚变反应最大的优点在于易于实现、反应速率快，是现阶段研究核聚变的一种简单有效方案。不过从聚变能的清洁性角度来看，该聚变反应存在明显的缺陷，甚至有些报道称这类聚变反应是一种糟糕的方案。这主要是因为氘-氚聚变产生的高能中子带有放射性，不仅将对运行和操作带来难度，还会对聚变反应堆容器壁面造成辐照损伤并引起感生放射性。针对这一问题，一些研究提出了一些更为先进的聚变燃料方案，包括中子产量较小的 D-D 聚变反应，无中子产生的 D-^{3}He 反应、p-^{11}B 反应等。不过这些更为清洁的聚变反应的工程可行性还有待长期评估。

4. 核聚变的启动与控制方法

要想发生核聚变，原子核需克服两者之间的排斥力以实现原子核之间的融合。英国科学家劳森于 1957 年提出了"劳森判据"，给出了发生核聚变的必要条件，也就是当聚变燃料的温度、密度和约束时间三者的乘积大于一个特定值时才能发生核聚变反应。在这三个条件中，温度越高，粒子的运动速度和动能就越大，这样原子核也就更容易克服相互之间的排斥力，以提高核聚变发生的概率；原子核的密度越大意味着单位体积内的原子核数量越多，原子核两两发生碰撞概率的增加将增加核聚变发生的概率；同样，从时间的尺度上来看，把聚变燃料的粒子约束在同一空间的时间足够长也将增加原子核发生碰撞以及发生核聚变的概率。

劳森判据为核聚变装置的研发提供了很好的路线指导：一是向温度提高的方向发展，通过提高粒子动能来提高聚变发生的概率；二是向提高燃料粒子密度的方向发展，通过显著提高单位体积内粒子的数目来促进聚变反应的发生；三是尽可能把聚变燃料粒子聚集在同一区域，也就是要对聚变燃料进行有效的"约束"。聚变反应也可根据约束条件的不同大致分为三类：引力约束聚变、磁约束聚变和惯性约束聚变。

（1）引力约束聚变（gravitationally confined fusion）基于万有引力提供聚变燃料的约束力。像太阳这样的恒星可以形成巨大的引力，促使核聚变燃料不断往中心压缩，导致核心区的压力达到约 2500 亿个大气压，极大地提高了粒子的密度。在太阳核心 1500 万℃和足够长约束时间的作用下，可以自发地产生核聚变反应。引力约束聚变一直是大自然独有的"专利"，人类尚不具备实现引力约束聚变的技术。

（2）磁约束聚变（magnetic confinement fusion）基于磁场对带电粒子产生作用力的原理进行约束。通过设计特殊形态的磁场将超高温的等离子体燃料约束在有限的体积内，从而以准稳态的过程进行核聚变反应。这类聚变是典型的通过提高温度来实现核聚变的方案。太阳在发生聚变反应时，中心温度可达 1.5×10^7℃，压力约为 2500 亿个大气压。地球上难以获得如此高的压力，只能采取持续升温的方式加以弥补，导致人工核聚变反应的温度往往要达到上亿摄氏度。磁约束装置有很多种，其中最有希望的可能是环流器（环形电流器），又称托卡马克（Tokamak）。磁约束聚变中目前进展最快的是托卡马克装置，标志性的事件是 ITER（international thermonuclear experimental reactor）装置的建造。

（3）惯性约束聚变（inertial confinement fusion）利用激光、离子束等高能物质轰击少量的核燃料，使其在惯性约束的条件下达到点火条件，从而引发短暂的核聚变反应。基本原理是利用激光或离子束作为驱动源，脉冲式地提供高强度能量，均匀地作用于微型燃料靶丸表面。靶丸受到高能物质轰击后，表面形成高温高压等离子体并迅速向外膨胀，在反冲力的作用下靶球快速压缩，并在燃料靶丸内部形成高温和高密度的点火条件。"两弹一星"中的氢弹就属于惯性约束核聚变，它是靠原子弹爆炸所产生的高温高压的引爆，使得聚变燃料瞬间被压缩到极高的密度和温度，从而发生核聚变反应。

5. 磁约束聚变基本原理

通常而言，当气体的温度达到 10^4℃以上时将发生解离作用，变为带电荷的等离子体。由于核聚变的温度在 10^9℃左右，反应物的状态将达到等离子态。因此，在设计聚变装置时，需着重考虑的是防止高温粒子和容器壁面发生碰撞而导致壁面损毁。由于运动带电的物质在磁场的作用下将受到洛伦兹力的作用，通过在外界施加一个合适的磁场，可以使等离子体在垂直于磁感线的方向上做回旋运动。如果提供的磁场强度足够强，那么等离子体的回转半径将足够小，等离子体将被压缩束缚在磁感线上以起到磁约束的作用。当然，实际应用过程中，并不是形成简单的环形磁场那么简单。在环向效应的作用下，半径小的区域受到的磁场作用大于半径大的区域，导致带电粒子不再做标准的旋转运动，而是正负电荷分别向下和向上漂移，最终与容器壁面发生碰撞。

为解决这一问题，早期的方案将磁场设计成 8 字形（麻花形），通过在回转运动过程中达到受力平衡来防止粒子漂移，这类装置称为仿星器。单从形状上就可以判断这类装置的建造和安装将十分困难。如果线圈的加工和安装稍有不精确，很可能导致磁场发生偏移，使高温粒子与壁面发生碰撞。直到 1968 年苏联科学家阿齐莫维奇在第三届等离子体物理和受控核聚变研究国际会议上展示了结构简单的托卡马克装置，这一里程碑事件开启了磁约束聚变研究的新篇章。

托卡马克的名字来源于俄文中环形（toroidal）、真空室（kamera）、磁（magnit）、线圈（kotushka）几部分的合称，在结构上由环形真空室周围的线圈组成（图 6-16）。通电时托卡马克的内部会产生巨大的螺旋形磁场，将其中的等离子体加热到很高的温度，在多种加热模式的协同作用下最终达到核聚变反应所需的条件。为在环形真空室内形成合适的磁场，托卡马克内部安装有三类线圈：中心线圈、环向线圈和外极向线圈。其中，中心线圈在变化电流作用下将产生高变磁通，能够击穿等离子体产生等离子体电流，同时释放焦耳热（欧姆加热）加热等离子体。环向线圈产生的环形磁场用于约束等离子体围绕环形磁场运动，进而保证等离子体的整体稳定性。外极向场线圈用以控制等离子体的位置和截面形状。在这三类线圈的协调作用下，将产生能够对聚变燃料进行有效约束的磁场。需要指出的是，中心线圈的欧姆加热尚不足以将等离子体加热到很高的温度，还需辅助配合大功率中子束注入加热和高频电磁波加热使等离子体达到聚变反应所需的温度。

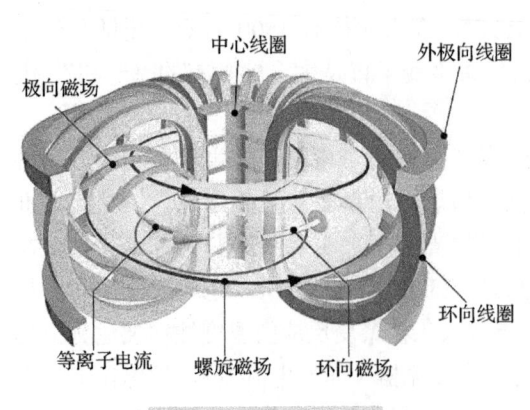

图 6-16 磁约束原理图

相较于仿星器方案，托卡马克的巧妙设计显著降低了加工安装难度，使其成为磁约束核聚变研究的焦点。在半个多世纪的发展历程中，人们先后建造了 100 多个托卡马克实验装置。如今磁约束聚变领域内普遍认为托卡马克有望率先实现磁约束受控核聚变实用化。

6．聚变反应堆运行原理

以氘、氚作为聚变燃料，用托卡马克装置进行磁约束的聚变反应堆如图 6-17 所示。其主要由真空室、包层、燃料循环系统和能量转换系统组成。系统运行过程中，氘、氚燃料被输送到环形真空室，在欧姆加热、中子束注入加热和高频电磁波加热的综合作用下，燃料升温至 1.5×10^9℃ 以上并被激发成等离子态。受环形磁场和外极向磁场的作用，超高温等离子体被束缚在环形真空室的中心区，并发生可控的氘-氚聚变反应。

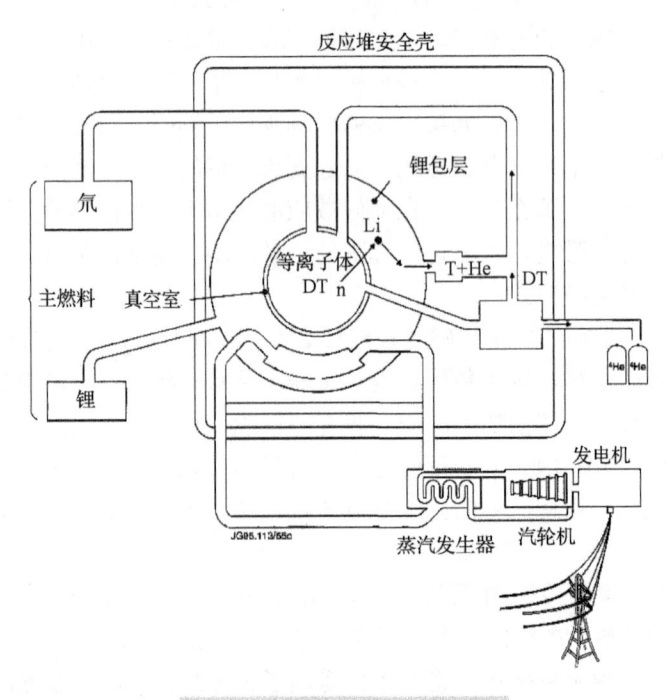

图 6-17 聚变反应堆运行原理图

每次聚变反应将产生约 3.6MeV 的氦核和 14MeV 的中子。携带 80%聚变能的中子不带电,可以很容易脱离磁约束区,进入包层与并与锂发生反应。中子与锂的反应将产生长期燃料循环所需的氚,用于维持聚变反应。包层内的核反应还将释放大量的热能,通过配置合理的能量转换系统将包层内的热量输送到以水为工质的二回路蒸汽发生器,产生高温高压蒸汽推动汽轮机做功是和平利用聚变能的常用途径。

真空室内氘-氚聚变反应后的尾料中包含氦离子和未消耗的氘和氚,这些物质将从真空内提出并将氦进行分离和收集,未消耗的氘和氚将被重新输送到环形真空室中燃烧。

6.2.2 聚变-裂变反应堆

1. 聚变-裂变混合反应堆技术原理

氘-氚聚变反应堆除能提供巨大的能量外,还能提供高能中子源,这对裂变燃料的增殖是十分有益的。在核反应释放的中子数目方面,若按相同质量的核燃料比较,氘-氚聚变放出的中子数是 ^{235}U 裂变释放的净中子数的 43 倍以上。此外,氘-氚聚变时释放的能量,80%转变成中子的动能。^{235}U 裂变放出的中子能量大多为 1~2MeV,而氘-氚聚变放出的中子,能量高达 14MeV。可见氘-氚聚变不仅释放的中子数量多,而且释放的中子能量高。高能聚变中子轰击到 ^{238}U 及 ^{232}Th 等靶上,可以进行核燃料的增殖,生成 ^{239}Pu 及 ^{233}U 等优质核燃料。

通过将技术成熟的裂变反应堆与聚变反应堆相结合,构成聚变-裂变混合反应堆(也称聚变-裂变增殖反应堆),是解决核燃料短缺问题和尽快实现聚变能应用的有效途径。聚变-裂变混合反应堆的基本原理是在聚变反应堆的包层中添加中子倍增材料(如 ^{7}Li、Be)和可裂变材料(如 ^{238}U、^{232}Th),通过聚变产生的中子引起中子倍增反应和俘获反应来倍增中子并生成 ^{239}Pu、^{233}U 等易裂变核材料。混合反应堆包层中需添加中子倍增材料的原因是每次氘-氚聚变只产生一个高能中子,聚变产生的部分中子需在包层中与锂反应生成维持聚变所需的氚,导致用于增殖裂变材料中子数不足。

聚变-裂变混合反应堆根据能谱不同可分为快裂变型混合反应堆和抑制裂变型混合反应堆。快裂变型混合反应堆就是利用聚变产生的高能快中子,在裂变包层产生一系列串级的核反应过程中大量生产 ^{239}Pu 或 ^{233}U 核燃料。与此同时,由于 ^{238}U、^{239}Pu 或 ^{233}U 的大量裂变,也在裂变包层产生大量裂变热。快裂变型混合反应堆的优势在于可以相对高效地生产核燃料,但同时也需要充分考虑裂变热量导出的问题。

抑制裂变型混合反应堆,则是在包层中放入大量的铍等慢化材料,使聚变产生的高能快中子很快慢化为热中子等能量低的中子。这些中子难以使 ^{238}U、^{232}Th 裂变,主要是使它们变成 ^{239}Pu、^{233}U 铀。通过后处理将 ^{239}Pu、^{233}U 及时提取出来,减少它们裂变的可能性。这样裂变热的产生也就大大减少,可以充分简化包层内裂变热的导出问题。不过抑制裂变型混合反应堆生产核燃料的效率相对较低,而且过多地后处理将使生产成本增加。

2. 混合反应堆技术特征

混合反应堆与快中子反应堆一样都是产生能量和核燃料的装置,但较快中子反应堆具有三方面的优势。

(1)初始装料量少。120 万 kW 的"超凤凰"快中子反应堆,要装 4 吨核燃料;而混合反应堆不需要投入 ^{235}U 或 ^{239}Pu 等核燃料,可以直接用天然铀或核工业中积存下来的贫铀、乏燃料。

(2)倍增时间较短。快中子反应堆需 6 年甚至 30 多年,才能增殖出一座相同功率的快中子反应堆用的核燃料；而混合堆生产的 ^{239}Pu 或 ^{233}U，比相同功率的快中子反应堆多几倍到十几倍，因而可以用混合反应堆来供给几倍甚至十几倍于它的相同功率的压水反应堆或快中子反应堆。

（3）无须达到链式反应状态。快中子反应堆和压水反应堆一样，都要求在实现链式反应的状态下运行；而用混合反应堆生产 ^{239}Pu 或 ^{233}U 时，不需要达到实现链式反应的条件，因而有可能更加安全。此外相较于纯聚变反应堆，混合堆只要求聚变产生的能量与消耗的能量相当即可，技术难度相对较低。

混合反应堆的发展也存在一系列技术难题。聚变反应产生的高温等离子体将与容器壁相互作用而发热。反应室壁通常会达到 800℃ 以上的高温，比钠冷快中子反应堆燃料元件包壳的使用温度高 200 多℃。高温环境和高能粒子的轰击使聚变反应容器的工作条件比裂变反应堆苛刻得多。在聚变室内添加裂变包层后，裂变材料与高能中子作用后将具有强放射性，反应容器受到的辐照作用将更为突出。由于聚变反应堆的反应容器难以更换，如何研制出抗长期辐照、耐腐蚀的反应容器壁是实现混合反应堆的一大挑战。

对于采用液态锂作为冷却剂的磁约束混合反应堆，冷却剂将受到强磁场中的磁流体阻力，所消耗的泵功率将显著影响反应堆的经济性。若混合反应堆采用离子回旋加热，则需要有大量的同轴电缆穿过裂变包层到聚变反应室。这一方面会减少包层的覆盖率，另一方面，绝缘材料在强中子轰击下破坏，使裂变包层产生难以屏蔽的孔洞，大量放射性物质从孔洞中的泄漏，将增大装置的屏蔽难度。

混合反应堆的裂变包层在没有链式反应的状态下运行，由于混合反应堆设计中不存在紧急停堆保护系统，一旦包层内达到临界状态，则有可能发生类似于切尔诺贝利那样的核事故。此外，混合反应堆裂变包层靠近聚变反应室一侧的中子通量高，导致其功率比另一侧高得多。混合反应堆裂变包层内的功率梯度大、分布不均匀，给反应堆的运行带来较大难度。

6.2.3 磁约束驱动聚变-裂变混合反应堆

磁约束聚变-裂变混合反应堆是利用托卡马克装置氘氚聚变释放的高能中子驱动以 ^{238}U 或 ^{232}Th 为燃料的次临界裂变反应堆。图 6-18 给出了磁约束聚变-裂变混合反应堆示意图。其在结构组成上和基于托卡马克装置的纯聚变反应堆结构相似，均由环向场、极向场及欧姆加

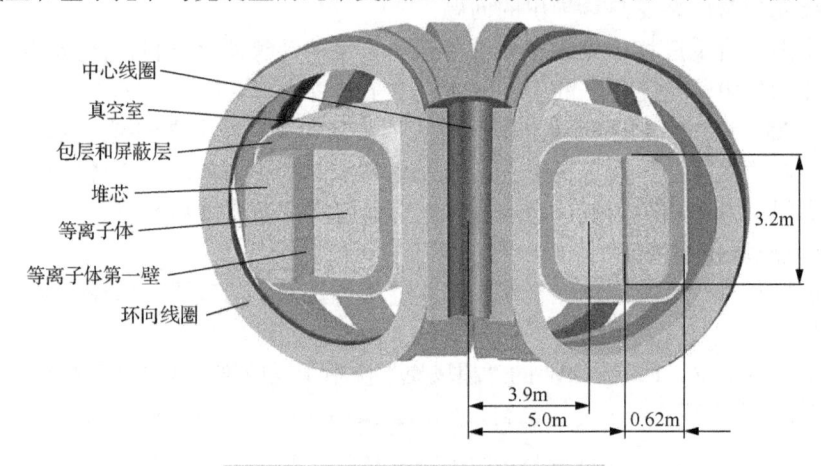

图 6-18 磁约束聚变-裂变混合反应堆

热场共同构成螺旋形的稳定收缩磁场，将等离子体约束在一个金属壁的环状反应室中。利用电流通过等离子体，外加中性原子注入或离子、电子回旋共振波注入来加热等离子体，使其发生聚变反应。环状等离子体外侧为包层，其承担着裂变核燃料增殖、生产氚以及为能量转换系统提供热源的功能。在包层内添加 ^{238}U 或 ^{232}Th 等增殖燃料是磁约束混合反应堆有别于纯聚变反应堆的主要特征。

氘-氚聚变产生的高能中子在包层内发生（n, 2n）、（n, 3n）等中子倍增反应，之后将包层内的 ^{238}U 转换为 ^{239}Pu 或将 ^{232}Th 转化为 ^{233}U，同时引发 ^{238}U、^{239}Pu 或 ^{232}Th、^{233}U 的裂变反应产生热量，以实现能量的输出。输运到氚增殖包层中的中子与 ^{6}Li 发生反应生成氚以维持堆芯聚变反应所消耗的氚。

6.2.4 Z 箍缩技术驱动聚变-裂变混合反应堆

1. Z 箍缩基本原理

Z 箍缩是惯性约束驱动核聚变的途径之一，指的是通过在两个电极之间加载强大电流，电离形成等离子体柱，并通过电流本身产生的磁场进行约束而产生的自箍缩效应。由电磁原理可知，当电流通过一根柱状导体（或导线）时，导体的周围会产生角向磁场。该磁场将对带电粒子产生径向压力，形成向心加速度，产生自箍缩效应。当电流足够强时，等离子体的向心加速碰撞将产生聚心压缩效应，使导体的轴线附近形成高温、高密度区（图 6-19），进而达到核聚变的点火条件。早在 20 世纪中叶，可控热核聚变研究就试图利用这种方法实现热核聚变反应。

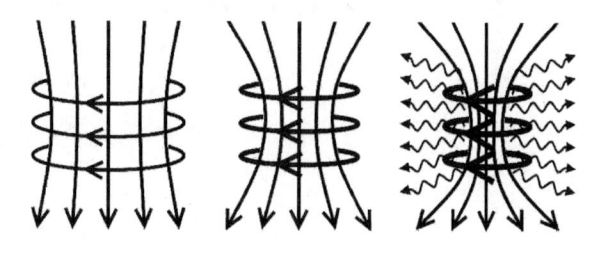

图 6-19 Z 箍缩基本原理

2. Z 箍缩驱动的聚变-裂变混合反应堆

我国彭先觉院士团队基于 Z 箍缩原理提出了较为详细的 Z 箍缩驱动聚变-裂变混合堆（Z-FFR）方案，主要包括 Z 箍缩惯性约束聚变堆芯、次临界包层与能量传输系统，以及产氚包层与氚氚循环系统，主体结构见图 6-20。

聚变反应堆芯包括聚变驱动器、聚变负载、聚变靶以及支持聚变连续运行的靶室。聚变驱动器用于将数百太瓦（TW）级别的电能输入到聚变负载，将电能转换为 Z 箍缩能，进而驱动聚变靶丸产生内爆，以到达聚变所需的超高温度与密度条件。位于靶室中心区域的聚变靶采用多层薄球壳结构，内部装有氘-氚聚变核燃料。聚变靶室用于容纳聚变靶及聚变产生的能量，在靶室的上方设置有换靶机构，靶室的下方设置有尾料（主要指氚）回收口。由于靶室的室壁（第一壁）将直接收到高温高辐照的作用，其材料选用熔点高、强度大的 Mo 或 W-Mo 合金。

次临界包层与能量传输系统由次临界包层、冷却回路、蒸汽发生器和稳压器组成。次临界包层沿靶室环向分为 18 组，每组包含沿极向划分的 3 个模块，上下模块为相同梯形，中间模块为矩形，包层内部采用以天然铀为原料的 U-10Zr 裂变燃料（也可采用贫铀）。靶室内氘-氚聚变产生的 14MeV 高能中子进入次临界包层后与内部的 ^{238}U 燃料主要发生两种反应：①发生裂变反应释放能量；②将 ^{238}U 转换为 ^{239}Pu 实现燃料的增殖。^{239}Pu 还将进一步与热中子发生反应，产生大量的能量和中子。冷却回路采用水作为冷却剂兼做慢化剂（水铀比约为 2∶1），优势在于能够有效地慢化中子以提高裂变率，进而实现能量和中子数的倍增（图 6-21），中子

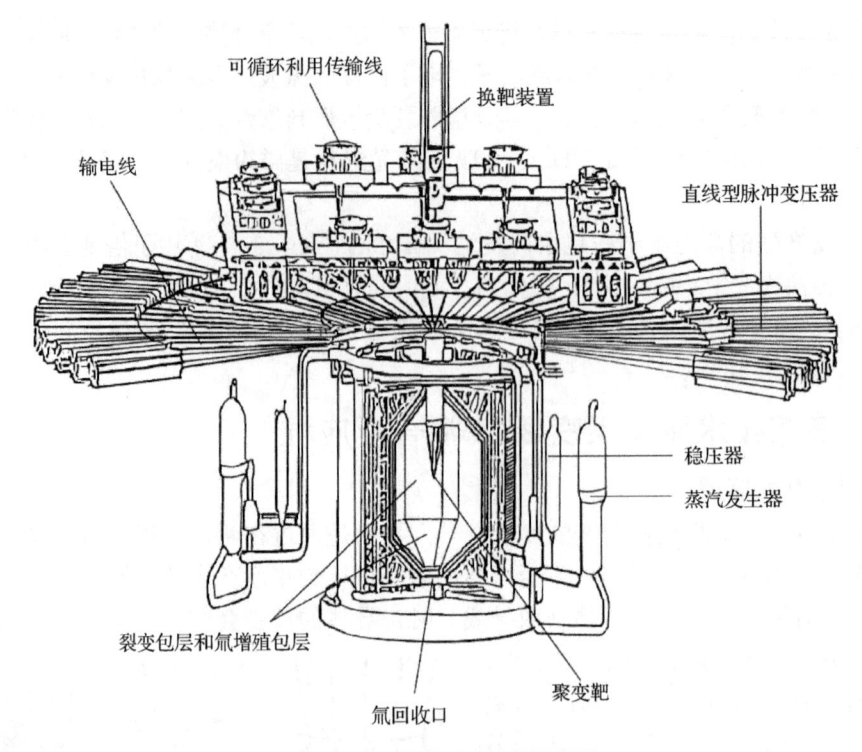

图 6-20 Z-FFR 反应堆结构设计

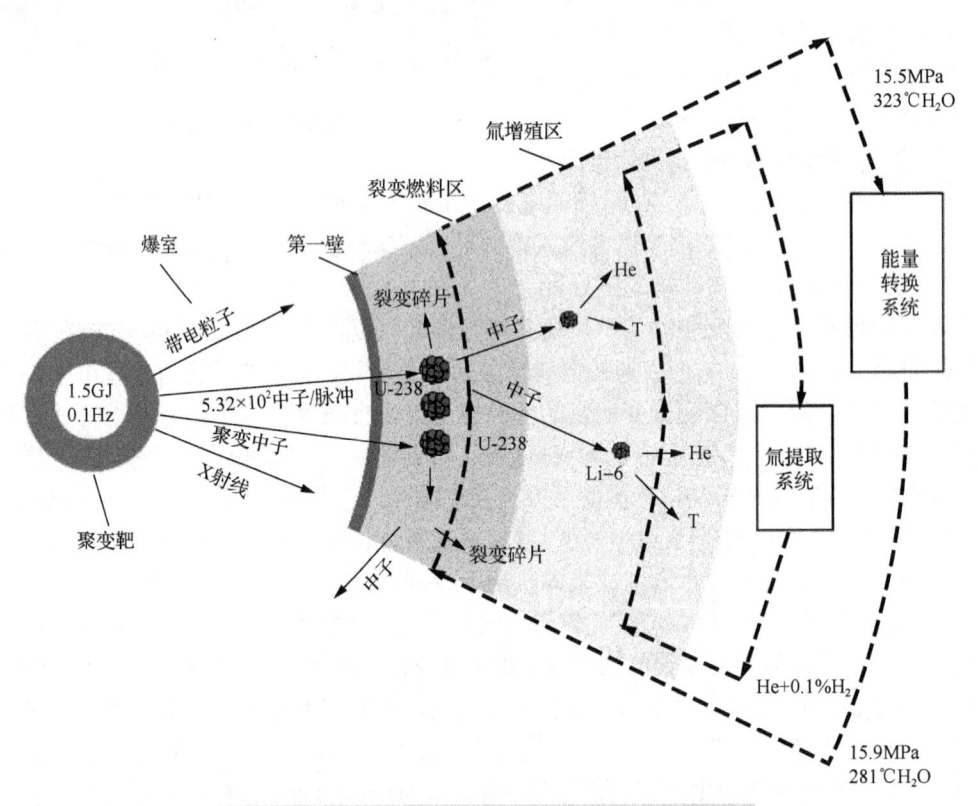

图 6-21 Z 箍缩技术驱动混合反应堆物理过程示意图

数目的增多在提高氚增殖率方面是十分有益的。冷却水回路、蒸汽发生器、稳压器共同构成能量输出系统，用于将裂变产生的热能载出进行做功发电。

氚包层与氚氚循环系统包括产氚包层、堆芯余氚回收系统和堆外氚工厂，主要功能是实现聚变堆芯的长期自持运行。产氚包层位于次临界包层的外环，这样可以充分利用裂变反应产生的中子与 ^{6}Li 反应产生氚。氚包层内部产生的氚将与聚变靶室内未充分燃烧的氚一并进入堆外的氚工厂，在靶加工工厂内制成靶丸聚变燃料后，重新注入聚变靶室。

6.2.5 激光惯性约束驱动的聚变-裂变混合反应堆

1. 系统概述

常见的惯性约束聚变除 Z 箍缩方案外，还包括激光惯性约束方案。其基本原理为：通过强激光束（兆焦级）轰击毫米级氘-氚聚变燃料靶丸，使靶丸的外表面在纳秒级的时间尺度内快速电离和消融，产生的等离子体沿外表面向外极具膨胀，该过程产生的反作用力将产生极大的聚心高压，进而达到核聚变所需的高温、高密度（是原固体密度的 1000～10000 倍）条件。在等离子体自身惯性的作用下，靶丸在解体飞散之前就已经发生了大量的核聚变，并释放大量的能量和高能中子。这一聚变反应原理相当于引爆了一个微型的氢弹，能量相当于氢弹的数百万分之一。该过程由于通过激光和带电粒子束来控制，是一种可控的热核聚变。

对于纯聚变反应堆而言，若采用激光惯性约束进行驱动，则需要的条件将十分严苛。通常需要激光束的能量达到 2.5MJ，聚变能量增益（聚变放能与激光能量之比）达到 100 以上。这对采用激光惯性约束的纯聚变反应堆带来严峻的挑战。针对这一问题，美国劳伦斯利弗莫尔国家实验室（lawrence livermore national laboratory，LLNL）的设计方案提出了激光惯性约束聚变-裂变混合反应堆方案（laser inertial confinement fusion fission energy，LIFE），主要包括激光系统、聚变靶、靶室和包层（图 6-22）。该系统通过裂变包层内的能量倍增效应，在相对较低的激光束能量（1.4～2.0MJ）和聚变能量增益（25～30）条件下，产生的热功率可达 2000～5000MW。此外，包层内的燃料在高能中子的作用下可以达到很高的燃耗深度，这对于采用一次通过燃料循环方案以及减少核废料方面具有明显优势。

2. 系统组成

1）激光系统

激光的特点在于能够使能量在时间和空间上做到高度集中，便于将超高功率向特定区域聚焦。这一特性使其成为惯性约束聚变中最早提出的驱动方案之一。通过激光器产生的高能量密度的束流，能够将电能转换为能量很强的相干光，在时间和空间上向靶丸区进行聚焦则可以达到聚变所需的点火条件。目前，激光器的发展方面已形成多种类型，包括钕玻璃激光器、准分子激光器、自由电子激光器和化学激光器等。为改善激光器的性能（提高强度和频率），LIFE 设计采用了钕玻璃和高能二极管泵浦固体激光器，预期电能转换为激光能的效率可达 10%～15%。整个激光系统包括 192 路独立的激光束流，每束激光束能量为 100kJ 量级，波长为 350nm。激光器在高功率运行条件下内部将产生巨大热量，为确保激光器稳定运行，采用氦气作为冷却剂导出激光器中的热量。

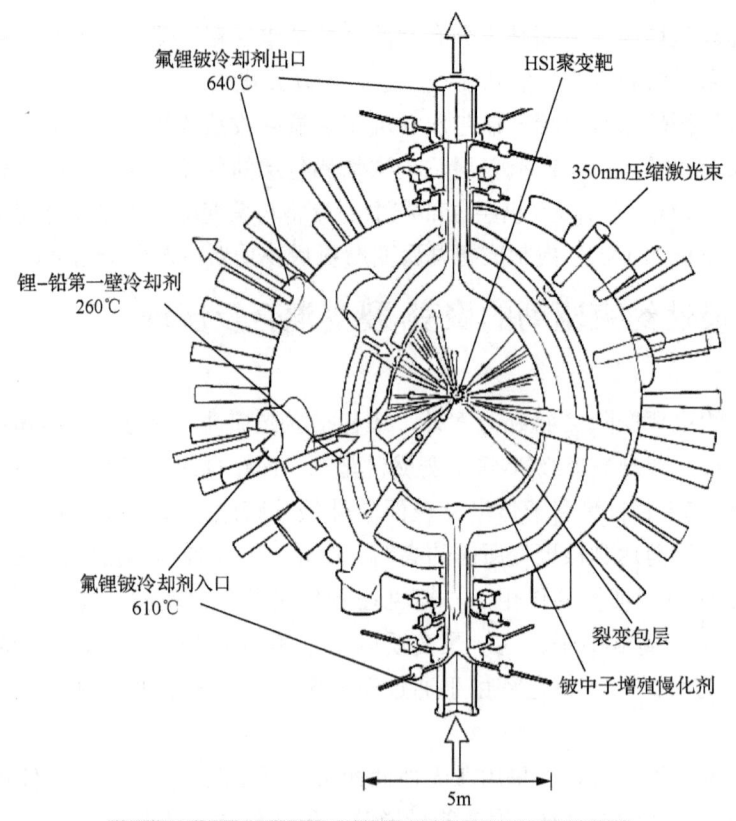

图 6-22 激光惯性约束驱动的聚变-裂变混合反应堆

2）聚变靶

聚变靶是氘-氚核聚变燃料的载体，其几何结构通常设计成直径为数百微米至数毫米之间的空心球体，通常称之为靶丸。聚变靶的材质目前已发展成多种类型，包括玻璃、聚合物、金属等。在入射高能激光的作用下，靶丸通过表面电离消融、聚心压缩内爆等一系列过程实现聚变反应并释放聚变能。在激光惯性约束核聚变中靶丸的主要特点在于尺寸小、结构复杂、加工精度高，其品质对内爆过程中的压缩比和内爆形状因子具有重要影响，进而决定了内爆效率。

LIFE 设计方案采用氘-氚作为聚变燃料，靶丸的直径为 2mm 左右的微型小球。系统采用间接驱动方案进行点火，即入射的 350nm 高能激光束首先照射靶室内壁，将激光能量转换成 X 射线，用 X 射线烧蚀靶丸表面形成内爆压缩，以达到聚变反应所需的条件。LIFE 系统每天要向靶室指定的位置以 200~400m·s^{-1} 的速度发射 10^6~10^7 颗靶丸，且要求靶丸以高精度到达靶室，这对聚变靶的控制系统提出了很高要求。LIFE 采用的热斑点火（hot spot ignition，HSI）靶一次释放能量约为 37.5MJ，内爆频率为 13.3Hz，产生聚变功率约为 500MW。这部分能量的 80%，即 400MW 由 14.1MeV 的高能中子携带，其余的 100MW 由高能 X 射线和 α 粒子携带。

3）靶室

LIFE 靶室为直径为 5m 的球形结构，在结构材料的选取上考虑了系统运行所产生的高辐照和高温环境。针对高能中子所带来的辐照损伤影响，靶室的室壁（包层第一壁）采用具有低活性纳米结构的奥氏体不锈钢；为承受 X 射线产生的上千摄氏度的高温，在室壁的表面涂覆有厚度为 250～500μm 的钨，室壁产生的高温由 LiPb 合金冷却剂排出。聚变反应过程中将产生大量的带电粒子（如α粒子），为防止带电粒子到达室壁，并实现对 X 射线的有效吸收，靶室和激光通道内填充有氙气和氪气，气体在两次内爆之前由激光通道排出。此外，为减少中子泄漏，靶室的包层厚度需达到 1m 左右。靶室的室壁使用寿命对整个反应堆的运行及经济性具有显著影响，对于直径为 5m 的室壁材料，其每年受到的辐照损伤约为 35dpa，若按照能抵御 150～300dpa 的新型材料进行估算，室壁的使用寿命仅为 4～8 年。提升室壁材料的抗高温蠕变、抗辐照损伤等特性一直是相关领域的重点关注内容。

4）包层

LIFE 的包层采用多层球壳型结构，沿半径方向从内向外依次为：第一壁（靶室的室壁）、铍增殖层、裂变燃料区、产氚燃料区以及屏蔽层。第一壁主要用于承受聚变高能中子照射，受材料抗辐照能力的限制，第一壁需定期更换。铍增殖层的作用是通过（n, 2n）反应实现中子的倍增。由于裂变区的易裂变核素较少，需要通过设置较厚（15cm）的铍增殖层，以产生足量的中子。裂变区的功能是实现能量的释放、易裂变燃料增殖和中子增殖。裂变区的燃料可以采用贫铀、天然铀、武器级铀或轻水反应堆的乏燃料，在形态上可以是固体燃料或液体燃料。固体燃料方案多设计成球形燃料元件（如 TRISO），采用 FliBe 盐作为冷却剂并兼做氚增殖剂。液体燃料可采用铀、钚或钍的氟化物制成燃料盐，并兼做冷却剂和氚增殖剂。此外，还可以采用钍燃料，实现钍-铀燃料循环。产氚燃料区利用中子与锂反应生成氚，满足聚变反应堆氚自持的需要。屏蔽层的主要功能是减少中子和γ射线的泄漏。

LIFE 系统中的大部分能量在包层的裂变区产生，其余的热量主要由氚增殖和其他反应提供。在 40 吨铀燃料的装载方案中，反应堆可以在 2000MW 的功率水平下运行约 50 年，并达到超过 90%的燃耗深度。反应堆产生的热能可以通过外接能量转换装置构成如图 6-23 所示的聚变-裂变混合反应堆系统，实现核能的转换与利用。

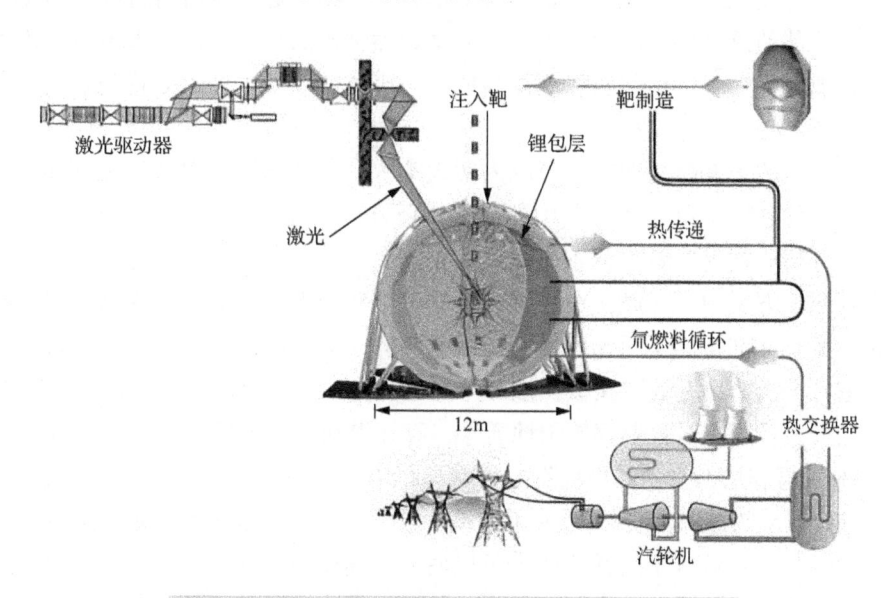

图 6-23 激光惯性约束驱动的聚变-裂变混合反应堆系统

6.3 加速器驱动次临界反应堆

6.3.1 加速器驱动次临界系统

1. 概述

为实现核能技术的持续高效发展，除通过纵深防御等措施确保核安全外，还应从长远的角度考虑核燃料的问题。一是如何实现燃料的长期稳定供应，二是如何妥善处理使用过的燃料（乏燃料）。对于前者，快中子反应堆增殖技术和核聚变技术提供了前瞻性的解决方案；对于后者，针对乏燃料的组成成分、放射性水平、经济性等因素形成了不同模式的燃料后处理方案。

目前广泛应用的轻水反应堆，主要采用铀作为核燃料，其中 ^{235}U 的富集度约为 3.5%。当 ^{235}U 的浓度降低至初始的一半时，需要对核燃料进行更换。核燃料的"燃烧"在提供清洁高效能源的同时，其自身的成分也将发生改变并具有放射性。在乏燃料中，U 元素约占 95%～96%，Np、Am、Cm 等次锕系元素约占 0.1%，短寿期裂变产物约占 3%～4%，长寿期裂变产物约占 0.1%。据估算，一座百万千瓦级的压水反应堆核电站每年卸载的乏燃料约为 25 吨，其中，可供循环使用的 ^{235}U 和 ^{238}U 约为 23.75 吨，钚约为 200kg，中短寿期的裂变产物约为 1000kg，次锕系元素约为 20kg，长寿期裂变产物约为 30kg。随着国内核电装机容量的持续增加，未来产生的核废料将进入快速积累期，对乏燃料的妥善处置带来巨大压力。

在不同的时间尺度上，乏燃料的放射性毒性源于不同的成分。在卸料后的 30～50 年内，短寿期裂变产物的放射性占主导作用。一个世纪以后，中短寿期的核素将逐渐完成衰变，之后的放射性毒性主要来自于次锕系元素和长寿期裂变产物。这一阶段将持续数万年，乃至数十万年之久，才能使乏燃料的放射性水平降低到天然铀矿的水平。由于大多数的次锕系元素的半衰期长、放射毒性强，如何实现这类高放射性废物的妥善处理、处置是实现核能可持续发展的重要一环。

现阶段国际上的乏燃料处理方案可分为两大类：一次性通过方案（也称开环方案）和闭式循环方案，具体过程见图 6-24。其中的闭式循环方案可进一步分为铀/钚再利用（MOX 燃料）方案和"分离—嬗变"闭式循环方案。

在一次性通过方案中，乏燃料在进行合适的包装和储存后，直接作为高放射性核废料进行地质深埋。该方案的优点在于：①循环过程简单、易于实现且经济性好；②不需要对乏燃料中的钚进行分离，可有效防止核扩散。不足之处是：①铀资源利用率低，通常不足 1%；②产生的大量放射性废物需长期存放于地质层，存在潜在的环境风险。

在基于铀/钚再利用的"闭式循环"方案中，将乏燃料中的铀和钚进行后处理分离，并制成混合氧化铀钚（MOX）燃料放到反应堆中循环使用，剩下的核废料经玻璃固化等工艺处理后进行地质深埋。该循环方案的优势在于可以明显提高核燃料的利用效率，同时也将大幅减少高放射性核废料的处置量。该方案同样面临的问题是次锕系核素和一些长寿期裂变核素依然存在，核废料的放射性毒性需要万年以上的时间才能衰变至天然铀矿的水平。

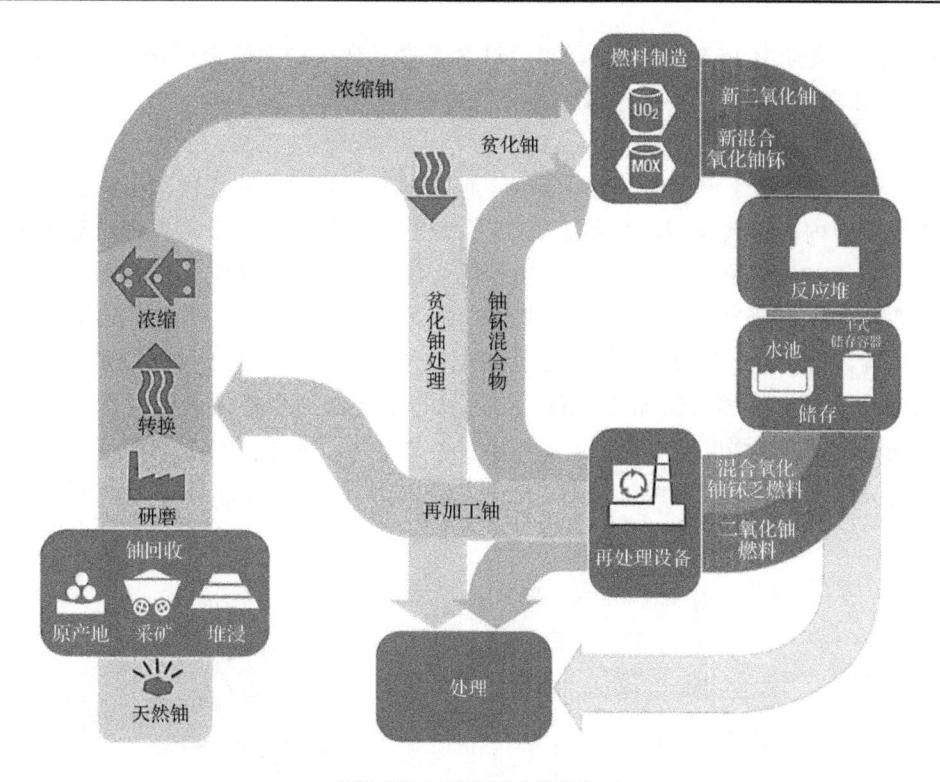

图 6-24 核燃料循环流程图

"分离—嬗变"闭式循环方案主要是在铀/钚再利用闭式循环的基础上,进一步利用核嬗变反应将次锕系元素等长寿期核素转化为中短寿期、低放射性核素或稳定核素。所谓的核嬗变反应主要指的是一个或多个粒子(主要是质子)与原子核发生碰撞后引发反应,转换成另一种核素的过程。长寿期高放射性核废料的放射性水平经过嬗变处理后,可在300~700年内降低到普通铀矿的放射性水平,需地质深埋处理的核废料体积(玻璃固化后)减少至一次性通过方案的 1/50 和铀/钚再利用闭式循环方案的 1/10 左右。

核素的嬗变过程可通过两种系统实现:①快中子反应堆系统;②加速器驱动次临界系统(ADS)。对于前者,向核燃料中加入次锕系元素后,将减小反应堆内的有效缓发中子份额,导致较小的多普勒效应和较大的正冷却剂空泡系数,不利于反应堆安全。相比而言,ADS 在次临界模式下工作,其固有安全性高,核燃料组成更为灵活性,能够高效地将长寿期高放射性核废物嬗变成短寿期核废料,被认为是最有效的核废料处置方案。

2. ADS 系统组成与运行原理

ADS 系统主要有三大构件组成:强流质子加速器(HPPA)、重金属散裂靶和次临界反应堆,如图 6-25 所示。该系统利用加速器产生的高能强流质子束轰击重金属靶件(如液态铅或铅-铋合金)引起散裂反应,产生宽能谱、高通量散裂中子作为外源来驱动次临界反应堆。一个能量为 1GeV 的质子在厚靶上可产生约 30 个散裂中子。散裂中子和裂变产生的中子除一部分用于维持反应堆功率水平外,剩余的中子可用于核废料的嬗变或核燃料的增殖。在快中子作用下,次锕系核素将发生裂变反应,生成半衰期较短、毒性较小的裂变产物;通过热中子俘获、衰变等核反应过程,长寿期裂变产物将嬗变成短寿期核素或稳定核素。如 ^{99}Tc 俘获一个中子后生成半衰期为 15.8s 的 ^{100}Tc，再经过 β 衰变后变成稳定核素 ^{100}Ru；^{129}I 俘获中子生成半衰期为 12.4h 的 ^{130}I，最终经过 β 衰变至稳定核素 ^{130}Xe。

1）强流质子加速器

强流质子加速器用于产生高能质子束流，通过质子束流轰击散裂靶产生高通量中子来维持次临界反应堆内的链式反应。可用于 ADS 系统的质子加速器包括两类：回旋加速器和直线加速器。回旋加速器利用粒子在恒定磁场中回旋频率相同的原理设计而成，粒子的能量越高，所需要的回转半径越大。回旋加速器的优点在于造价便宜，不足之处是加速效果偏弱且难以扩容。直线加速器的加速原理是让带电粒子在一条直线上连续通过多个高频加速间隙进行加速。只要有足够长的加速空间，则可以将众多加速器模块进行级联，能够加速几百毫安的强流质子，该强度比回旋加速器高出一个数量级，更适用于 ADS 的需求。随着射频超导技术的快速发展，其在直线加速器中的应用将对提高加速器的功率和运行可靠性发挥重要作用。

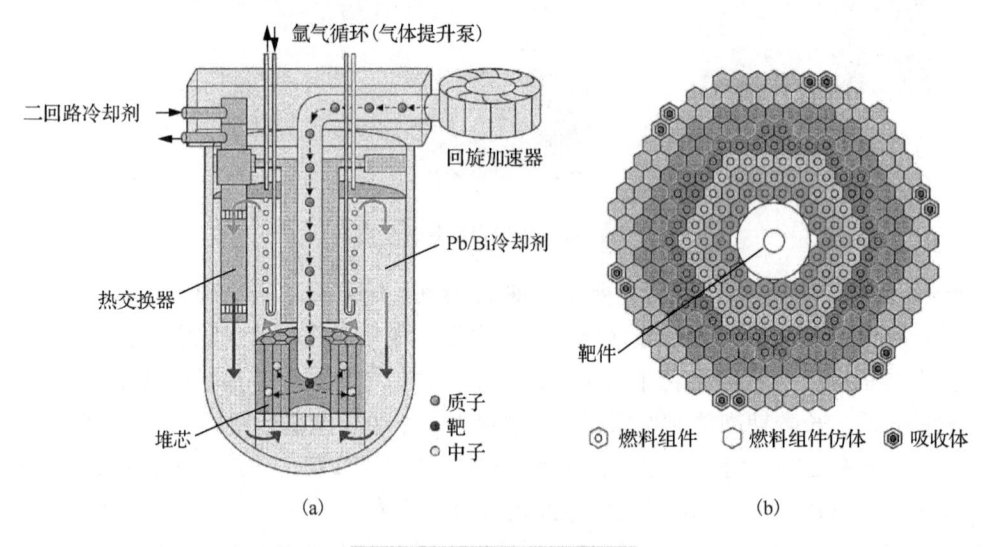

图 6-25 ADS 反应堆示意图

2）散裂靶

散裂靶是连接加速器和次临界反应堆的桥梁，也被称为整个 ADS 系统的"心脏"。其主要功能是基于强质子束与靶体的散裂反应为整个系统提供高通量中子，并通过合理的靶结构设计有效带走散裂反应释放的能量。散裂靶采用易发生散裂反应的铅、铅-铋合金、钨等重金属材料制成，在结构上分为有窗靶和无窗靶两大类。所谓有窗靶指的是质子束与液态重金属之间通过构件（窗）隔开的散裂靶。若质子束与液态重金属直接接触，则称之为无窗靶。由于有窗靶对入射强流质子束的强辐照与高释热的耐受能力有限，目前的散裂靶相关研究主要关注无窗靶结构。主要设计目标在于提高散裂中子产额、增强靶件释热能力，以及延长靶件的运行时间。

3）次临界反应堆

ADS 系统通常采用次临界、快中子谱反应堆，在一些 ADS 多功能反应堆中具有临界反应堆布置方案。次临界堆芯的优点是便于反应堆的安全控制和次锕系核素的灵活装载量。由于 ADS 系统运行在次临界模式下，相对于临界反应堆具有更高的固有安全性。采用快中子谱反应堆的目的主要是提高核废料的嬗变效率。当中子能量较低时，次锕系核素的中子俘获截面远大于裂变反应截面，不利于次锕系核素的嬗变，而采用快中子谱堆芯更有利于核废料发生嬗变。ADS 运行过程中，高能质子与散裂靶的作用，以及散裂反应产生的中子与燃料发生的核反应均会产生大量的热能。通过在 ADS 内设置热交换器将内部的热量导入到能量转换系统，可以像商用核电厂那样通过蒸汽推动透平做功产生电能（图 6-26）。这部分电能一部分可以供给强质子流加速器使用，剩余的电能可配送到电网供工业生产和日常生活使用。

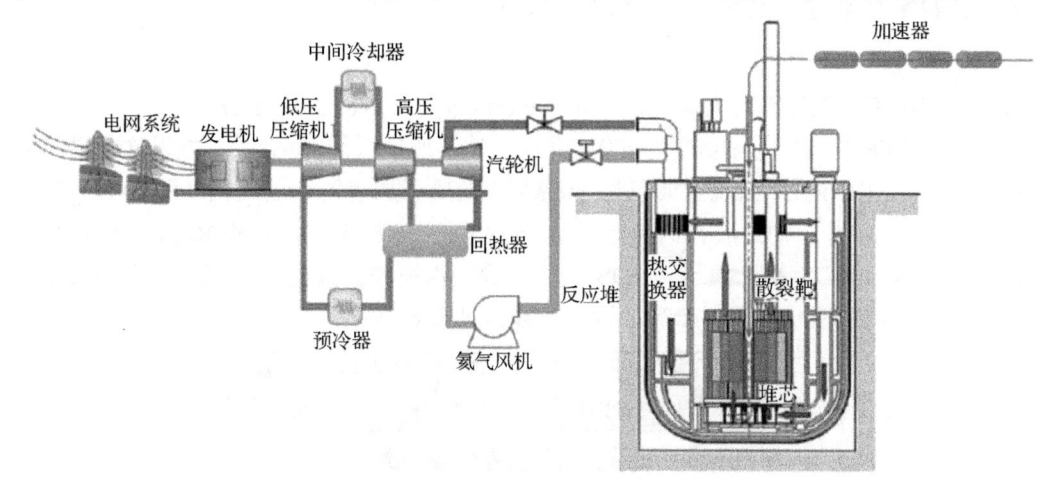

图 6-26 ADS 系统组成

3. ADS 系统技术优势

ADS 系统是目前嬗变放射性核废料、有效利用核资源及产出核能量的强有力工具，采用该系统具有以下四方面的优势。①系统安全性好。一旦切断外源中子的驱动，次临界系统内的核反应随即停止，具有固有安全性。②嬗变能力强。一个能量为 1GeV 的质子在重金属靶上产生数十个中子加上次临界反应堆数十倍的放大效应，因此 ADS 系统在原理上具有强大的核废料嬗变能力。③中子经济性好，加速器打靶直接产生的散射中子能谱分布很宽，几乎可以将所有长寿期的锕系核素进行转化，中子经济性明显好于其他已知的临界反应堆。④支持比高。由于能谱更硬、中子余额更多，一个优化设计的 ADS 系统的支持比可达到 10 左右（即一个月 8×10^5kW 的 ADS 系统可以嬗变 10 个左右百万千瓦规模的压水反应堆核电站产生的长寿期放射性废料），而快中子反应堆由于受到运行稳定性的要求只能嬗变 2～5 个压水反应堆的核废料。

4. ADS 系统技术面临的挑战

在加速器方面，对于一个工业级的加速器驱动次临界系统，要求加速器能提供能量在 800MeV 以上连续波质子束流，束流功率在 10MW 以上。这相当于目前世界上质子加速器所能产生最大束流功率的十倍左右。为保证散裂靶和次临界反应堆的结构安全，还要求加速器必须具有高可靠性，即加速器在长时间间隔内的失束次数必须控制在非常低的水平，这远超出了目前加速器所能达到的水平。

在散裂靶方面，未来工业 ADS 嬗变装置需要耦合束流功率为数十兆瓦量级的散裂靶，空间功率密度可以达到反应堆的数十倍以上，热移除等问题是制约高功率散裂靶研发的核心因素。另外，还需要有效地解决靶与加速器和反应堆的耦合问题，以及可工作在极端条件（如高温、强辐照、腐蚀等）下的结构材料问题。

在次临界反应堆系统方面，主要问题在于散裂中子源带来的堆芯内功率分布不均匀，新型冷却剂的热工及材料相容性，加速器失束时对反应堆的热冲击，长时间强中子辐照等极端环境下的燃料元件及材料的耐用性等。同时还要解决 ADS 中核燃料所涉及的乏燃料的铀、钚分离，次锕系核素的分离以及新型燃料组件的制备等难题。

6.3.2 ADS 实验反应堆——MYRRHA

1. 系统概况

高科技应用多功能混合动力研究反应堆（multipurpose hybrid research reactor for high tech applications，MYRRHA）为热功率为 57MWt 的加速器驱动系统（ADS），能以次临界和临界两种模式运行。MYRRHA 系统主要包括 600MeV 的质子加速器、散裂靶（图 6-27）和使用 MOX 燃料的堆芯，冷却剂为液态铅-铋合金。在欧盟的 F6 框架下，MYRRHA 的目标是实现多功能应用，包括 ADS 概念演示、ADS 安全研究、次锕系元素嬗变研究、长寿期裂变产物嬗变研究、医用放射性同位素生产等，设计参数详见表 6-3。

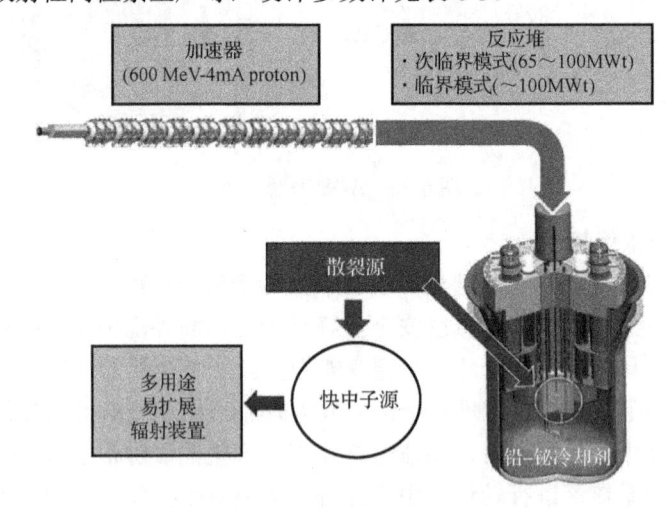

图 6-27 MYRRHA ADS

表 6-3 MYRRHA 设计参数

参数	数值
堆芯直径/mm	1000
堆芯高度/mm	1800
燃料长度/mm	600
池式容器内径/mm	4400
池式容器总高（不含顶盖）/mm	7000
池式容器内部容积/m³	约 100
液态铅-铋合金体积/m³	约 65

续表

参数	数值
容器盖厚度/m	约2
堆芯功率名义值/MWt	50
主冷却剂	铅-铋
堆芯入口温度/℃	200
堆芯出口平均温度/℃	337
堆芯冷却剂最大流速/(m·s^{-1})	2
主冷却剂质量流量/(kg·s^{-1})	2500
二次侧冷却剂	水

2. 强质子流加速器

射束功率能够达到兆瓦级的质子加速器包括两类：回旋加速器和直线加速器。两种加速器的关键区别在于：回旋加速器为大型单体环形结构，不具有模块化的特性；直线加速器由多个相同的加速单元拼接而成，模块化程度高。虽然回旋加速器的建造成本低，容易满足多种射束参数的需求，但加速器的单体特性使其可扩展性较差，难以在原型的基础上进一步提升功率。超导直线加速器的模块化特性可以很好地满足加速器扩容改造的需求。尽管直线加速器的成本较高，但其在射束能量和密度方面没有限制。这一优势有助于提高系统的效率并降低运行成本。在综合权衡下，MYRRHA 系统优先选择了直线加速器方案，而将回旋加速器定为备选方案。

MYRRHA 的多功能应用场景对加速器的辐照能力提出了更高的要求，加速器应能到达更高的中子通量密度（总中子通量密度 $>5\times10^{15}$n·cm^{-2}·s^{-1}，能量大于 0.75MeV 的中子通量密度达到 10^{15}n·cm^{-2}·s^{-1}）和更高的使用率。MYRRHA 加速器系统的质子束特性见表 6-4。该射束采用连续波的运行方式，在每秒之间有预先定义好的 200μs 的射束间断。通过这种控制方式，可以对中子源进行有效关闭，并能够实现精确的在线测量和反应堆次临界的监测。加速器的可靠性是 ADS 系统正常运行的关键。为了提高加速器的可靠性，常用的措施有三类：①通过保守设计防止组件达到其最大运行能力；②通过冗余设计令多个部件承担同样的功能；③通过容错设计提高系统防范单一部件失效风险的能力。

表 6-4 MYRRHA 质子束特性

参数	数值
质子能量	350MeV（有能力提升至 800MeV）
最大射束密度	5mA 连续波
射束入射方向	从容器顶部向下
质子束启动次数	小于 5~10 次每年（超过 1s）
射束稳定性	能量：±1%，强度：±2%，尺寸：±10%
靶上的射束映射区	环形，外径为 72mm，内径为 30mm

3. 散裂靶

在 ADS 系统中，散裂靶是耦合加速器和次临界堆芯的关键部件，散裂靶件的材料选择、结构布置、中子学特性和散热能力将对 ADS 系统的整体运行起到至关重要的作用。应用于 ADS 系统的散裂靶主要包括三类方案：固态散射靶、液态有窗散射靶和液态无窗散射靶。不同靶方案设计解决的关键问题是如何在高能质子束的照射下顺利地导出靶体内的热量。

固态散裂靶的提出时间较早，技术也相对成熟，实验中质子束功率量级达到 1MW。不过随着质子束功率的提高，固态靶将受到材料机械性能和冷却剂性能的限制。为了得到更高的散裂中子能谱，之后提出了液态有窗靶的设计方案，其采用液态金属（如液态铅或铅-铋合金）作为靶材料和冷却剂，并通过冷却剂自然循环的方式带走堆芯和靶的热量，实验过程中质子束功率达到 12.5MW。

有窗靶件中，靶窗将液态重金属和加速器分隔开，高能质子束轰击靶核时会在靶窗内沉积热量，长期的质子辐照和散裂反应的热沉积会给靶窗材料的选择带来巨大挑战。为解决这一问题，液态无窗散裂靶引起了国内外的普遍关注。一种典型的方案采用铅铋合金作为中子散裂靶和冷却剂，在靶区内质子束与液态金属直接接触，发生散裂反应，并在质子束管出口下方汇集形成一个能维持加速器真空环境的自由界面，同时冷却剂在流动的过程中带走了靶区内的热量沉积。实验过程中质子束功率达到 60MW。

MYRRHA 系统采用了如图 6-28 所示的无窗靶的设计方案，这主要是由于在预期的靶窗位置处的质子流密度将达到 140μA·cm^{-2}，目前没有材料能够承受这样的高能载荷。散裂靶材料和冷却剂同为液态铅-铋合金。

图 6-28　MYRRHA 无窗散裂靶结构

4. 次临界反应堆

1）反应堆容器

MYRRHA 采用池式反应堆容器方案，容器内径为 4.4m、总高（不含顶盖）为 7m，内部容积约为 100m^3，结构简图如图 6-29 所示。采用池式设计的好处在于可以充分利用大体积铅-铋冷却剂的热惯性。主回路系统中的泵、热交换器、燃料装卸工具、实验设备等部件从容器的顶盖贯穿进入容器内部，容器的顶盖厚约为 2m。与其他池式金属冷却反应堆（如钠冷快中子反应堆）不同的是，MYRRHA 采用的是底部装料方案。这一方面可以为实验设备的安装提供更多的自由度，另一方面是出于安全方面的考虑：在燃料装载之前，包括散裂组件在内的众多结构早已安装到位。此外，反应堆容器采用的是立式平底容器，整个容器完全由钢制格架支撑。相较于悬挂式容器，立式容器内可装载更多的冷却剂，并具有更好的抗震性能。与底部半球形的容器相比，平底设计可以有效减小底部铅-铋冷却剂的存量，进而提高冷却剂的循环利用效率。

2）堆芯与燃料组件

MYRRHA 反应堆的设计目标之一是基于尽可能小的次临界堆芯获得足够高的中子通量密度，据此设计的次临界堆芯结构如图 6-30 所示。反应堆的结构同样需要为满足多功能而进行专门设计。例如，堆芯容纳散裂靶的中心孔直径应尽可能小，以确保堆芯能容纳更多的实验设备。为满足大中子通量密度和高功率密度的需求，反应堆采用液态金属冷却剂。考虑到

第 6 章 新概念反应堆

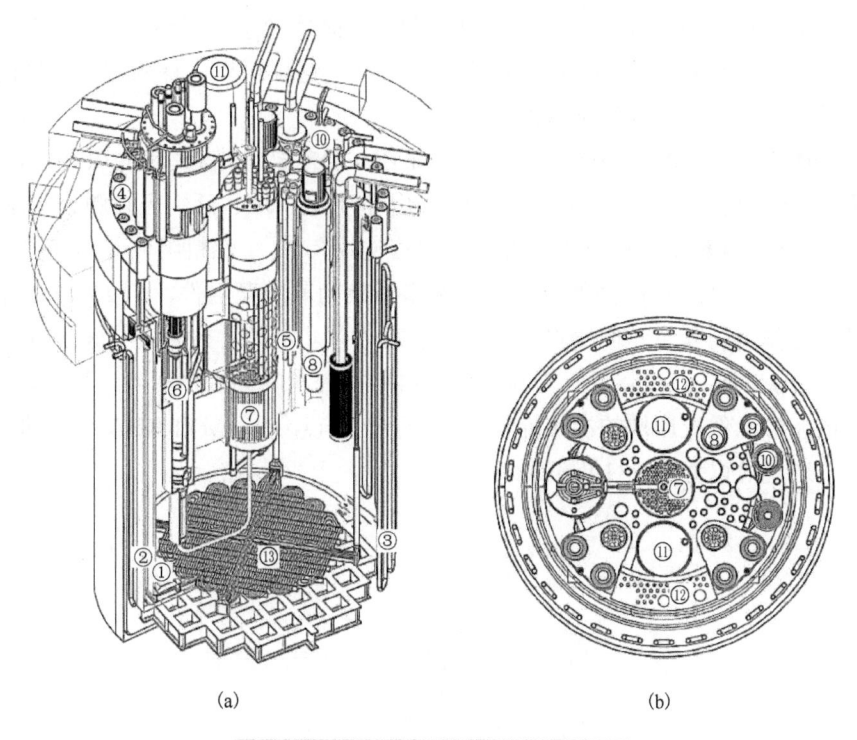

(a) (b)

图 6-29　MYRRHA 反应堆容器剖视图

①内部容器；②保护容器；③冷却管；④包覆层；⑤隔板；⑥散裂回路；⑦次临界堆芯；
⑧主泵；⑨主换热器；⑩应急换热器；⑪容器内燃料输送器；⑫容器内燃料储存；⑬冷却剂调节系统

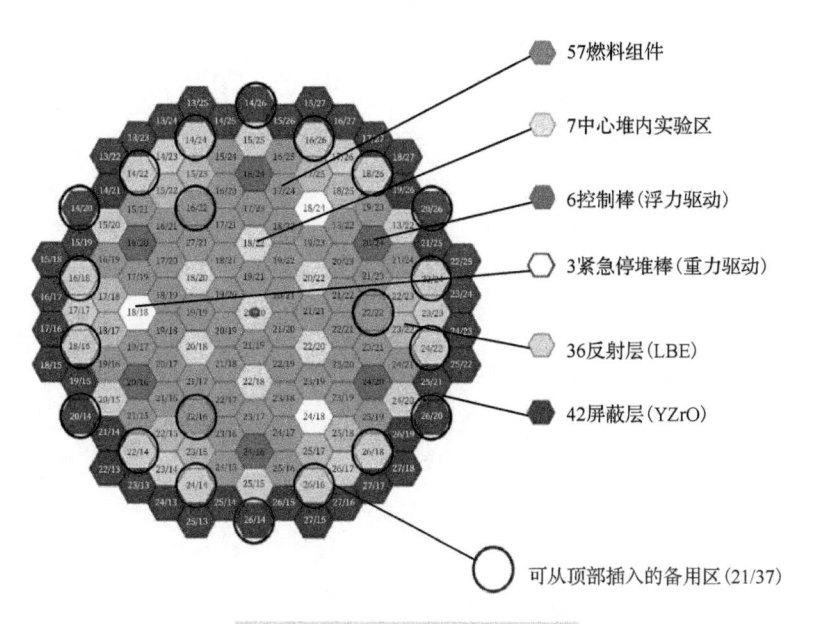

- 57 燃料组件
- 7 中心堆内实验区
- 6 控制棒(浮力驱动)
- 3 紧急停堆棒(重力驱动)
- 36 反射层(LBE)
- 42 屏蔽层(YZrO)
- 可从顶部插入的备用区(21/37)

图 6-30　MYRRHA 反应堆横截面

系统运行的安全性和与铅-铋散裂靶的兼容性,并没有采用液态金属钠作为冷却剂,而是采用了惰性强、熔点低(123℃)的铅-铋合金作为冷却剂。这样可以确保系统在很低的温度下运行,大大降低了液态重金属的腐蚀特性。

当前的设计方案中,MYRRHA 反应堆堆芯采用 MOX 燃料,富集度为 30%(Pu/(Pu+U))。首次装料采用的燃料包壳为 15-15Ti 钢,后续采用 T91 钢。堆芯活性区外侧分别使用 LBE 和 YZrO 作为反射层和屏蔽层。在临界状态下,堆芯装载有 57 个燃料组件,详见图 6-30。在次临界状态下,位于燃料组件中部的堆内实验区将替换为散裂靶组件,6 根靠浮力作用的控制棒和 3 根靠重力作用的紧急停堆棒将替换为中子吸收体。为保证安全,MYRRHA 反应堆的有效增殖因子 k_{eff} 为 0.95,该次临界水平与储存燃料所需的次临界水平相当,可以确保即便有正反应性引入也能够确保反应堆的次临界状态。基于该堆芯设计,MYRRHA 在满功率工况下堆芯最大快中子通量可以达到 $5\times10^{14}\text{n}\cdot\text{cm}^{-2}\cdot\text{s}^{-1}$。

参 考 文 献

蔡翔舟, 戴志敏, 徐洪杰, 2016. 钍基熔盐堆核能系统[J]. 物理, 45(9): 578-590.

陈凯伦, 2018. 熔盐堆非能动余热排出系统特性研究[D]. 哈尔滨: 哈尔滨工程大学.

程进辉, 2014. 传蓄热熔盐的热物性研究[M]. 上海: 中国科学院研究生院（上海应用物理研究所）.

丁铭, 2009. 高温气冷堆闭式布雷登循环动态特性和控制方法研究[D]. 北京: 清华大学.

何伟锋, 向红军, 蔡国飙, 2005. 核火箭原理、发展及应用[J]. 火箭推进, 31(2): 37-43.

黄彦平, 2019. 超临界二氧化碳热质传递与热力循环[M]. 北京: 原子能出版社.

江绵恒, 徐洪杰, 戴志敏, 2012. 未来先进核裂变能——TMSR 核能系统[J]. 中国科学院院刊, 27(3): 366-374.

李正宏, 黄洪文, 王真, 等, 2014. Z 箍缩驱动聚变-裂变混合堆总体概念研究进展[J]. 强激光与粒子束, 26(10): 20-26.

林诚格, 2008. 非能动安全先进核电厂 AP1000[M]. 北京: 原子能出版社.

刘成安, 师学明, 2013. 美国激光惯性约束聚变能源研究综述[J]. 原子核物理评论, 30(1): 89-93.

骆鹏, 王思成, 胡正国, 等, 2016. 加速器驱动次临界系统——先进核燃料循环的选择[J]. 物理, 45(9): 569-577.

马昌文, 徐元辉, 2001. 先进核动力反应堆[M]. 北京: 原子能出版社.

毛宗强, 毛志明, 2015. 氢气生产及热化学利用[M]. 北京: 化学工业出版社.

牛厂磊, 罗志福, 雷英俊, 等, 2020. 深空探测先进电源技术综述[J]. 深空探测报, 7(1): 11.

彭先觉, 王真, 2014. Z 箍缩驱动聚变-裂变混合能源堆总体概念研究[J]. 强激光与粒子束, 26(9): 7-12.

秋穗正, 张大林, 王成龙, 2019. 熔盐堆[M]. 西安: 西安交通大学出版社.

曲新鹤, 2018.（超）高温气冷堆联合循环方案研究及变工况特性分析[D]. 北京: 清华大学.

盛光昭, 黄锦华, 1991. 聚变-裂变混合堆及其在我国核能发展中的作用[J]. 核动力工程, 12(6): 12-17.

苏著亭, 2016. 空间核动力[M]. 上海: 上海交通大学出版社.

吴宗鑫, 张作义, 2004. 先进核能系统和高温气冷堆[M]. 北京: 清华大学出版社.

邢继, 2016. 华龙一号能动与非能动相结合的先进压水堆核电厂[M]. 北京: 原子能出版社.

徐銤, 2011. 快堆物理基础[M]. 北京: 原子能出版社.

杨继材, 柯国土, 郑剑平, 等, 2017. 空间核电源中的热电转换[M]. 哈尔滨: 哈尔滨工程大学出版社.

詹文龙, 徐瑚珊, 2012. 未来先进核裂变能——ADS 嬗变系统[J]. 中国科学院院刊, 27(3): 375-381.

张林, 杜凯, 2013. 激光惯性约束聚变靶技术现状及其发展趋势[J]. 强激光与粒子束, 25(12): 3091-3097.

中国核能行业协会. 华龙核电技术用户要求文件（征求意见稿）[EB/OL]. [2020-09-28]. http://naward.china-nea.cn/?p=1678.

ABDERRAHIM H, KUPSCHUS P, MALAMBU E, et al, 2001. MYRRHA: a multipurpose accelerator driven system for research & development[J]. Nuclear instruments & methods in physics research, 463(3): 487-494.

CARELLI M D, CONWAY L E, COLLADO J M, 2004. The design and safety features of the IRIS reactor[J]. Nuclear engineering and design, 230(1-3): 151-167.

COCHRAN T B, FEIVESON H A, 2010. Fast breeder reactor programs: history and status[C]. Proceedings of the institute of nuclear materials management. Baltimore, 11-15.

DE BRUYN D, ABDERRAHIM H A, BAETEN P, et al, 2015. The MYRRHA ADS project in Belgium enters the front end engineering phase[J]. Physics procedia, 66: 75-84.

DOLAN T J, 2017. Molten salt reactors and thorium energy[M]. Cambridge: The woodhead publishing.

DUMAZ P, ALLEGRE P, BASSI C, et al, 2007. Gas-cooled fast reactors-status of CEA preliminary design studies[J]. Nuclear engineering and design, 237(15-17): 1618-1627.

Electric Power Research Institute. Advanced nuclear technology: Advanced light water reactor utility requirement document (Revision 13)[EB/OL]. [2014-12-18]. https://www.energy.gov/sites/prod/files/2015/12/f27/SummaryofALWRURDRev13Nov2014.pdf.

FIORINA C, AUFIERO M, CAMMI A, et al, 2013. Investigation of the MSFR core physics and fuel cycle characteristics[J]. Progress in nuclear energy, 68: 153-168.

FIORINA C, LATHOUWERS D, AUFIERO M, et al, 2014. Modelling and analysis of the MSFR transient behavior[J]. Annals of nuclear energy, 64: 485-498.

FURUKAWA K, ERBAY L B, AYKOL A, 2012. A study on a symbiotic thorium breeding fuel-cycle: THORIMS-NES through FUJI[J]. Energy conversion and management, 63: 51-54.

Ge Hitachi Nuclear Energy. 2011. The ESBWR Plant General Description[R].

GUNN S, 2001. Nuclear propulsion——A historical perspective[J]. Space policy, 17(4): 291-298.

IAEA, 2012. Liquid metal coolants for fast reactors cooled by sodium, lead, and lead-bismuth eutectic[R]. Vienna: IAEA.

JARADAT S Q, ALAJO A B, 2017. Studies on the liquid fluoride thorium reactor: comparative neutronics analysis of MCNP6 code with SRAC95 reactor analysis code based on FUJI-U3-(0)[J]. Nuclear engineering and design, 314: 251-255.

KUGELER K, ZHANG Z Y, 2018. Modular high-temperature gas-Ccoled reactor power plant[M]. Berlin: Springer.

KUSUNOKI T, ODANO N, YORITSUNE T, 2000. Design of advanced integral-type marine reactor, MRX[J]. Nuclear engineering and design, 201(2-3): 155-175.

KVIZDA B, MAYER G, VACHA P, 2019. ALLEGRO gas-cooled fast reactor (GFR) demonstrator thermal hydraulic benchmark[J]. Nuclear engineering and design, 345: 47-61.

LIU M, ZHANG D L, WANG C, et al, 2018. Experimental study on heat transfer performance between fluoride salt and heat pipes in the new conceptual passive residual heat removal system of molten salt reactor[J]. Nuclear engineering and design, 339: 215-224.

OKA Y, MORI H, 2014. Supercritical-pressure light water cooled reactors[M]. Tokyo: Springer.

PIORO I L, 2016. Handbook of generation IV nuclear reactors[M]. Cambridge: Woodhead publishing.

SHEN D, ILAS G, POWERS J J, et al, 2021. Reactor physics benchmark of the first criticality in the molten salt reactor experiment[J]. Nuclear science and engineering, 195(8): 825-837.

STAINSBY R, PEERS K, MITCHELL C, et al, 2011. Gas cooled fast reactor research in Europe[J]. Nuclear engineering and design, 241(9): 3481-3489.

The Generation IV International Forum, 2009. GIF outlook for generation IV nuclear energy systems[EB/OL]. [2009-08-21]. http://www.china-nea.cn/files/2012-12/GIF_RD_Outlook_for_Generation_IV_Nuclear_Energy_Systems.pdf 2009.

The Generation IV International Forum, Technology roadmap update for generation IV nuclear energy systems[EB/OL]. [2014-12-01]. https://inis.iaea.org/collection/NCLCollectionStore/_Public/45/073/45073529.pdf?r=1&r=1.

U.S. DOE. A technology roadmap for generation IV nuclear energy systems[EB/OL]. [2002-12-01]. http://gif.inel.gov/roadmap/pdfs/gen_iv_roadmap.pdf.

WALTAR A E, REYNOLDS A B,1981. Fast breeder reactors[M]. Oxford: Pergamon Press.

WALTAR A E, TODD D R, TSVETKOV P V, 2011. Fast spectrum reactors[M]. Berlin: Spinger.

ZANETTI M, CAMMI A, FIORINA C, et al, 2015. A geometric multiscale modelling approach to the analysis of MSR plant dynamics[J]. Progress in nuclear energy, 83: 82-98.

ZHANG D L, LIU L M, LIU M H, et al, 2018. Review of conceptual design and fundamental research of molten salt reactors in China[J]. International journal of energy research, 42(6): 1834-1848.